合作·演化·复杂性(第二卷)

龚小庆 范文涛 著

浙江工商大學出版社
ZHEJIANG GONGSHANG UNIVERSITY PRESS

图书在版编目(CIP)数据

合作·演化·复杂性. 第二卷 / 龚小庆,范文涛著.
—杭州：浙江工商大学出版社，2018.11
ISBN 978-7-5178-3008-5

Ⅰ. ①合… Ⅱ. ①龚… ②范… Ⅲ. ①合作对策
Ⅳ. ①O225

中国版本图书馆 CIP 数据核字(2018)第 247387 号

合作·演化·复杂性(第二卷)
龚小庆　范文涛　著

责任编辑	吴岳婷	
封面设计	林朦朦	
责任印制	包建辉	
出版发行	浙江工商大学出版社	
	（杭州市教工路 198 号　邮政编码 310012）	
	（E-mail：zjgsupress@163.com）	
	（网址：http://www.zjgsupress.com）	
	电话：0571-88904980,88831806(传真)	
排　　版	杭州朝曦图文设计有限公司	
印　　刷	虎彩印艺股份有限公司	
开　　本	710mm×1000mm　1/16	
印　　张	27	
字　　数	490 千	
版 印 次	2018 年 11 月第 1 版　2018 年 11 月第 1 次印刷	
书　　号	ISBN 978-7-5178-3008-5	
定　　价	84.00 元	

本书的写作和出版得到了以下机构或项目的资助：

浙江省高校人文社科重点研究基地（浙江工商大学统计学）

国家社会科学基金重大招标项目（14ZDA062）

国家特色专业（浙江工商大学统计学）

浙江省重点学科和重点专业（浙江工商大学统计学）

前　言

2017年7月14日，正在川藏线自驾游的我收到师弟丁义明教授的短信。他说，导师范文涛先生因呼吸衰竭与世长辞了。

那时我正在稻城县城附近的加油站，我怔在那儿，一时间无法相信这是事实，眼眶里充满了泪水，脑海里全是范老师生前的音容笑貌和他对我的谆谆教诲。

20年前的1998年初，范老师60周岁。那天，我们师生相聚在武汉大学附近的一家小餐馆里。席间，范老师对我们说，这一辈子对他影响最深的有3本书，即《忏悔录》《约翰·克里斯朵夫》和《复杂》。他说看了《复杂》以后非常激动，并深信自己关于系统科学的思考方向是正确的，可以大胆地向外宣布我们关于系统科学的思想了。

坐落于美国新墨西哥州首府圣菲市的圣菲研究所（Santa Fe Institute，SFI）成立于1984年，是一个致力于复杂性科学研究的著名研究单位。加入这个年轻研究所的学者中，不乏大师级的人物，如诺贝尔物理学奖得主M.盖尔曼和P.安德森，诺贝尔经济学奖得主K.阿罗等。他们连同另一些科学家越来越无法忍受自牛顿时代以来一直主导着科学的线性还原论的思维束缚，对要想获得诺贝尔奖就必须攀比着把这个世界尽可能缩小、尽可能简单地分解开来的还原论思维定势非常不满，于是，由当时刚从洛斯阿拉莫斯研究中心主任位置上退下来的乔治·考温提议，成立了圣菲研究所。他们从经济学入手，首次把不同学科的学者集合在一起，互相研讨，互相学习，创立了一个良好的"学术生态系统"。盖尔曼在《夸克与美洲豹》一书中特别提到了SFI，他说："SFI的一个长处在于，它营造了这样一个学术气氛，学者们和科学家们都能为同伴的观点所吸引，并致力于将那些观点调和起来，而且只要可能，就想方设法从中创立一种有益的综合理论。这种和谐性甚至胜过在他们自己研究所里的情形。"

到了20世纪90年代，SFI在学术界已经颇具影响力。科学记者Waldrop撰写了报告文学著作《复杂——诞生于混沌与秩序边缘的科学》（前后文简称《复杂》),向读者全面介绍了 SFI 的创立过程以及一些重量级学者的学术思想。

不久,我在武汉大学门口的书店看到了《复杂》这本书,马上给范老师打电话,范老师要我全部买下来。我说带的钱不够,住在附近的范老师马上带着钱就过来了。他把一大摞《复杂》都给了我,说好书要大家分享,你想送给谁就送给谁。

复杂性科学的思想就这样进入了我的视野。

以复杂性科学为代表的现代系统科学与以维纳的控制论为代表的传统系统科学有很大的不同。传统系统科学在研究或创立一个特定的系统时,往往事先就明确了系统的目标函数或系统需要实现的功能,然后为了达到此目标或实现该功能,再来确定子系统之间的耦合关系或规则,以期在负反馈机制的"控制"下使系统稳定在目标范围内。因此,传统系统科学对于子系统之间规则的设定是自上而下或由外向里的,具有方向的单一性。这很像是计划经济对经济系统的控制思想。而现代系统科学所研究的系统是没有事先规定的目标的,它包含两方面的内容:一是主体之间相互作用的内部规则,这些规则的产生具有内生的特点;二是在内部规则作用下系统将会涌现出对环境的新的作用方式,并导致环境发生改变,从而产生出系统新的外部规则。系统的外部规则反作用于系统内部,又促成系统内部规则系统的调整。因此现代系统科学中,系统与环境之间的相互作用是双向的,并且在系统形成的最初阶段往往存在着正反馈的机制,在该机制的作用下导致系统与环境作为一个整体远离原来的稳态并进而达到一个新的稳态。秩序是在系统内部主体之间的相互作用以及系统与外部环境之间的相互作用过程中涌现出来的,而不是事先被设计的,这正是以复杂性科学为代表的现代系统科学的出发点。

《复杂》介绍的复杂性科学思想让我着迷。1998 年夏天,我参加了在北京师范大学举办的系统科学研讨会。会后,我选定了博士论文的方向,即复杂系统演化理论与方法研究。

在 2000 年的一次关于系统科学的研讨会上,范老师将他研究了 20 多年的结果印成小册子,发给与会者讨论。范老师的成果受到了中国系统工程学会的高度关注,专门开会决定在《系统工程理论与实践》上连载范老师团队的研究成果。2002 年和 2003 年,范老师带领我和丁义明在《系统工程理论与实践》上发表了《建立系统科学基础理论框架的一种可能途径与若干具体思路》(之一至之九)共 9 篇文章,并且之八和之九两篇文章让我署了第一作者。

以下是全文的摘要:

全文总的目的是试图从现代物理、分子生物学与脑神经解剖等学科领域的最新实验事实，以及相应的前沿理论领域，围绕着演化概念研究的展开所获得的已有理念与成就为基础，按照"由大爆炸理论所描述的物理世界之最初情景出现以来，世界物质总是在其不同时空点具体结构状态下的几种基本相互作用属性形成的制约机制造成的物质——能量结构与分布仍非完全平衡态势的推动下，不断地一层一层完成其全方位整体性进一步精细平衡结构，实现其该层次的从无序到有序的起伏演化——这一总体自然法则"的认识主线，提出一种建立系统科学基础理论的定性定量框架思路与若干细节方法。文中对相互作用、进化、演化、适应性与复杂性等概念均进行了分析，并对突变、分歧、吸引子、混沌、协同、分形等基于此种理念做了一种较为直观的诠释。同时，也将论及的所谓信息的本质与其人本意义下的价值概念，特别是它与非线性的密切关系等问题。当然，这一切均还是初步的，尽管，其中的一部分我们也已经获得了一些较为严谨的结果。

然而，尽管我们提出了一整套的思想，也涉及了关于非线性的本质方面的讨论，但是对于复杂性的诸多研究成果还没有包括在其中；也就是说，自下而上的自组织演化的理论和方法还没有系统地整合进我们的框架中。2005 年，我扩充了博士论文的内容，出版了《复杂系统演化理论与方法研究》的专著。之后，我便开始了对能够包括复杂性科学在内的系统科学理论框架的建构尝试。

为此，我静下心来广泛阅读，甚至每一年都强迫自己要学一门新的学科。为了保持自己思想的独立性，甚至也不太参加各种各样的学术会议。我喜欢按照自己敞开的思路归纳出关键词，然后上网搜索文献。2008 年，我接触到了 Axelrod 教授以及哈佛大学 Nowak 团队关于合作问题的研究工作，思路被打开了。

我给浙江工商大学图书馆发了一封电子邮件，邮件中开出了我希望图书馆购买的著作，其中包括 Nowak 的著作《演化动力学》和经济物理学方面如《金融市场的统计力学》等近 10 本著作。图书馆的工作人员很"给力"，很快就把我开的书单中的这些价格昂贵的原版书买回来了。

2010 年左右，我决定以合作的演化与复杂性问题作为主线，撰写一本包括系统科学与哲学、复杂性科学、人类行为动力学、演化博弈论、社会生物学、新兴经济学（行为、实验、演化和神经元经济学）、社会网络理论、统计物理学和大数据科学等诸多学科的思想方法和研究成果的跨学科的著作。

如果说第一卷主要是以合作的演化为主线的话，那么第二卷就主要以复杂性为主线。本卷以范老师提出的关于系统科学的框架理论作为导论，第一部分运用统计物理学方法重点探讨作为复杂性"指纹"的幂律分布及其相应的统计问题、自组织临界理论、复杂网络理论和人类行为的复杂性和统计规律性。第二部分则回到贯穿本书的主题，即演化博弈，重点探讨有限种群的演化理论、网络上的演化博弈以及网络上的行为博弈等。在本卷中，合作的演化与复杂性问题依然会出现在每一章中。

贯穿于包括第一卷和第二卷整本书的思想方法中，始终有两种范式，即"相互作用的真与伪""天之道与人之道""完全理性与有限理性""物理学类比与生物学类比""经济学新古典范式和演化范式""自上而下的控制与自下而上的自组织""随机行为与适应性行为""布朗运动和列维飞行""统计学的正态范式和重尾范式"等。对于这两种范式的认识，将有助于我们更加深刻地认识包括人类社会在内的生态系统的复杂性，能够更加谦卑地面对世界。

人类进行科学活动的目的就是要通过对周围世界的认识来认识自己，同时又通过认识自己来调整自己，以使自己与周围世界的关系更加和谐、更加协调，从而有可能在以往亿万年演化的基础上继续与外在世界的协同演化。认识到这一点，也就真正认识了中国古代先哲们所一再强调的"天人合一"。

浙江省高校人文社科重点研究基地（浙江工商大学统计学）、国家社会科学基金重大招标项目"全面深化改革视阈下社会治理体制与机制创新研究"（批准号：14ZDA062）、国家特色专业（浙江工商大学统计学）、浙江省重点学科和重点专业（浙江工商大学统计学）对本书的写作和出版提供了支持和资助，这使得我可以分两步来完成力所能及的部分工作。

希望范老师在天之灵能够看到这两卷本的著作，并希望我的文字没有让您失望。

目　　录

导　论　建立系统科学基础理论框架的可能途径与具体思路

　　2002 年至 2003 年,中国科学院武汉物理与数学研究所的范文涛研究员领导的团队发表了关于系统科学基础理论的一系列文章(范文涛、龚小庆、丁义明,2002a,2002b,2002c,2002d,2002e,2002f,2003a,2003b,2003c)。该系列文章试图从现代物理学、非线性科学、复杂性科学、分子生物学与脑神经解剖学等学科领域的最新实验事实以及相应的前沿理论领域围绕着演化概念研究的展开所获得的已有理念与成就为基础,按照"由大爆炸理论所描述的物理世界之最初情景出现以来,世界物质总是在其不同时空点具体结构状态下的几种基本相互作用属性形成的制约机制造成的物质 —— 能量结构与分布仍非完全平衡态势的推动下,不断地一层一层完成其全方位整体性进一步精细平衡结构,实现其该层次的从无序到有序的起伏演化这一总体自然法则"的认识主线,提出一种建立系统科学基础理论的定性定量框架思路与若干细节方法,并且对相互作用、演化、适应性与复杂性等概念均进行了分析,并对突变、分岔、吸引子、混沌、协同、分形等基于此种理念做了一种较为直观的诠释。同时,也论及了所谓信息的本质与其人本意义下的价值概念,特别是它与非线性的密切关系等问题。

　　作为第二卷的导言,我们将系统阐述上述系列文章的思想和内容,并在此基础上提出现代系统科学研究的两种范式。

§0.1　系统概念的历史发展与系统科学的产生

　　为了讨论系统科学的范围、问题与方法,我们必须弄清它所讨论的对象 —— 系统以及对象运动变化所依据的原则 —— 系统的目的性原则的真实含义与整个问题的研究历史。这是系统科学将涉及的两个最基本的问题。普遍认为,现代意义下的这两个概念是 20 世纪 40 年代以来由美国哲学家 S. Langer 和 C. Morris,数学家 S. Shannon 和 N. Wiener 和生物学家 L. V. Bertalanffy 或者更早一些由 F. 泰勒在其 1911 年发表的《科学的管理法》一书中提出的。不过,这至多也只能说是具有现代含义的这两个概念提出的时间表,实际情况则是古已有之。

事实上,系统及其演化的观念早已反映在古代中国与希腊的哲学思想之中。

0.1.1　有无相生

老子在《道德经》中的开篇之语中说道:

> 道可道,非常道;名可名,非常名。无,名天地之始;有,名万物之母。故常无,欲以观其妙;常有,欲以观其徼。此两者同出而异名,同谓之玄,玄之又玄,众妙之门。

"道",最直白的解释就是"道路"。人必须行走在道路上才能通向远方。"道可道,非常道。"这句话是说,如果一条道路是经由其他道路到达的,那么它就不是最本初的道路,即不是"常道"。这就意味着,"常道"虽然也是道路——通向所有其他道路的道路,但它本身却不能经由其他道路到达。用海德格尔的话来说,它是产生一切道路的道路。

"名可名,非常名"这句话可以这样来理解,首先把"名"理解为"概念",则这句话的意思是说,如果一个概念可以用其他概念来说明或者解释,那么它就不是"常名"。"常名"是可以用来解释其他"名"的名,但其他的"名"却不能用来解释"常名"。

然而,如果我们去翻看词典,那么你就会发现,不管怎么高级的词典,并没有一个可以用来描述、说明或者解释所有概念的概念。这就意味着,要认知"常道"和"常名"的妙处,是无法用任何已有的语言来描述的。但是如果一定要用语言来描述,那么它就只能是"无"。这里的"无",并不意味着是绝对的"虚无",而是指世界上的一切都是无规定性的、变化的、自由的,它看不见、摸不着、说不清、道不明却又无处不在、周流不息,宛如物理学中的"场"(field)。只有置身于这样的一个场中,我们才能体悟到万事万物之"妙"。

如此,"道"便有了多重的含义。首先,道的第一重含义是"起点"。不过,这里的起点不是时空中的某一个位置,而更像是一个"场",我们把这个场称为"阴"。阴,不是死寂,而是一种具有无限的可能性的、具有潜在的创造力和生命力的"势"(potential)或"脉络"(context),这就是道的第二重含义。"常道"就是最原始的脉络,它蕴含着具有无限创造力的潜能。

因为某种机缘，蕴含在脉络中的潜能将会转化为积极的活动，这就是"阳"（宛如物理学中势能向动能的转化）。"一阴一阳之谓道"，阴阳互动导致实在（reality）在脉络中的涌现，即"有"的生成或实现（realization）。"有"，意味着某种秩序某种结构。由于认识主体的介入，这些结构被用某些语词加以命名，于是便有了"名"。

由于持续的相互作用，任何结构都不是最终的结构，它还会生发出更多的结构。这是一个无尽的演化过程，它导致两方面的不断精细化：其一是结构的精细化，就像分形几何中的混沌吸引子，随着算法的展开，它在任何一个标度上都会产生精细结构，由此构成一层又一层的脉络，这正是所谓的"至小无内，至大无外"。其二是我们用以描述的语词（名）的开放性和精细化。假如把一个语词比喻为一扇窗户，那么语词的开放性就意味着我们所要认识的世界的真正面目永远在窗户的后面。于是，由于主体的参与，世界不再只是名词，而是变成了一个进行时态的动词，它昭示着一个敞开的过程，这是一个意义被不断更新的情境开显过程。

因此，"有"不是摆在那里的静物。同样地，通向"有"的"道"也不是摆在那里的现成的道路。海德格尔"产生一切道路的道路"这句话更明确的含义是"开辟道路"。也就是说，所有的道路都是处于开辟过程中的，包括那产生一切道路的"常道"。如果用数学的语言来描述，那么所谓的存在就是一种"算法"。而这正是道的第三重含义。在这一重含义中，"常道"便成了产生一切算法的算法 —— 自然之法。于是，便有了"人法地，地法天，天法道，道法自然"。

如果说"无"是天地之始，那么从无中生成的"有"便是万物之母。

"有"是可感的，可认知的。"有"的一个基本特征便是"徼"。"徼"有两层意思：一层意思是指边界，它决定了"有"的局域性、实在性以及与他者的相对性。另一层意思则是指"界面（aspects）"，它决定了万"有"之间的相关性以及相互作用的潜在性或可能性，体现的是"有"的开放性。万"有"之间的相互作用正是基于它们的界面而展开的。徼的内部是结构，徼的外部则是势用，即徼的内侧指向实存，而徼的外侧则指向了潜存。万"有"之间的这种相对相关性则构成了后得性的"无"，即可道之道 —— 非常道。因此，面对局部的"有"，我们要观其"无"（徼的外侧所指），才能体悟事物演化的妙处；面对整体的"无"，我们要观其"有"（徼的内侧所指），我们才能发现事物本身的属性以及事物之间的区别。

例如，氢原子和氧原子都有其边界和内部结构，此即局部的"有"，但是它们之间也存在结合的可能性。事实上，两个氢原子和一个氧原子的结合便构成了一个水分子。而就水分子而言，它也有内部的结构和指向外部的无限可能性，如灭火。

因此，通过徼，阴与阳、无与有、虚与实就统一在了一起，由此便消解了"有"的实体性，而将万"有"之间的相对相关性置于本体论的地位。

于是，用数学的语言来说就是，道的三重含义——起点、脉络、算法——可以理解为初始条件、边界条件、算子，它们作为一个整体便构成了一个极限的过程，这是一个境界开显的造化历程。不过需要补充一点的是，界面的开放性会导致这个极限过程中边界条件的持续更新，使得该极限过程变成一种具有开放意味的创造性过程。

"道"在时空上的无限性特征使得我们得出这样一个大不敬的猜想，即如果存在上帝，那么上帝也是后得的并处在生长过程中的，而不是先在的和静止的，他与万物一起创生并与它们协同演化。

一旦我们赋予某一个语词以确定的含义，那么就形成了一个概念。这就相当于给该语词赋予了一个边界。然而，语词并不是死的，它也照样具有开放性的"界面"，它通过两种方式获得新的意义。一种方式是通过与其他词的搭配，即通过新的语境来获得新的意义。另一种方式则是阅读者本身语境的演变。其实这两种方式是一致的，语词的创造和搭配均取决于阅读者对世界的理解方式及其演变方式。借用唐力权先生的话，世界只不过是其阅读者的"自反灵明"而已。

同样地，一个事物一旦出现，立马就会产生新的相互关系和相互作用——后得的"无"，从而为新事物的诞生准备了条件，并进而增加事物的多样性和复杂性。

"无"与"有"同出而异名表明，"无"与"有"并不是两个相互对立而是相互涵摄、相互生成和相依相存的概念。"无"并不意味着绝对的空寂，它是通向"有"之起点、桥梁和脉络。"无"既决定了"有"的创生、敞开和演化的过程，同时又被"有"的生成、涌现和演化过程所开显。这正是所谓的"同谓之玄"的"众妙之门"——"有无相生"。

通过以上对《道德经》开篇之语的解读，我们看到了"有无相生"的动态轨迹，即涌现和演化的嬗替之道。

从以上的分析我们可以看出，老子的思想中已经包含了理解现代系统科学两个最关键概念——涌现（有生于无）与演化（有无相生）——的萌芽。

系统及其演化的观念，并不仅仅是在老子那里，在其他中国古代先哲的思想中也是俯拾即是。

例如，在孔子门人所记其作为儒学心法的《中庸》中，更把应当如何对自然与社会的统一规律探求方法与观点做了如下的精辟归纳：

尊德性而道问学，致广大而尽精微，极高明而道中庸，温故以知新,敦厚以崇礼。

但凡对中国传统文化有所涉猎的学者都知道,有关这一类问题从各种侧面所做的进一步阐述,在历代主流学者的文献中所在多有。这里的"玄之又玄"的"众妙之门"也好,还是使得"致广大而尽精微"的"问学"达到极高明的至善之境的中庸之道(按孔子的原话为相对客观的自在规律"不偏谓之中,不倚谓之庸")也好,所指的均是他们虽然还未尽知却的确存在着的支配着客观世界万事万物的最基本规律(亦即"众妙之门"),并且这个客观世界是以自然与人类社会总体(亦即"天地人三才")的动态变化为内容的。

除此之外,我们的祖先在天人和谐统一方面也有着许多精辟论述。可以说,自人类有生产以来,无不在同自然系统打交道,也无不是在依据自己生存的需要建立一些人为的系统以增强人与自然相适应的程度。他们不仅用自发的系统观点考察自然现象,并且还基于这些概念改造自然。他们从统一的物质本原出发,把自然界当作一个统一体,而这就是最朴素的系统概念,也包含了系统的目的性原则的萌芽。

无独有偶,在古希腊的哲学思想中同样存在着类似于"一阴一阳之谓道"和"有生于无"的观念。

例如,米利都学派的代表人物阿那克西曼德(约前610— 前546)认为,世界万物是从物质的始基中产生出来的。在他看来,这种始基是一种固定的本身没有特定性质的混沌未分的物质,他称为"阿派郎"(Apeiron),意即"无限者""无规定者"或"无限定";这种"无限者"本身不生不灭、无穷无尽、无边无际,万物从它产生,消灭时又复归于它。阿那克西曼德认为,本原这个概念不可能被任何已知的实体所满足,因为以任何元素为始基,都无法解释它们之间的相互转化,亦即万物生灭的过程。由于所有的元素或实体都不可能成为绝对者(无限者)而统治其他元素或部分,因而各种元素和力量是平权的、对称的。最高的权力属于一种平衡和互动的法则。"无限"的优先性保证了一种平等的而非等级的秩序。这种秩序建立在关系的相互性上,它高于实体,迫使它们遵循共同的法则。由此我们看到了非实体主义与关系实在论的萌芽。

阿那克西曼德的"无限定"学说的哲学意义在于(罗嘉昌,1998):

> 它有勇气和能力撇开事物和现象的一切具体特性的抽象逻辑规定,从而确立了无限定和有限者之间的本体论差别,并暗示所谓终极的实在乃是无限的可能性,而绝非任何绝对实体。黑格尔曾指出,阿那克西曼德的"无限"学说,"具有十足的东方情调"。

龚小庆(2001)在其博士论文中详细讨论了亚里士多德关于实体的理论,认为亚里士多德提出并解答了"可能性"与"现实性"之间的关系问题。

亚里士多德认为,实体的形成过程就是由作为"潜能的存在"的质料向作为"现实的存在"的形式的转化过程,这实际上也就是由"可能性"向"现实性"涌现的过程。因此从变化的顺序上看,是"可能性"在前,"现实性"在后。如果把没有任何形式的"纯质料"看作一种阴阳未分的混沌状态,而把没有任何质料不具备任何潜能的"纯形式"看作宇宙最高的秩序,那么这个由"可能性"向"现实性"涌现的过程,便可以看作是一个从混沌到有序的演化过程。这可以说是亚里士多德的学说对现代系统科学观的重大启示。

但是,这个过程并不是一个现代系统科学意义上的自发的自组织过程,因为从决定这个过程的因素来看,是形式在前、质料在后。也就是说,目的在前而变化在后。因此,由"纯质料"向"纯形式"的转化过程,就是一个目的明确的早就由某个外在于该过程的逻辑上的上帝设计好了的必然过程。于是,质料作为潜能只有被动的能力。内在的目的论终于还是被外在的目的论所取代,完全忽略了在这个转化过程中"新奇性"的建设性作用,因而自然地就将"无为"或"自组织"排斥在了整个演化过程之外。这应该是亚里士多德哲学的与现代演化观念的相左之处。

在亚里士多德的哲学中,质料是一种相对的概念,相应于一种形式而有一种质料。因此,一种观点认为:"质料作为一种关系的概念,并不是最后的砖块意义上的物质。"(罗嘉昌,1998)人们普遍认为,亚里士多德的"质料"概念是人类认识的发展史上第一次比较明确提出来的物质概念,但"质料"与近代以来的物质实体概念有根本上的不同。"质料"作为与"形式"互补的不确定的基质和本原是一种潜在的、相对的、关系的概念。从这个观点出发,对于正确理解由于现代物理学的发展而开始的物质的非实体化过程会有一定的帮助。

实际上,系统科学的一个基本问题就是如何正确理解从质料到形式的转化过程。

如果我们用一种笼统的思辨的语言来表述系统概念,则系统即是指把考察的事物(对象)看成是由相互联系、相互依赖、相互制约、相互作用的事物与过程形成的整体,目的性原则可理解为,系统各组成部分的运动规律是由各部分建立的整体特性所决定,整体性质又是相互联系的各组成部分在相互作用的过程中涌现的统一性结果。这显然可看作是对自然界整体性与统一性、合目的性与合规律性认识的直接推论。我们将看到,这一认识与现代含义下的系统概念,及其目的性原则的一般解释相比,已经是只差把系统的整体性质抽象为功能、目的、性能指标等的函数这一步了。

可是此后不久,这种古代文明的思想光辉就暗淡下去了,不论是中华文明还是希腊文明都进入了漫长的中世纪的禁锢期。系统与目的性概念,为先在的上帝和它的决定论意志所代替了。

这种情形一直继续到 16 世纪文艺复兴运动开始为止。人类又开始想到古代朴素唯物主义哲学的光辉成就,重新回到系统及其目的性原则上来思考问题。但是,毕竟在希腊和古代中国哲学那里,这一观念还只是对世界的直观认识。这时,正如恩格斯在《自然辩证法》中所指出的:"自然界还被当作整体而从总的方面观察,自然现象的总联系还没有在细节方面得到证明。…… 这里就存在着希腊哲学的缺陷,由于这些缺陷,它在以后就必须屈服于另一种观点。从此,自然科学与数学就从哲学中分离了出来,而从事于对自然界这个统一体的细节的认识,即把自然界的细节从总的自然联系中抽出来,分门别类地加以研究。"

从系统思想的萌芽到现代系统思想的建立,需要经历一个否定的中间阶段,即还原论的思想。

0.1.2　还原论与整体论

早期自然科学的研究主要是基于如下的两种思想。

第一种思想称为简化,即认为世界上每件事物和它的每一实现都能够最终被简化、分解,或者拆开为简单的元素,然后用如下的分析来探求"事理":首先,把那些能够解释的部分分开来 —— 如果可能的话,把它分解为构成它的独立的和不可分的部分;其次,解释这些部分的行为;最后,集中这些部分的解释为一个完整的解释。

第二个思想是相信所有现象可以由唯一的终极且简单的关系即因果律来解释。如果一个事件对另一个事件是必要又充分的,这个事件就是另一事件的原因,而另一事件则是这个事件的结果,这里原因的寻找是脱离环境的。原因与结果处在一个"其他条件保持不变"的闭系统中,是在排斥环境的影响下描述的。

这就是所谓自然科学研究中的形而上学思维方法。前者认为整体仅是其部分的简单合并,后者认为存在不可分的最终元事物的认识机制。在这种思维方法下解释自然现象,目的论的概念,诸如功能、目的、目标、选择等被认为是不必要的、虚幻的或者是没有意义的。

显然,这一思维方法(即分析方法)对于我们今天称为满足叠加原理或独立作用原理的线性系统来说是合理的,并且它的结果,当我们把一般的非线性系统在某个状态点取一级近似时,也完全适用。

采取这种方法在当时是有重大的历史根据的,因为"必须先研究事物,而后才能研究过程，必须先知道一个事物是什么，而后才能觉察这个事物所发生的变化"。①

这一方法的缺陷仅在于它撇开总体的联系来考察事物和过程，因而它就"以这些障碍堵塞了自己从了解部分到了解整体、到洞察普遍联系的道路"。

但是人类也未忘记自己早已懂得的、应当从事物整体出发考察事物的基本观念；相反，一旦对个别事物有了一定的了解，就立刻试图用经验与自然科学所提供的事实，定性地为自然界描绘一幅相互联系的系统图景。这就是 19 世纪上半叶出现的自然哲学所做的努力。不过，这种努力的历史局限性也是不可避免的："用理想的、幻想的联系来代替尚未知道的联系，用臆想来补充缺少的事实，用纯粹的想象来填补现实的空白，它在这样做的时候提出了一些天才的思想，预测到一些后来的发现，但是也说出了十分荒唐的见解，这在当时是不可能不这样的。"

这时的自然科学"本质上是整理材料的科学，关于过程、关于这些事物的发生和发展以及关于把这些自然过程结合为一个伟大整体的联系的科学"。也就是说，这时的科学研究"已经进展到可以向前迈出决定性的一步，即可以过渡到系统地研究这些事物在自然界本身中所发生的变化的时候了"。恩格斯还称这一认识上的飞跃是"一个伟大的基本思想，即认为世界不是一成不变的事物的集合体，而是过程的集合体"。

这里恩格斯讲的集合体就是我们说的系统，恩格斯强调的"过程"，正是我们讲的系统中各个组成部分的相互作用与整体的发展变化。这就奠定了人们开始对自然研究的结果自觉地辩证地即从它自身的联系进行考察，并且力求建立一个崭新的科学体系研究的基础。作为这一认识的第一个反应是产生了多学科并行不悖的研究方式，开始势必还是使用汇集的方法，但很快发现，如果用系统的思想把被考察的对象（系统）作为一个整体来处理，所得效果将远比杂烩式的多学科汇集研究更优越。这种现实以及伴随产生的各学科数学化的趋势引起了多学科相交叉协同发展的交叉学科的研究。这里，问题的复杂性不是被分解为个别的学科，而是作为一个整体由不同学科的代表共同研究。运筹学与管理科学以及控制论、自动控制、组织科学、政策科学、计划科学、一般系统论、通信科学等就都是这种努力的结果。接着，几乎是同时，又把交叉研究与数学化两者结合起来所得的结果，在航空、航海、航天事业、军事战略、武器系统控制、冶金、电力、石油等工业生产、新技术新产品的发展、各种经营、计划、管理等各方面广泛应用。这就

---

① 本节未标明出处的引用部分均为恩格斯的论述。

自然出现了这样的趋势：上述的各交叉科学开始把自己与它们发展和使用的概念与工具统一起来；也就是说，构造性地 —— 而不是把这些概念与根据单纯的运用 —— 亦即功能性地建立自己的体系。这就是我们称为系统科学与系统工程的一整套理论、概念与方法及其将待统一表述的某种形式。

需要着重指出的是，这一崭新的科学思想方法体系的目前结构体系是，在现代科学技术蓬勃发展的情势中以多学科相交叉发展以及各门科学数学化的渐进形式逐步形成的。一方面，它使已经出现的定性的系统思想定量化，成为一整套的数学理论和计算方法，能够定量处理系统各组成部分之间关系的科学方法，并反过来为这种科学方法对于具体系统的应用准备了数学模型或者进行了用特殊方法建立这种模型的细节研究；另一方面，它为这一定量的系统理论与方法的实际应用提供了必备的、强有力的技术工具 —— 计算机和互联网，各种检测仪器及信息传递的通信设备。系统及其目的性原则一旦取得了数学表达形式和实现应用的技术工具，它就可以容纳下尽可能广泛的科学技术研究的成果，从一种思辨性的哲学思维方式发展为专门的综合性学科 —— 系统科学了。不过，在当时的条件下，仅只还是某种遐想的愿望，充其量尚只处于一种积累资料深化认识的初步阶段。

然而，正如一般所认为的，支撑任何知识领域的生命线是不断有稳定数量的重要并虽然原则上可解决而又尚未解决"问题"的注入。恰在此间，适逢两次世界大战与尔后全球经济迅速发展所带来的军事、经济以及理性升华的迫切追求，正好满足并推动了这种智力努力的发展，遂使人类自进入 20 世纪上半叶以来的科技勃兴和约从下半叶开始高速展开的新技术综合应用获得的全球经济周期性的发展，又反过来进一步推动了科学技术的飞跃。这是从正面而言的。与此同时相伴而生的经济腾飞和人口增长的愈演愈烈，以致逐步形成所谓人口爆炸的负面反应，也引发了因人类越来越频繁的非规律性活动导致的危及全人类生存、发展的一系列结构性危机（其中也包括人类自身人文素质危机的多方面盲目倾向）。这柄双刃剑所带来的负面恶果早自卢梭时代起即唤起了以他本人及近代罗马俱乐部研究人与自然关系的学者群，也包括当代一批有政治责任心的国务活动家们为代表的众多有识之士的广泛关注，并孕育了在 20 世纪末叶日渐明朗的整体论指导下的新科学观念革命，以及认为必须建立 21 世纪新一轮科学技术理论基础以寻求全球生态环境的保护恢复乃至重建，使其达到新的稳定平衡协调的良性循环状态，以及同类性态的人类社会生态新秩序的理论方法与配套技术，并把它具体实现的战略意识。

这就是说，从现在开始在尽可能短的时间内（实际上这一进程近 30 年之前已经开始逐步明确并自觉地启动）在理论与技术两方面都要把工作的首要重点放在关心人类社会与自然界和人与人之间相互关系的改善这个新世纪的根本主题上来。中心问题是要处理好人类社会的经济开发与发展和自然环境的保护、改善乃至重建恢复，以及社会的经济发展与社会各成员自我发展中所得利益分配相对公平得以统筹实现这样两个并排站着的问题；并且，所使用的资源绝大部分是可以循环再生的，尽可能少地使用甚至不使用一次性资源；依据的理论方法，特别是使用的技术手段总能至少从整体上不致恶化总体环境生态与社会生态的基本格局。这也就是近几十年来人们经常所论及的可持续经济发展战略的实质。这一根本社会需要，决定了科学技术不得不把原由传统学科的研究推向更深入的层次，大大启迪了人类科学思维的心智，扩大了对客观世界认识的广角。其中，特别是在力学、相对论力学、量子力学、统计物理学、现代生物学、关于宇宙起源的大爆炸理论、协同学与耗散结构理论、控制论、生态与生态经济、技术经济、计量经济与数理经济、分岔、混沌、分形理论、控制论、运筹学与协同论，以及近 40多年来日益明显地由复杂性科学贯穿而同时逐步形成的自然科学的工程技术化、社会科学的定量分析化、社会管理科学化以及各门科学相互渗透交叉局部融和与数学化的进程所表现出的可能一体化基本趋势，使系统科学与工程学科得以应运而生，并在各个方面得到了迅速发展和各新兴学科的广泛支撑与共鸣、渗透和融合。这些学科与同一过程中的另一些传统学科的前沿进展也暴露了曾在过去的学科发展中取得辉煌成就的还原论方法应用于复杂系统研究的局限，且提出了需在科学技术的理论与应用中，尽快找到一种兼有整体论与还原论之长且能统一互补的新科学理论框架与方法论。另一批一流学者更预言了，这场科学观念与内涵的革命，将使曾在古科学山麓分手（约在古希腊、我国的春秋战国与印度佛教兴盛的晚期）的人类东、西方文明精华即将在新世纪科学山顶上重新汇合。

0.1.3　系统科学研究的现状和对象

近 40 年来，现代科学技术的发展过程，进一步呈现出既高度专业化又高度综合的两种趋势。一方面是学科越分越细，新学科、新领域不断产生；另一方面是不同学科、不同领域之间相互交叉、渗透与综合。这两种趋势互相促进，使人类对客观世界的认识逐渐深刻，改造客观世界的能力逐渐增强。同时，这一过程也暴露了曾在过去的学科发展中取得辉煌成就的还原论方法用于处理人类所面临的复杂系统的局限，因此需要在科学技术的理论与应用中，尽快找到一种兼有整体论与还原论之长且统一互补的新科学理论框架与方法论。

系统科学是不同学科综合发展趋势中涌现出来的一个新学科。它从事物的整体与部分、全局与局部以及层次结构关系的角度来研究客观世界。系统的思想早已反映在古代中国与希腊的哲学思想之中。对自然的整体性理解，是中国哲学的一个核心部分，也是我国传统文化及科学技术的学术思想精华。现代意义下的系统概念是近一个世纪以来由众多学科的学者提出并逐步发展的。到了 20 世纪 50 年代以后，尽管 I. Prigogine 和 H. Haken 等做出过重要的贡献，但系统科学本身的发展仍比较缓慢，以至于至今尚未能提出一个较有共识的理论框架。众多学者在各自的领域所得到的结果基本上分散于各个学科之中。20 世纪 80 年代初，我国的前辈学者钱学森院士强调系统科学作为一个新的学科领域的重要性。20 世纪 90 年代以后，情况有所改观。1998 年，中国系统工程学会在北京师范大学举行了第一届系统科学研讨班。在这次研讨班中，邀请了一些系统科学界做出了突出成就的学者分若干专题进行了讲座。与会学者对以美国圣菲研究所（Santa Fe Institute）为代表的欧美学者在复杂系统演化理论方面的工作表现出了极大的兴趣。2000 年，中国系统工程学会组织编写了《系统科学》与《系统科学与工程研究》两书，从中可以看出当前我国学者对系统科学的基本认识。目前世界上已有一大批的一流学者，至少在以下几个方面展开了对系统科学的卓有成效的深入探索。这包括：耗散结构论的提出者 Prigogine 以演化概念为中心展开的一系列工作；美国新墨西哥州 Santa Fe 研究所以演化仿真和复杂性科学为对象所进行的探讨；以 Stanley 为代表的一大批统计物理学家对于金融市场统计力学的研究并创立了被称为经济物理学（econophysics）的新学科；自 20 世纪末以来以 Barabási 为代表的学者在复杂无标度网络和人类行为动力学的研究中取得了丰硕的成果；哈佛大学 Nowak 教授领导的演化动力学中心在有限种群演化理论、演化博弈理论、合作的演化以及生物进化论方面取得了令世人瞩目的成就；我国的钱学森院士及其集体以开放复杂巨系统研究中的"从定性到定量的综合集成"这一新的方法论体系为题，做了深入的工作，并积累了许多宝贵经验；以铃木正雄为代表的众多日本科学家在理论和应用方面（生物、经济等）也做了一系列有特色的工作；另一批学者以管理科学的复杂性与复杂性科学为题，取得了一些创新成果；最近大数据以及人工智能的结合极大地增进了对于人类适应性行为以及相互作用的理解，为系统科学理论的研究注入了新的活力。

　　中国自古就有"盘古开天地"以及庄子所描述的创世之初世界原始物质混沌运动情境的浪漫叙述（鲲鹏之变及混沌之死），并进而对于运动物质的演化使用"有"生于"无"，"光明"生于"黑暗"之类的特殊理念描述了我们今天可翻译为"秩序"在"混沌"中涌现，甚至不断起伏交替的概念。中国古代先哲们的这些思想虽然还带有某些原始神话思维的色彩，但是通过对宇宙演化整个历程的科学考察表明，他们的思想与现代系统科学所反复试图阐述的理念却是惊人的一致，

这就是 —— 演化是事物存在的基本特征。

现代系统科学强调,演化是系统整体存在的基本特征。但是演化并不是空穴来风,它是以涌现作为自己的阶梯的。所谓涌现,是指组成系统整体各部分之间在相互作用的过程中所形成的结构稳态。涌现是所有复杂系统的共同特征:在不存在任何核子或其他相互作用粒子的情况下,虚粒子可以自发地从真空中产生;生物体在协同进化之舞中既合作又竞争,从而形成了协调精密的生态系统;原子通过形成相互间的化学键而寻找最小的能量形式,从而形成分子这个众所周知的涌现结构;人类通过相互间的买卖和贸易来满足自己的物质需要,并导致了市场结构的涌现;人类还通过互动关系来满足其不断增长的欲望,从而形成宗教和文化。一群群的主体通过不断寻求相互适应和自我利益而超越了自我,形成了更为宏大的东西。所谓演化,是系统稳态在新奇性因素的触发下发生均衡跃迁或稳态分岔的过程:生物体在遗传的过程中,由于环境中随机因素的影响而产生变异,从而导致新物种的诞生;新物种的进入彻底改变原有的生态平衡,从而导致一连串的连锁反应并最终产生一个新的生态系统;由于新技术的引入导致原有市场中占优势的旧产品遭到淘汰并导致新产品的诞生;新产品的涌现改变了消费者的消费心理和消费习惯,从而导致新的消费需求和预期;等等。因此任何复杂系统作为关系网络可以看成是一个由"关系者"相连的"节点"网络所代表的互动主体群,它只能存在于结构不断涌现、嬗替和分岔的动态演化过程中。在这过程中,复杂系统始终保持着稳定与变化的有机平衡。这种动态的平衡状态,美国圣菲研究所的学者们将其称为"混沌的边缘"。"在这两极的正中间,在某种被抽象地称为'混沌的边缘'的相变阶段,你会发现复杂现象:在这个层次的行为中,该系统的元素从未完全锁定在一处,但也未解体到骚乱的地步。这样的系统既稳定到足以储存信息,又能快速传递信息。这样的系统是具有自发性和适应性的有生命的系统,它能够组织复杂的计算,从而对世界做出反应"(沃尔德罗普,1997)。这正是恩格斯所说的"世界不是一成不变的事物的集合体,而是过程的集合体",以及皮亚杰所说的"一切发展都是组织,一切组织都是发展"这一命题的深刻内涵所在。

基于控制论的经典系统科学与现代系统科学的研究对象和研究方法的主要区别在于:前者注重于静态均衡,后者注重于动态演化;前者关注自上而下(top-down)的设计和控制,后者关注自下而上(bottom-up)的涌现和演化;前者强调他组织,后者强调自组织;等等。这实际上体现了系统科学研究的两种范式,也是我们在第一卷前言中所提到的"天之道"与"人之道"的区别所在。

由于经典系统科学理论立论所需要的自然社会科学成果已经得到充分的发展,构建经典系统科学框架理论不仅仅是必需的也是可能的。下面是我们在这一方面所做的工作，以此作为本书的导论。

§0.2　物质结构的演化过程与系统的网络特征

马克思说："动物只按照它所属的物种和需要来生产，人类则按照任何物种的尺度来生产并到处适用内在尺度到对象上去。所以人是按照美的尺度来生产的"。联系科学理论的创造过程，我们可以得出两点结论：第一，人的尺度就是美的尺度，并且美的尺度贯穿于科学创造的整个过程中；第二，依照美的尺度创造出的科学理论必然具有美的形式。

人是客观世界物质结构体系演化过程中的产物，于是人的尺度或美的尺度必然的也是这个演化过程的产物。审美是消融包括主、客观对立在内的一切对立的认识活动，因此美是一个关系的概念，而审美活动就是一个整体的活动。人类依照美的尺度而进行的科学活动的目的，就是要通过对周围世界的认识来认识自己，同时又通过认识自己来调整自己，以使自己与周围世界的关系更加和谐更加协调，从而有可能在以往亿万年演化的基础上继续与外在世界的协同演化。认识到这一点，也就真正认识了中国古代先哲们所一再强调的"天人合一"。

科学是前瞻性的世界结构认识前景与新发现的活动，是客观世界物质结构整体演化到出现人类并且反过来人类，又作为认识主体使用自己的所有感官及由其心智所创造的同客观对象相互作用的设备仪器等延伸物依照美的尺度去探求世界物质结构及运行规律的产物。科学家都被他们试图理解的自然界的精巧与优美，即世界是那么富于秩序、和谐、质朴与"对称"所感动，为哲学、科学尤其是那些其结构可为更全面地了解人与自然之间的关系 —— 就我们知道的关于宇宙以及我们自身发展中的某些重大僵局与障碍的解决方法，以及已知世界规律的各种框架中很一般条件下的问题解的存在性证明的那些数学理论与方法 —— 比如极大极小定理、最优化理论与计算、不动点定理、停机定理、哥德尔不完全性定理（它就人类阐明现实世界真理的能力加上了限制）—— 的普适性而惊叹。不仅如此，我们也时常感觉到，在不同学科领域中阐述的一些原理与规则仿佛是在用不同的语言讲述同一个世界性的统一规律，这就使得科学家们"只能以谦卑的方式不完全地把握其逻辑的质朴性美"（爱因斯坦语），并使人们感觉到在揭示自然规律的过程中，似乎可以将合目的性与合规律性统一起来而使用一种称为"相似类比原理"或 Holland 所说"中国传统的隐喻类比"原理的可能性。所以说，一切科学都是基于这种认为"应该存在一个具有完美和谐的结构"，即所谓"美与真的统一"的信仰，并从而使人坚信，我们对客观世界的总体规律（或者说法则）的升华与概括是有可能做到"尽可能简单但不可能更简单的地步的"。

所有科学史表明，科学家正是在"凡物无成与毁，复通为一"（庄子语）的信念的指引下，通过"判天地之美，析万物之理"（庄子语）来达到这个目的的。今天，由于现代物理学、复杂性科学和系统科学理论的出现，比以往任何时候都没有理由让科学工作者人云亦云地放弃这个美妙信仰了。

老子曾指出："江海所以能成百谷王者，以其善下之。"（《道德经》第66章）也就是说，百谷之水所以能形成复杂的江海，仅仅是因为"水往下流"这一简单规律，可以将之视为这一科学基本信条的通俗例释。另一句《管子》上的古语"人与天调，然后天地之美生"，则可当作是方法论的总纲。现在又已有越来越多的事实性的蛛丝马迹向我们就此做了进一步的说明，即包含着极多迷惑与幻想的宇宙，最终很可能只是由几个简单规则支配着。倡导复杂性研究最有力的美国新墨西哥州圣菲研究所的创立者 M. 盖尔曼所撰《夸克与美洲豹》将其副题定为"简单性与复杂性的奇遇"的实在用意恐怕也正在于此（盖尔曼，1998）。这就鼓励了科学家们总是要勇敢地进入夜幕笼罩的森林去探索自然（也包括人世间的社会）的基本设计，即用单个的基本定律或简单的几条相互作用着的规则反映出的唯理性原则去代替唯象定律，以达到对客观世界的统一描述。

毫无疑问，系统科学所面临的对象是以自然界到人世间以至人脑的结构所形成的认识主体与客观世界之间的信息交换加工处理的规则、机理推动运行的统一复杂性整体，或者说是一个"天人合一"的统一系统。即使是其中的任意一个一般的系统，它也是复杂的。然而科学之所以能成为科学，是在于它能从各种复杂现象中找出简单的共同本质。因此上述信念及其实现的原则方法，对于系统科学基础理论框架模式的探索，也应是适用的。为此，我们需先对这一打交道对象即物质世界的结构及其演化过程有一个客观性的描述。

科学研究表明，我们所处的这个相对稳定的世界，是永恒时空中以"自禁"形态存在的六种被称为夸克与六种超子的巨量物质按一定自组织原则组成的质 — 能性的数十种重子、轻子、介子、中微子等基本粒子构成原子，再由适当的原子按规则自组织成分子，在一个自发的宇宙大爆炸之后，因其自身固有的四种相互作用力（分子层的引力、原子层的电磁力以及基本粒子层的强相互作用与弱相互作用力）导源的力求使在各微观个体质 — 能变换过程中的随机运动以及诸结构整体间在任一个空间都需平衡协调原则推动下造成的演化过程中的稳态。概括地说，现存的自然界是原始质 — 能存在在时空中按所述四种作用力在长期相互作用的过程中涌现和演化的结果。获得这一认识的过程大致如下。

1929 年美国天文学家哈勃在发现天体光谱中存在谱线红移现象的基础上，得出了遥远星系都在退行，退行速度与距离成正比的结论，这一发现同爱因斯坦广义相对论相结合，便导致了宇宙膨胀学说的产生；20 世纪 40 年代，美籍俄裔天文学家伽莫夫在前人（1922 年的苏联数学家费里汉曼与 1927 年的比利时天文学家勒梅特）工作的基础上加以发展又形成了我们今天所说的宇宙大爆炸理论，即认为宇宙是从大约 100 多亿年前温度和物质密度极高的状态下的一次"大爆炸"产生的。

根据这一学说的观点，宇宙体系从此即在进行不断的膨胀，发生着温度从热到冷，物质密度从密到稀的演化过程。宇宙的早期温度高达 100 亿摄氏度以上，宇宙间只有密度极高的中子、质子、电子、光子、中微子等基本粒子形态的物质；当温度降到 10 亿摄氏度左右时，中子开始失去自由存在的条件，有的衰变，有的则与质子结合成为重氢、氦等元素，由此形成了最早的化学元素。当温度进一步降到 100 万摄氏度时，早期化学元素形成过程完成；当温度下降到几千摄氏度时，宇宙间的气态物质逐渐凝聚成星云，再进一步形成各种各样的恒星体系，成为我们今天的宇宙。这个宇宙从大爆炸的奇点开始至此共经历了有"原始汤"到"星系团"到"星系"到"恒星系"到"行星系"的宇观演化过程，而我们人类所处的地球就是这许多行星系中以太阳为中心的行星系列中的一个。它们是由奇点开始的纯能量性的"光子"到"夸克—超子"中经各种寿命短暂的非稳态的"基本粒子"到"轻原子"到"重原子"到"分子"的物理演化与化学演化组成的微观演化物的过程中集结演变而成。

接着在地球的原始地表原始环境下，温度继续下降到一定条件时，其间的一部分碳、氢、氧、氮、磷等又开始从单分子到细胞生物大分子到多细胞生物大分子中经多种植物动物直至原始人的出现的微观演化中的生物演化过程，并通过此演化物过程的集结与发展，完成了宏观演化序列中从原始地表环境到原始生物圈到生态系统到人类社会的生态演化，以及自有人类以来即开始至今的人类社会演化和实际上是"天人合一"环境下的经济社会生态三位一体的综合发展演化或演变过程。

现代生物学，则进一步揭示了生命、生物以至人与人类活动出现所形成的社会及其多层次的功能与特征，也是自分子层开始的这种累加及进一步呈现出的一些"相互作用力"在不同层面间，做自组织性精细平衡协调的产物。

科学家已用实验事实，揭示了生命的奥秘系存在于原子的缔和模式（组合方式）所决定的大量普通原子组成的双螺旋形核糖核酸和脱氧核酸大分子包含的信息之中；或者说，生命是大量普通原子按复杂的物理化学活动与系统控制原理决定的精细结构形成的"大分子"之整体功能表现；人则是此种精细结构诸更高层次的产物再经长期曲折演化过程后的最终产品。

《科学美国人》1998 年发表了一篇题为《生命的结构》的文章（Donald，1998），副标题为"一组普通的建筑规则似乎指导着生命结构 —— 从简单碳化合物到复杂细胞和组织的设计"。文章指出:"自然界应用一些普通装配规则,这种情况隐含于某些模式再发生现象中,而且出现在从分子到宏观的水平,这些模式则包括有螺旋形、五边和三角形等形状,也出现于从高度规则的晶体到相对无规则的蛋白质在内的结构,以及像病毒、浮游生物和人类等多种多样的生物体中。……这种现象被称为自装配……在自然界中,在许多层次上都能观察到这种现象。例如在人体中,一些大分子自装配成称为细胞器的细胞组件,细胞器自装配成细胞,细胞自装配成组织,组织又自装配成器官。由此所得的结果是按分级方式构成的人体。情况正像一层一层系统套系统一样。"作者声称,在过去的20年里,已发现和研究了自装配现象的一个引人好奇和十分重要的问题。种类异常繁多的自然系统,其中包括碳原子、水分子、蛋白质、病毒、细胞、组织乃至人类和其他生物在内,都是利用一种被称为张拉完整性(Tensegrity)的普通建筑形式构建的。张拉完整性这个术语表示一种在机械上自我稳定的方式,因为一些张力和压力通过这种方式在结构内得以分散和平衡。此文的作者还指出:"对于张拉完整性为何无处不在的一种解释,可能对推动生物学结构的真正力量 —— 也许还会对演化本身 —— 提供新的见解。"

最新的脑神经解剖学与脑科学的进展,也揭示了脑神经网络实际上也是呈现一种由复杂的管状主支通道连接神经元储存信息源分层的树网型结构,而且它的生成是人与外界事物接触获得知识与信息的过程以联想原理做笔记式的记录具体形成的。而且外界的信息组对大脑的刺激是以普通的方式对每一个已有的以往信息单元均予作用的方式进行的。但每一个外界信息又只对单元中有同样性质的信息单元起作用。信息间有管道相通者才能有相关反应,否则刺激再多次也不能引起原有脑细胞元的反应,只是可在相关的已有单元附近立即新生一个单元来存储此新的信息。其信息间关系的方式很相似于我们在科学上采用的人工神经网络分析法的做法,事实上后者正是对前者的模拟。这里的分层次性结构可认为是具有自然的外界事物信息自身的层次性的对应"写真",人脑的这种感性或更复杂的悟性与理性能力,实际上也是这种物理运作过程的结果。

另外已有的研究表明,记忆为个别神经元所储存的旧理论是不正确的,相反的记忆是整个神经网络内部相互关系的产物,它以一种类似于极限环的模式被储存在整个神经网络中。对兔子嗅觉的研究表明,一种气味对应着一种特定的极限环模式(布里格斯等,1998)。这些成果进一步强化了观念客体乃是自在客体与观察主体之间的稳态的观点。

基于上述自宇宙大爆炸发生到自然界无机物质与有机物质一直到人类社会出现,并被置于其所在自然的生态系统的全程物质演化形成的分层次做"不断精细平衡整体协调"的事实的分析,我们即可以自然得到关于客观世界的一个概念意义下的"洋葱"模型,即现实世界好像是如洋葱一样按层面组织的,并且它的较高层面是由其较低层面的独立体为单元累积,依类似的原则以精细结构方式形成的;而其整体又具有与个别组成成员相比的非线性组合功能,即此层面整体表现出的整体性功能。

以上是一个较为粗糙的层次性结构,即所谓"洋葱"整体的带原理性的描绘。于是,可以把世界看作一个多层次的网络,我们经验所能直接感觉到的客观实在就是这个网络中的节点。而每一个节点本身又是一个子网络,构成这个子网络的则又是一个个更加细小的有内在联系的节点。如此反复推演下去,则世界便可被理解为一个由一层层关系网络所构成的等级体系。这与钱学森先生关于系统的定义具有相当程度的一致性。他将系统定义为"有互相作用和互相依赖的若干组成部分结合成的具有特定功能的有机整体,而且这个'系统'本身又是它所属的一个更大系统的组成部分"。

很显然,这一组织结构中每一层面中的节点,就是我们在系统观念意义下的一种特定的自然或现实中存在的特定基础子系统;而且就可能接触到的任何一种现实的系统而言,都是所述"洋葱"整体中的一部分"块体"。这种"块体"可分为两类,一类是"块体"全部属于葱体某一层,另一类是"块体"兼属于一个以上的层面,它们都各自具有自身的"精细平衡结构",同样涌现出它自身的整体功能。可以暂时把前者叫作简单系统,后者则称为复杂系统。这种划分,虽然就认识上说具有概念性质,但在许多具体情形又恰与现实存在的系统刚好一致,甚至对于有人类成员作为其组成参与者的社会、政治、经济及其耦合的层次,也是被视作一种功能组合单元组成的存在系统对待的。两者都是所属质——能基本粒子、原子、分子等的集结整体在相互作用的精细平衡过程中构成的整体性稳态体。其具体结构与稳态构成的方式虽因具体情形有异,其构成原理则不外乎两种:一是块体自身整体优化(如作为系统是确定性的)或自身整体熵(如作为系统是随机的)极大;二是块体与外环境通过相互间质能交换或熵值的增减过程达到"绝热"平衡。正是因此,当我们的研究对象是属于第一类"块体"系统时,可以分层进行,从而使我们得以不必理解原子核而能理解原子;核物理学家也不必一定要同时是基本粒子物理学家。同样的结论,也可以在细胞学家、人体科学以至人类学家与社会学家的工作关系间做出。这就是前述的还原论方法在此前科学发展中的有效性与在一定意义下可普适的基础。另一个基本事实,则是对上一层的认识,不可能由对下一层的已知认识简单地导出。这就是我们常说的系统的整体大于部分之和,即整体论必不可少甚至更为重要必须与还原论互补并用才能解决当代科学与技术所面临的复杂系统——即"块体"为包括有洋葱的两个层面以上部分的第二类"块体"系统理论探求的原因。

事实上，我们平常见到的几乎所有系统在最后形成模型问题求解时，也都无例外地均为二者必居其一，这也可认为上面分类法的唯象性支持。自然，它们的具体形成是与它们各自特殊结构、环境条件达到平衡协调态的具体机制相联系的而且还会因确定性与非确定性而在形式上有差异。

引导这一探索的仍将始终是两大原理，即以科学方式抽象出的反映自然结构设计和谐美与审美框架的对称性和关于具有不同特征长度的"物理过程"间相互联系的重整化概念。其中对称性的精确数学定义是由"物理量"的不变性概念表述的。它们构成了物理学上的唯理方法体系，并与辩证唯物论的基本原理原则上相容一致。这一方法体系对于一般的上述自然的"洋葱"模式体所含的客观存在系统，只要对其中一类含有理行为系统的整体性刻画模型中的定性决策，或博弈机制做一些合理规则约定，本质上也应当有效的。也就是说，此中的每一个系统的整体性质，均原则上可视为是由理论方法体系的规则规范的。

§0.3　保守系的力学系统与最优控制系统的"等价性"

这里所指的"等价性"是基于如下的基本事实提出来的，即如果将物理学中力学系统的动力学性质的方程与最优控制系统的解均用哈密顿函数的形式来写，则可以把此时的物理系统看作一个已经建成了的以作用量函数为性能指标，平衡态为最优工况，以势能函数及其平衡态为李雅普诺夫函数与相应极值点的最优控制系统；反过来，也可以把一个待建的最优控制系统，看成是建成后以性能指标（或目标函数）当作其作用量，最优工况（或指定的所谓标称状态点）做平衡态，以及在此点取极小值的李雅普诺夫函数为其广义势函数的物理系统。

即使按最严格的数学定义与各自的性质去检查，这个事实也是成立的。这样，如果我们把数学上的条件、具体系统各自的物理真实意义均撇开不论，我们就可以认为，对于最优控制而言的最小值原理（与最大值原理在表述上只与哈密顿函数差一个符号）等价（按上述意义）于物理系统意义下的最小作用量原理或广义的最小作用量原理。李雅普诺夫方法则是广义的势能最小原理。

沿着这一思路进行再深入一些的具体分析，我们即可以在相当一般的条件下为系统科学的数学描述与理论的构造带来可行的线索与方便，使得在模拟自然系统时得到借鉴，建立起二者间的联系，并相互映照、借用思路、工具其至猜想可能的结论。本书的任务是要对这些结论（现在这些结论还是用唯象的直接观察验证得出的）做出严格的数学证明。为此，我们可先假定下文中出现的函数有足够的光滑性，可以使下面证明过程中的任何求导过程顺利进行。此外，为了不中断证明，先将证明的指导思路做一说明。由于从分析力学已知，历史上先后出现的如牛顿原理(第二定律)、虚位移原理、欧拉 — 拉格朗日方程与哈密尔顿 - 雅可比方程等微分型原理和积分型的哈密尔顿原理与最小作用量原理之间已被证知可相互转化,从而任何两个之间都彼此等价的。然而对最优控制系统而言,已提出被认为具有同样要求的数学条件下的一般的普适性原理。只有贝尔曼最优化原则和庞特里亚金的最大(或小)值原理两个。其中"大""小"两原理间区别只在于其哈密顿函数的定义中相差一个负号。因此,只要我们已经证明了前面的力学原理与最优化原理中的任一个等价的话,所有这些原理之间也就都相互等价了。证明如下。

0.3.1　从哈密尔顿 - 雅可比方程推导庞特里亚金最小值原理

由于在最优控制系统建成时,控制变量是被常量化了的,故在"等价性"已成立的条件下,从极小值原理推导最优控制系统的最优化条件是平凡的,故只要完成了这一推导,"等价性"即可认为已经被证明了。

为此假设性能指标泛函为

$$J = \varphi(x(t_f), t_f) + \int_t^{t_f} L(x(\tau), u(\tau), \tau) \mathrm{d}\tau \tag{0.3.1}$$

系统的状态方程为

$$\frac{\mathrm{d}x(t)}{\mathrm{d}t} = f(x(t), u(t), t) \tag{0.3.2}$$

H-J-B 方程为

$$\frac{\partial V(x^*(t), t)}{\partial t} = \min_{u \in U} \left\{ L(x^*(t), u(t), t) + \left[\frac{\partial}{\partial x} V(x^*(t), t)\right]^T f(x^*(t), u(t), t) \right\} \tag{0.3.3}$$

式中,x^* 为最优轨线,设 $u^*(t)$ 为最优控制,则

$$V(x^*(t_0), t_0) = \min J = J(x^*(t), u^*(t)) \tag{0.3.4}$$

$$V(x^*(t), t) = \varphi(x^*(t_f), t_f) + \int_t^{t_f} L(x^*(\tau), u^*(\tau), \tau) \mathrm{d}\tau$$

$$= \varphi(x^*(t_f), t_f) + \int_t^{t_f} \left[H(x^*(\tau), u^*(\tau), \tau) - \lambda^T f(x^*(\tau), u^*(\tau), \tau) \right] \mathrm{d}\tau \tag{0.3.5}$$

上式两边分别对 t 求导,可得

$$左边 = \frac{\mathrm{d}}{\mathrm{d}t} V(x^*(t), t) = \left[\frac{\partial}{\partial x} V(x^*(t), t)\right]^T \frac{\mathrm{d}x^*(t)}{\mathrm{d}t} + \frac{\partial}{\partial t} V(x^*(t), t)$$

$$= \left[\frac{\partial}{\partial \underline{x}} V(\underline{x}^*(t), t)\right]^T \underline{f}(\underline{x}^*(t), \underline{u}^*(t), t) + \frac{\partial}{\partial t} V(\underline{x}^*(t), t) \quad (0.3.6)$$

右边 $= -H(\underline{x}^*(t), \underline{u}^*(t), t) + \underline{\lambda}^T \underline{f}(\underline{x}^*(t), \underline{u}^*(t), t) \quad (0.3.7)$

对比式（0.3.6）和式（0.3.7），可得

$$\underline{\lambda} = \frac{\partial}{\partial \underline{x}} V(\underline{x}^*(t), t) \quad (0.3.8)$$

$$-\frac{\partial}{\partial t} V(\underline{x}^*(t), t) = H(\underline{x}^*(t), \underline{u}^*(t), t) \quad (0.3.9)$$

将式（0.3.8）代入 H-J-B 方程（0.3.3），可得

$$\frac{\partial V(\underline{x}^*(t), t)}{\partial t} = \min_{u \in U} \{L(\underline{x}^*(t), u(t), t) + \underline{\lambda}^T \underline{f}(\underline{x}^*(t), \underline{u}(t), t)\}$$

$$= \min_{u \in U} H(\underline{x}^*(t), \underline{u}(t), t) \quad (0.3.10)$$

再比较（0.3.9）和（0.3.10）就得到

$$H(\underline{x}^*(t), \underline{u}^*(t), t) = \min_{u \in U} H(\underline{x}^*(t), \underline{u}(t), t) \quad (0.3.11)$$

由于 U 既可限制也可无限制，min 是代整体的极小值，从而方程（0.3.11）表示的就是庞特里亚金极小值原理。

顺便指出，由于最小值原理实际上已知是最优控制的必要条件；动态规划的贝尔曼最优化原则也是必要条件，但由于最优过程的每个后阶段过程必然也是最优的，故它同时也应还是充要条件。

0.3.2　动态规划的最优功能函数满足的偏微分方程

考虑关于初始状态的一般控制问题，性能指标为仍由式（0.3.1）确定，其系统状态方程为

$$\frac{\mathrm{d}x}{\mathrm{d}t} = f(x, u, t) \quad (0.3.12)$$

它具有终端边界条件：

$$\varphi(x(t_f), t_f) = 0 \quad (0.3.13)$$

由式（0.3.12）所设定的反馈（功能）函数可设定为

$$J^0(x, t) = \min_{u(t)} \left\{ \varphi(x(t_f), t_f) + \int_t^{t_f} L(x, u, t)\mathrm{d}t \right\} \quad (0.3.14)$$

在超平面

$$\psi(x, t) = 0 \quad (0.3.15)$$

上具有边界条件

$$J^0(x, t) = \varphi(x, t) \quad (0.3.16)$$

接下来假定 $J^0(x,t)$ 在所有 x,t 的空间点存在连续并具有一、二阶连续偏导数。

设系统从 (x,t) 点开始,用并非最优的控制 $u(t)$ 使之运行一个很短的时间 Δt,按照式(0.3.12),系统将转移到一个新的状态 $(x+f(u,x,t)\Delta t, t+\Delta t)$。再设从这一状态向前采用的控制是最优的,那么反馈函数应由一阶表示给出为

$$J^0(x+f(u,x,t)\Delta t, t+\Delta t) + L(x,u,t)\Delta t \triangleq J^1(x,t) \quad (0.3.17)$$

由于在 t 至 $t+\Delta t$ 的时间区间内采用了非最优的控制,于是就有

$$J^0(x,t) \leqslant J^1(x,t) \quad (0.3.18)$$

上式的等号仅当我们选择 $u(t)$ 在 t 到 $t+\Delta t$ 的区间内使得右边为最小才成立,即应有

$$J^0(x,t) = \min_{u(t)}\{J^0(x+f(u,x,t)\Delta t, t+\Delta t) + L(x,u,t)\Delta t\} \quad (0.3.19)$$

根据对 J^0 所做的连续性和可微性的假定,我们把上式的右边对 x,t 做如下的泰勒展开

$$J^0(x,t) = \min_{u(t)}\left\{J^0(x,t) + \frac{\partial J^0}{\partial x}f(x,u,t)\Delta t + \frac{\partial J^0}{\partial t}\Delta t + L(x,u,t)\Delta t\right\}$$
$$(0.3.20)$$

因为 J^0 不显含 u,所以 $\dfrac{\partial J^0}{\partial t}$ 也不显含 u,故对上式取极限 $\Delta t \to 0$,可得:

$$-\frac{\partial J^0}{\partial t} = \min_u\left(L(x,u,t) + \frac{\partial J^0}{\partial x}f(x,u,t)\right) \quad (0.3.21)$$

由于可以证明,拉格朗日乘数 $\lambda(t)$ 是影响函数;也就是说,初始条件与时间的微小改变 dx,dt,将导致性能函数的微小变化 dJ,它可以按下面形式写出:

$$dJ^0 = \lambda^T(t)dx - H(x)dt \quad (0.3.22)$$

其中

$$H(x,\lambda,u,t) = L(x,u,t) + \lambda f(x,u,t) \quad (0.3.23)$$

式(0.3.22)显然蕴含了在最优轨道上

$$\lambda \equiv \frac{\partial J^0}{\partial x}, H = -\frac{\partial J^0}{\partial t} \quad (0.3.24)$$

再利用式(0.3.21)和式(0.3.23),有

$$-\frac{\partial J^0}{\partial t} = H^0\left(x, \frac{\partial J^0}{\partial x}, t\right) \quad (0.3.25)$$

其中

$$H^0\left(x, \frac{\partial J^0}{\partial x}, t\right) = \min_u H\left(x, \frac{\partial J^0}{\partial x}, u, t\right) \quad (0.3.26)$$

方程(0.3.25)称为哈密尔顿-雅可比-贝尔曼方程,是一个一阶非线性偏微

分方程,且必须满足边界条件(0.3.15)和(0.3.16)。假设 u_0 是当 $x,\dfrac{\partial J^0}{\partial x},t$ 的值给定时使哈密尔顿函数 $H\left(x,\dfrac{\partial J^0}{\partial x},u,t\right)$ 全局最小的 u 的值,则在 $u=u_0$ 处

$$\frac{\partial H}{\partial t}\equiv\frac{\partial L}{\partial u}+\frac{\partial J^0}{\partial x}\frac{\partial f}{\partial u}=0 \tag{0.3.27}$$

且

$$\frac{\partial^2 H}{\partial u^2}\geqslant 0 \tag{0.3.28}$$

对所有的 $t\leqslant t_f$ 均成立,即向量 $\dfrac{\partial H}{\partial t}$ 的所有分量为 0,并且矩阵 $\dfrac{\partial^2 H}{\partial u^2}$ 必须是非负定的。(0.3.28)式正是变分法中著名的勒让德-刻里布斯条件。

解非线性偏微分方程(0.3.25)的最有效的方法之一是特征线法,这一方法如同变分法一样,等价于寻找一个极值场。

正如贝尔曼自己说的,动态规划的最大困难是所谓的"维数灾"。即使一个中等复杂问题的求解,也要使用大量的储存量。如果我们需要的只是从一个已知点找最优轨道,那么,寻找整个的极值场就将是既浪费时间又乏味的事了。但如果我们需要的是反馈,则一个扰动反馈方案常常就已是十分精确的了。

0.3.3　从哈密尔顿方程推导出欧拉-拉格朗日方程

考虑一个特殊的最优轨道及其相应的最优控制函数,那么我们即有

$$\frac{\mathrm{d}\lambda^T}{\mathrm{d}t}\equiv\frac{\mathrm{d}}{\mathrm{d}t}\left(\frac{\partial J^0}{\partial x}\right)\equiv\frac{\partial^2 J^0}{\partial x^2}\frac{\mathrm{d}x}{\mathrm{d}t}+\frac{\partial^2 J^0}{\partial x\partial t} \tag{0.3.29}$$

从方程(0.3.25),考虑到 $u^0=u^0(x,t)$ 时对 x 的偏微分,可给出

$$\frac{\partial^2 J^0}{\partial x\partial t}+\frac{\partial J}{\partial x}+\frac{\partial L}{\partial u}\frac{\partial u^0}{\partial x}+f^T\frac{\partial^2 J^0}{\partial x^2}+\frac{\partial J^0}{\partial x}\left(\frac{\partial f}{\partial x}+\frac{\partial f}{\partial u}\frac{\partial u^0}{\partial x}\right)=0 \tag{0.3.30}$$

根据方程(0.3.27),在最优轨道上 $\dfrac{\partial u^0}{\partial x}$ 的系数为 0,故再由方程(0.3.29),有

$$\frac{\mathrm{d}\lambda^T}{\mathrm{d}t}=\lambda^T\frac{\partial f}{\partial x}-\frac{\partial L}{\partial x} \tag{0.3.31}$$

方程(0.3.27)和(0.3.31)合在一起就是欧拉-拉格朗日方程;而且由边界条件当 $\psi=0$ 时, $J^0=\varphi$ 这一事实包含了如下这件事:存在一个向量 v 使得

$$\left.\frac{\partial J^0}{\partial x}\right|_{t=t_f}=\left(\frac{\partial\varphi}{\partial x}+v^T\frac{\partial\psi}{\partial x}\right)_{t=t_f}\triangleq\lambda^T(t_f) \tag{0.3.32}$$

总之,状态的允许改变($\mathrm{d}\varphi=0$)引起的性能指标的改变,是由对状态的梯度场约束对状态的梯度的线性组合给定的。

0.3.4　结论

由于保守力学物理定律可由可能位移原理加达朗贝尔原理及其变形的拉格朗日方法与最小作用量原理(或其变形等价的哈密尔顿原理或同样等价的哈密尔顿－雅可比原理)两种普遍方法完全独立的表述,而且此两者之间亦是可以相互推导,从而也是等价的。故而本节所完成的证明,已经在严格的意义下,达到了我们欲达的目标。也就是说,如果仅就数量关系而言,我们即可如实地把任一个保守的物理系统同时也看成是一个虚拟的(或等价的)以作用量为目标,李雅甫诺夫函数在末态点的值为"距离"尺度的控制系统的极限系统;同时也可将任一个建成后的最优控制系统当作一个"闭"或"暂闭"的物理系统。用系统科学的语言来说,即是把闭系统看成开系统的极限物,这时的控制变量已为固定的常值而不再变化,乃至可以假定它已被截断,所以得到的结论是闭系统情形的性质,应与保守物理系统的结论一致。

至此,我们便已在最优控制系统(自然是闭的)与封闭的物理系统(即通常的物理系统)之间搭起了一座通畅的桥梁,或者说概念化意义下的通道。

§0.4　突变论、分岔、混沌、耗散结构论、协同学、博弈论以及与分析力学和统计物理学的关系

这里我们首先从由韦达定理 —— 即一元 n 次多项式的根与系数之间的关系入手,揭示出突变论、分岔(奇怪吸引子)、混沌等概念的自然本质,然后再进一步考虑其与协同学、耗散结构论等"开"物理学(或开系统)的成果的自然关联为蓝本,去探求完整的系统(开的)科学基础理论的建立问题。

为了研究所提到的问题,似乎仍然要从物理学原型问题机理分析中的类似研究中去寻找线索,即以物理学上开系统的一些成果为蓝本(或原型)去"复制"开系统向极限情形(闭系统)过渡中的性质,这就自然要注意到协同学与耗散结构理论方面的一系列结果,并力求从这些结果去寻求出更一般的系统理论与对客观世界更为统一的认识图景来。总的思路也应和以前一样,把物理学上表征运动、变化等的概念看成是为描述相互作用特性的一种抽象。为了思路简洁,可以首先撇开一系列数学表达的细节,按物理原型和已有成果的物理解释去思考,再通过把物理现象看成是某种相互作用的表现这座桥,而转化到同样是表示相互作用的一般形式的系统控制论中去。然后,进一步从物理学上相应问题分析使用的数学描述方法与结论去猜测系统科学的相应问题应使用的数学手段与某些区

别。最后再探求如何使二者统一。

物理学研究的系统原则上分为两类。一类是由一定力学描述的确定性闭系统。在经典范围内,其基本理论常常可归结为最小作用量(或"自由能"最小)原理和在稳定平衡点势能最小两条原理。第二类系统即所谓的热力学系统,它是由一定大数量"同构异形"的确定性物理系综的统计系统构成的系统。经典物理对它的研究只限于平衡态,其出发点为熵极大与自由能最小两原理。这类系统虽然也有能量等物理概念的定义,所论内容则是系统在熵极大条件下达到平衡时的一种统计平均效应。它也是保守型的。与这种物理系统相对应的一般系统即是随机最优控制系统。这是因为随机系统也可以理解为是一系列同构异形的确定性系统的统计系综,其中的每一异形系统以某种概率分布在系综中出现。处理随机系统的一个主要原则即控制与滤波可分离或控制与辨识以及滤波辨识可分离等原理,无非都是基于一个观点:即用一个等效的确定性系统去代替随机性是不同原因引起的统计系综的总体系统而已。

然而,所有这些观点,都是建立在闭系统理论的基础之上的;并且,就物理学本身而言,有些概念也还有许多含糊不清之处,这主要是与开系统理论有关的一些概念在那里还没有澄清。

现在我们就这两类物理学上的开系统的研究和它们与一般系统科学基础理论研究的关系谈一些思路与看法。

0.4.1　从确定性开系统平衡点的分布看突变、分岔(奇怪吸引子)、混沌等概念的本质以及与统计物理等的关系

为此,考虑如下以标准形式写出的一般控制系统

$$X(t) = F(X(t), U(t)) \tag{0.4.1}$$

在相空间的平衡点的分布。这些点可以数学地由状态向量(n 维)的导数为零的条件

$$\frac{\mathrm{d}X(t)}{\mathrm{d}t} = f(X(t), U(t)) \equiv \theta \tag{0.4.2}$$

来决定,其中 $\theta = [0, 0, \cdots, 0]$ 是零向量,其中的稳态平衡点为其某一李雅甫诺夫函数取极小值者。这就是说,平衡点的个数与分布是由矢量方程(0.4.2)的根的个数与分布决定的。而稳态平衡点则是这一根的集合与李雅甫诺夫函数之极小值点集合的交。

为了使下面的讨论有一个明确的量化概念,我们暂时假定方程(0.4.1)与(0.4.2)中的 F 与 f 均为一元的某一类函数空间的元素,由于连续函数类在有界

变差函数类中稠密，多项式函数类又在连续函数类中稠密，故可不失一般性的，再假定其为阶数为 N 的多项式，于是可以由代数基本定理知，将重根计算在内，它共有 N 个根，其中又有若干个重根；再假定重根之一为 $X_{i_0}^0$，其重数为 i_0。由韦达定理，这些重根（也包括其他根）是多项式的 $N+1$ 个系数与控制参数 u 的值决定。此外，我们还进一步假定这些根也均使某一李雅甫诺夫函数取极小值，即均为方程（0.4.1）的稳态点。

　　现在我们继续分析。当系统为开，即 u 改变时，这种平衡点将发生变化，稳定的平衡点可能尚可维持一段，非稳态平衡点则要解体。如要使这种稳态（包括一般的平衡态）仍然是稳态，就须由外部系统加入作用使构成一些暂闭系统，仍以该点为稳定平衡态，即要求在相空间该点的某邻域内中任一点出发到该点的轨线均以此点为稳态平衡点，这就是所谓的绝对稳定性。问题是这种绝对稳定性只是在某一平衡点的一定范围的附近才成立，当系统与外界的相互作用改变可造成的状态不能再以此点为稳定平衡点时，系统就要跳到另外的平衡点，如此等等，这时将发生多种复杂现象：当系统所在的平衡态为非稳态时，则在 u 值有微小变化，甚至稍有外扰时，系统将立即自发地跳到另一次级平衡态或转入非平衡态，如量子跃迁等现象即属此类。如系统的次级平衡态是稳定的且在临近有 2 个以上的稳态（或吸引子），则它们将同时以差不多的力量引导系统的状态或在诸点共同的邻域内穿插游弋，这就是常说的奇怪吸引子现象，这也是极限环理论早已研究过的。

　　如果系统原级的稳态是具有 $X_{i_0}^0$ 构成的 i_0 重稳态或非稳态，则在其不同参数值改变使失稳失衡 —— 即重根分裂后，系统将以 i_0 的全组合数除以 2 即 $(\sum_{j=1}^{i_0-1} C_{i_0}^j)/2 = (\sum_{j=1}^{i_0} P_{i_0}^j / P_j^{i_0})/2$ 种可能性，迁移到其他新的分裂而成的平衡态或稳态。而这也正是所谓的突变论的本质或者说本源。

　　特别地，如果所遇到的多项式或者一般函数是非线性阶数极高，乃至可趋于无穷的，则其相应的平衡或稳态平衡有可能在某一个域内呈非常密集的分布，乃至在系统的结构"漂移"与控制变量改变的一定受限范围都不能使之稳定到某一点乃至某一微小邻域；那么在其相空间的轨迹，就会在此密集的平衡与稳态点分布的域内随机地穿行。这就是我们所说的混沌，或者如有的学者称谓的内随机以及这种现象的形成机理。混沌的出现导致纯客观性的丧失和复杂性的出现。

　　顺便指出，这一现象也是很早就应发现的，比如说统计物理中对于任何一个可测的宏观量确定的那个基本假设公式，即宏观量的测量值，其实是指在一个微观长宏观短的时间内的时间平均值。而这个平均值是恰好等于在"绝热条件下"表现这一宏观观测相应的热力学统计系综，在相空间的能量曲面（或一般讲

—— 条件量曲面的条件概率分布)的相平均值。这个基本公式,最早是以经验加理论想象所做的假定用原理形式提出来的,其机理性的等价物即是著名的"各态历经假设"。当然,后来它是用泛函方法被严格证明了的。上述的这个能量曲面或者一般量曲面,即是决定此宏观量在能量等值条件下的其他决定参数的"连续谱"在相空间组成的混沌域。由于这一论断对任一个宏观可测量,都是普适的,也就难怪研究混沌的学者总是说混沌是无处不在 —— 甚至在一些十分确定性的系统也会出现某种混沌现象。甚至可认为,至少对于任何一种真实的随机现象均是某一更大的包含造成这一现象在内的子系统按其自身系统的某种控制格局所形成的混沌表现,或者说是其所造成的内随机,它必可反过去给出该系统的某一个宏观量值,其随时变的过程则给出此宏观量的相应实函数。

当然,上述观点是以控制系统是一维的方式给出的。但结论则对于一般情形也是一样的,只是具体情形将表现得更为复杂。

有关平衡点与稳态点的分布及相关的分析结论更精细的结果,是与极点理论、不动点原理、谱分解等研究紧密相关的。这恐怕也正是这些理论在应用数学领域备受重视的原因。

基于上述分析,我们似乎也有同样的理由猜测,所谓的鲁棒控制的本质很可能也是根源于因外部干扰所造成的稳态或平衡态的变动,甚至系统结构参数的改变因系统的非线性程度高,所形成的基本稳态点比较密集,在某一相域内相距很近,因而形成的"内随机分布"造成的平均稳态值之差总在允许误差值内之故。

至此,我们还应指出,在数学物理的领域也同样要研究平衡点的个数与分布,这是与解的稳定性分析研究一致的,且同样可引出现突变、分岔(奇怪吸引子)、混沌等现象与概念,它与上述分析结果来源于同样的本质。这是仅从物理系统与最优控制系统的等价性即可理解的。两者的不同之处仅在于,在控制论中,是要反过来确定平衡点并尽可能使其平稳点即是所需要的最优工况点;而在数学或数学物理中考虑的则是研究对于确定的系统而言,有多少稳态点如何分布,以及判定在什么条件下才出现分岔、混沌性等,属于系统分析的范畴。它们均根源于系统的非线性,而这正是复杂性的根源。

0.4.2　第二种开物理系统的研究与自组织以及协同、耗散结构等概念的关系

这种开系统是以相应的闭系统即平衡态热力学系统作为其极限的,是走向一般系统科学基础理论体系的重要步骤之一。它也是与环境有复杂的物质和能

量交换（包括自身具有生灭过程）的。如同确定性系统的情形一样，这种系统的每一可能态也有 3 种情况分别刻画它与环境的相应交换性质。比如，一个以物质交换为背景的开系统的交换可用输运方程表示为

$$\frac{\partial Q_i}{\partial t} = T_i + P_i \tag{0.4.3}$$

式中，Q_i 为系统的第 i 个元素，T_i 是 Q_i 元素在空间某点的输运速度；P_i 是该元素的产生速度。这个系统可以有 3 种解，一是 Q_i 无限增长，二是 Q_i 达到不依赖于时间而稳定，三是振荡。

我们主要对第二种情形有兴趣。它将对随机控制系统的建立，特别是与上述确定性系统的分岔理论等结合后，对自组织系统基本理论的建立有重要意义。这种理论是研究如何通过适当的外界作用使由同构异形子系统组成的系综，系统出现某种有序结构，而这种结构还要正是我们所要求的。

从热力学与统计物理可知，这种开系统的极限——平衡态的热力学（闭）系统的性质是由熵极大与自由能最小两原理刻画，而熵极大原理可由克劳修斯方程

$$dS \geqslant 0 \tag{0.4.4}$$

来表示，它是建立在可逆反应的基础之上的。在这样的热力学平衡系统中，系综的每一个同构异形体的能量是相等的。这种平衡态不需要能量的输入，也不能从中得到能量。其组分比虽然因系统中个别子系统与环境有不断变化的交换，总体能量则保持不变。但是，当这种同构异形体的系综是开系统时，这种平衡态实际上还只能看成一种暂稳态。作为整体，它是不可逆的，它与真正热力学意义下的平衡态还有一定距离，可以提供能量做功；但要保持这种稳态，尚需不断地吸收能量。这就是说，开系统的稳态保持是由外界环境与之适当的相互作用的维持提供的。此时的开系统因是要"有序化"，乃是一个熵减过程，并且是不可逆的。系统的总熵变 dS 为系统的熵流 $d_e S$ 与因不可逆过程出现的熵 $d_i S$ 产生之和，即有

$$dS = d_e S + d_i S \tag{0.4.5}$$

在闭系统中，$d_e S = 0$，故 $dS = d_i S \geqslant 0$；在开系统 $d_e S \neq 0$，如果 $d_e S < 0$，且 $|d_e S| > d_i S \geqslant 0$，则 $dS < 0$，这表示系统的有序性加强。

到目前为止，对开系统熵变规律的研究有如下结果：在接近平衡态的线性平衡区（指热力学的"力"，如温度、浓度、梯度、势梯度或其他具体系统的相应物等，与"流"，如热流、扩散流、电流或其他具体系统的对应物等，呈线性关系）的稳定定态时，熵产生对应于化学反应、热传导、扩散及黏滞等各不可逆过程的两因子 J_ρ（"流"或"速率"，如反应或扩散率等）、X_ρ（"力"，如亲和力、浓度差、温度、势梯度等等）的乘积和，即

$$P = \frac{\mathrm{d}_i S}{\mathrm{d}t} = \sum J_\rho X_\rho \tag{0.4.6}$$

其中

$$J_\rho = \sum_i L_{ip} X_i \tag{0.4.7}$$

并有

$$L_{ip} = L_{\rho i} \tag{0.4.8}$$

称为线性输运系数,普里高津于 1945 年指出了当系统处于稳定的定态时,熵产生取极小值,即:

$$P^* = \min\left[\sum_\rho \left(\sum_i L_{ip} X_i\right) X_\rho\right] \tag{0.4.9}$$

这就是开系统稳态的熵变规律的刻画。自然,要把这些结果推广到一般的开系统理论中去,首先需要从相互作用的关系的角度,在一般的开系统中寻找并定义出与上面所提到的相应的变量与诸基本关系式。

开系统的稳态也可能有三种不同的存在形式,一是热力学平衡态;二是与热力学平衡态只有一点微小差别的状态,因而不可能有任何新的有序性结构。普里高津(1998)指出:

> 然而,当作用于一个系统的热力学力变得超过线性区域时,该定态的稳定性,或它对涨落的独立性,便不再有保证。稳定性不再是物理学一般定律的结果。我们必须考查某个定态对由系统或系统环境所产生的不同类型涨落的反应方式。在某些情形,这种分析引出如下结论:某个态是不稳定的,在这样的态,一定的涨落不是在衰减下去,而是被放大,而且影响到整个系统,强迫系统向着某个新的秩序演化,在新的秩序和最小熵产生所对应的定态相比,在性质上是完全不同的。

这个新的秩序就是稳态的第三种存在形式,即远离此平衡态时出现的新的稳定有序的动态结构,此即所谓耗散结构态。它是一种由系统与外界不断进行物质能量交换,使系综系统的各子系统的能量输入都达到了可保持其远离平衡态的新的分岔稳态后出现的新的有序态结构。不难理解,这也是只有各子系统在确定性系统意义下存在非线性,从而有高阶平衡点的情形下才能产生的。当然,也还要这种高阶的平衡点是稳定的。这就是物理上所讲的存在非线性的反常涨落,即系统可随时以小涨落(微扰)检查自身的稳定性。在平衡态附近,所有涨落都是衰减的,但远离平衡态时,在不稳定点附近,涨落有很大反常。在平衡态附近的涨落,只是对平均值的微小修正,在远离平衡态的涨落,则是驱动了平均值,使系统从一个平衡态跳跃到了另一个平衡态,即一种新的稳定结构秩序。这种结构是系统在运动中由系统内部自行产生的,这就是所谓的自组织现象。它的实质是由于非常涨落,即较大的外界扰动驱动系统从一个稳态向更高阶的稳态过渡。这种新的稳态,就是系统新的动态结构。普里高津(1998)进一步指出:

>　　远离平衡态的系统可被描述成是有组织的,并非因为它实现了一个和基本活动不同或超越它们的计划,而相反是因为某个微观的涨落在"恰当时刻"被放大的结果使得一种反应路径优于其他许多同样可能的路径。因此,在一定的环境中,个别行为所起的作用可以是决定性的。更一般地说,"总"行为一般不能被认为以任何方式支配着组成整体的各基本过程。远离平衡条件下的自组织过程相当于偶然性和必然性之间、涨落和决定论法则之间的一个微妙的相互作用,而在分叉与分叉之间,决定论的方面将处于支配地位。

　　因此,我们说耗散结构理论指出了由无序通过涨落达到有序的途径。这个途径既不是决定论的,也不是完全随机的,它应当遵循广义因果律。这就意味着,在对复杂系统演化过程的探讨中,偶然性将起创造性的建设作用。概括起来说,一个系统由线性渐近稳定平衡区逐步发展,经过分岔点,进入一种远离平衡态的不稳定的无序状态,然后通过反常涨落(实质是环境给予一种适当大的控制输入)形成一个新的稳定平衡的有序结构,这个结构实际由新的稳态平衡点刻画,而这个系统就称为耗散结构系统。

　　哈肯的协同学讨论的对象与思路实际上与耗散结构理论的上述分析法同出一辙。他的出发点是可否用相同的一般原理去描述从无机界到有机界以至人类社会的自组织现象。他认为,自组织过程不仅是可以发生在离开热平衡态的系统中。原来专用于热平衡态的一些方法,也可以用于非平衡态,反之亦然。他定性、定量地研究了存在于这些不同系统之中的相同的基本原理,指出在由非常多的要素(子系统)构成的系统中,如系统与外界保持能量物质交换,则在一定条件下,这些子系统可基于协同作用(其平均值效应突变加强)执行很有"规则"的集体运动和功能,以导致"系统的自组织"就如一段软铁被磁化的过程一样。

　　哈肯也指出了,自组织是靠涨落发生的。对于平衡态,涨落是由随机力所引起,因而是一种自激性效应(如超导、激光、量子跃迁等)。

　　应当说,无论是协同学还是耗散结构论,本质上都是一致的。如果说普里高津的理论把对象物理的本质表述得更为深刻的话,协同学的论述则显得更为简洁明了和直截了当。更有意义的是,它对整个的同构异形体系统在全部的(各阶的）稳定平衡态（即"目的点"或"目的环"）上的自组织现象同时给出了定性与定量的说明。它不仅可以说明这些稳定的平衡态集合（"目的点""目的环"）是怎么产生的，也可以阐明给定的环境中，系统只有在这些"平衡态群"上才是稳定的。系统只有自动地把自己的状态"拉拖"到这些点中之一上时才肯罢休。这也就是称这些稳定的平衡态群为"目的点"或"目的环"的原因。"目的点"或"目的环"实际上就是系统状态自组织过程中的结构涌现。如前所述，自然界的这样一幅蓝图，早在人类发现量子跃迁现象以及在定性分析的研究中探讨极限环理论之时，这种认识就可算是已经开始了。

通过以上的分析，可以认为，我们一再强调的涌现就是系统自组织过程中出现的"目的点"或"目的环"。不管是将其称为"目的点"还是"目的环"，一切稳定的平衡态群一个显著的特征就是它们的可识别性和可重复性（至少在统计意义上是如此），因此把涌现与自组织过程联系起来甚至将它们视为一个等价概念的两种表述，将有助于理解涌现的不可避免性和稳定性。这实际上也就肯定了涌现的客观性来源，从而将一切蒙在涌现这个概念上的神秘外衣剥去。

老子说："天下万物生于有，而有生于无"。所谓"有生于无"，就是涌现。老子又说："天长地久，天地所以能长且久者，以其不自生，故能长生"。所谓"能长且久者"，就是稳定者；所谓"不自生"，就是"无为"，就是自组织。

现在我们来看看如何才能把这些认识的成果运用到系统科学的基础理论的研究上去。试想一个控制系统的建立过程，无非是要对被控对象建立一种环境作用（即控制作用 $u(t)$），使得被控系统的状态能最后稳定到一种指定的目的状态上去。现在我们把所有可能的系统运行状态都看成是同一结构的某子系统的不同状态。将原问题设想成是要对由这所有的同构异形体组成的整体系统（系综）进行输入控制，希望它们能在外部环境的作用下能被协同成一种等同于被指定的目的状态的有序结构。显然，如果我们已按上述的思路建立了一种统一的关于自组织系统的理论模式，这个模式也就自然地可以用来解决一般的系统控制的问题。至于随机控制系统，我们已经指出了，它们本来就可以被理解为一种具有某种概率特性的同构异形子系统构成的统计系综，自然也就可以按同一思路把它的控制的实现看成是一种自组织过程，去用同一的协同模式去处理了。不同的只是，作为系统科学的开系统概念，与物理学的开系统概念，只有在控制系统建成后，二者才能被看成是在前述的意义下"等价"的。这就是说，对于控制系统，我们是要找出（设计出）一种外系统，使得虚拟的同构异形系综向我们指定的某些"模板态"或"目的态"去自组织。

于是，我们再一次看到了一对开系统的分析与综合，它们互为反问题，又在一定意义下（假定存在）相互等价，因而遵守同样形式的规律性。这就再次说明了，我们可以用物理系统（不论是闭的还是开的）的已有理论基础为蓝本，（按照本文所提供的思路与具体线索）去建立统一的系统科学的一般基础理论体系。不难看出，上述物理学的开系统理论是尤其具有指导意义的。

这是一条可能的路。正如协同学的创始者哈肯所指出的，自组织的理论在平衡态与远离平衡态的开系统中具有相同的基本原理。因此当我们把关于平衡点分布的分岔等问题专门处理后，所找到的一般理论结构，将有可能比现有物理学中的开系统理论做得更为简洁而明了。只是控制理论本身的综合问题中的"反问题"的难点依然不能绕过，它是有赖于数学的进步与努力的。

以上的主要思想线索与内容以及不同系统之间的关系见图 0-1。

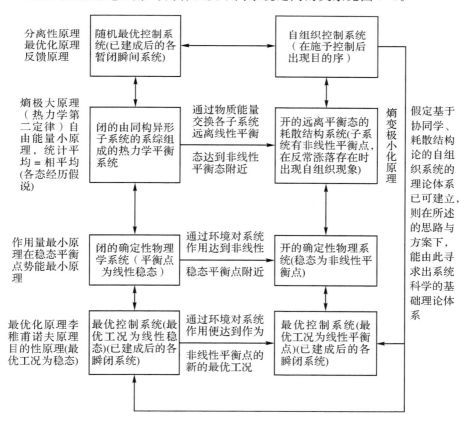

图 0-1　主要思想线索与内容以及不同系统之间的关系图

0.4.3　描述物理系统客观性质的一般理论性原则

物理学家的神圣使命,就是希望以单个的基本定律去代替大量的唯象学知识,以达到对自然界现象的统一描述。事实上,物理学最显著的特点就在于基本定律的简单性,如麦克斯韦尔方程,薛定谔方程和哈密尔顿力学等。这一雄心与使命也应当是我们今天的系统科学工作者的基本信念和工作目标。不同的只是物理学家是以自然界为对象,而系统科学工作者所面临的则是除了自然的物理系统以外,还包括这个世界的物质演化到出现了人类这个认识和改造世界的认识主体之后形成的一系列事理系统和复杂系统。这当然就更增加了难度。

然而,前述的一系列说明与论证所表达的一个核心思想则恰恰是,尽管是复杂了一些,物理世界与事理世界加在一起的这个更大的世界却依然是遵守统一的规律,并依据这种规律在继续演化着,走向更加的和谐统一。特别是作为这个世界中的灵性物质体的我们人类,更是日益变得越来越自觉地学会了如何"从必然王国进入自由王国"了。因此,指导着基础物理学家工作的那样一些唯理论方法即理性原则对于我们也应该是有效的。

经典科学最基本的出发点是承认所描述自然现象(或系统)的客观性,即对象特性绝对不会因为我们人去研究、认识或者做计算时所凭借的一些方法、参考系统的各异而有所不同。属于对象自身的一系列特性,必然要表现为各种人为的描述手段,如坐标系统的不变量或不变式。但实际上正如前面所述,研究对象的客观性是建立在一系列稳态的稳定耦合基础上的。无论人们与怎样新的研究对象耦合,只要任意一个观察者保证他和对象构成的自耦合系统与别的观察者形成的系统基本一致,而且只要这些自耦合系统结构稳定,我们就可以保证观察经验被每个观察者重复,新的经验是可以社会化的,从而也就具备了科学研究所强调的客观性标准。因此系统科学并不是对经典科学研究方法及数学工具的否定,而是将其视为人类认识的演化过程中必然要经历的稳态,我们所要做的就是寻找该稳态在由新的科学事实所编织出的新的关系网中的位置。

科学在描述自然对象的数量关系时,常常必须使用数学上的一系列理论和工具。应该肯定这些数学理论与方法本身只要是正确的,必然是一类有着自然原型关系的抽象。从本质上讲,只有我们所研究的自然对象也是某种数学工具的自然原型之一时,我们才能在研究这种对象时采用这种数学工具和相应的理论。事实上,正如前面所一再强调的,数学理论和方法是人类某种特殊思维结构作用于自然原型后所形成的某个稳态,该稳态可以说是反映了自然原型的某一侧面(数量关系与几何形状)的特征。这就正如 Lichtenberg 所说的"真理是研究的渐近线"。

一般地讲，物理科学总是使用一些具有明确的物理意义，并且可观测的所谓特性参数来描述对象本身相应的外形状态。这些参数统称为状态函数。比如力学体系中的位置、速度、转角，电力系统的电流、电压、电感、电容，化学热力学系统中的克分子数、温度、压力、流量等。而对象自身依赖于状态参数的一些内在特性，则是由所谓的状态函数或特性函数来表征。这种函数之所以叫作状态函数，是它们在某一时刻的值仅依赖于系统在那一时刻的状态，而不依赖于过去的历史。工程技术人员在许多情况里都采用这些状态函数以及描述它们的变数，如拉氏函数 L，哈密顿函数或能量，作用量等以及热力学、化学中的熵、焓等等都是状态函数。而且从功能的角度来考虑，它们都可以在系统拉氏函数、作用量等的名目下予以统一。至于对象本身的运动规律，则是在人为的由各特性参数组建的参数坐标系中，特性函数所满足的运动方程来描述。至少这些方程应当是在人为工具式的以参考系进行数学描述时改变的不变量（或稳态）。这个要求就决定并且引导我们如何去选择适当的参考系本身。这就是常说的相对性原理以及经常涉及的考虑保证运动方程不变的坐标变换群的由来。

物理学还经常使用着所谓时间、空间的均匀性、各向同性性的原则，这也是由对象的客观性所决定的。它们的物理意义是，当系统本身的状况和外界条件完全一样时，不论在什么空间的位置，什么时间开始，在什么方向进行实验或运行，其结果一定是一样的。这些原则，实际上可以作为我们刚才叙述的客观性原理推论给出，并且表现为规律对于一类参考系坐标变换的不变性（或稳定性）。可以这样说，坐标变换的目的就是让研究对象的稳态能够在新的坐标系中更直接地涌现出来。

这些对于那些对物理学方法了解得比较清楚的读者来说，也许是多余的；特别当计算选用的参考系是笛氏坐标表示的惯性系时是人所共知的。问题是当所选的坐标系为一般的正则坐标系时，那种直观的物理意义就不太明显了。而实际上，对于以正则变换相联系的正则坐标系群来讲，应当把上述原则也认为是"直观的"才对。因为从认识的原则意义上讲，惯性系统被选择时的考虑本质上与正则坐标系被选择时的考虑并没有什么不同。我们似乎可以这样认为，由正则变换所联系的正则系群，只不过是一种广义的由伽利略变换相联系的等价惯性系统群而已。

对于客观的物理系统的另一个实质性的认识，并为实验所证明了的事实是，同时给定一个系统的特性参数的位置（广义坐标）与速度（广义速度），就能完全确定系统的状态，且可以在原则上预言系统以后的运动。从数学上看，它表现为当给定了某时刻的坐标和速度，也就单值地确定了该时刻的加速度。因此，我们认定作为系统的特性描述的状态函数的拉格朗日函数 L 和其他与之有关的状态

函数如哈密顿函数 H 等，仅仅包含坐标和速度 $(q, \dot{q})$ 或者它们的相当物坐标与动量 (q, p)。

讲述正则变换的文献还指出，在更一般的意义上讲，广义坐标与广义动量两者之间并没有本质的差别，不仅是因为从数学的表示上是这样，并可以从上述的普遍原则上加以说明。

因为决定系统运动结果的两种因素，影响参量的位置值和位移速度值的名称叫法本来也是人为的。而这也正是我们在那里用数学办法表述过的事实。

所有这些，都可以当作研究客观物质系统时的基本原则来采用。它们是唯物主义的基本原理在自然科学方法上的应用。由这些做出发点得到的理想结果之所以具有相当的普遍性与可靠性，正是这种唯物主义原则的胜利与证明。当然，我们业已叙述并即将进一步说明的最小作用量原理之所以可以适用于一般物理系统，其原因也仍然还在这里。用一句更一般的理性原则来说，这就是物理学上常言道的对称性法则。

总之，物理学和其他研究物质系统的科学就是这样的在客观性原理的指导下，以所谓特性参数（状态参数）建立计算参考系统群，以描写系统特性的特性（状态）函数表征系统自身特性，以运动方程式描述系统的运动规律。这个过程可以恰当地说成是对一个自然的最优控制系统制定数学模型。我们在工业上所遇到的系统有一些也就是这样的自然控制系统。因此，这种客观性原则对于我们也是一个根本性法规。特别是当我们用理论分析的方法制定模型时，尤其是这样。工业上或者控制工程上所遇到的另一类系统虽然具有人工控制的特点，但解决这类控制问题的思想也必然要从这种基于自然控制最优系统的认识、求解的现成结果中借鉴而来。

0.4.4　拉格朗日函数、作用量、最小作用量原理以及功、能、动量、力等概念的物理意义

系统科学研究成果表明，系统的复杂行为并不是来自系统复杂的基本结构，而是来自系统元素之间遵循简单规则在相互作用的过程中涌现出来的一种现象。系统科学的一个任务就是确定复杂系统中带有普遍性的"本质的"相互作用，以及这些相互作用如何就能涌现出整体性的结构。

事实上，物理学讨论的也是物理系统元素间的相互作用。比如，粒子物理学家关注的是，如何把很少的四种基本相互作用，即基本力和其他一些基本粒子如夸克等统一在一起。而讨论相互作用则必然要涉及作用量原理。

作用量原理已被证明是适于整个宇宙的，即整个的物质世界可以用单个的

作用量原理来描述。每当物理学家掌握了物理学的一个新领域,譬如说电磁学,他们就在描述这个世界的作用量公式中加上一个用来描述这个新领域的项。在物理学发展的任一阶段,作用量是一些分离项的累加。我们可以指着其中的一项项说,这项是描述电磁的,那项是描述引力的,等等。物理学家的志向就是要把这些分离的项统一成一个有机的整体。这不仅对以牛顿力学或相对论力学为基础的宏观物理系统是如此,对以量子力学为基础的微观世界系统亦如此。它均处于中心地位。区别只是在宏观物理中,系统在相空间从任一点出发所定的路径由它本身即可决定,在量子物理中,它则通过决定系统在某一给定经历的概率幅起作用。

　　然而作用量本身则是由拉格朗日函数在系统运行中所给轨道上的时间段积分来表示的。因此对于物理系统的研究来说,作用量或者归根结底 —— 与之紧密相连的拉格朗日函数有着基本的意义。不过,到目前为止,对这些基本概念的明确可靠的物理内容的阐明还是被假定为尚不清楚的。为了更深刻地理解所举方法的思想实质。对作用量、拉氏函数等的物理含义和该思想引入的自然性做一些详细说明是必要的。只有这样,我们才能真正弄明白上述的原理和方法为什么是正确的。

　　我们知道,当局限于保守系统的时候,拉格朗日函数就是所谓的动势差、即系统的总动能减去它的总势能。而对于非保守系,也就是处于某一外场的系统,或者说是某一保守系的一部分时,它的拉格朗日函数可以从包括了它为一方的保守系的拉氏函数得来。显然,系统的运动是组成系统的物质间的相互作用的外在表现。动能是运动着的物质所携带的能量,它的特点是一旦它与别的物质作用,它就能够把这种能量传递给别的物体。实际上动能作为能量来说,被加上"动"的原因仅在这里。势能是构成系统的物体在现时的状态下所储藏的能量,它的表现是一旦系统走向动的过程,它就可以按一定方式用之于"武装"它的各部分物质。势能储备的来源是在它本身的形成过程中,由外界对它做功的结果。它的值应当相当于外界把它从"绝对自由"的状态约束到现存状态所做功的值,或者等于把它从现存状态与外界"不产生能量交换"地拆散到"绝对自由"地没约束状态(即解除约束)所应花的能量代价。而动势差,也就是拉氏函数 $L = T - \nabla$,就是把系统从现存的状态复旧到绝对的状态后,原组成的物质还剩下的能量总和。这种能可以理解为一种"自由能"。它的值等于系统物质在解除约束后自由做功的本领。这就是拉格朗日函数的物理实质。

　　然而,系统的这种解除或者建立过程不可能是在一个瞬时完成的,它只能在时间的过程中进行。因此,拉氏函数还只是自由能的时间密度。我们要考虑时间 t_1 到 t_2 期间解除或建立某一系统的自由能的大小时,就应当对时间来积分这个

自由能的时间密度 —— 拉格朗日函数。也就是说，用 $S = \int_{t_1}^{t_2} L dt$ 来衡量，而这就是我们所说的作用量。所以，通常所说的作用量积分乃是在 $[t_1, t_2]$（积分区间）内拆散或者建立这个约束系统后，这个系统的全部物质所剩下的，或者原有的（对于建立此系统而言）动能 —— 做功或者对它之外的物质作用的全部本领（能）。而这（很可能）也正是把它称为"作用量"的由来。

这样一来，所谓最小作用量原理的含义也就清楚了。最小作用量原理所说的是：系统的运动、发展总是在按照要使除了这个系统建立或者解除约束所必须耗费的能量之外的自由能尽量的小。这无异于是说，系统物质运动的特点是要在它的"现状存在"（即系统存在）的期间尽可能多地去释放约束能。也就是说，物质总是以最活跃的方式在与外界作用，通过这种运动的作用，把它本身的能量最大可能地传给外界。

正是基于这一分析，我们就可以认为，如同人工系统一样，"自然界或者说物理系统也是有目的性"的，即就系统整体 —— 包括系统的每一个部分且在每一段时间内，它们全都在全力"奋斗"，才能使得整个系统达到整体的稳定平衡态 —— 即总的势能取极小值的结构状态。系统的真实轨迹就是按这一机制形成的。给定环境约束的状态，假设系统整体由若干个子系统构成，那么对于任意一个子系统而言，整体中存在的其他系统就可以看成是该系统的环境。也就是说，整体中各个部分是互为环境的。于是，自然系统中的各个组成部分仿佛是正在博弈的一群主体，而主体的收益或效用则可以看作是自己在该环境中势能函数的某一个递减函数。每个主体"奋斗"的目的就是在给定其他主体的状态的条件下，尽可能地使自己的效益最大（即势能最小，因为依据上面的讨论主体偏好势能小的状态）。如此，各个主体之间便构成了一个相互作用的关系网，如果它们最终达到整体的平衡态，那么该平衡态就是博弈论中的纳什均衡状态。纳什均衡状态的一个特点就是，给定其他子系统的状态，自己所处的状态是势能最小（即效用最大）的稳态，因此任何一个主体此时都没有理由或动力来改变自己所处的状态。一旦由于随机干扰导致了某一主体自由能的变化，这对于其他主体而言就是环境发生了变化，于是就有可能导致整个系统的连锁反应，直到寻找到新的纳什均衡状态为止。这样处于均衡状态中的主体之间便构成了一个不可分割的整体。

现在，我们再来从能量传递的具体机制分析一下物质的相互作用情景。能是什么呢？能是做功的本领。正如解释加速度产生的原因一样，它们在某种程度上都可以认为是物质相互作用的因素的抽象。能和力一样是所谓动力学的概念，它是通过本身可测的运动学的概念速度、加速度以及位移等来表征的。

首先指出,力与能(势)是紧密相连的。在有势场中,力是势的负梯度。

$$\vec{F} = \mathrm{grad}\, v = -\left[\frac{\partial V}{\partial x}\vec{i} + \frac{\partial V}{\partial y}\vec{j} + \frac{\partial V}{\partial z}\vec{k}\right] \tag{0.4.10}$$

又,力也等于物质的质量与它的加速度之积,即

$$\vec{F} = ma = m\frac{\mathrm{d}^2\vec{r}}{\mathrm{d}t^2} = \frac{\mathrm{d}m\vec{v}}{\mathrm{d}t} \tag{0.4.11}$$

也就是说,有

$$-\mathrm{grad}\, v = \vec{F} = m\frac{\mathrm{d}^2\vec{r}}{\mathrm{d}t^2} = \frac{\mathrm{d}m\vec{v}}{\mathrm{d}t} \tag{0.4.12}$$

这里的后一个等式又说明力可以通过动量的改变速率来表征。把这些关系联串起来,就是力是由于势能减少传递给系统的物体,使它们加速运动这件事的抽象。而由于力的作用导致的运动又使物质具有了动能。势能就是这样转化为动能的。这个动能又可说成是系统对物体做了功的结果。这是由于功 $\mathrm{d}W = \vec{F} \cdot \mathrm{d}\vec{r}$。可见功乃是力作用沿空间积累的效果的量度。我们再看看,力

$$\vec{F} = \frac{\mathrm{d}m\vec{v}}{\mathrm{d}t} \tag{0.4.13}$$

或者动量

$$m\vec{v} = \int \vec{F}\,\mathrm{d}t \tag{0.4.14}$$

这又说明,动量可以解释为力在时间上累积的效果的量度。因此我们说,功与动量是系统的势能在时间和空间中变化表现出来的运动之依赖于时间与空间的两个不可分割的度量。而系统对外界的作用,又是以物质对外界传递动能(如碰撞)、动量而做功来实现的。这个接受了做功的外界,又引起它的物质的运动,改变其动能,并把一部分能量消耗于位移而作为它的势能储藏起来。但是,在这种传递的过程中,如果把作用的双方或多方都算进来而成为一个保守系统的话,动能与势能的总和是不变的。否则,运动就根本没有什么规律可循了。比如说,那样一来,作为整个系统的自由能的作用量就不能在任何一个时间过程中总是维持最小。事实上,我们可以把能量守恒和最小作用量原理互为前提进行推导。其中之一不能成立的话,而另一个也自然瓦解。

刚才的这段分析是选用直角坐标叙述的,并且较多地利用了力学术语。实际上,对于广义坐标系统也可以完全同样地予以论述;而只需用广义力去代替一般的力。这本来是只要我们把某一种参数都理解为位置值,而把它的时间导数理解为速度等就可以办到的。我们已经多次指出过,特性参数只不过是决定系统性质的一些因素而已。它们相当于坐标位置值。只要我们在最本质的意义下 —— 相互作用的意义去理解功、能、力 ……,我们就不管对什么系统(力学的,电的,机

电的，化工的，甚至社会经济的 ……），不管是哪一个广义坐标系，都讲得通。比如，热工人员用温度和熵那样的变数描写热力系统；航空学上讨论飞机的稳定时，谈到飞行转矩和飞行角；电气工程师为了描写电路的性状，用到电压和电荷；而化学则用化学势和摩尔质量这些名词。实际上，可以使用同一概念来研究这些不同的物理系统。如果在上述的各个情况里，用 f_i 表示前一个变数而用 q_i 表示后一个变数，那么不管系统的本质如何，总能够写出：

$$dW = f_i dq_i \tag{0.4.15}$$

式中，dW 表示能量方面由于 q_i 方面的变化 dq_i 所引起的微分改变量，f_i 和 q_i 这两个变数就是广义变数，上面的乘积在上述各个情况里都描述能量关系。也就是说，都相当于前面讲到的关系 $dW = \vec{F} \cdot d\vec{r}$。

　　这就证明了前面已述的一个基本事实，即一切物理系统尽管其本质大不相同，但有一个基本的类同点和共同的数学形象。这个共同的数学形象就是我们所一再讲过的最小作用量原理。

　　以上就是我们对于拉格朗日函数、作用量、最小作用量原理以及功、能、力、动量等基本概念的物理意义和系统通过能量传递进行相互作用的具体机制的分析。我们已经提到过，这种以最小作用量原理为规律的物质系统可以被看作是一个要求作用量最小的自然最优控制问题。由于它的运动方程可以仅由要求作用量——这个特殊的控制指标——最小而经由已知的求变分极值的变分法得到。这就不仅为解决同类问题打开了思想，并且也提供了方法。我们已经说过，数学理论只有被用于可以看作是它的自然原型的相应实际对象时，它才是有效的。当然，我们也可由一种实际原型问题的规律的详细了解，借助于包含了它作为具体原型之一的抽象形式而去由此及彼。这种背景和思想被相当自然地用到了控制论科学。

　　庞特里雅金处理最优控制问题的最大值原理实际上就是这样来的。只不过问题是反过来提罢了。系统控制问题与自然系统的不同，仅在于相当于作用量的控制指标是"人为"规定的。但是要使这个"人为"的指标最小，各参数应满足的方程同样可以由变分法求函数极值的办法去寻求。我们的控制任务只不过是要掌握一组变动的控制参量，并保证这种关系被满足而已。

　　假想这些控制参数的规律已被求得的话，难道不是和自然系统时的其他参数一样吗？这样一来，整个对自然系统适用的理论和思想就当然地可以搬到控制系统上去了，而这正是我们曾在最优控制的那部分理论中所看到的情况的活的思想实质。

　　我们还在本节的开头说过，最小作用量原理与可能位移原理都是从动的角度处理相对稳定的对象（平稳点和真实轨道），是把对象的真实状态从可能的多种状态中挑选出来。这实际上就是我们一再强调的涌现 —— 从可能性中涌现出现实性。

按照我们前面已经具体叙述过的方式，还可看出最小作用量原理可认为已隐含在可能位移原理（考虑到惯性力的存在的可能位移原理）之中了。在某些假设条件之下，它们可以互为因果。而从数学观点来看，两者只不过是同一原理的微分表写与积分表写而已。然而，不管是哪种形式，它们都反映了本质的东西，所以都可作为推导运动规律亦即运动方程的出发点。

0.4.5　关于牛顿理论的一些认识与注记

我们深切感觉到，要深刻领悟一种理论的真谛，就要尽可能地去捕捉现有理论的原发现发明者创造和推进此种理论的原始质朴思路的思维惯性。这往往是非常直觉并明快的，而不可仅满足于教科书与专著中形式化的定义和面对已知结论的形式逻辑推演。许多的实发事例使人深信，在原作者的原始创意里，结论是早已被定性地猜测到了的 —— 或许是基于审美直觉。这种猜测的得到，是由某种确定的个例原型自在运动演化过程中的事实启发所致，甚至方式与方法也本质上是来源于原型之某种局部演化机制与定性机理的规定。因此，我们需要经常反复地回到那些理论最初的出发点，即最初引发概念的那些基本事实上去（尤其是当新发现一些已有的理论不能解释新的现象时更应如此），重新审视一下那些最基本概念的根基与我们自身的理解是否稳固、真实、正确。如不完全精确，则就要求综合新的发现事实，依赖某些理性原则，去修改原意下的概念，以获得更为深化的理论与方法。

前面一再强调，科学理论必须是思维与事实耦合系统的稳态，而稳态是在过程中涌现出来的。对于一个事实，可以有不同的解释，既可以是科学的，也可以是艺术的宗教的。这实际上就意味着思维与事实耦合系统是多稳态的。每一个稳态都有自己的某一个吸引域。由于吸引域包含着更多的可能，所以更容易被发现。我们说要捕捉原发现发明者创造和推进某种理论的原始质朴思路的思维惯性，实际上就是要去捕捉代表该理论之稳态的吸引域的特征，以及发现者是如何通过已有事实的导引到达该吸引域的。位于相同吸引域的观念客体往往具有共同的定性表述。然而，到达吸引域后，稳态的涌现虽然说是必然的，可是其过程却同样可以是漫长的，它往往表现为理论的抽象和不断深化的过程。如果出现的新事实以及对该事实的任何合理的解释都不能相容于已有的理论时，那么理论就必须做适应性的改变。如果用系统科学的术语，新事实就代表着一种随机干扰，新理论的诞生可以理解为随机干扰导致了稳态的转移或跃迁。

因此我们所说的演化包含着三个方面的演化，它仍然是我们前面所说的自在客体（外在世界）的演化、思维结构（算符）的演化和观念客体（科学理论）的演化。

比如说从以牛顿学的第一、第二定律为主要内容的牛顿理论到分析力学的两大基本原理，以及相对论力学对它自身的修正，就是这样一步一步走过来的。牛顿力学即是上述所有一切等价性原理的最初出发点，但是牛顿力学即使在经典力学的框架内也不是最后的稳态。

牛顿理论的结论既然是以位移矢（$\vec{r}$）—— 从而伴生出速度矢（$\vec{v} = \dfrac{\mathrm{d}\vec{r}}{\mathrm{d}t}$）、加速度矢（$\vec{a} = \dfrac{\mathrm{d}^2\vec{r}}{\mathrm{d}t^2}$）等来观测决定运动的原因 —— 力的矢量值（$\vec{F}$），则由此而提出的第二定律（$\vec{F} = m\vec{a}$）以及矢量合成的平行四边形法则一起就已经构成了一个总的封闭理论框架。可以认为，此即战国春秋时的墨子曾定性表述的"力，刑之所以奋也"的一种相应定量模式（墨子的描述可以认为是牛顿第二定律这一暂时稳态的吸引域）。这一具体模式的制定，最初只能说是直觉经验的概括。它的真理性与普适性，是由此形式规定的二者在量值上的相等，特别是在几乎一切的具体个例情形的正确性得以公认的。然而，当达朗贝尔提出把 $m\vec{a}$ 理解为惯性力之后，此式又具有按牛顿第一定律所表达的与$\vec{F}$（原作用力）相平衡的物理意义。因而，我们又何尝不可以把第一定律看作是第二定律的广义的定性模式，并从而可以把它们看作是一个定律。

这一定律不仅是牛顿力学的基础，同时也是相对论力学的基础，因为式中的 F 是在不同的具体条件下另行给出的。而相对论力学，它只是说了，在运动物质的速度 v 接近光速时，坐标与时间均应按罗伦兹变换予以修正。而把这种修正的变换引入牛顿第二定律，也就又得到了相对论力学的基础。

虽然说牛顿第二定律作为其定性原理的定量模式的最早提出，是以三维的实空间的物质运动为背景的，其定性模式作为对于一般多维空间的力与系统运动状态之间关系的陈述也未必不真。也就是说，这一原理对于一般可概括为相互作用或者进而引申到相互适应（或磨合等）的条件环境下也应当是正确的。只需把这种相互作用或适应看作是以一种"力"的平衡与转化过程就可以了。由于前面所述的关于力与能量的关系，相互作用也可以看成是"能量"的平衡和转化的过程。因此只需要将"力"或者"能量"等力学概念创造性地转化为其他复杂系统中相应的客观量，讨论复杂系统的演化便会事半而功倍。事实上，我们的前人已经做过了类似的工作。可以认为，分析力学的全部，就是在干这一件事。只是它在相应的诸概念的量化表现上均冠以"广义"两个字而已。这显然在概念上是一个非常本质的飞跃。而且在其整个的理论阐述中根本就没有涉及线性与非线性的区别。它应当被理解为是一般系统框架理论的统一基础。

当所研究的系统包含人和人类社会这一具有认识主体或主观性环节的子系统时，一种思路就是将势能理解为反映每个主体偏好的效用函数的某一递减函数，主体之间的相互作用就是主体效用之间的平衡和相互转化。在经济系统中，对于所研究的理性主体，不仅应遵从一般的优化原理，同时还要考虑这类系统形成整体协调与精细平衡的各种可能的具体机制。在非合作博弈论中，均衡只有当每个主体的效用在给定其他主体的状态下是最大时才会出现，这就是纳什均衡。有意思的是，有关这一类问题的解决，我们的祖先早自春秋战国时期开始，就不仅已经创造和积累了丰富的经验，并业已形成以诸如"不战而屈人之兵"一类的所谓"奇正理论"为代表的系列定性成就；最近几十年来，又由我国学者将之做了定量刻画，提出了一整套称之为具有激励机制的多人多目标的谈判、协商、仲裁等决、对策的定量分析模型与相应求解算法（罗晓，1990；王先甲等，1995）。

特别是以儒、道、佛学及其长期交融发展所形成的我国传统文化中与此有关的国粹精华，更为我们此后的深入研究，提出了许多如何通过制定各种条件下各类人群的行为规范和处理相互关系的理性原则，以及达到不同层次社会子系统的整体协调 —— 精细平衡的定性方略。这可以说是现代博弈论激励理论的萌发。

比如，"为政以德，譬如北辰"，"忠、孝、仁、爱"的德治之道，重"在新民，在止于至善"的大学中庸之道，"民贵君轻，社稷为重"与儒法兼容的德治法治兼济之道，"正心诚意，格物致知""修身齐家""君君、臣臣、父父、子子""治国平天下"之道，也包括在近代的我国社会实践中曾行之有效的"比学赶帮超"的竞赛规则，处理国际人际冲突事件的合纵连横、谈判协商等机制中的"双赢"以及"要使自己活得好，也使别人活好"的决策和政策制定原则，及相应的策略体系等。

对于更广泛的复杂系统，我们可以引入适应度函数（反映主体生存概率或能力的一个量）的概念，而将物理系统中的势能理解为适应度的某一递减函数，这样主体之间的相互作用就被理解为是适应度之间的转化和平衡的过程。这个思想将贯穿在我们以后的讨论中。

所有这些都是极具理性的，完全可以借鉴演化博弈论研究中所采取的思想方法，而这也正是形成我们研究思想与方法的最主要的源泉之一。

§0.5   系统科学研究的两种范式

0.5.1   "天之道"与"人之道"

老子《道德经》第七十七章：

> 天之道，其犹张弓与！高者抑之，下者举之，有余者损之，不足者与之，天之道损有余而补不足。人道则不然，损不足，奉有余。孰能有余以奉天下？其唯有道者。

在这段话中，老子把万事万物涌现和演化的机制划分为两种类型，一种是"天之道"，另一种是"人之道"。前者"损有余而补不足"，基于的是负反馈机制，导致的是均衡的涌现。后者"损不足而奉有余"，基于的是正反馈机制，导致的是系统成员之间的分化、均衡的跃迁和系统整体的演化。

关于涌现，我们在第一卷的导言中是这样定义的：所谓涌现，就是构成系统的各个主体（子系统）依据一定的规则进行相互作用并最终形成稳定的系统整体结构的过程。

在上述定义中，依据"一定的规则"趋向稳态的过程在物理系统中往往表现为封闭系统中某一个形式和意义都明确的量或函数（作用量、李雅普诺夫函数、自由能、热力学熵等）的最大化或最小化过程，而在经济系统中则是行为主体为了最大化目标函数而相互作用并趋于均衡的过程。也就是说，不管是物理系统还是经济系统，均衡都涉及参与相互作用的个体对某一个量或函数的最大或最小化过程。这样的一些量或函数是外生给定的，它们的形式不会因为相互作用的过程而发生改变。

所谓演化，就是"新奇性"因素导致的均衡跃迁。这里的新奇性因素，可以是构成系统的某些主体在"一定的规则"之外产生了新的相互作用的规则，这些新规则在由主体构成的关系网络中蔓延、渗透、传播，从而导致原有系统稳态的瓦解、分岔或变迁，并最终导致系统的彻底崩溃或导致新的系统稳态的诞生。

理解非线性的关键词是"反馈"。因为反馈，简单的规则会涌现出复杂的现象，混沌的世界里会涌现出意想不到的秩序。反馈可分为负反馈和正反馈，他们分别对应于老子所说的"天之道"与"人之道"，前者导致稳态（秩序）的涌现和维持，而后者则导致稳态的跃迁。

　　根据普里高津先生的耗散结构理论,在正常情况下,由于热力学系统相对于其子系统来说非常大,这时涨落相对于平均值是很小的,即使偶尔有大的涨落也会立即耗散掉,系统总要回到平均值附近。这些涨落不会对宏观的实际测量产生影响,因而可以被忽略掉。也就是说,在正常情况下负反馈机制起主导作用。

　　然而,在临界点附近,情况就大不相同了,这时涨落可能不自生自灭,而是通过正反馈机制被不稳定的系统放大,最后促使系统达到新的宏观态。当在临界点处系统内部的长程关联作用产生相干运动时,反映系统动力学机制的非线性方程具有多重解的可能性,自然地便存在着在不同结果之间进行选择的问题。在这里,瞬间的涨落和扰动造成的偶然性将支配这种选择方式,所以普里高津提出了涨落导致有序的论断,它明确地说明了在非平衡系统具有了形成有序结构的宏观条件后,涨落对实现某种序所起的决定作用。

　　以上第二节至第四节所涉及的关于系统科学的研究范式本质上与新古典经济学是一致的,即分析力学的范式。尽管新古典经济学和分析力学所考察的个体不同——前者完全理性而后者零理性,但它们本质上是相同的,即原子式的孤立的个体,它们之间的相互作用正是我们在第一卷中所说的基于刺激—反应模式的"伪相互作用"。

　　范文涛先生(2005)指出:

　　　　自然物质在其演化全程的诸阶段所形成的诸理论,即无机物演化的阶段遵从的"物理"、蛋白质有机物质与生命演化阶段遵从的"生理",直到人类及人类社会出现后演化阶段形成的"事理(系统工程)""管理"、制定人类行为规范的"伦理"、自人类意识出现起由感性—悟性—理性不断反复循环领悟深化而成的"哲理",以及与测量、记事、计算过程逐渐积累、升华发展而来的"数理"等七个"理"是一个理。[①]

　　后来,范文涛又把这七个理进一步拓展到包括"人理""情理""地理"等十个理。

　　当我们说"十个理是一个理"时,其实是想用"天之道"来统一所有形式的相互作用,然而更深入的思考让我们明白,"人之道"与"天之道"是很难统一的。事实上,当炒股巨亏的牛顿发出"虽然我能计算出天体的运行轨迹,但我却估计不出人们疯狂的程度"的感叹时,困惑的或许正是"天之道"(涌现)与"人之道"(演

---

①　引自《复杂系统演化理论与方法研究》(龚小庆,2005)的序。

化）之间的迥然相异。

因此，尽管我们在之前的工作中一直试图用均衡的范式（"天之道"）来建立一个统一的系统科学理论，然而当面对近年来在复杂性科学、人类行为动力学、生物进化论、博弈论、新兴经济学（行为、实验、演化和神经元经济学）、社会网络理论和场有哲学等领域丰硕的研究成果时，我们深刻地认识到，原有的思路是有局限的，我们必须拓展视野。唯其如此，才有可能建立一个更为完整的理论框架。

"能有余以奉天下"在老子眼里是理想社会的特征，老子认为这样的社会唯有"有道者"才能实现。这里的道，我们认为既不是"天之道"也不是"人之道"，而是使社会成为可能、让财富源源不断涌现的合作之道。因为唯有合作，才能真正实现"有余"，也才能达到"奉天下"（不是"补不足"）的目的。

理解了合作何以可能，也就理解了人类社会的复杂性。

0.5.2　均衡和演化

亚里士多德在其第一哲学中提出的第一个问题就是"实体是什么"。在亚里士多德看来，实体是指这样的东西：它能够独立存在，在任何意义上（即在定义上、认识的次序上和时间上）都是在先的，是一切其他的东西（如性质、数量、关系、状态、变化等）所赖以存在的东西，并且它不需要用来表述其他事物而又不存在于其他事物之中。"因此第一义的存在就意味着作为主体的存在，作为客体存在的存在物仅仅具有第二或派生的意义"。[①]

对独立自主"实体"的不断追问和不断还原构成了西方哲学思想的一个重要传统，并形成了所谓的"存在（being）的范式"或"实体的范式"。

这种范式在经济学上的反映便是将所研究的对象还原为孤立的、同质的个体，由此形成传统经济学的基本出发点。

事实上，新古典经济学考察的基本对象是完全理性的、同质的个体，即所谓的代表性行为者，并且他们之间的相互作用是匿名的、自动的和全局的。这些代表性行为者就像一群分子，在相互作用时，对作用对象不加选择，个体之间不存在知识、能力和信息方面的差异和交流，他们在做决策时既不考虑自己的行为对经济系统的影响，也不预测其他个体的行动，决策时唯一的依据就是外生的市场信息流。由于个体的完全理性，因此它们都是一个个具有无限计算能力的最大化机器，面对着价格的信息能够在瞬间完成效用最大化的决策。就像封闭容器中的分子能够自动地达到热力学平衡态一样，大量独立追逐效用最大化的个体的分

---

① 唐力权（1998），第 88 页。

散活动能够在价格和竞争机制的调节下自动地趋向于均衡状态。于是,均衡状态被认为是唯一重要的状态,而对于到达均衡的路径或"历史"则不予关注,并且任何均衡以外的状态均被认为是例外或者暂态而不具备加以集中关注的必要性[①]。更为重要的一点是,一旦均衡成为分析的焦点,就可以避开复杂的动态分析方法而只需采用富有成效的比较静态分析方法。这样,存在的范式或者实体的范式在经济学中就很自然地演变成了均衡的范式,它构成了新古典经济学范式的基石。

新古典范式并不完全拒绝对个体之间相互作用的关注,它通过两种方式考虑个体之间的相互作用。第一种方式是随机的方式,即前面所说的类似于分子之间随机碰撞的代表性行为者之间的相互作用,其中交易的各方均可以不受约束地自由选择和更换交易伙伴,直至均衡的涌现。第二种方式则是基于如下的假设,即个体之间相互作用的规则并不是内生的而是被外在特定条件(如完备的契约、组织的制度和目标等)所规定和限制的。这些外在条件具有不容置疑的合法性和理性,因此一旦外在的条件给定,个体就会很快地将其内化,从此其行为也就随之被确定了。如科层组织内部成员之间的相互作用方式就是如此。

以上两种方式的相互作用构成了完全竞争与不完全竞争的两个极端。然而,它们有一点是共同的,那就是不管以什么样的方式相互作用,在新古典的范式中,就像微不足道的单个分子不能抵抗热力学基本规律一样,个体行动者或者被价格机制或者被完备的契约所支配,均只能被动地接受环境所规定的角色,其行为方式遵循刺激 → 反应模式(记为 $S \to R$,面对外在的刺激,市场中的个体给出效用最大化的反应,科层中的个体则给出契约所规定的反应)。个体的实体性最终被完全消融在均衡的实体性中而失去其独有的个性。这些"在均衡中出现"的个体不会以任何方式重构、发现和创新相互作用的规则,从而导致了对于个体异质性、适应性、情境性、权变性和多样性等特征的忽视[②]。因此,在新古典的范式下,静态的"均衡"几乎成了"存在"的同义词,其所涉及的相互作用是典型的伪相互作用。

就像拉格朗日和拉普拉斯等物理学家通过将力学的数学化而使力学有了牢

---

① 　Becker 认为,新古典经济学的本质为:(1)假定具有给定的、稳定的偏好函数的理性的、最大化的行为人;(2)集中关注已实现的均衡状态;(3)以不存在长期信息问题为标志。参见霍奇逊(2007),第 29 页。

② 　唐力权认为,在亚里士多德哲学中,如果 A 在 B 出现,则 B 必有一独立的存在,而 A 只有依附型的存在—— 即,依附于 B。因此,个体在均衡中出现意味着,个体则只能依附于均衡。参见唐力权(1998),第 93 页。

固且完美的分析基础一样，新古典的范式则通过将经济学的数学化而使经济学成为一种逻辑严密的公理化体系。也正因为其数理逻辑结构上的严密性，新古典经济学家们便很自然地将自己"锁定"在理论的孤芳自赏上，而不再关心理论与现实经验之间的距离是否渐行渐远①。

经典博弈论是研究在理性和共同知识假设下的个体之间在上述意义下的相互作用方式的经济学理论，它研究的是：（1）在外生给定的博弈规则下均衡是否存在；（2）如果存在均衡，那么均衡是否唯一；（3）如果不是唯一的，那么在一个共同的心智模型下，哪一个均衡是能够自我实施的；（4）如果要使某一个结果成为均衡，应该设计怎样的学习规则。

在经典博弈论中，不论是博弈规则还是学习规则，最终都可以描述为数学上的一种算法（微分动力学方程或迭代算法）。以上的问题大多可以转化为研究某一种算法的均衡解的存在性和收敛性等问题，所谓的演化问题则只不过是在外生条件发生改变时均衡的稳定性以及在不同均衡之间的转移或跃迁的问题。由于相互作用的规则是外生的，是一个可以控制的参数，因此内生的"新奇性"或者"意外"事件便被挡在了研究的大门之外，最终呈现给我们的是一个可以预测、设计和控制的确定性世界。

然而，博弈各参与人的支付是相互依存的，每一个体的最优策略取决于其他个体的选择。这就意味着，每一个体在博弈中不是独立自主的，而是依赖于他人的条件性和功能性的存在。因此，即使是在经典博弈论的均衡分析框架内，仍然潜藏着一些改变或创生博弈规则的内生性动机，例如：（1）相对于均衡而言是帕累托占优的博弈结果的存在（如因徒困境中的双方均采取合作策略的情形）会使得处于纳什均衡中的个体做出创新博弈规则的尝试，并进而改变博弈结构（如在关注与他人相互作用及其过程的基础上形成的稳健的以合作为均衡的动态策略并将博弈转化为猎鹿博弈②）；（2）如果存在着另一个对于某个体而言可以获得更高支付的纳什均衡（如性别战博弈，Schotter 的保持不平等社会制度的协调博弈③），那么该个体便有可能产生通过改变博弈规则以实现均衡跃迁（Transition）的冲动。这些改变或创生博弈规则的内生性动机或冲动构成了瓦

---

① Hodgson 指出："对于倾向于使用数学的经济学家而言，假设经济主体对一个外生给定而且详细定义的偏好函数进行最大化处理，似乎比任何可替代的或更为复杂的人类行为模型更为可取"，"形式主义成了逃避现实的手段，而不是帮助理解现实的工具"。参见霍奇逊（2007），第 3、29 页。

② 参见第一章中关于直接互惠的讨论。

③ 参见 Schotter（1981）中译本，第 39-45 页。

解现有均衡的离心力。

均衡的范式在聚焦于均衡的向心力的同时，有意无意地忽视了瓦解均衡的离心力，其原因就在于在完全理性与共同知识的假设下，处于均衡中的个体在关于其他个体不改变策略的预期下选择现行策略是最优的。因此，即使承认存在理论上的离心力，在实践中理性个体也会克制改变策略的冲动，从而使得现有均衡得以维持。

然而，当博弈具有多重均衡时，完全理性的假设对于理解个体之间的协调过程以及预测哪个均衡会成为现实毫无帮助。另外，由于存在不同的策略组合、非对称性的支付矩阵、多重均衡以及收敛于均衡的路径的多样性，同一个均衡对于不同个体而言便构成了不同的情境。因此处于某一特定均衡中的个体关于均衡结果的主观感受以及偏好便呈现出多样性的特点。因此，在更长的时间标度内，均衡并不意味着锁定，而是常常会成为孕育个体异质化的摇篮。也就是说，基于同质性个体（完全理性、一致性偏好）假设基础之上的均衡概念本身便隐含了对其假设前提的否定因素。于是，即使是在新古典的范式中，其逻辑的内在矛盾也使得均衡概念不再具有终极实在的"实体"资格。

随着经济学微观基础的博弈论转向，自利的经济人或理性人假设受到了挑战。正如我们在第一卷中所揭示的，在一些经典的社会困境博弈模型，如囚徒困境、公地的悲剧、信任博弈和公共品贡献博弈中，自利的决策并不能带来个人最优的结果，而且对于集体来说甚至会带来最劣的结果。在某种意义上来说，正是原子式的理性人之间的伪相互作用导致了帕累托劣的结果。另一方面，通过大量的有关社会困境博弈的行为实验，经济学家们发现，决策者并不是只考虑结果是什么，而是会在决策的时候关心他人、集体和社会利益，同时也会关注产生结果的过程，甚至会花费成本惩罚那些追求个人利益最大化的自利行为，即决策者会表现出所谓的"亲社会行为"的特点。也就是说，个人不仅仅具有自利的"个人偏好"，而且还有亲社会的"社会偏好"，而这正是作为社会性动物的人类成员的基本特征。个人偏好和社会偏好何者占主导地位取决于决策者所处的情境，而情境是在社会交往的过程中开显的，它们只能被参与社会交往的行为人所感受。因此，人们的偏好是内生于相互作用的过程的，并且会随着相互作用过程中不断开显的情境而演化。

演化心理学认为，理性主要用来应对迅速变化的环境，是生物个体面对没有先例的事物时的一种神经反应模式。这种反应包括信息识别、信息判断、信息处理等多个环节，其能量消耗要超过本能和情感。由于基于社会偏好的效用函数包含有关注他人结果、意图和类型等因素，这使得行为人之间的决策纠缠在一起，互相影响和互相反馈。于是，即使能将行为人之间的决策过程写成一个确定性的微分方程组,它也必定是非线性的。这意味着在相互作用的过程中对于他人行为和情境的预测是不可能的。因此,行为人的所有行为都采取"理性"的方式,不仅是不经济的也常常是不现实的。因此,在长期演化过程中,某些重复出现并具有重大生存价值的场景,将在生物个体的神经系统中形成某种固定的专门化的反应回路,从而导致那些接近于刺激——反应模式的生物行为。

脑神经科学的研究成果表明,人们的社会偏好和亲社会行为并不是无源之水、无根之木,而是有着演化生物学和演化心理学的基础的。例如,人类成员的社会认知可以视为是以下三个神经元区域的功能:杏仁体、内侧前额叶皮质和颞上沟。一些学者将这三个区域再加上脑回(gyrus)一并称为社会脑(social brain),它构成了社会偏好的物质基础。

"损不足而奉有余"尽管会导致"富者越富,穷者越穷"的马太效应,但是研究表明这一机制很有可能是生物适应性的一种表现。事实上,这一机制在现实世界中具有普适性。例如,银行更愿意给富人贷款,人们更愿意到人口多的城市寻找工作,被引用越多的文章越有可能被进一步引用,票房越高的电影越能吸引观众,等等。

人是社会化的动物,人们不可能在任何一件事情上都要去消耗有限的认知资源,遇到疑难问题时参考网络中朋友的意见,模仿周围成功者的做法等,在大多数时候都能取得不错的效果。这样的一种行为模式使得人们的行为常常会表现出"羊群效应"的特征。例如,在证券市场中,"羊群效应"与股市指数之间常常会形成一种正反馈的机制,从而导致暴涨暴跌的现象。

颇有意味的是,这样的一种机制会导致统计学中除了正态分布族以外的另一族分布 —— 幂律分布。

0.5.2　统计学的两种范式

复杂系统是一个不断涌现着和演化着的网络。在复杂网络中,不存在事先预设的一个凌驾于所有主体(节点)之上的"领袖",所有的主体都具有平等和对称的"地位"。网络的主体作为整体的一部分同时也扮演着其他主体环境的角色。系统演化的方向并不是由外在施加的,而是由主体之间相互作用的方式而决定的。一般来说,一个主体并不是随意地与其他主体发生作用,它要依据其他主体的重要程度以及自己的偏好、信念来决定是否要与其发生作用(关于这一点在后面关于复杂网络的理论中再详细分析)。也就是说,每一个主体与其他主体发生作用时都期望着能得到一定的"好处"。于是那些最先成为网络节点的主体,就有可能被后来进入网络的主体视为优先发生相互作用的对象,从而就可能随着网络规模不断增大的演化过程中出现"富者越富，穷者越穷"的"马太效应"，并进而导致节点的分化、节点类型的多样化及对称破缺，甚至可能也会导致"领袖"（对网络整体的存在起到关键作用的节点）的涌现。例如，根据 Barabasi et al. 的研究，万维网就有这样的特点。那些一开始由于偶然的原因有较多链接的网页在随后网络规模的扩大中将会被越来越多新产生的网页所偏好而与其链接。这些"领袖"式的网页一旦被黑客侵袭就可能导致部分或整个网络的瘫痪。

　　定量地研究复杂系统的演化规律必然会涉及数学的一个重要分支——概率统计。这是因为，随着复杂性科学研究的不断深入，另一个相异于正态分布族的普适分布族——重尾分布族不断地出现在人们的视野中。根据极限定理，稳定分布族只有两类，或正态分布族或重尾分布族（尾部具有幂律特征的分布族）。

　　根据新古典经济学的假设，同质的完全理性的经济人之间的相互作用与零理性的质点之间的相互作用都会呈现出正态分布的特点。例如，在完全理性以及有效市场的假设下，金融市场波动所呈现出来的统计规律性常常被描述为布朗运动（其位移服从正态分布）。然而，有限理性的适应性主体之间的相互作用则会呈现出幂律分布的统计规律性。例如，经验数据表明现实金融市场的波动可以描述为列维飞行（其位移服从幂律分布）。这意味着，"天之道"与"人之道"将很难在统计学上被统一于同一个范式之下。

　　正态变量的取值范围理论上可以是整个实数轴，但是由于其概率密度以指数方式趋于零的尾部特征使得其具有一个非常重要的性质，即极端事件是十分罕见的。例如，正态变量与其均值的偏差大于 3 倍标准差的概率仅为千分之二，而大于 10 倍标准差的概率则为 2×10^{-23}，这是在现实中不可能发生的事件。正态分布不仅具有很多优良的性质，而且基于该分布的数学推理也比较简洁、方便和优美。更为重要的是，中心极限定理保证了正态分布的普遍性，因为根据该定理，大量微小独立随机因素叠加所引起的现象均可由正态分布描述。

　　由于随机波动的范围与标准差在同一个标度（scale）之内，并且极端事件十分罕见；又根据大数定律，大量随机因素所造成的平均波动趋向于零。因此，随机性因素的引入对于均衡在统计意义上的稳定性并没有构成本质性的威胁。

　　世界是有秩序的，因此也是可认识和可控制的，这一信念进一步被"完美的"新古典经济学理论所强化。著名物理学家海森堡曾说："美是真理的光辉"。面对着如此完美的理论体系，我们还有什么理由质疑新古典理论的真理性呢？

　　尽管达尔文的进化论早在新古典理论之前的几十年前就已经创立，但是由于生物学的类比对于经济学的数学化有很大的难度，因此以分析力学为标志的经典物理学所特有的简化论、还原论和决定论的哲学观便成了经济学的一种基本思维范式[①]。

这种思维范式的强势性还体现在,现实中层出不穷的与新古典理论相冲突的现象在一些经济学家看来并不是理论的缺陷而是现实的缺陷,并且强调这些现象绝不是常态,而是稍纵即逝的,因此没有必要对其加以详细的研究,进行范式的革命以适应这些"异常"现象更是没有必要的。

虽然生物学类比的呼声一直以来都没有消失过,但是使经济学范式革命成为可能的突破性进展却并不完全来自生物学,而更多的是来自物理学研究领域的拓展。而物理学,具有讽刺意味的是,正是新古典理论机械论类比的源泉。

不过这一次,经济学的物理学模型的建立并没有基于先验的原理或公理,而是要面向现实经验数据并要经得起经验数据的检验。这主要涉及以下几个步骤:首先,从经验数据中发现其所遵循的规律;其次,从这些规律中捕捉物理学的灵感并通过隐喻类比建立相应的物理学模型;再次,揭示由物理学模型所得出的结论中所隐含的经济学意义;最后,所有的结论必须接受经验数据的检验并逐步完善模型。这就意味着,范式的革命绝不应该仅仅只是理论的兴趣,而更应该是对现实的一种回应。

物理学家的努力诞生了一个新的词汇 —— 经济物理学(Enconophysics)。Mantegna 和 Stanley(2000)对这个词的解释是,它"描述了目前一些物理学家试图借助于理论与统计物理学的范式和工具为金融和经济系统建模所做的尝试",并且他们特别强调指出,"与传统的金融或数理金融研究的本质区别在于,物理学家强调经济数据的实证分析。"[②]

两方面的原因使得统计物理学方法在研究经济和金融市场时变得切实可行。一是可获得海量的市场交易数据,二是计算机分析技术和工程计算软件的飞速发展。这使得统计物理学家可以直接面对现实市场的经验数据,而不是纸上谈兵地去研究并不存在的理想市场[③]。

———————————

① 马歇尔指出:"经济学家的目标应当在于经济生物学,而不是经济力学。但是由于生物学概念比力学的概念更复杂,所以研究基础的书对力学上的类比性必须给予较大的重视;并常使用'均衡'这个名词,它含有静态的相似含意"。马歇尔这里所说的力学上的类比指的是机械论的类比。

② 用 Bouchaud 和 Potters 的话来说就是,任何理论模型都不能替代实证数据。引自:Rickles D (2007).

③ Bouchaud 认为,在物理学的发展历史中,曾有很多被奉为教条的理论与模型由于其与现实的不符而被放弃,因此物理学家对于所谓的公理总是抱着一种怀疑和批判的态度。如果经验观察与模型不相吻合,那么即使该模型再美再方便,它仍然需要废弃或加以修改。参见 Bouchaud (2008)。

　　前面曾经提到,新古典理论实际上隐含有这么一层意思,即经济系统是稳定的,任何偏离均衡的现象都只是稍纵即逝的暂态。于是,一旦像金融危机这样的极端事件并不如正态分布所预测的那样只是概率极小的事件,而是在更大时间周期内的一种常态,那么,新古典经济学的流行和过于强大的优势便为自身播下了危机的种子:(1)过分相信自由市场的调节作用的结果是,在风险将至时依然盲目乐观而不作为,从而导致潜在的危机以更加剧烈的方式成为现实;(2)面对极端事件的出现,人们很有可能会认为是获得数据的方式出了问题而不是理论的问题,从而把注意力集中在如何修正数据上(如去趋势、去噪声、去异常、平稳化、等价线性化等),进而造成对危机的进一步不作为;(3)当在大量事实面前理论再也无法指导实践时,由于替代理论的长期受压制和边缘化而鲜为人知,造成人们对自身认识能力的怀疑而进一步加剧恐慌的心理;(4)缺乏理论指导的拯救措施,于是便常常只是临时性地想当然地采用应急之策,虽然说得好听一些这可以认为是具体情况具体分析,但反过来看却非常具有讽刺意味,因为经济学家们正是以自己"头痛医头,脚痛医脚"的"例外"举动颠覆了新古典理论的关于决策者完全理性假设的根基;(5)不管是否情愿,对替代理论的呼唤必然会导致范式(理论思维方式的稳态)的跃迁,从而导致经济学理论自身的演化。

　　于是,经济学理论范式的跃迁在很大的程度上取决于关于市场波动统计规律性的认识上,而关键的则是以下几点:(1)有多少种普适的分布族,或者,是否存在另一种不同于正态分布的普适分布族?(2)现实的观察数据到底服从哪一种普适的分布?(3)现实数据所呈现出来的统计规律性是不是支持新古典均衡的范式?

　　在统计学中,我们可以将所有的分布分成两类,一类是二阶矩存在的分布,另一类则是二阶矩不存在的分布。对于第一类分布,由于方差是存在的,于是由 Chebyshev 不等式,服从这类分布的随机变量将围绕在均值左右取值,其波动一般不会超过标准差的某个倍数。并且进一步地,如果这一类分布的随机变量还是无限可分的,即可以分解为多个独立同分布的随机变量之和,则在某些条件下将该随机变量标准化后将会近似地呈现出标准正态分布的特性[①]。这正是各中心极限定理所证明的正态分布的普适性。

　　对于第二类分布,由于其方差不存在,因此其取值范围便常常呈现出无标度(scale-free)的特性,即其取值可以跨越多个数量级的标度范围。这一类的分布

---

　　① 使中心极限定理成立的各个条件中基本上都假设了高阶矩的存在性,像林德伯格条件更是隐含了分布尾部是可以忽略不计的。

尾部常常具有幂律(power-law)的形式。由于幂函数趋于 0 的速度远远小于正态分布密度以指数方式趋于 0 的速度,故将其尾部形象地称为"胖尾(fat tail)"或"重尾(heavy tail)"。

如果将所有的分布分为两个族,即正态分布族和尾部具有幂律特征的非正态分布族或重尾分布族,则已有的研究表明,有限方差的随机变量将以正态分布为吸引子(attractor),而无限方差的随机变量将以尾部具有幂律特征的分布为吸引子(Mantegna 和 Stanley(2000))。

由于根据新古典范式所建立的随机过程模型总是预测某些金融市场变量(如收益率、交易量等)的统计规律性将"归"向正态吸引子,并且由这些变量所构成的时间序列是独立同分布的,因此如果现实市场中的经验数据能够令人信服地证实这些变量的统计规律性其实是"归"向非正态吸引子的,或者由它们构成的时间序列存在着相关性甚至长程相关性,那么基于新古典范式的有效市场理论将至少被部分地证伪,从而为新的物理学隐喻和类比敞开大门。

对金融市场经验数据的实证研究发现了一些"程式化的事实"(stylized facts)。例如,研究表明由实际收益构成的时间序列分布的尾部具有幂律的"胖尾"特征,因此实际的收益将比正态分布所预测的具有更大的波动性,从而获得巨大的收益并不是罕见的事件。另外,对经验数据的研究也发现了"波动集丛"(volatility clusters)的现象,即在某些时期连续出现大波动序列而在另一时期则连续出现小波动序列,而这也与正态范式下价格波动的布朗运动描述大相径庭。收益分布的这种幂律特征以及"条件异方差性"(conditional heteroskedasticity)很自然地便使物理学家们联想到新的类比 —— 自组织临界态(self-organized criticality)和相变(phase transition)。这一类比为经济学的相互作用范式提供了物理学的基础[①]。

根据对伊辛(Ising)模型的研究,当个体之间不存在相互作用时是不存在相变的,因此很自然的,金融市场相变的存在意味着个体之间相互作用的存在。

如何对待这些程式化的事实后成了经济学家和统计物理学家的分水岭:经济学很清楚这些统计规律并试图为其建模,这些模型并没有理论和实证的基础,他们唯一的目的就是通过各种手段再现这些统计规律性,而统计物理学则根据

---

① Christensen 和 Moloney(2006)指出,临界状态涉及广延系统在相变时的行为,此时可观察量都是无标度的(服从幂律);也就是说,这些可观测量都没有特征标度。相变时,很多组分的微观"部分"的作用所引起的宏观现象,是只考虑单一部分所满足的定律难以理解的。因此,临界状态是对由相互作用"部分"构成的系统重复应用微观定律后出现的一种合作效应。

他们的方法论原则,基于具有更多背景的模型重构这些统计性质,以物理行为或者一些更深的理论原则(如微观模型,伊辛模型,来自合作的标度律,集体效应等)。这些统计性质的普适性,即大量不同的金融市场中反复出现的事实,告诉我们其背后一定隐藏着一个共同的机制并且均指向临界现象理论。许多物理学家将他们的任务视为寻找和阐释这共同的机制。

复杂系统的一个主要特征就在于其拥有大量的组元(component)或主体(agent),它们在微观层次的局部相互作用导致了系统宏观秩序的整体涌现。金融系统是如此——如投机商、套利者和交易者的相互作用导致了宏观统计规律性的涌现,物理系统也是如此——大量组员之间的相互作用导致了普适的标度律(scaling law)的涌现。

颇有意味的是,在统计物理学家揭示的众多幂律形成的机制中,有相当一部分都体现了"人之道"——类似于马太效应的正反馈机制。例如,证券市场中的羊群行为、动物在觅食过程中的适应性行为,即局部徘徊后突然间长距离的一跳——列维飞行、第三章中关于无标度网络形成机制的 B-A 模型中的偏好依附机制、第四章中人类行为的择优选择机制等,都体现了这一点。

在第一卷中我们介绍了复杂适应系统理论,接下来为了建立系统科学更为一般的理论框架,我们将进一步考察复杂性科学领域中更多的研究成果。

第一章我们将详细讨论被认为是"复杂性指纹"的幂律分布以及相关的一些统计问题,第二章讨论自组织临界性理论,第三章讨论复杂网络理论,第四章讨论人类行为的统计规律性。

合作的问题是贯穿本书始终的一个主题。因此我们在第五章讨论有限种群的演化博弈与合作,第六章讨论网络中的演化博弈与合作,第七章讨论网络上的行为博弈。

第一章　　复杂性的"指纹"——幂律分布

　　正态范式下的统计学已经发展了一百多年，它的一个特点是二阶矩或更高阶矩的存在。这个特点使得标准差起到了一个标度参数的作用——随机变量取值范围被限制在以均值为中心半径为标准差的若干倍之内的区间（这一点可以由切比雪夫不等式保证）。重尾分布的一个特征是其分布的尾部具有幂律的特点，因此也常被称为幂律分布。幂律分布被称为是复杂系统的"指纹"，随着近年来复杂性科学的不断发展而得到了越来越多的关注。

　　本章的主要任务就是介绍与幂律分布相关的一些研究成果，以期对复杂性的本质有更为深刻的认识。

§1.1　正态分布、幂律分布及其普适性

1.1.1　正态分布与幂律分布

　　只要一个随机变量是由大量独立随机因素影响叠加的结果，那么中心极限定理保证了在一定条件（关于每一随机因素影响之结果的均值和方差的一些限制）下正态分布的普遍性。

　　现在假设随机变量 X 服从正态分布 $N(\mu, \sigma^2)$，那么随机变量的取值就有下面的规律

$$P\{|X-\mu| < \sigma\} = 68.26\% \qquad (1.1.1a)$$

$$P\{|X-\mu| < 2\sigma\} = 95.44\% \qquad (1.1.1b)$$

$$P\{|X-\mu| < 3\sigma\} = 99.74\% \qquad (1.1.1c)$$

　　通过以上三个公式我们看到：（1）正态变量 X 的取值具有一个均衡位置 μ，即 X 的数学期望或平均值；（2）虽然正态变量 X 的取值范围在理论上可以是整个实数域，但是事实上其范围具有一个特征标度或尺度 σ——被限定在以 μ 中心

3σ 为半径的邻域内。因此如果 X 服从正态分布,则得到的观测值必然会集中在均衡位置附近的一个较小范围内,而与这一均衡位置较远的观测值则是非常罕见的。

由中心极限定理,其至像服从二项分布、泊松分布等离散型分布的随机变量在标准化后也近似服从标准正态分布。

正是因为正态分布的普适性,因此很多科学家在对某些数量指标的统计特性进行研究时,首先想到的往往都是正态分布。比如,Gutenberg 和 Richter(1944)在研究一次地震的普查资料时,首先提出的问题就是:

地震的典型规模是多少?

以这样方式来提出这个问题本身就意味着,他们首先想到的是用正态曲线来拟合所得到的数据。然而,对地震数据的仔细研究发现,并不存在一个类似于正态分布中均值 μ 那样的代表性数值。也就是说,不存在这么一个平均的震级,使得远离该震级的地震(很轻微或很剧烈的地震)基本上不会出现。Gutenberg 和 Richter(1944)通过对加利福尼亚南部的一项地震研究,得出了地震的震级与相应的频数之间服从幂律分布的结论。

那么到底什么是幂律分布呢?

设对某个研究对象,比如说地震,我们用 X 表示震级,$p(x)$ 表示 X 的概率密度,如果存在如下的关系:

$$p(x)\mathrm{d}x = P\{x \leqslant X < x + \mathrm{d}x\} = Cx^{-\mu}\mathrm{d}x, x > 0 \qquad (1.1.2)$$

其中 C 为归一化常数,则称 X 服从幂律分布。

例如,研究表明,在某个国家当中,人口数目在 p 与 $p + \mathrm{d}p$ 之间的城市个数 $n(p)$ 满足:$n(p)\mathrm{d}p \propto p^{\mu}\mathrm{d}p$,其中,参数 μ 接近于 2(Blank et al.,2000)。

为了对幂律分布的性质有更好的了解,先来讨论幂函数的一些性质。

如果两个量 y 与 x 之间存在着幂律关系 $y = Cx^{\mu}$,那么就有

$$\ln y = \mu\ln x + \ln C \qquad (1.1.3)$$

即在双对数坐标系中幂函数为一条直线,斜率就是幂指数 μ。因此判别两个量之间是否存在幂律关系的一个较直观的方法,就是看他们在双对数坐标系中是否为一条直线。

式(1.1.2)描述的是连续型随机变量的分布。如果 X 是一个取正整数值的离散型随机变量,那么幂律分布的形式为

$$p(x) = P\{X = x\} = Cx^{-\mu} \qquad (1.1.4)$$

由式(1.1.2)和式(1.1.4)所描述的幂律分布具有如下的性质:

(1)当 $0 < \mu \leqslant 1$ 时,由于对 $p(x)$ 的积分或求和发散,因此本身不构成分布。但是对于很多现实的系统,数值模拟的结果仍然会显示 $0 < \mu \leqslant 1$,一个原因可

能是获得的数据太少或者数据的数值大小规模有一个有限的截断；

（2）当 $1 < \mu \leqslant 2$ 时，不存在数学期望和方差；

（3）当 $2 < \mu \leqslant 3$ 时，数学期望存在但方差不存在；

（4）当 $\mu > 3$ 时，数学期望和方差都存在。

由于已有的研究所揭示出的幂律指数 μ 大多介于 1 和 3 之间，具有无限的方差，因此用常见的具有二阶矩的分布来模拟具有幂律特性的数据往往会有较大的出入。另外，无限的方差也意味着取值的高度分散，这样即使平均值存在也不具有代表性。例如，美国城镇以及乡村的平均人口数为 8226，但是这个数字在大多数的场合并没有什么用途，这是因为相当部分的城市（如纽约、洛杉矶等）人口与这个数字不在一个量级上。

由于幂律分布的密度函数随着自变量的增加趋于零的速度远远低于指数函数，因此其图形相较于正态密度会出现一个长长的有一定厚度的尾巴，所以有时候也称幂律分布为胖尾（fat tail）或重尾（heavy tail）分布。幂律的重尾意味着，极端事件虽然是不常见的但却并不是罕见的。

已有的研究表明，单词使用的频数（$\mu = 2.20$）、科研论文被引用的次数（$\mu = 3.04$）、web 的点击数（$\mu = 2.40$）、畅销书的销售量（$\mu = 3.51$）、电话的呼叫次数（$\mu = 2.22$）、地震的震级（$\mu = 3.04$）、月球陨石坑的直径（$\mu = 3.14$）、太阳伽马射线的强度（$\mu = 1.83$）、战争的强度（$\mu = 1.80$）、富有人群的财富（$\mu = 2.09$）、姓氏的频率（$\mu = 1.94$）、城市的人口 $\mu = 2.30$ 等，均服从幂律分布。

综上所述，幂律分布具有与正态分布截然不同的性质，它是科学家对大量复杂系统的研究过程中发现的又一个普适的分布，因此它常常又被称为复杂系统的"指纹"（fingerprint）。

事实上，关于幂律分布的类似于正态分布的普适性问题，在理论上早已被数学家所解决。中心极限定理表明，对于所有满足中心极限定理条件的随机变量序列 $\{X_k\}$ 而言，$\sum_{i=1}^{n} X_i$ 的分布将以正态分布作为其吸引子（attractor）。但是，由于并不是所有的随机变量序列都满足中心极限定理的条件，因此正态分布并不是唯一的吸引子。

1.1.2　稳定分布族

以下两个中心极限定理证明了正态分布族的稳定性和普遍性。

定理 1.1.1（林德伯格中心极限定理）　设 $X_1, X_2, \cdots, X_n, \cdots$ 是相互独立的随机变量序列，满足林德伯格条件

$$\lim_{n\to\infty} \frac{1}{B_n^2} \sum_{k=1}^n \int_{|x-\mu_k|>\tau B_n} (x-\mu_k)^2 \mathrm{d}F_k(x) = 0 \tag{1.1.5}$$

其中：$F_k(x)$ 是 X_k 的分布函数，$EX_k = \mu_k$，$DX_k = \sigma_k^2$ 存在，$B_n^2 = \sum_{k=1}^n \sigma_k^2 (n=1,2,\cdots)$，则对任意的实数 x，有

$$\lim_{n\to\infty} P\left(\frac{1}{B_n} \sum_{k=1}^n (X_k - \mu_k) \leqslant x\right) = \Phi(x) \tag{1.1.6}$$

其中 $\Phi(x) = \frac{1}{\sqrt{2\pi}} \int_{-\infty}^x \mathrm{e}^{-\frac{t^2}{2}} \mathrm{d}t$ 是标准正态分布的分布函数。

下面解释一下定理条件的含义。

记 $Y_n^* = \sum_{i=1}^n \frac{X_i - \mu_i}{B_n}$，则

$$P\left\{\max_{1\leqslant i\leqslant n} \frac{|X_i - \mu_i|}{B_n} > \tau\right\} = P\left\{\max_{1\leqslant i\leqslant n} |X_i - \mu_i| > \tau B_n\right\}$$

$$= P\left\{\bigcup_{i=1}^n (|X_i - \mu_i| > \tau B_n)\right\} \leqslant \sum_{i=1}^n P(|X_i - \mu_i| > \tau B_n)$$

$$= \sum_{i=1}^n \int_{|x-\mu_i|>\tau B_n} \mathrm{d}F_i(x)$$

$$\leqslant \frac{1}{\tau^2 B_n^2} \sum_{i=1}^n \int_{|x-\mu_i|>\tau B_n} (x-\mu_i)^2 \mathrm{d}F_i(x) \tag{1.1.7}$$

因此定理的条件(1.1.7)实际上是要求 Y_n^* 中的各项 $\frac{X_i - \mu_i}{B_n}$ "一致地小"，即每一项对于 Y_n^* 的贡献都不显著，那么所有项共同作用的"集体"效果就会呈现出正态分布的特点。

定理 1.1.2（李雅普诺夫中心极限定理） 设 $X_1, X_2, \cdots, X_n, \cdots$ 是相互独立的随机变量序列，且 $EX_n = \mu_n$，$DX_n = \sigma_n^2$ 存在，$B_n^2 = \sum_{k=1}^n \sigma_k^2 (n=1,2,\cdots)$，若存在 $\delta > 0$，使得

$$\lim_{n\to\infty} \frac{1}{B_n^{2+\delta}} \sum_{k=1}^n E|X_k - \mu_k|^{2+\delta} = 0 \tag{1.1.8}$$

则对任意的实数 x，有

$$\lim_{n\to\infty} P\left(\frac{1}{B_n} \sum_{k=1}^n (X_k - \mu_k) \leqslant x\right) = \Phi(x) \tag{1.1.9}$$

下面的定理提供了一个简单的不等式，用来估计上述极限的收敛速度。

定理 1.1.3（Berry-Esséen **定理**）　设

$$F_n(x) = P\left(\frac{1}{B_n}\sum_{k=1}^{n}(X_k - \mu_k) \leqslant x\right) \tag{1.1.10}$$

$$E(\mid X_i \mid^3) = r_i \tag{1.1.11}$$

则对所有的 x 和 n，有

$$\mid F_n(x) - \Phi(x) \mid \leqslant 6\,\frac{\displaystyle\sum_{i=1}^{n} r_i}{\displaystyle\sum_{i=1}^{n} \sigma_i^2} \tag{1.1.12}$$

上述中心极限定理表明，对于所有满足定理条件的随机变量序列 $\{X_k\}$ 而言，$\sum_{i=1}^{n} X_i$ 的分布将以正态分布作为其吸引子（attractor）。

正态分布的稳定性还体现在这个命题上，即独立正态变量的线性组合还是正态变量，即正态分布族关于线性运算是封闭的。

不过，并不是所有的随机变量序列都满足中心极限定理的条件，如"一致地小"或方差存在等，因此正态分布并不是唯一的吸引子。

Lévy（列维）和 Khintchine（辛钦）发现，稳定过程最一般的特征函数 $\varphi(t)$ 具有如下的形式：

$$\varphi_{a,\beta,m,\mu}(t) = \begin{cases} \exp\left\{-a\mid t\mid^\mu\left[1 + \mathrm{i}\beta\mathrm{sign}(t)\tan\left(\frac{\pi\mu}{2}\right)\right] + \mathrm{i}mt\right\}, \mu \neq 1 \\ \exp\left\{-a\mid t\mid^\mu\left[1 + \mathrm{i}\beta\mathrm{sign}(t)\left(\frac{2}{\pi}\right)\ln\mid t\mid\right] + \mathrm{i}mt\right\}, \mu = 1 \end{cases} \tag{1.1.13}$$

式中 β 是一个反映分布非对称性的偏度参数，取值范围 $[-1,1]$，$\beta = 0$ 是一个对称分布，$0 < \mu \leqslant 2$，a 是一个刻画了分布"宽度"的正尺度因子，m 确定了峰值位置。

当 $\mu = 1/2$，$\beta = 1$ 时，对应的分布为 Lévy-Smirnov 分布。

当 $\mu = 1$，$\beta = 0$ 时，对应的分布为洛仑兹分布或柯西分布，其概率密度为：

$$f(x) = \frac{1}{\pi}\frac{a}{a^2 + x^2} \tag{1.1.14}$$

当 $\mu = 2$ 时，对应的分布为正态分布（高斯分布）。

假设分布是对称的（$\beta = 0$），峰值在原点取得（$m = 0$），则具有指数 μ 和尺度因子 a 的对称稳定分布为

$$f_L(x) = \frac{1}{\pi}\int_0^\infty \mathrm{e}^{-at^\mu}\cos(tx)\mathrm{d}t \tag{1.1.15}$$

当 $a=1$ 时,对充分大的 $x(\mid x\mid\gg 0)$,上式可展开为

$$f_L(\mid x\mid)=-\frac{1}{\pi}\sum_{k=1}^{n}\frac{(-1)^k}{k!}\frac{\Gamma(\mu k+1)}{\mid x\mid^{\mu k+1}}\sin\left(\frac{k\pi\mu}{2}\right)+R(\mid x\mid)\quad(1.1.16)$$

其中

$$R(\mid x\mid)=o(\mid x\mid^{-\mu(n+1)-1})\quad(1.1.17)$$

于是对于充分大的 $x(\mid x\mid\gg 0)$,指数为 μ 的稳定分布的有效渐近近似为

$$f_L(\mid x\mid)\sim\frac{\Gamma(1+\mu)\sin(\pi\mu/2)}{\pi\mid x\mid^{1+\mu}}\sim\mid x\mid^{-(1+\mu)}\quad(1.1.18)$$

这就意味着,这时稳定分布的尾部具有幂律的特征。当 $\mu<2$ 时,有无限的方差,故非正态稳定随机过程没有特征尺度 —— 方差无限。

以下继续考虑峰值位置为原点且 $\mu<2$ 的对称分布(非正态分布),则此时列维(尾部具有幂律的特征)分布的特征函数为

$$\varphi_\mu(t)=\mathrm{e}^{-a\mid t\mid^\mu}\quad(1.1.19)$$

假设独立同分布的随机变量序列 $\{X_k\}$ 中的每一项均服从式(1.1.11)的分布,则 $\sum_{i=1}^{N}X_i$ 的特征函数为

$$\varphi_\mu(t,N)=[\varphi_\mu(t)]^N=\mathrm{e}^{-aN\mid t\mid^\mu}\quad(1.1.20)$$

对 $\varphi_\mu(t,N)$ 做傅里叶变换,可以得到概率密度

$$f_\mu(x,N)=\int_{-\infty}^{\infty}\mathrm{e}^{-itx}\mathrm{e}^{-aN\mid t\mid^\mu}\mathrm{d}t\quad(1.1.21)$$

对变量给予重新标度,即做如下变换

$$t'=tN^{1/\mu},x'=xN^{-1/\mu}\quad(1.1.22)$$

则式(1.1.21)变为

$$f_\mu(x,N)=N^{-1/\mu}\int_{-\infty}^{\infty}\mathrm{e}^{-it'x'}\mathrm{e}^{-aN\mid t'\mid^\mu}\mathrm{d}t'=N^{-1/\mu}f_\mu(x')\quad(1.1.23)$$

这意味着,N 个独立同分布列维变量之和的分布在重新标度后与单个列维变量的分布具有相同的形式。

若对任意的自然数 k,随机变量 Y 可以分为 k 个独立同分布随机变量 X_i 之和,则该随机变量称为无限可分的。因此,Y 是无限可分的当且仅当对于任意的 k,均存在特征函数 $\varphi_k(t)$,使得 Y 的特征函数 $\varphi(t)$ 满足

$$\varphi(t)=[\varphi_k(t)]^k\quad(1.1.24)$$

由于正态分布 $N(\mu,\sigma^2)$ 的特征函数具有下面的形式

$$\varphi(t)=\exp\left[i\mu t-\frac{\sigma^2}{2}t^2\right]\quad(1.1.25)$$

因此,只需取:

$$\varphi_k(t) = \exp\left[\frac{i\mu t}{k} - \frac{\sigma^2}{2k}t^2\right] \tag{1.1.26}$$

就可以使（1.1.24）式满足，因此正态分布是无限可分的稳定分布族。

对于由（1.1.25）确定的列维分布，只需取

$$\varphi_{\mu,k}(t) = e^{-\frac{a}{k}|t|^\mu} \tag{1.1.27}$$

就有 $\varphi_\mu(t) = [\varphi_{k,\mu}(t)]^k$，即列维分布随机变量也是无限可分的稳定分布族。

定义 1.1.1   设 $X_1, X_2, \cdots, X_n, \cdots$ 相互独立且具有相同的分布函数 $F(x)$，如果存在常数 A_n 和 B_n，使得随机变量

$$Y_n = \frac{1}{B_n}\sum_{k=1}^{n}X_k - A_n \tag{1.1.28}$$

的分布函数当 $n \to \infty$ 时收敛于分布函数 $V(x)$，则称 $F(x)$ 被 $V(x)$ 吸引，或者称 $F(x)$ 属于 $V(x)$ 的吸引盆（basin of attractor）。

如果 $V(x)$ 是稳定分布，那么它当然属于自己的吸引盆。前面提到正态分布与列维分布均为无限可分的稳定分布，关于这两族分布的吸引盆，有以下两个定理。（Gnedenko et al.，1968）

定理 1.1.4   分布函数 $F(x)$ 属于标准正态分布吸引盆的充分必要条件是它具有有限的方差。

定理 1.1.5   分布函数 $F(x)$ 属于具有指数 $\mu(0 < \mu < 2)$ 的列维分布的吸引盆的充分必要条件是

$$F(x) = \begin{cases} \dfrac{\alpha_1(x)}{|x|^\mu}, & x < 0 \\ 1 - \dfrac{\alpha_2(x)}{x^\mu}, & x > 0 \end{cases} \tag{1.1.29}$$

其中 $\lim\limits_{x \to -\infty}\alpha_1(x)$ 和 $\lim\limits_{x \to \infty}\alpha_2(x)$ 存在且为正数。

因此，虽然尾部具有幂律特征的分布族以及正态分布族具有截然不同的性质，但它们都是独立同分布随机变量之和的分布的吸引子，其中列维分布是无限方差的稳定分布，正态分布是唯一具有有限方差的稳定分布。

本节的定理从数学上证明了正态分布和幂律分布的普适性。

§1.2   幂律分布、Pareto 律和 Zipf 律的等价性

幂律分布常常与另外两个重要的规律联系在一起，这就是 Zipf 律和 Pareto 律。

一般地，设有反映某种规模（如单词的使用频率、城市人口的数量、论文的被

引用数等）的一列正数 $y_1, y_2, \cdots, y_n, \cdots$，将其从大到小排列成

$$x_1 > x_2 > \cdots > x_n > \cdots \tag{1.2.1}$$

即 x_r 是 $y_1, y_2, \cdots, y_n, \cdots$ 中第 r 个大的数，如果成立下列关系：

$$x_r = C_1 r^{-\beta} \tag{1.2.2}$$

式中 C_1 是常数，则称这一列数服从 Zipf 律。

　　Zipf 律反映的是规模与位序之间的一种幂律关系，它最早是由哈佛大学的 Zipf 教授在研究单词的使用频率与其位序之间的关系时发现的。后来在更大的范围内都发现了规模与位序之间的这种幂律关系，如城市人口规模与位序之间的关系。

　　如果视 $y_1, y_2, \cdots, y_n, \cdots$ 为取自某一总体 Y 的样本，并且其统计直方图可以用如下的概率密度函数：

$$p(y) = C_2 y^{-\alpha}, \alpha > 1 \tag{1.2.3}$$

来拟合，则称该总体 Y 服从幂律分布。如果通过该样本还能得出如下的结论：

$$P\{Y \geqslant y\} = C_3 y^{-\gamma}, \gamma > 1 \tag{1.2.4}$$

则称该总体服从 Pareto 律。

　　Pareto 律与幂律分布的等价性是明显的，而 Zipf 律与它们的等价性则不是很明显。下面从统计的角度对此加以说明。

　　设有（1.2.2）式成立，由于不小于 x_r 的数有 r 个，故该样本的经验分布函数为：

$$P\{Y \geqslant x_r\} \propto r \tag{1.2.5}$$

　　即：

$$P\{Y \geqslant C_1 r^{-\beta}\} \propto r \tag{1.2.6}$$

　　做变量替换之后，可得：

$$P\{Y \geqslant y\} \propto y^{-\frac{1}{\beta}} \tag{1.2.7}$$

此即为 Pareto 分布。

　　之前的很多工作都是把 Zipf 律、幂律分布和 Pareto 律当作不同的规律来研究的。因此在确认三者的等价性之后，我们就会发现很多产生幂律分布的机制其实也可以是 Zipf 律的生成机制。

　　比如，Albert et al.（2002）通过对万维网等复杂网络演化规律的研究表明，网络节点度分布在网络的演化过程中之所以会呈现出幂律分布，是因为如下两个机制：增长（growth）和偏好依附（preferential attachment）。这些机制也在有关 Zipf 律生成机制的研究中被反复揭示（Yuri et al.，2006）。

　　然而，Gan et al.（2006）对这方面的工作提出了质疑。他们通过数值模拟得

出了这样的结论,即 Zipf 律只是一种简单的统计现象。理由是,无论服从何种分布的随机数,哪怕是服从均匀分布或正态分布的随机数,在经过排序后,都可以呈现出 Zipf 律。因此,关于 Zipf 律的本质以及生成机制的研究便成了一个具有欺骗性的假问题。

于是便出现了这样的一个问题,这就是,一方面幂律分布、Pareto 律和 Zipf 律具有等价性,并且它是一种与正态分布具有截然不同的统计性质的分布,另一方面即使是服从正态分布的随机数也貌似能呈现出 Zipf 律。

为进一步澄清该问题,我们从几个不同的角度做了计算(龚小庆,王展,2008)。

我们分别取来自总体为正态分布、对数正态分布、Γ 分布和 Pareto 分布的随机数,然后将其排序,并在双对数坐标系中依照 Zipf 律做回归拟合,并分别计算它们的 R^2 判定系数,结果见表 1-1。

从表 1-1 中可以看到,服从 Pareto 分布的随机数用 Zipf 律来拟合时判别系数显著高于其他的分布,这其实从另外一个角度证实 Pareto 分布与 Zipf 律之间的紧密关系。

但是从表中似乎也可以得出相反的一些结论。观察表 1-1 可以发现,像正态分布、对数正态分布以及伽马分布等,其 R^2 判定系数取值基本上都在 0.7 以上,这样便很容易轻率地得出结论,即来自任何分布的随机数组都服从 Zipf 律,并进而得出结论,Zipf 只是一种简单的统计现象,并不需要什么特别的生成机制。这正是 Gan et al.(2006)的文章的基本结论。

表 1-1　不同分布随机数的 Zipf 律回归模型的判别系数

分布及相应的参数	判别系数	分布及相应的参数	判别系数
正态分布		伽马分布	
Normal(10,1)	0.788	Gamma(1,1)	0.652
Normal(100,4)	0.819	Gamma(2,1)	0.710
		Gamma(3,1)	0.737
Pareto 分布			
		对数正态分布	
Pareto(0.5,1)	0.976	lognormal(0,1)	0.838
Pareto(1,1)	0.976	lognormal(0,5)	0.850
Pareto(3,1)	0.976	lognormal(0,0.5)	0.838

			续　表
分布及相应的参数	判别系数	分布及相应的参数	判别系数
Pareto(1,0.5)	0.976	lognormal(2,1)	0.838
Pareto(1,3)	0.976		
Pareto(3,4)	0.976		

　　为此,我们做了进一步的计算。我们将不同分布的数据在双对数坐标系中用不同的非线性关系式来拟合,发现其判定系数更高。具体结果见图 1-1（a—d）和表 1-2。

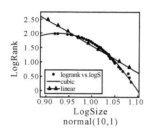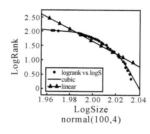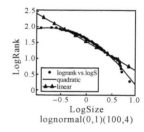

（**a**）正态分布的随机数在双对数坐标系中分别用线性和三次函数来拟合的情形

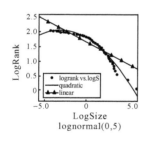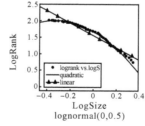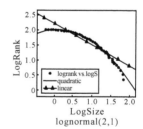

（**b**）对数正态分布的随机数在双对数坐标系中分别用线性和二次函数来拟合的情形

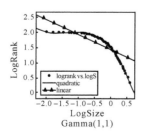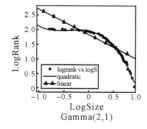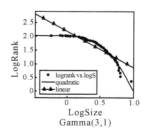

（**c**）伽马分布的随机数在双对数坐标系中分别用线性和三次函数来拟合的情形

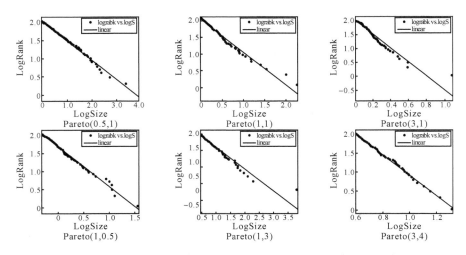

（d）**Pareto** 分布的随机数在双对数坐标系中用线性函数来拟合的情形

图 1-1　　各分布的随机数在双对数坐标系中拟合的情形

表 1-2　　各分布线性拟合与高次多项式拟合的结果

分布及相应的参数	判别系数（线性拟合）	判别系数（非线性拟合）	分布及相应的参数	判别系数（线性拟合）	判别系数（非线性拟合）
Normal(10,1)	0.788	0.9911	Gamma(1,1)	0.652	0.9954 三次
Normal(100,4)	0.819	三次	Gamma(2,1)	0.710	0.9922 三次
Pareto(0.5,1)	0.9940	0.9947	Gamma(3,1)	0.737	0.9866 三次
Pareto(1,1)	0.9765	三次	lognormal(0,1)	0.838	0.9627 二次
Pareto(3,1)	0.9597		lognormal(0,5)	0.850	0.9707 二次
Pareto(1,0.5)	0.9903		lognormal(0,0.5)	0.838	0.9783 二次
Pareto(1,3)	0.9539		lognormal(2,1)	0.838	0.9912 二次
Pareto(3,4)	0.9969				

　　上述的结果意味着，即使一些非幂律分布的数据在做 Zipf 律拟合的时候判别系数高达 0.7 以上，但就此判断 Zipf 律纯粹是随机现象则太过草率，因为它们在双对数坐标系中的非线性拟合判别系数可以高达 0.95 以上。

　　综上所述，Zipf 律、幂律分布和 Pareto 律是重尾分布的三种不同的表现形式，它们三者是等价的，并且在幂指数之间还存在如下的标度关系：

$$\gamma = \frac{1}{\beta} = \alpha + 1 \qquad (1.2.8)$$

　　这就意味着，它们都是对同一种统计规律性的描述，所不同的只是研究问题的角度以及描述的方式不同而已。由于幂律分布呈现出与正态分布迥然相异的统计规律性,因此关于其生成机制的研究是有价值的。

§1.3 幂律与标度函数

为了对幂律有更加深刻的理解,下面讨论与其相关的一个重要概念 —— 标度函数。

定义 1.3.1 若对一切 $\lambda > 0$,均有:
$$f(\lambda^a x) = \lambda f(x) \tag{1.3.1}$$
则称函数 $f(x)(x > 0)$ 是齐次的;若 $f(x)$ 满足
$$f(x) = x^{1/a} f(1) \tag{1.3.2}$$
则称 $f(x)$ 为以 $1/a$ 为指数的幂律函数。

定理 1.3.1 $f(x)$ 是齐次函数的充分必要条件为它是幂律函数。

证明(必要性) 设 $f(x)$ 是齐次函数,由于(10.3.1)式对一切 $\lambda > 0$ 均成立,故对满足 $\lambda^a = 1/x$ 的 λ 也成立,于是,有
$$f(x) = \frac{1}{\lambda} f(1) = x^{1/a} f(1)$$
即 $f(x)$ 为幂律函数。

(充分性)假设 $f(x)$ 为幂律函数,则
$$f(\lambda^a x) = (\lambda^a x)^{1/a} f(1) = \lambda x^{1/a} f(1) = \lambda f(x)$$
即 $f(x)$ 为齐次函数。

证毕。

由(1.3.1)式和定理 1.3.1,幂律函数的相对变化率
$$\frac{f(\lambda^a x)}{f(x)} = \lambda \tag{1.3.3}$$
为常数。由于 $(\log\lambda^a x - \log x) = \log\lambda^a$,即在对数的标度下(1.3.3)式中分子与分母的自变量之差为常数,因此如果 $f(x)$ 满足(1.3.3)式,则 $f(x)$ 在双对数坐标系中的图形必为直线。

更进一步地,$f(x)$ 在区间 $[x_0, x_1]$ 上的图形与在区间 $[\lambda^a x_0, \lambda^a x_1]$ 上的图形是一致的,只需在后一种情形将 y 轴的刻度按照因子 λ 重新加以标度。因此,从这个意义上说,齐次函数或者幂律函数没有特征标度。

幂函数 $f(x) = x^{-2}$ 对应着 $a = -1/2$,它在双对数坐标系中的图形由图 1-2 所示,其中取 $\lambda = 100$,这样对应着 $\lambda^a = 10^{-1}$。

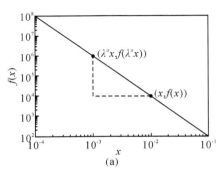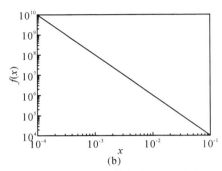

图 1-2 $f(x) = x^{-2}$ 在双对数坐标系中的图形。(a) 在区间 $[10^{-4}, 10^{-1}]$ 中的图形,其中 $\lambda = 100$;(b)$f(x) = x^{-2}$ 在区间 $[10^{-5}, 10^{-2}]$ 中的图形,其中 y 轴以 $\lambda = 100$ 重新标度

下面给出广义齐次函数和标度函数的概念。

二元函数 $f(x, y)$ 称为是广义齐次函数,如果对一切 $\lambda > 0$,下式成立:

$$f(\lambda^a x, \lambda^b y) = \lambda f(x, y) \qquad (1.3.4)$$

进一步地,称函数 $f(x, y)$ 具有指数为 $1/a$ 的标度形式,如果下式成立:

$$f(x, y) = |x|^{1/a} G_{\pm}(y / |x|^{b/a}) \qquad (1.3.5)$$

其中 $G_{\pm}(y / |x|^{b/a}) = f(\pm 1, y / |x|^{b/a})$ 是 $f(x, y)$ 在 $x = \pm 1$ 以及重标变量 $y / |x|^{b/a}$ 处的函数值。通常称函数 $G_{\pm}$ 为标度函数。

可以证明,(1.3.4)式和(1.3.5)式是等价的,即一个函数是广义齐次函数的充分必要条件是它具有标度形式。

由于

$$\frac{f(\lambda^a x, \lambda^b y)}{f(x, y)} = \lambda \qquad (1.3.6)$$

其中 λ 为与 x 无关的常数。因此,$f(x, y)$ 在矩形 $[x_0, x_1] \times [y_0, y_1]$ 上的图形与 $[\lambda^a x_0, \lambda^b x_1] \times [\lambda^a y_0, \lambda^b y_1]$ 上的图形是一致的,只要对后者在 z 轴上的刻度根据因子 λ 重新加以标度。因此,在这个意义上说,广义齐次函数没有特征标度。

将(1.3.5)式改写,可以得到

$$|x|^{-1/a} f(x, y) = G_{\pm}(y / |x|^{b/a}) \qquad (1.3.7)$$

这就意味着,在重新标度后,函数 $|x|^{-1/a} f(x, y)$ 变成了一元函数。因此,不论 y 取什么值,在重新标度之后,它的图形都是相同的。这种现象称为数据塌缩(data collapse)。

§1.4   布朗运动和列维飞行

1827 年英国生物学家布朗在显微镜下,观察悬浮在液面上的花粉,发现花粉颗粒做着高度不规则的运动。以后其他科学家发现了更多的类似现象,如空气中烟雾的扩散等,但是一直找不出理想的模型来刻画此类现象。直至 19 世纪末,人们才搞清楚这种奇怪的现象是由于花粉(烟尘颗粒)受到大量液体(空气)分子的无规则碰撞而造成的。

1905 年爱因斯坦首次对此类现象做了理论上的量化分析,他假定浸没在某种介质中的粒子连续不断地受到周围介质中的分子的冲击,从物理的角度解释了这种现象。以后,Ornstein 和 Uhlenbeck 等在物理上又进一步完善了这个想法。

在数学上严格地描述布朗发现的这种无规则运动并把它纳入随机过程框架的是维纳。他自 1918 年起系统地用随机过程来建立这种运动的数学模型,这个随机过程因此也被称为维纳过程;又因为维纳过程的背景源起于布朗的研究,所以也称为布朗运动。

1.4.1 布朗运动是正态过程

按照爱因斯坦的分析,布朗运动表达了一个做随机运动的粒子在时间$[0,t]$上的位移$\{B_s : 0 \leqslant s \leqslant t\}$。不妨设 $B_0 = 0$,爱因斯坦认为该粒子运动应满足以下的性质:

(1)粒子位移的各分量都相互独立,所以我们不妨只考虑其一个分量,仍记之为$\{B_t, t \geqslant 0\}$,且假定这个分量是时齐的独立增量过程;

(2)运动的统计规律对空间是对称的,从而 $E(B_t) = 0$;

(3)对固定的 t,B_t 是一连续型随机变量,$g(t) \triangleq E(B_{t+h} - B_h)^2$ 存在,而且是 t 的连续函数。

在以上三条假设中,最关键的是第三条,即布朗运动 B_t 在任意时段内的二阶矩或方差存在;也就是说,粒子的位移具有特征标度——长距离的"飞跃"几乎是不可能的。

事实上,由以上的三条性质及 $B_0 = 0$ 可以推出如下的方程:

$$g(t+s) = E(B_{t+s})^2 = E(B_{t+s} - B_t + B_t - B_0)^2$$
$$= E(B_{t+s} - B_t)^2 + E(B_t - B_0)^2 = g(s) + g(t) \qquad (1.4.1)$$

又因为 $g(t)$ 是 t 的连续函数,所以它一定是线性函数,即

$$g(t) = Dt \qquad (1.4.2)$$

其中,D 称为扩散系数,数学上为了方便常常简单地假定 $D = 1$。

记 B_t 的特征函数为 $\varphi(t, \lambda) = E(e^{i\lambda B_t})(-\infty < \lambda < \infty)$,则利用以上的假设可以建立方程

$$\frac{\partial \varphi(t,\lambda)}{\partial t} = -\frac{1}{2}\lambda^2 \varphi(t,\lambda) \tag{1.4.3}$$

此方程的解为

$$\varphi(t,\lambda) = \varphi(0,\lambda) e^{-\frac{1}{2}\lambda^2 t} \tag{1.4.4}$$

由于 $\varphi(0,\lambda) = E(e^{i\lambda B_0}) = 1$,因此有

$$\varphi(t,\lambda) = e^{-\frac{1}{2}\lambda^2 t} = \int_{-\infty}^{\infty} e^{i\lambda t} \frac{e^{-\frac{x^2}{2t}}}{\sqrt{2\pi t}} dx \tag{1.4.5}$$

即 $B_t \sim N(0,t)$。因此,布朗运动是正态过程。

因为 B_t 是时齐的独立增量过程,因此 $B_{t+s} - B_s$ 和 B_t 一样也服从 $N(0,t)$,并且有

$$E(B_t - B_s)^2 = |t - s| \tag{1.4.6}$$

也就是说,布朗运动在时间区间 $[s,t]$ 的涨落(方差)与 $|t - s|$ 成正比,其标度参数与 $\sqrt{|t - s|}$ 成正比。这意味着,对于布朗运动来说,短时间内长距离的位移是极其罕见的。

1.4.2 列维飞行

列维飞行(Lévy Flight)是以法国数学家列维(Lévy)命名的有别于布朗运动的随机游动,其中位移是服从列维分布(幂律分布)的。如果是在多维空间中的随机游动,则假设是各向同性的。

由假设,列维飞行位移的概率密度具有如下的形式:

$$f_L(x) \propto x^{-\mu}, 1 < \mu \leqslant 3 \tag{1.4.7}$$

当 $\mu > 3$ 时,服从上述分布的随机游动位移的方差是存在的,其所对应的是布朗运动;而当 $1 < \mu \leqslant 3$ 时才是具有重尾特征的列维飞行。

微生物、昆虫、鸟以及一些哺乳动物的搜寻行为(搜寻的空间距离和时间)都表现出列维分布的特征。更有价值的是,指数 μ 具有一定的普适性,即在很多案例中都取相同的值。例如,当花蜜的集中度较低时,雄蜂飞行距离的指数 $\mu \approx 2$,而信天翁和鹿(包括野生的和圈养的)的觅食时间也服从 $\mu \approx 2$ 的幂律分布。见图 1-3(Viswanathan et al., 2000)。

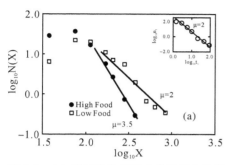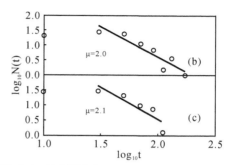

图 1-3 （a）双对数坐标系中雄蜂觅食飞行距离分布,其中幂指数 $\mu = 2$ 对应于低花蜜浓度,$\mu = 3.5$ 对应于高花蜜浓度(此时远距离飞行非常罕见),小图中显示的是信天翁觅食飞行时间（以小时为单位）的分布；（b）野生鹿的觅食时间分布；（c）圈养鹿的觅食时间分布

由于对于服从幂律分布的随机变量而言,其取较小值的概率很大,而取较大值的概率虽然很小但是相比于正态分布则要大得多,因此列维飞行往往会呈现出如下的特点:在较长的时间内做着类似于布朗运动的局部游动,而在某些时刻突然会在短时间内有长距离的移动。

事实上,正是这些偶尔的长距离的移动决定了列维飞行的统计特征。下面的这个结论清楚地表明了这一点。

设 $X_i(i=1,\cdots,n)$ 是第 i 个时段主体的运动距离,且不同时段运动的距离是相互独立的,则 $X_1,\cdots,X_n$ 也可以看作是来自某一个总体 X 的样本,"偶尔的长距离的移动决定了列维飞行的统计特征"这句话可以表述为

$$\lim_{x \to \infty} \frac{P\{\max(X_1,\cdots,X_n) > x\}}{P\left\{\sum_{i=1}^{n} X_i > x\right\}} = 1 \qquad (1.4.8)$$

在保险精算中,如果 X 表示索赔额,则 n 次索赔的总额超过某个很大的值这一事件不是由各个索赔累积的,而是发生了某个大额索赔的结果。(1.4.8)式也被形象地称为一次大跳原理。

分子的运动是纯粹服从物理定律的,但是作为适应性主体的行为者,如某些微生物、觅食的动物等,其行为则是以生存为目标的,因此应该会表现出效率最大化的倾向。也就是说,"一次大跳"可能是主体的适应性行为。

接下来的问题是:为什么列维飞行相较于布朗运动是更有效率的?

这个问题不好回答,留待以后再研究。我们先来回答:什么样列维飞行模式的效率最优?

更具体一点就是:在式(1.4.7)中,幂指数 μ 取什么值时的列维飞行模式对

于动物觅食是最有效率的？

由于在给定的环境中自然选择的结果总是会使最优的结果涌现，因此问题又可以这么问：为什么图 1-3 所发现的模式是有效率的？

1.4.3　列维飞行模式的最优标度

Viswanathan et al.（2000）试图通过如下的一个模型来解释图 1-3 中所观测到的结果。

模型的描述：

（1）行为主体的视域界限为 r_v，即距离 r_v 以内的目标能被主体以一定的概率发现，并且一旦发现，就以直线飞行直至到达目标位置。

（2）如果目标位于距离 r_v 以外，则主体随机选择一个方向飞行距离 L，其中 L 服从幂律分布：

$$P\{L = x\} = \frac{C}{x^\mu}, x \geqslant r_v \tag{1.4.9}$$

其中 C 是归一化常数，即 $C = \left(\int_{r_v}^\infty x^{-\mu} dx\right)^{-1} = \frac{\mu - 1}{r_v^{1-\mu}}$。

（3）如果此时目标位于距离 r_v 以内则回到（1），如果目标位于距离 r_v 以外则继续（2）。

再设相继两个目标之间的距离 Λ 是随机的，其平均距离为 λ。在二维的情形 $\lambda = (2 r_v \rho)^{-1}$，其中 ρ 是目标位置的面密度。

于是，作为平均场方法的近似，平均地来说，可以认为飞行距离 L 有一个截断 λ，当选择的飞行距离 L 超过 λ 时，主体事实上的飞行距离为 λ，即事实上主体的飞行距离为

$$l = \begin{cases} L, & r_v \leqslant L \leqslant \lambda \\ \lambda, & L > \lambda \end{cases} \tag{1.4.10}$$

（1.4.10）式事实上是假设了相继两个目标位置之间的距离是相等的，都是 λ。由（1.4.10）式可得平均飞行距离为

$$E(l) = \frac{\left(\int_{r_v}^\lambda x^{1-\mu} dx + \lambda \int_\lambda^\infty x^{-\mu} dx\right)}{\int_{r_v}^\infty x^{-\mu} dx} \tag{1.4.11}$$

$$= \left(\frac{\mu - 1}{2 - \mu}\right)\left(\frac{\lambda^{2-\mu} - r_v^{2-\mu}}{r_v^{1-\mu}}\right) + \frac{\lambda^{2-\mu}}{r_v^{1-\mu}}$$

值得指出的是，如果将相继目标之间的距离 Λ 视为随机变量，则（1.4.11）式

表示的是 $E(l \mid \Lambda = \lambda)$。这样要计算 $E(l)$ 就需要知道 Λ 的概率分布,这样问题就会复杂得多。不过从数值模拟的结果来看,假设 Λ 服从参数为 λ 的泊松分布与 (1.4.11) 式的结果没有显著的差异。

以下仍然假设相继两个目标位置的距离均为 λ。

定义如下的一个搜寻效率函数:

$$\eta(\mu) = \frac{1}{NE(l)} \tag{1.4.12}$$

其中 N 是在相继两个目标位之间所需要的平均飞行次数,即从现在的目标位置搜寻到下一个目标所需要的平均飞行次数。

于是,问题变为:当 μ 取什么值时,$\eta(\mu)$ 取最大值即搜寻的效率最高?

在一维的情形,为了计算 N,可以把问题简化为随机游动的首次越界时间 (first passage time) 的问题。试想,主体在"吃掉了"现在所处目标位置的资源以后开始搜寻下一个目标位置。设主体目前所处的位置坐标为 $x > 0$,而最近的两个目标分别位于 0 和 a,接下来主体按照前述的列维飞行模式在区间 $[0, a]$ 做随机游动,当到达 0 或者 a 时,主体停止"觅食"。因此 0 和 a 均为吸收壁。Drysdale et al. (1998) 得到了如下的结果:

$$N = C \left(\frac{x(a-x)}{r_v^2} \right)^{(\mu-1)/2} \tag{1.4.13}$$

其中常数 C 与 x 和 a 无关。

对于布朗运动的情形,每一步的步长都是 r_v,此时所对应的是 $\mu > 3$ 方差存在的情况,可以得到如下熟知的结果:

$$N = x(L-x)r_v^{-2} \tag{1.4.14}$$

以下将觅食分为两种类型:毁灭性(destructive)和非毁灭性(nondestructive)。前者意味着资源被主体吃掉后将不再有任何资源存在,有点"竭泽而渔"的味道;后者则意味着资源被吃掉后还可以再生,因此在离开后还可以再回来觅食。

先看毁灭性的情况。在一维的模型中,根据前面的假设,意味着主体吃掉了现在位置的资源后,左右两个位置的距离都是 λ,从而在随机游动模型中有 $x = a - x = \lambda$,因此由 (1.4.13) 式,平均飞行次数

$$N_d \sim \left(\frac{\lambda}{r_v} \right)^{\mu-1}, 1 \leqslant \mu < 3 \tag{1.4.15}$$

当 $\mu > 3$(对应于布朗运动)时,有

$$N_d \sim \left(\frac{\lambda}{r_v} \right)^2 \tag{1.4.16}$$

假设资源是稀疏的,即 $\lambda \gg r_v$,则将 (1.4.15) 式和 (1.4.11) 式带入 (1.4.12) 式,则有:

$$\eta(\mu) \sim \left(\frac{\lambda}{2-\mu} - \left(\frac{\mu-1}{2-\mu}\right)\lambda^{\mu-1} r_v^{2-\mu} \right)^{-1} \qquad (1.4.17)$$

注意到，当 μ 充分接近于 1 时，上式取决定作用的是括号里的第一项，此时 $\eta(\mu) \sim (2-\mu)/\lambda$，它在 $\mu > 1$ 时无最大值。事实上，当 μ 充分接近于 1 时，幂函数的重尾特征使得 (1.4.11) 式中的第二项起决定性作用，这意味着主体一直沿直线飞行直到目标位置。

再看非毁灭性觅食（nondestructive foraging）的情形，仍然假设 $\lambda \gg r_v$。

一旦主体从原来的位置移动了距离 r_v，由于原来位置仍然是目标位置，因此此时的问题等价于位于 $x = r_v$ 的主体在区间 $[0, a]$ 做随机游动，其中区间的两个端点均为吸收壁。于是，由 (1.4.13) 式，此时的平均飞行次数为

$$N_n \sim \left(\frac{\lambda}{r_v}\right)^{\frac{\mu-1}{2}}, 1 < \mu \leqslant 3 \qquad (1.4.18)$$

将其代入搜寻效率函数，并求导，当

$$\mu_{\mathrm{opt}} = 2 - \delta, \text{其中 } \delta \sim \frac{1}{\left[\ln(\lambda/r_v)\right]^2} \qquad (1.4.19)$$

时，搜寻函数取最大值。

当 $\lambda \gg r_v$ 时，δ 非常小，因此 μ_{opt} 非常接近于 2。因此，当资源非常稀疏时，依据列维飞行模式进行非毁灭性觅食的效率在幂指数接近 2 时达到最高。这样就从搜寻效率的角度解释了图 1-3(a) 中雄蜂在低花蜜浓度时以及图 1-3(b) 中圈养鹿的搜寻模式；也就是说，服从 $\mu \approx 2$ 的幂律分布的随机游动模式是所有列维飞行模式中效率最优的。

不过以上只是对于一维的情形得到的结果，对于二维空间搜寻模式的讨论则要复杂得多。Viswanathanet al. (2000) 进行了模拟计算，结果如图 1-4 所示，可以看出 $\mu = 2$ 确实为列维飞行指数的效率最优值。

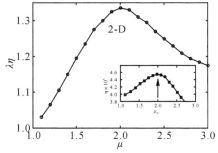

图 1-4　二维非毁灭性觅食情形的模拟结果，其中 $\lambda = 5000, r_v = 1$（插图：食物成片分布于空旷环境中的食物丰富区域）

1.4.4 列维飞行标度律多样性的机制

人类以及动物的流动性所呈现出来的标度行为,最近几十年来一直受到学术界的广泛关注。前面提到,Viswanathan et al.(2000)引入动物觅食过程中的搜寻效率函数,通过理论分析(一维的情形)和模拟(二维的情形)发现,在资源稀疏时动物的非毁灭性觅食在幂指数 $\mu \approx 2$ 时搜寻效率达到最优。

不过,随着研究的深入,列维飞行更多的标度律被揭示出来。例如,Brockmann et al.(2006)借助于纸币考察了人类旅行的模式,发现幂指数 $\mu \approx 1.59$;Gonzalez et al.(2008)考察手机用户的流动性,发现幂指数 $\mu \approx 1.2$;Song et al.(2010)使用手机用户揭示出的人类流动性大数据发现 $\mu \approx 1.55$;等等。

面对标度律的多样性,原来的一些机制似乎已难以概括解释。为此,北京师范大学系统科学学院的狄增如团队提出了一个更为广泛的解释机制(Hu et al.,2011)。

他们认为,一方面行为主体选择移动模式的一个最重要的驱动力是多样性,即在一个有限的空间中要最大化搜寻位置的多样性;另一方面,主体也会受到"回家"可能性的约束,即行为主体要以一定的概率"回家"。

下面介绍他们的模型。

行为主体活动的区域是一个 $L \times L$ 的环面,在环面上的位移向量为 $\vec{\rho}_t = (x, y)$,移动的距离 $|\vec{\rho}_t|$ 服从幂指数为 μ 的幂律分布。"家"的坐标为 $O = (0,0)$,回家的概率为 r。设时刻 t 行为主体的位置坐标为 $\vec{x}_t$,则有

$$\vec{x}_{t+1} = \begin{cases} \vec{x}_t + \vec{\rho}_t, & \text{若} \vec{x}_t = O \text{或} \theta > r \\ O, & \text{若} t = 0 \text{或} \vec{x}_t \neq O \text{且} \theta \leqslant r \end{cases} \tag{1.4.20}$$

其中每一次进行(1.4.20)式的迭代之前都要产生一个服从 $[0,1]$ 的均匀分布随机数 θ。(1.4.20)式意味着,行为主体从原点出发,然后在每一个位置都有 $1-r$ 的概率继续搜寻同时有 r 的概率"回家"。

为了避免无限次迭代,考虑到行为主体的移动时需要消耗的能量,所以必须对于移动的总距离有一个约束,其约束条件为

$$\sum_{t=1}^{T} |\vec{\rho}_t| \leqslant W = cL \tag{1.4.21}$$

其中 W 正比于 $L(c$ 是常数$)$,T 是每一次"外出"所花费的总时间,这是一个随机变量。

设 $\{\vec{x}_1, \vec{x}_2, \cdots, \vec{x}_T\}$ 为行为主体在一次"外出"中所经历的位置坐标向量序列,则任选一个位置,其被访问的频率为

$$p(\vec{x}) = \frac{1}{T}\sum_{t=1}^{T}\delta(\vec{x} - \vec{x}_t) \tag{1.4.22}$$

基于此频率分布的 Shannon 熵为

$$S = -\sum_{\vec{x}}^{L\times L} p(\vec{x})\log p(\vec{x}) \tag{1.4.23}$$

前面提到的行为主体访问位置多样性的最大化实际上指的就是 S 的最大化。

显然由(1.4.23)式所确定的熵,既是回家概率 r 的函数也是幂指数 α 的函数[①]。对于回家的概率而言,有两个极端,一个是马上回家,一个是永不回家,它们分别对应于 $r=1$ 和 $r=0$。图 1-5 显示了数值计算的结果,其中横轴是幂指数 α,纵轴是熵(Hu et al.,2011)。从图中可以看出,访问概率的信息熵的最大值当 $r=0$ 时在 $\alpha=1$ 的右侧附近取得,而当 $r=1$ 时则在 $\alpha=2$ 至 $\alpha=2.3$ 一带取得。

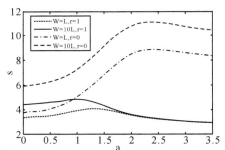

图 1-5 在两种极端情形熵 S 关于幂指数 α 的函数,其中 L = 10000,W = L 或 10L(图中的结果是 100 次实验结果的系综平均。可以看出,访问概率的信息熵取得最大值的幂指数 α 随着回家概率而变化,当 r = 0 时 α = 2 至 α = 2.3 一带取得,而当 r = 1 时则在 α = 1 的右侧附近取得一带取得)

图 1-6 显示了针对不同的回家概率,信息熵与幂指数之间的关系。图 1-6 中可以看出,不同的回家概率会使信息熵取最大值的幂指数 α_{opt} 发生变化,当 r 从 0 变到 1 时,α_{opt} 从 1 附近变到 2 附近,并且随着 r 的取值越来越大,α_{opt} 的取值越来越小。这似乎正是人类旅行(幂指数接近于 1)与动物觅食(幂指数在 2 附近)之间的区别所在,因为前者回家的概率显著大于后者。

[①] 为了与所引用文献的符号一致,幂指数用 α 表示。

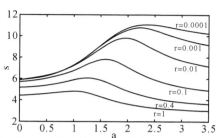

图 1-6 当回家概率 r 取不同值时熵 S 与幂指数 α 之间的关系,其中 L = 10000,W = 10L。当 r 从 0 变到 1 时,熵 S 取最大值的 α 从 1 附近变到 2 附近。图中的曲线是 100 组试验的系综平均。

图 1-7 分别显示了最优幂指数 α_{opt} 和最大熵与回家概率 r 之间的关系。从图中可以看出,在 r 的取值范围 $[10^{-3.5}, 0.1]$ 内,α_{opt} 有一个相变,一下子从 2 变到了 1.6。这个相变是理解人类旅行与动物觅食模式之间有明显不同的关键。随着回家概率的增加,信息熵随着减少,这符合我们的直觉。

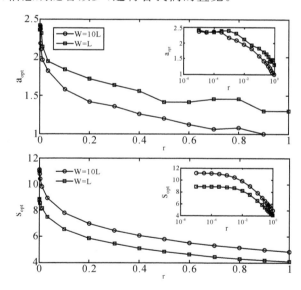

图 1-7 最优幂指数 α_{opt} 和最大熵与回家概率 r 之间的关系

以上的研究表明,动物的列维飞行模式在很大的程度上受到回家概率的影响。事实上,有些动物是有巢穴的,而有的动物则是没有巢穴的,有的动物有多个巢穴(如"狡兔三窟"),有的动物只有单一的巢穴。因此不同物种的回家概率是不一样了,这就造成了它们觅食行为的标度指数的多样性。

§1.5 复杂度

复杂是相对于简单而言的,因此要弄清楚"复杂"的含义首先得弄清楚什么是"简单"。

一方面,绝对的秩序是简单的,比如说纯水晶,所有原子的排列只有一种固定的结构。要描述纯水晶的结构,只需要很少的一点信息就可以了。如果用概率分布来描述,纯水晶服从的是一个退化的单点分布。另一方面,绝对的混乱也是简单的,比如说处于热力学平衡态的理想气体,此时系统处于任何一个状态的概率都是相同的,其概率分布服从有限状态的均匀分布。

因此,复杂既不是绝对的秩序,也不是绝对的混乱,而是介于之间的一个中间状态。这有点像动物觅食,既有随机游动的情形也有"关键的一大跳",而后者明显是适应性的行为。复杂,既有随机的一面也有隐含着目的性的确定性的一面,因此对复杂性的度量就应该考虑到这一点。

1.5.1 复杂度的定义

系统的混乱程度可以用熵来度量。假定一个系统 X 有 n 状态 $A_i(i = 1, 2, \cdots, n)$,且 $P(A_i) = p_i$,则 X 的信息熵或 Shannon 熵定义为:

$$H(X) = -K \sum_{i=1}^{n} p_i \log p_i \qquad (1.5.1)$$

式中 K 为某一个固定的常数。

可以证明 $H(X)$ 当系统处于平衡态,即 $p_1 = p_2 = \cdots = p_n = 1/n$ 时达到最大值,而当 $n = 1$ 时达到最小值 0。因此,根据上面的简单分析,纯水晶的熵为 0,而孤立系统中理想气体平衡态的熵达到最大。曾经有一种说法认为可以用信息熵来作为系统复杂性的度量。依据这种说法,如果认为熵越大系统越复杂,则很显然,这时平衡态的复杂性将达到最大。然而,目前科学界比较一致的看法是,复杂并不意味着混乱,它存在于系统各组成部分之间由于非线性的相互作用而导致的秩序的涌现和演化的过程中。复杂系统,如生命、生态系统、经济系统和各种社会网络等等,都必然是远离平衡态的。平衡态只是孤立系统演化的终态,它没有功能没有结构,是死的系统,不具备复杂性。反过来,如果认为熵值越小复杂性越大,那么就会认为纯水晶的结构最复杂,因为它的熵最小。然而,纯水晶只是一种虽然有序但仍然是死的结构,它本身并不具有演化的能力,因此它仍然是简单系统。

范文涛等(2002)认为,开系统稳态的涌现是系统与外界环境做适当的相互作用的结果。系统的总熵变 dS 为系统的熵流 d_eS 与因不可逆过程出现的熵 d_iS 产生之和,即有

$$dS = d_eS + d_iS \tag{1.5.2}$$

在闭系统中,$d_eS = 0$,故 $dS = d_iS \geqslant 0$;在开系统 $d_eS \neq 0$,如果 $d_eS < 0$,且 $|d_eS| > d_iS \geqslant 0$,则 $dS < 0$,这表示系统的有序性加强。一个生命体要维持自身,就必须与外界进行物质、能量和信息的交换,也就是要吃进食物和水,吸进氧气,排除各种废物和二氧化碳,并且还要根据环境提供的信息做出适当的反应。从系统的熵变化的角度看,系统与环境的交流一定要使系统的熵值减少,这样才能抵消系统自发产生的熵,并使系统维持在一个动态稳定的有序状态。

不论是纯水晶还是孤立系统的平衡态,都有 $dS = d_eS = d_iS = 0$,也就是说其内部的熵产生以及外部的负熵流都为 0,我们可以将其作为简单系统的特征。因此,对于一个复杂系统来说,负熵流的存在是其一个明显的特征,因而必定有 $d_eS < 0$,并且在到达稳态时应该有 $dS = 0$,从而应该有 $d_iS > 0$,也就是说复杂系统内部的熵产生以及外部的负熵流都不为 0,而且在稳态时两者达到平衡。复杂系统的稳态就维持在这两种过程的动态平衡中。因此,复杂系统是"活"的系统。

因此,当我们试图衡量系统的复杂性时,既要考虑到与绝对秩序的距离,又要考虑到与平衡态的距离。

与绝对秩序的距离可以用熵来表示,熵表示系统可能状态的多样性,但是复杂系统的多样性是各组成部分存在着广泛的有机联系的多样性,而且正是相互作用导致了复杂系统的多样性。相互作用的结果是系统组织程度的增加,它必然是远离平衡态的。离开平衡态的距离可以用非平衡度来衡量,它从某种程度上刻画了系统的有序组织程度。

Lopez-Ruiz et al.(1995)提出了如下复杂度的定义。

定义 1.5.1 设系统 X 具有 N 个可能的状态 $\{S_1, S_2, \cdots, S_N\}$,将其称为 N-系统,状态 S_i 的相应概率为 p_i,则该系统的非平衡度定义为

$$D(X) = \sum_{i=1}^{N} \left(p_i - \frac{1}{N} \right)^2 = \sum_{i=1}^{N} p_i^2 - \frac{1}{N} \tag{1.5.3}$$

系统的复杂度定义为:

$$C(X) = H(X)D(X) \tag{1.5.4}$$

其中 $H(X)$ 是系统的熵,它由公式(1.5.1)定义。

在以下的讨论中,取 $K = (\log N)^{-1}$,则系统熵的变化区间为 $[0,1]$,且在均匀分布达到最大值 1。

由于 $0 \leqslant D(X) \leqslant 1 - 1/N < 1$,以及 $0 \leqslant H(X) \leqslant 1$,从而有 $0 \leqslant C(X) <$

1。事实上,复杂度是一个比 1 要小得多的数。

对于一个 2- 系统,它的分布律为$(p,1-p)$,图 1-8 给出了一个 2- 系统与参数 p 之间的关系。图中可以看出在 $p=0.125$ 附近复杂度达到最大值(0.153 左右),而此时熵恰好处于 0 与 1 之间的中间值 0.5 附近。熵最大和最小的状态对应于复杂度最小的状态。这是符合上面定性分析的结果的。

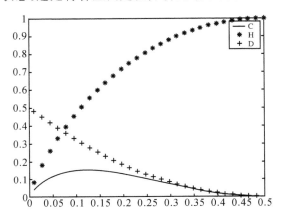

图 1-8   2- 系统中的参数 p(横轴)与熵 H、非平衡度 D 和复杂度 C(纵轴)之间的关系

另外,对于一个具有连续状态的自然系统,如果其概率密度 $p(x)$ 在整个实数轴上均大于 0,则系统的熵定义为

$$H = -K \int_{-\infty}^{\infty} p(x) \log p(x) \mathrm{d}x \tag{1.5.5}$$

而非平衡度则定义为

$$D = \int_{-\infty}^{\infty} p^2(x) \mathrm{d}x \tag{1.5.6}$$

一般地,有下面的结论(Lasota et al., 1994)。

命题 1.5.1   令(X,F,μ)为一个测度空间。设给定 m 个可测函数 $g_1, \cdots, g_m$ 和两组满足下列关系的实常数$\overline{g}_1, \cdots, \overline{g}_m; \nu_1, \cdots, \nu_m$:

$$\overline{g}_i = \frac{\int_X g_i(x) \exp[-\nu_i g_i(x)] \mu(\mathrm{d}x)}{\int_X \prod_{i=1}^{m} \exp[-\nu_i g_i(x)] \mu(\mathrm{d}x)} \tag{1.5.7}$$

式中,上面所涉及的积分均有限,则在所有满足下列关系

$$\overline{g}_i = \int_X g_i(x) f(x) \mu(\mathrm{d}x) \quad i = 1,2,\cdots,m \tag{1.5.8}$$

的密度函数 f 所组成的集合中:

$$f_0(x) = \frac{\prod_{i=1}^{m} \exp[-\nu_i g_i(x)]}{\int_X \prod_{i=1}^{m} \exp[-\nu_i g_i(x)]\mu(\mathrm{d}x)} \qquad (1.5.9)$$

的熵最大。

可以证明,如果系统状态的取值范围限制在一个有限区间$[a,b]$,则均匀分布($p(x) = 1/(b-a)$)的熵最大;如果系统状态的取值范围为$[0,\infty]$,则在所有具有相同数学期望(设为λ^{-1})的分布中,指数分布($p(x) = \lambda \mathrm{e}^{-\lambda x}$)的熵最大;如果系统状态的取值范围为$[-\infty,\infty]$,则在所有具有相同二阶距$\sigma^2$的分布中,正态分布$N(0,\sigma^2)$的熵最大。

也就是说,在经典的统计范式中,布朗运动和泊松过程的间隔时间所服从的分布(前者为正态分布、后者为指数分布)的熵最大。

由(1.5.9)式,当$m=1,g(x)$表示系统的能量时,取得最大熵的密度为

$$f_0(x) = Z^{-1}\mathrm{e}^{-\nu g(x)} \qquad (1.5.10)$$

此即为吉布斯正则分布函数,而配分函数Z由下式给出:

$$Z = \int_X \mathrm{e}^{-\nu g(x)}\mu(\mathrm{d}x) \qquad (1.5.11)$$

于是,最大熵为

$$H(f_0) = \log Z + \nu \overline{g} \qquad (1.5.12)$$

而这正是热力学熵。

1.5.2 幂律分布的复杂度

为了能够对列维飞行的复杂性有一个直观的了解,我们先给出连续性幂律分布复杂度的分析结果,然后作为比较再运用数值计算方法计算离散型幂律分布的复杂度。

设连续型幂律分布的密度函数为

$$p(x) = (\alpha-1)x^{-\alpha}, x > 1 \qquad (1.5.13)$$

其中$\alpha > 1$。

注意到$\ln p(x) = \ln(\alpha-1) - \alpha \ln x$,可知该分布的熵为

$$\begin{aligned}
H(\alpha) &= -K\int_1^{+\infty} p(x)\ln p(x)\mathrm{d}x \\
&= \alpha(\alpha-1)K\int_1^{+\infty} x^{-\alpha}\ln x\mathrm{d}x - K(\alpha-1)\ln(\alpha-1)\int_1^{+\infty} x^{-\alpha}\mathrm{d}x \\
&= K\left(\frac{\alpha}{\alpha-1} - \ln(\alpha-1)\right)
\end{aligned}$$

$$(1.5.14)$$

此时，因为 $H'(\alpha) < 0$，所以随着 α 的增加熵是递减的。

该分布的非平衡度

$$D(\alpha) = \int_1^{+\infty} p^2(x)\mathrm{d}x = (\alpha-1)^2 \int_1^{+\infty} \frac{1}{x^{2\alpha}}\mathrm{d}x = \frac{(\alpha-1)^2}{2\alpha-1} \quad (1.5.16)$$

此时，因为 $D'(\alpha) > 0$，所以随着 α 的增加平衡度是递增的。

于是，复杂度为

$$C(\alpha) = H(\alpha)D(\alpha) = K\frac{\alpha-1}{2\alpha-1}[\alpha-(\alpha-1)\ln(\alpha-1)] \quad (1.5.17)$$

为了确定复杂度的最大值，对上式求导，于是有

$$C'(\alpha) = \frac{K}{(2\alpha-1)^2}[\alpha-(\alpha-1)\ln(\alpha-1)] - \frac{K(\alpha-1)}{2\alpha-1}\ln(\alpha-1)$$

$$(1.5.18)$$

由于 K 的取值不影响复杂度的驻点位置，故为方便起见，在以下的讨论中设 $K=1$。复杂度 $C(\alpha)$ 和导数 $C'(\alpha)$ 的图形如图 1-9 所示。从图 1-9 中可以看出，复杂度存在最大值，驻点介于 2 与 3 之间，约为 2.42，即复杂度在幂指数等于 2.42 时取得最大值。上一节的模型中，当回家概率接近于 0 时，幂指数的最优值在 2 至 2.3 之间（Hu et al.，2011），而从图 1-9 中可以看出，当 α 处于这个范围时，复杂度取的值也相对较大。这似乎意味着，动物也可能是按照复杂度最优的模式来觅食的。

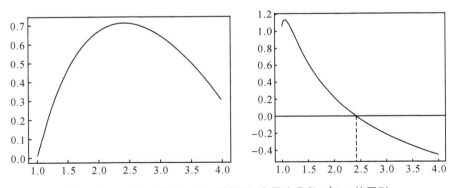

图 1-9　左图为复杂度 $\mathbf{C}(\boldsymbol{\alpha})$ 的图形，右图为导数 $\mathbf{C}'(\boldsymbol{\alpha})$ 的图形

接下来考虑离散型幂律分布的复杂度。

设主体飞行的距离服从幂律分布，并且有一个充分大的截断 N，即飞行距离恰好为 k 的概率为 $P(k) \sim k^{-\alpha}$，$k=1,2,\cdots,N$，则该分布复杂度只与 α 有关，记为 $C(\alpha)$。我们有

$$C(\alpha) = \frac{A}{\ln N}\left(\sum_{i=1}^{N} i^{-\alpha}(\alpha \ln i - \log A)\right)\left(\sum_{j=1}^{N} j^{-2\alpha} - 1/N\right) \quad (1.5.19)$$

其中 $A = \left(\sum_{i=1}^{N} i^{-\alpha}\right)^{-1}$ 为分布的归一化常数。

图 1-10,1-11,1-12 分别给出了当 $N = 10^2$,$N = 10^4$ 和 $N = 10^6$ 时幂指数 α(横轴)与熵 H、非平衡度 D 和复杂度 C(纵轴)之间的关系。

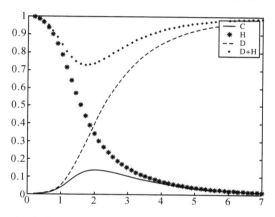

图 1-10　N = 100 时幂指数 α(横轴)与熵 H、非平衡度 D 和复杂度 C(纵轴)之间的关系

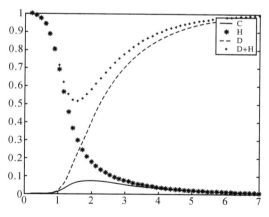

图 1-11　N = 10000 时幂指数 α(横轴)与熵 H、非平衡度 D 和复杂度 C(纵轴)之间的关系

从图 1-10、1-11、1-12 中可以看出,各个统计指标虽然在数值上有所不同,但总的变化趋势却与列维飞行的飞行截断距离 N 关系不大,都是随着 α 先增后减,这一点与连续型的情形类似。当 α 靠近于 0 时,复杂度很小。这是因为此时飞行距离取各个值的概率相对变化较小,使得飞行距离接近于均匀分布,从而比较

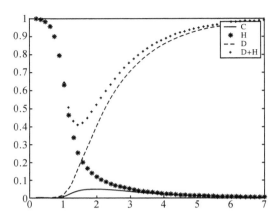

图 1-12 $N = 1000000$ 时幂指数 α（横轴）与熵 H、非平衡度 D 和复杂度 C（纵轴）之间的关系

接近于平衡态，导致熵很大（接近于 1）非平衡度很小（接近于 0），作为两者乘积的复杂度也很小。当 α 取较大值时，复杂度也很小。这是因为此时飞行距离取较小值的概率比取较大值的概率要大得多；也就是说，绝大多数随机游动距离都很小而只有极少数飞行会有远距离的飞行，导致熵很小而非平衡度很大，作为两者乘积的复杂度也很小。当 $\alpha = 2$ 附近时，复杂度达到最大，而这正是大量实证研究中发现的动物觅食模式。

图 1-10、1-11、1-12 中，我们增加了一条曲线，即 $H + D$（熵与非平衡度之和）与 μ 之间的关系，它的变化趋势大致与复杂度的相反，并且在 $\alpha > 0$ 时有 $H + D < 1$，且在 μ 取某个中间值时达到最小值。这意味着复杂度的取值肯定要小于 1/4。

§1.6   幂律分布的若干统计问题

对于幂律总体，依然存在着参数估计和假设检验等问题。本节介绍 Newman(2006) 和 Clauset et al. (2007) 关于幂律分布统计问题的若干研究成果。

1.6.1   概率分布和统计特征

假设 X 是连续型随机变量，概率密度 $p(x)$ 具有如下的形式：

$$p(x) = Cx^{-\alpha} \tag{1.6.1}$$

其中，C 是归一化常数，则称 X 服从幂指数或者标度指数为 α 的幂律分布。显然上式不可能对所有的 $x \geqslant 0$ 均成立的，因此其取值的范围一定存在一个正的下界。

记该正的下界为 $x_{\min}$，则当 $\alpha > 1$ 时，由

$$1 = \int_{x_{\min}}^{+\infty} p(x)\,\mathrm{d}x = C\int_{x_{\min}}^{+\infty} x^{-\alpha}\,\mathrm{d}x = \frac{C}{\alpha - 1}x_{\min}^{1-\alpha} \tag{1.6.2}$$

可得

$$p(x) = \frac{\alpha - 1}{x_{\min}}\left(\frac{x}{x_{\min}}\right)^{-\alpha} \tag{1.6.3}$$

若 X 是取整数值的服从标度指数为 α 的幂律分布的离散型随机变量，则有

$$p(x) = P\{X = x\} = Cx^{-\alpha} \tag{1.6.4}$$

则利用归一化条件，可得

$$p(x) = \frac{x^{-\alpha}}{\zeta(\alpha, x_{\min})} \tag{1.6.5}$$

其中

$$\zeta(\alpha, x_{\min}) = \sum_{n=0}^{\infty}(n + x_{\min})^{-\alpha} \tag{1.6.6}$$

是广义 Hurwitz 函数或广义 Zeta 函数。

在很多场合中，生存函数或累积分布函数 $\overline{F}(x) = 1 - F(x) = P\{X \geqslant x\}$ 会更方便和实用。经计算可得，在连续和离散场合分别有

$$\overline{F}(x) = \int_{x}^{+\infty} p(x)\,\mathrm{d}x = \left(\frac{x}{x_{\min}}\right)^{-\alpha + 1} \tag{1.6.7}$$

和

$$\overline{F}(x) = \frac{\zeta(\alpha, x)}{\zeta(\alpha, x_{\min})} \tag{1.6.8}$$

从 (1.6.3) 式和 (1.6.5) 式中我们可以发现，连续型变量比离散型变量更容易处理，涉及的计算更简单。因此，在很多场合一般都用连续变量作为离散变量的一个近似。但是，要注意的是，并不是在任何场合这种近似都会给出好的结果。比如，将离散幂律变量所取的整数值，视为由连续分布所生成的随机数的最接近的整数，这样做能够得到较好的近似。但是，如果认为离散和连续两种情形产生整数值的概率成比例关系，则将得不到好的结果，这是应该避免的。

若 $\alpha > m + 1$，则存在 m 阶矩，简单计算后可得

$$\langle X^m \rangle = E(X^m) = \frac{\alpha - 1}{\alpha - m - 1}(x_{\min})^m \tag{1.6.9}$$

对于来自幂律总体 (1.6.3) 式的容量为 n 的样本，其最大值 $X_{\max}$ 的概率密度为：

$$p_M(x) = np(x)\left[F(x)\right]^{n-1} \tag{1.6.10}$$

$X_{\max}$ 的平均值为：

$$\langle X_{\max} \rangle = E(X_{\max}) = \int_{x_{\min}}^{+\infty} x p_M(x)\,\mathrm{d}x = nx_{\min}B\left(n, \frac{\alpha - 2}{\alpha - 1}\right) \tag{1.6.11}$$

其中 $B(a,b)$ 是 Beta 函数：

$$B(a,b) = \frac{\Gamma(a)\Gamma(b)}{\Gamma(a+b)}, \text{其中 } \Gamma(a) = \int_0^{+\infty} x^{a-1} e^{-x} dx \qquad (1.6.12)$$

由于对于给定的 b 和充分大的 a，有 $B(a,b) \propto a^{-b}$。因此，有

$$\langle X_{\max} \rangle \propto n^{\frac{1}{a-1}} \qquad (1.6.13)$$

设幂律分布(1.6.3)式的中位数为 $x_{1/2}$，则由

$$\int_{x_{1/2}}^{+\infty} p(x) dx = \frac{1}{2} \int_{x_{\min}}^{+\infty} p(x) dx \qquad (1.6.14)$$

可得

$$x_{1/2} = 2^{\frac{1}{a-1}} x_{\min} \qquad (1.6.15)$$

接下来的讨论将揭示出幂律分布特有的"二八现象"。

设 X 表示财富，则前 50% 的富有人群所占有的财富比例为

$$\frac{\int_{x_{1/2}}^{+\infty} x p(x) dx}{\int_{x_{\min}}^{+\infty} x p(x) dx} = \left(\frac{x_{1/2}}{x_{\min}}\right)^{2-\alpha} = 2^{-\frac{\alpha-2}{\alpha-1}} \qquad (1.6.16)$$

当 $\alpha = 2.1$ 时，上式右端等于 $2^{-0.091} \approx 94\%$。这意味着，如果个人的财富服从 $\alpha = 2.1$ 的幂律，则前 50% 的富有人群所占有的财富比例为 94%。

设财富超过 x 的人群所拥有的财富比例为 $W(x)$，则有

$$W(x) = \frac{\int_x^{+\infty} x p(x) dx}{\int_{x_{\min}}^{+\infty} x p(x) dx} = \left(\frac{x}{x_{\min}}\right)^{2-\alpha} \qquad (1.6.17)$$

由(1.6.7)式和(1.6.17)式，可得

$$W(x) = \left[\bar{F}(x)\right]^{\frac{\alpha-2}{\alpha-1}} \qquad (1.6.18)$$

针对不同 α，我们可以画出图形，见图 1-13。

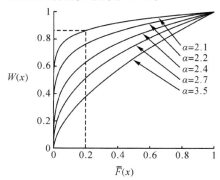

图 1-13　最富有人群的人口比例与所拥有财富之间的函数关系

由图 1-13 可以看出，所有的图形都是凸的，这些曲线一般称为 Lorenz 曲线。当 $\alpha = 2.1$ 时，"二八现象"最明显：最富有的 20% 的人占有了 80% 的财富。

1.6.2　幂律随机数的生成

设 X 为幂律随机变量，密度函数为 $p(x)$，分布函数为 $F(x)$，生存函数为 $\bar{F}(x)$，则 $F(X)$ 服从 $[0,1]$ 上的均匀分布。因此，若 r 是由服从 $[0,1]$ 上均匀分布的随机数，则 $x = F^{-1}(r)$ 或

$$x = \bar{F}^{-1}(1-r) \tag{1.6.19}$$

即为服从幂律分布的随机数。

由 $(1.6.3)$ 式，可得

$$x = x_{\min}(1-r)^{1-/(\alpha-1)} \tag{1.6.20}$$

对于离散的情形，与 $(1.6.19)$ 式相应的方程变为

$$\bar{F}(x) = \sum_{i=x}^{\infty} p(i) = 1 - r \tag{1.6.21}$$

其中 $\bar{F}(x)$ 由 $(1.6.8)$ 式给出。由于 $(1.6.21)$ 式给不出解析解，所以用近似计算的方法，具体采用二进制算法，具体如下：

（1）初始化。

令 $x_2 = x_{\min}$。

若 $\bar{F}(x_2) > 1 - r$，则进入（2）。

（2）迭代。

（a）令 $x_1 = x_2$；

（b）再令 $x_2 = 2x_1$；

（c）若 $\bar{F}(x_2) > 1 - r$，回到（a）。

否则，若 $\bar{F}(x_2) \leqslant 1 - r$，则 $(1.6.21)$ 式的解必在 $[x_1, x_2]$ 之间，然后进入下一步。

（3）二进制算法。

（a）取 $x = (x_1 + x_2)/2$ 的最大整数部分；

（b）若 $\bar{F}(x) \leqslant 1 - r$，令 $x_2 = x$，否则，令 $x_1 = x$；

（c）若 $x_2 - x_1 > 1$，回到（a）；否则进入（4）。

（4）输出 x_2。

在上面算法的最后一步，必有 $x_2 - x_1 = 1$，并且 $\bar{F}(x_1) > 1 - r$，而 $\bar{F}(x_2) \leqslant 1 - r$。

如果不要求很高的精度，可以用连续型的幂律分布近似离散型的幂律分布。但是必须以正确方式来近似才能得到较好的结果。特别地，为产生具有某个近似

幂律分布的整数 $x \geqslant x_{\min}$，先产生某个连续型幂律分布的实数 $y \geqslant x_{\min} - (1/2)$，然后取其最大正数部分 $x = [y + 1/2]$。由(1.6.20)，可得

$$x = \left[\left(x_{\min} - \frac{1}{2} \right) (1-r)^{-1/(\alpha-1)} + \frac{1}{2} \right] \tag{1.6.22}$$

当 x 取最小值 $x_{\min}$ 时，这样做的近似程度是最好的。此时，相当于连续变量在区间 $(x_{\min} - 1/2, x_{\min} + 1/2)$ 取值的概率近似地代替离散变量取 $x_{\min}$ 的概率。由(1.6.3)式和(1.6.5)式，两者之间的误差为

$$\Delta p = (\alpha - 1) x_{\min}^{\alpha-1} \int_{x_{\min}-1/2}^{x_{\min}+1/2} x^{-\alpha} \mathrm{d}x - \frac{x^{-\alpha}}{\zeta(\alpha, x_{\min})}$$

$$= 1 - \left(\frac{x_{\min} + 1/2}{x_{\min} - 1/2} \right)^{-\alpha+1} - \frac{x_{\min}^{-\alpha}}{\zeta(\alpha, x_{\min})}$$

$$\tag{1.6.23}$$

当 $\alpha = 2.5, x_{\min} = 1, 5, 10$ 时，误差分别为 $8\%, 1\%, 0.2\%$。因此，当 $x_{\min}$ 取中等大小的值时，近似程度还是不错的。

表 1-3 给出了 $\alpha = 2.5, x_{\min} = 5$ 时这两种分布的密度函数(分布律)在整数值 x 处的函数值，采用了三组容量为 100 000 的随机数。表 1-3 中可以看到，理论值和模拟值之间的吻合程度还是令人满意的。

表 1-3　$\alpha = 2.5, x_{\min} = 5$ 时连续和离散分布的理论值和模拟值
以及用连续变量近似离散变量时的近似值

x	理论值	模拟值	理论值	模拟值	近似值
5	1.000	1.000	1.000	1.000	1.000
6	0.761	0.761	0.742	0.740	0.738
7	0.604	0.603	0.578	0.578	0.573
8	0.494	0.493	0.467	0.466	0.463
9	0.414	0.413	0.387	0.385	0.384
10	0.354	0.352	0.328	0.325	0.325
15	0.192	0.192	0.174	0.172	0.173
20	0.125	0.124	0.112	0.110	0.110
50	0.032	0.032	0.028	0.027	0.027
100	0.011	0.011	0.010	0.010	0.009

1.6.3　幂律的拟合

对经验数据是否服从幂律最直观的判断方法，就是在双对数坐标系中看直方图是否近似地在一条直线上。如果在一条直线上，那么我们就可以判断这些数据来自幂律总体，并且直线的斜率就是标度参数或者幂次 α。

1.6.3.1 幂律的识别

在自然和人工系统中识别幂律行为并不是一件容易的事情。标准的方法是将双对数坐标系中画出直方图,如果它成一条直线,则可判定它为幂律。然而,仅仅通过直方图是否为直线来判断,在很多情况下并不见得能得到精确的结果。

为了说明这一点,现随机生成了 100 万个服从幂指数为 $\alpha = 2.5$ 的幂律分布的随机数,每一个区间的间隔为 0.1,由此可产生相应的直方图。具体结果见图 1-14。

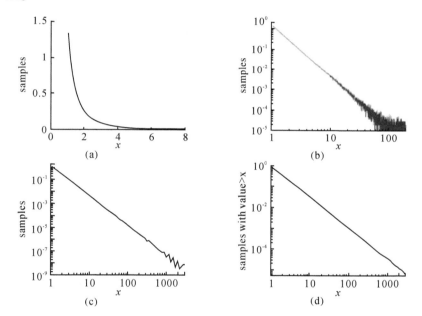

图 1-14 (a) 幂指数为 $\alpha = 2.5$ 的幂律分布直方图在直角坐标系中的图形;(b) 同样的直方图在双对数坐标系中的图形,可以看到尾部受噪声的干扰情况,这是因为落在区间的样本数变少从而使得其所占的比例有较大的起伏;(c) 采用对数标度的区间之后的直方图;(d) 累计分布直方图,累计分布也是幂律的,只是指数变为 $\alpha - 1 = 1.5$

图 1-14(a) 显示的是直角坐标系中的直方图。图 1-14(b) 显示的是在双对数坐标系中的直方图。可以看出,在尾部有明显的噪声存在。这是因为,由于落在尾部区间的样本变少,使得尾部每个区间上样本所占的比例会有很大的起伏。一种处理方法是,在作直方图之前,不采用等分区间的方法,而是逐渐变大。比如,从左到右的区间长度可以设为 $\Delta x, a\Delta x, a^2\Delta x, \cdots$,如果取 $\Delta x = 0.1, a = 2$,则区间就被分成:

$$[1, 1.1], \quad [1.1, 1.3], \quad [1.3, 1.5], \cdots$$

不过,这样分了以后,在对数标度中,它们依然是常数,称这种方法为对数划分法。图 1-14(c) 就是采用了对数划分法之后得到的直方图,可以看出比起图 1-14(b) 来,它就要"干净"多了。图 1-14(d) 显示的是累积分布函数或生存函数 $\overline{F}(x) = 1 - F(x)$ 的图形。注意 $\overline{F}(x)$ 仍然服从幂律,不过幂指数变为 $\alpha - 1$。需要特别指出的是,运用累积分布函数,就不需要划分区间了,因此它不损失任何信息。从图 1-13(d) 中可以看出,累积分布函数的图形非常清晰。采用图 1-14(d) 的方式表示幂律的方法也称为位序 — 频率法。

1.6.3.2   标度参数的估计

要正确估计 α,首先得确定 $x_{\min}$ 的值。现在,先假设 $x_{\min}$ 已知。

若总体为连续型随机变量,其密度函数为

$$p(x) = \frac{\alpha - 1}{x_{\min}} \left(\frac{x}{x_{\min}} \right)^{-\alpha}, x \geqslant x_{\min} \tag{1.6.24}$$

$x_1, x_2, \cdots, x_n$ 是取自该总体的样本观察值,则 α 的最大似然估计值为

$$\hat{\alpha} = 1 + n \left[\sum_{i=1}^{n} \ln \frac{x_i}{x_{\min}} \right]^{-1} \tag{1.6.25}$$

关于这个估计,有如下重要的命题。

命题 1.6.1 α 的最大似然估计 $\hat{\alpha}$ 渐近服从正态分布 $N(\alpha, (\alpha-1)^2/n)$。

一般而言,$\hat{\alpha}$ 的标准差具有下面的形式:

$$\sigma = \frac{\alpha - 1}{\sqrt{n}} + O(1/n) \tag{1.6.26}$$

其中右端的高阶项为正。

对于由 (1.6.4) 式描述的离散幂律总体,其最大似然估计满足如下方程:

$$\frac{\zeta'(\hat{\alpha}, x_{\min})}{\zeta(\hat{\alpha}, x_{\min})} = -\frac{1}{n} \sum_{i=1}^{n} \ln x_i \tag{1.6.27}$$

其中,导数是对第一个变量求导。因为得不到解析解,所以解上述方程只能采用数值的方法。

将对数似然函数 $\ln L(\alpha) = -n \ln \zeta(\alpha, x_{\min}) - \alpha \sum_{i=1}^{n} \ln x_i$ 在其取最大值的自变量处泰勒展开到三阶,再利用命题 1.6.1 的渐近正态性,可得由 (1.6.27) 式确定的估计量的标准差为

$$\sigma = \frac{1}{\sqrt{n \left[\frac{\zeta''(\hat{\alpha}, x_{\min})}{\zeta(\hat{\alpha}, x_{\min})} - \left(\frac{\zeta'(\hat{\alpha}, x_{\min})}{\zeta(\hat{\alpha}, x_{\min})} \right)^2 \right]}} \tag{1.6.28}$$

在不需要太高的精度的情况下,可以用连续型变量来近似离散型变量,具体

做法如下。

给定一个可微函数 $f(x)$，设其原函数为 $F(x)$，则

$$\int_{x-\frac{1}{2}}^{x+\frac{1}{2}} f(t)\,\mathrm{d}t = F\left(x+\frac{1}{2}\right) - F\left(x-\frac{1}{2}\right)$$

$$= \left[F(x) + \frac{1}{2}F'(x) + \frac{1}{8}F''(x) + \frac{1}{48}F'''(x)\right]$$

$$- \left[F(x) - \frac{1}{2}F'(x) + \frac{1}{8}F''(x) - \frac{1}{48}F'''(x)\right] + \cdots$$

$$= f(x) + \frac{1}{24}f''(x) + \cdots$$

$$(1.6.29)$$

在上式两边对所有的 x 求和，有

$$\int_{x_{\min}-\frac{1}{2}}^{\infty} f(t)\,\mathrm{d}t = \sum_{x=x_{\min}}^{\infty} f(x) + \frac{1}{24}\sum_{x=x_{\min}}^{\infty} f''(x) + \cdots \qquad (1.6.30)$$

若 $f(x) = x^{-\alpha}$，则有

$$\int_{x_{\min}}^{\infty} t^{-\alpha}\,\mathrm{d}t = \frac{\left(x_{\min}-\frac{1}{2}\right)^{-\alpha+1}}{\alpha-1}$$

$$= \sum_{x=x_{\min}}^{\infty} x^{-\alpha} + \frac{1}{24\alpha(\alpha+1)}\sum_{x=x_{\min}}^{\infty} x^{-\alpha-2} + \cdots$$

$$= \zeta(\alpha, x_{\min})[1 + O(x_{\min}^{-2})] \qquad (1.6.31)$$

其中我们在第二个和式中利用了 $x^{-2} \leqslant x_{\min}^{-2}$。于是，有

$$\zeta(\alpha, x_{\min}) = \frac{\left(x_{\min}-\frac{1}{2}\right)^{-\alpha+1}}{\alpha-1}[1 + O(x_{\min}^{-2})] \qquad (1.6.32)$$

类似地，令 $f(x) = x^{-\alpha}\ln x$，我们得到

$$\zeta'(\alpha, x_{\min}) = -\frac{(x_{\min}-1/2)^{-\alpha+1}}{\alpha-1}\left[\frac{1}{\alpha-1} + \ln\left(x_{\min}-\frac{1}{2}\right)\right][1 + O(x_{\min}^{-2})] + \zeta(\alpha, x_{\min})O(x_{\min}^{-2})$$

$$(1.6.33)$$

于是由 (1.6.27)(1.6.32)(1.6.33)，有

$$\frac{\zeta'(\hat{\alpha}, x_{\min})}{\zeta(\hat{\alpha}, x_{\min})} = -\frac{1}{n}\sum_{i=1}^{n}\ln x_i$$

$$= \left[\frac{1}{\alpha-1} - \ln\left(x_{\min}-\frac{1}{2}\right)\right][1 + O(x_{\min}^{-2})] + O(x_{\min}^{-2}) \qquad (1.6.34)$$

忽略掉 $x_{\min}^{-2}$ 的同阶项（假设其远小于 1），得到

$$\hat{\alpha} \simeq 1 + n\left[\sum_{i=1}^{n}\ln\frac{x_i}{x_{\min}-1/2}\right]^{-1} \qquad (1.6.35)$$

与(1.6.25)式非常接近。

数值结果表明，当 $x_{\min} \geqslant 6$ 时，近似的程度令人满意（Clauset et al.，2007）。

1.6.3.3　标度参数估计量的检验

对标度参数 α 的估计方法有很多种，常用的有如下几种：

(1) 最小二乘法估计概率密度函数中的 α，在双对数坐标系采用等间距（LS＋PDF，const. width）；

(2) 最小二乘法估计累积分布函数，在双对数坐标系采用等间距（LS＋CDP，const. width）；

(3) 最小二乘法估计概率密度函数，采用对数间距，即间距与 x 成正比（LS＋PDF，log. width）；

(4) 最小二乘法估计累积分布函数，没有任何间距的位序 — 频率法（rank-frequency plot），记为（LS＋CDF，rank-freq.）；

(5) 连续型极大似然法（cont. MLE）；

(6) 离散型极大似然法（disc. MLE）。

利用上一节中关于幂律随机数的生成方法产生两组随机数，一组是连续型的，另一组则是离散型的，然后再运用以上方法估计 α，具体结果见表 1-4，其中 $\alpha = 2.5$，样本容量 $n = 10000$，$x_{\min} = 1$。

表 1-4　用不同方法估计的标度参数值

方法		$\hat{\alpha}$（离散）	$\hat{\alpha}$（连续）
LS＋PDF	const. width	1.6(1)	1.39(5)
LS＋CDF	const. width	2.37(2)	2.480(4)
LS＋PDF	log. Width	1.6(1)	1.19(2)
LS＋CDF	rank-freq.	2.570(6)	2.4869(3)
cont. MLE		4.46(3)	**2.50(2)**
disc. MLE		**2.49(2)**	2.19(1)

从表 1-4 中可以看出，用不同方法得出的估计值大相径庭。使用上面所介绍的方法得到的结果是最好的（表中粗体数字）。使用线性回归的方法除了位序 — 频率法以外，得到的结果都有显著的误差。

图 1-15 显示了 α 的用不同方法得到的估计值与真实的 α 之间的关系，可以发现用本文的方法估计 α 是最精确的，即用离散最大似然法处理离散数据，用连续最大似然法处理连续性数据得到的估计值是最好的。

图 1-16 显示的是用(1.6.25)式估计标度参数所得到的误差关于 $x_{\min}$ 的函数。前面提到，误差与 $x_{\min}^{-2}$ 同阶，而实际上当 $x_{\min}$ 不小于 6 时，误差已经低于 1%。

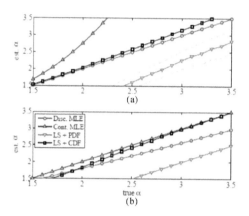

图 1-15 运用不同方法得到的标度参数的估计值与真实参数值之间的关系,其中样本容量为 $n = 10000$,(a)离散幂律分布;(b)连续幂律分布

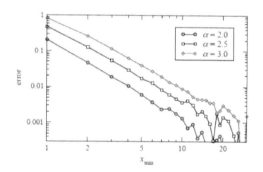

图 1-16 估计误差与 x_{min} 的关系

最后,图 1-17 显示了估计误差与样本容量之间的关系。一般来说,当 n 不小于 50 时就可以得到一个合理的估计了。

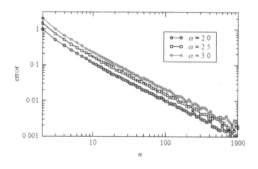

图 1-17 估计误差与样本容量之间的关系

但是当样本容量较小时,一定要小心,因为在很多的时候不是幂律分布的总体也可以用幂律分布来拟合。

1.6.3.4　幂律分布下界的估计

一般来说,在经验数据所满足的分布的左端往往为非幂律的。因此确定幂律的行为何时开始,即从何时开始分布会呈现出幂律的形式,便显得非常的重要。这涉及幂律行为的下界 $x_{\min}$ 的估计问题。如果估计值偏小,那么我们将得到一个有偏差的估计,而如果估计值偏大,则会失去很多有用的信息。

传统的方法有:(1) 在双对数坐标系中目测 PDF 或者 CDF 从什么地方开始变成直线了;(2) 将 $\hat{\alpha}$ 看成是 $\hat{x}_{\min}$ 的函数,观察其从什么时候开始 $\hat{\alpha}$ 变得稳定了。

但传统方法过于主观,容易受到尾部噪声或波动的影响,因此需要一种客观和基本的方法。

离散的情形。

Handcock 和 Jones(2004) 提出了一个一般的模型,将数据以 $x_{\min}$ 为界分成两部分。大于 $x_{\min}$ 的部分数据服从幂律,对于小于 $x_{\min}$ 的部分数据服从 $p_k = P\{X=k\}$,其中 k 为小于 $x_{\min}$ 的整数。他们让包括 $x_{\min}$ 在内的所有参数都变化,观察什么模型对数据拟合得最好。要特别说明的一点是,在最大似然的框架里,不可能直接用该模型来拟合数据,这是因为模型的参数并不是唯一的,共有 $x_{\min}+1$ 个。并且通过增加参数的数量可以让似然函数取更大的数值,这样就使模型变得比较灵活,并且在 $x_{\min} \to \infty$ 时使似然函数达到最大值。一个标准的替代方法是最大化边缘似然函数(marginal likelihood),即给定模型参数个数的似然函数,而将模型的其他参数通过积分边缘化。但是积分常常没有理论解,又有学者提出考虑如下的对数边缘似然函数:

$$\ln P(x \mid x_{\min}) \simeq L - \frac{1}{2}(x_{\min}+1)\ln n \qquad (1.6.36)$$

其中 L 是常规的对数似然函数的最大值。这种近似方法称为贝叶斯信息准则(Bayesian Information Criterion,简称 BIC)。使 BIC 最大化的 $x_{\min}$ 就是估计值。不过这个方法对于连续型的情形并不适用。

一个对于离散和连续两种情形都适用的估计方法,是考虑 Kolmogorov-Smirnov 统计量:

$$D = \max_{x \geqslant x_{\min}} \mid S(x) - P(x) \mid \qquad (1.6.37)$$

其中,$S(x)$ 为所有根据不小于 $x_{\min}$ 的观察值得出的 CDF,$P(x)$ 是不小于 $x_{\min}$ 的观察值最吻合的幂律分布的 CDF。

　　如果估计值 $\hat{x}_{\min}$ 偏大，则事实上我们减少了样本量，从而增加了数据的随机波动，使得 D 的值偏大。如果估计值 $\hat{x}_{\min}$ 偏小，则不服从幂律的部分数据也用幂律分布来拟合，自然也会导致 D 的增加。因此，一个合理的估计应该使 D 取最小值，我们就把使 D 取最小值的 $x_{\min}$ 作为其估计 $\hat{x}_{\min}$。

　　下面我们对这个估计做一个检验。

　　为了检验 KS 估计的效率，构造如下的函数：

$$p(x) = \begin{cases} C(x/x_{\min})^{-\alpha}, & x \geqslant x_{\min} \\ Ce^{-\alpha(x/x_{\min}-1)}, & x < x_{\min} \end{cases} \qquad (1.6.38)$$

　　即，在大于 $x_{\min}$ 的时候服从幂律，而在小于 $x_{\min}$ 的时候服从指数分布，并且 $p(x)$ 在 $x_{\min}$ 处是可导的，这样就给检验增加了挑战性。在下面的检验中，取 $\alpha = 2.5$。

　　图 1-17(a) 给出了由 (1.6.38) 式描述的概率密度图形，其中不同的图形对应于不同的临界点 $x_{\min}$。图 1-16(b) 显示了运用 KS 统计量 (1.6.38) 式所得到的 $x_{\min}$ 的估计值以及用 Handcock 和 Jones(2004) 提出的贝叶斯信息准则得到的 $x_{\min}$ 的估计值与真实的 $x_{\min}$ 值之间的关系。图中似可看出，KS 估计值更接近真实值一些，而 BIC 估计值则显示出有更加低估的趋势。

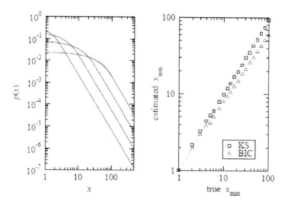

图 1-18　（a）由 (1.6.38) 式描述的概率密度图形，其中不同的图形对应于不同的临界点 $x_{\min}$；（b）$x_{\min}$ 的 **KS** 估计值以及基于贝叶斯信息准则（**BIC**）的估计值与真实值之间的关系

　　为了说明精确估计 $x_{\min}$ 的重要性，令 $x_{\min} = 100, \alpha = 2.5$，由此产生大容量的服从 (1.6.38) 式所确定的概率分布的随机数，并根据不同的 $x_{\min}$ 估计值来确定 α 的最大似然估计值，再观察两者之间的关系。图 1-18 显示了这一过程所得到的结果。

　　图从 1-18 中可以看出，当 $x_{\min}$ 估计值非常接近于真实值 100 时，α 的估计值

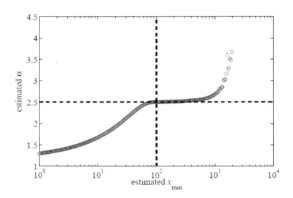

图 1-19 α 的估计值与 x$_{min}$ 的估计值之间的关系

与真实值也非常接近。但是如果 x_{min} 的估计值偏小,那么 α 的估计值将会有显著的误差。不过,当 x_{min} 的估计值略微偏大时,α 的估计值与真实值的差异不显著,但是当 x_{min} 的估计值过大时,α 的估计值与真实值的差异就会有显著的上升。这样的一个结果应该反映了幂律分布的有限规模效应。

1.6.4 幂律的假设检验

以上讨论的是在总体服从幂律(或者尾部服从幂律)的条件下如何根据样本估计各分布参数(如标度指数和幂律起始点等)的问题,但是总体是否服从幂律本身也是一个待检验的假设。在很多场合,即使是非幂律总体也能通过幂律假设检验。例如,由表 1-1,如果以判别系数作为依据,那么来自对数正态分布的样本也能有较高的拟合度——判定系数可以高达 0.85。

检验一个样本是否来自幂律总体,仅仅通过经验分布函数的图形来判断常常会出现错误的判断。图 1-20 显示了三种不同分布的累积分布函数在双对数坐标系中的图形。这三种分布分别是 α = 2.5 的幂律分布,μ = 0.3 和 σ = 2 的对数正态分布,λ = 0.125 的指数分布,并且均有 x_{min} = 15。从图 1-20 中可以看出,这三种分布的图形在双对数坐标系中均大致呈现出直线,因此很有可能就会轻易判断这三种分布都是幂律分布。然而,大致表现为直线只是幂律的必要条件而非充分条件。

本节以下内容涉及两个问题。第一个问题是,如何判断样本是否来自幂律总体?第二个问题是,是否存在其他拟合程度差不多或更高的分布。

1.6.4.1 拟合优度检验

此时需要检验的原假设 H_0 是:总体服从幂律。

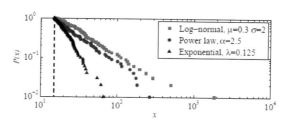

图 1-20 $\alpha = 2.5$ 的幂律分布, $\mu = 0.3$ 和 $\sigma = 2$ 的对数正态分布以及 $\lambda = 0.125$ 的指数分布的累积分布函数在双对数坐标系中的图形,其中 $x_{\min} = 15$

接下来的问题就是,采用的检验统计量是什么?拒绝域是什么?

如果原假设是真的,那么问题就转化为服从什么具体的幂律,这就需要通过样本数据来估计标度指数 $\hat{\alpha}$ 和幂律起始点 $x_{\min}$,而这个问题在上一节已经解决了。设通过此步骤得到的优度拟合幂律分布为 $P(x)$,由(1.6.37)式进一步计算得到的 KS 统计值为 D。

显然,D 的值越小越好,但是这个"越小越好"的基准值是什么呢?

注意,经过参数估计得到的幂律分布 $P(x)$ 并不一定就是样本数据真实服从的分布。因此接下来我们要做的是,假设 $P(x)$ 是真实分布,那么我们就可以得到一组服从该分布的模拟随机数。如果这组模拟随机数与样本数据的容量相等,都是 n,那么通过这组模拟随机数利用上一节的参数估计方法就可以得到优度拟合的幂律分布 $\hat{P}(x)$ 以及计算得到相应的 KS 统计值 $\hat{D}$。

一个很自然的想法是,如果 $P(x)$ 是样本数据所服从的真实分布,那么 D 与 $\hat{D}$ 之间就不应该有显著的差异,而且当 $D < \hat{D}$ 时会倾向于接受原假设。然而,由于随机波动性,由模拟随机数得到的 $\hat{D}$ 也会有随机的涨落,因此即使原假设为真,事件 $D < \hat{D}$ 也不一定会发生。令 $p = P\{D < \hat{D}\}$,则当原假设为真时,p 值的变化将只是随机波动的结果,因此应该保持在 50% 附近,而当原假设不真时,p 值应该偏小。于是,当 p 足够小时,我们就拒绝原假设。

因此,检验统计量可取为 $p = P\{D < \hat{D}\}$,而原假设 H_0 的拒绝域可取为 $p \leqslant k$,其中 k 是一个充分小的数。

综上所述,拟合优度检验的具体步骤如下:

(1)对于给定的样本数据,确定最优拟合的幂律分布,并估计 $\hat{\alpha}$ 和 $x_{\min}$。

(2)计算优度拟合的幂律分布与样本数据的 KS 统计量的值 D。

(3)假设样本数据的容量为 n 并且有 n_{tail} 个大于 $x_{\min}$,则重复以下过程 n 次得到一个容量为 n 的模拟数据:以 n_{tail}/n 的概率产生一个服从参数为 $\hat{\alpha}$ 和 $x_{\min}$ 的幂律分布的随机数,然后再以 $1 - n_{\text{tail}}/n$ 的概率在小于 $x_{\min}$ 的样本数据随机选一个数。由此得到一组样本容量为 n 的模拟随机数。

　　(4)依据过程(3)的模拟随机数据运用上一节的方法估计 α 和 $x_{\min}$ 并计算 KS 统计量的值 $\hat{D}$。

　　(5)重复过程(4)很多次,然后计算事件 $\{\hat{D} > D\}$ 发生的频率 p,则当 $p \leqslant k$ 时,就拒绝样本数据服从幂律的原假设。

　　一般而言,拒绝原假设的临界值 k 都会取得比较小,如 $0.1, 0.05$ 和 0.001 等。因此只要当我们依据上述法则拒绝原假设时会显得颇有信心,但是当我们接受原假设即可以认为样本数据来源于幂律总体时则并不是很有说服力。这是因为,如果我们一开始的原假设是总体服从另外一个分布,那么当我们按照上面的步骤进行检验时,可能也不会拒绝原假设。

　　因此要想得到更有信心的检验结果,我们必须尽可能地排除掉那些可能替代幂律分布的"竞争者"。

　　值得指出的是,样本容量越大,用上述检验方法得到的结果就越可信,而当样本容量较小时得到的结果可能会是随机波动的偶然结果,其可信度也会降低。

　　从图 1-21 中可以看出,不管原假设是总体服从对数正态、幂律或者指数分布,当样本容量较小时,由拒绝域 $p < 0.1$ 都无法拒绝原假设。而当样本容量足够大时,对数正态和指数分布的 p 值会迅速下降并小于 0.1 从而拒绝相应的原假设,而幂律分布的 p 值则一直保持一个稳定值并始终位于 50% 左右。

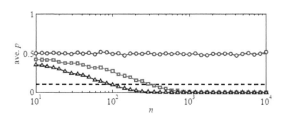

图 1-21　样本容量对检验结果的影响

　　要想通过法则 $p < 0.1$ 来拒绝不真的原假设,不同的分布所需要样本容量是不一样的,由图 1-21 可以看出,指数分布需要的样本容量大约为 100 而对数正态分布大约为 300。另外,当分布的参数不同时,要想拒绝虚假分布所需的样本容量也是不一样的。图 1-21 显示了 $x_{\min}$ 不同时,拒绝不真的原假设(分别为对数正态和指数分布)时所需要的样本容量。

1.6.4.2　似然比检验

　　即使幂律分布通过了拟合优度检验而没有被拒绝,但仍然不能说明真实的分布就是幂律,这是因为其他的一些分布如指数分布和对数正态分布等也可能

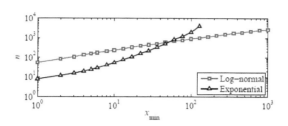

图1-22　使 p < 0.1 所需的样本容量 n，横轴是 x_{min}

在 x 的取值范围内拟合得很好。也就是说，当原假设是不同的分布时，p 值也很有可能没有落在拒绝域中。如果幂律分布的 p 值比较大，而其他分布的 p 值较小，那么可以认为幂律分布拟合得更好，从而可以把备择假设加以拒绝。不过，由于可能的备择分布是无限的，因此排除了有限个备择分布并不意味着幂律就是所有分布中拟合得最优的分布。

　　如果是直接比较两个分布哪一个更好地拟合了样本数据，那么我们可以采取似然比检验法。

　　设 $x_1, x_2, \cdots, x_n$ 是一组样本值，$p_1(x)$ 和 $p_2(x)$ 是两个备选的分布，通过它们可以分别构建两个似然函数：

$$L_1 = \prod_{i=1}^{n} p_1(x_i), L_2 = \prod_{i=1}^{n} p_2(x_i) \qquad (1.6.39)$$

并进一步得到似然比：

$$R = \frac{L_1}{L_2} = \frac{\prod_{i=1}^{n} p_1(x_i)}{\prod_{i=1}^{n} p_2(x_i)} \qquad (1.6.40)$$

　　$p_1(x)$ 和 $p_2(x)$ 哪一个是对样本数据拟合得更好的分布，或者说它们中哪一个"更像"是真实的分布？一个判别的标准就是看似然比 R 的大小。如果 $R > 1$，则 $p_1(x)$ 比 $p_2(x)$ 看上去更像是真的，反之如果 $R < 1$，则 $p_2(x)$ 比 $p_1(x)$ 看上去更像是真的。

　　对似然比取对数，得

$$\ln R = \sum_{i=1}^{n} [\ln p_1(x_i) - \ln p_2(x_i)] = \sum_{i=1}^{n} (l_i^{(1)} - l_i^{(2)}) \qquad (1.6.41)$$

式中 $l_i^{(j)} = \ln p_j(x_i)$。

　　因此，根据上面的讨论，我们可以根据 $\ln R$ 的符号来判断哪一个分布更像是真的。然而，由于样本数据的波动性，$\ln R$ 难免也会有随机波动，因此当 $|\ln R|$ 不是很大时，$\ln R$ 的符号变化可能纯粹是由于随机波动引起的。而当 $|\ln R|$ 很大

时，则可以认为两个分布有显著的差异，并且当 $\ln R > 0$ 时可以排除 $p_2(x)$，而当 $\ln R < 0$ 时则可以排除 $p_1(x)$。

接下来我们要来确定 $|\ln R|$ "很大" 的标准。

记 $y_i = l_1^{(i)} - l_2^{(i)}$，由于样本的独立性，因此当 n 足够大时，$\sum\limits_{i=1}^{n} y_i$ 将近似服从正态分布。由于样本 $y_1, y_2, \cdots, y_n$ 是独立同分布的，因此它们共同的方差可以用样本方差 s_y^2 来估计，即

$$\sigma^2 = s_y^2 = \frac{1}{n} \sum_{i=1}^{n} (y_i - \bar{y})^2 \tag{1.6.42}$$

其中 $\bar{y} = \frac{1}{n} \sum\limits_{i=1}^{n} y_i$。

假设 $p_1(x)$ 和 $p_2(x)$ 对样本数据的拟合程度没有显著的差异，则 $\ln R$ 可以近似地认为服从正态分布 $N(0, n\sigma^2)$。

对于给定的显著性水平 p，设 u_p 是标准正态分布的上 p 分位数，当 $\ln R > \sqrt{n}\sigma u_p$ 时认为 $p_1(x)$ 比 $p_2(x)$ 拟合得更好从而排除 $p_2(x)$，当 $\ln R < -\sqrt{n}\sigma u_p$ 时可以认为 $p_2(x)$ 比 $p_1(x)$ 拟合得更好从而可以排除 $p_1(x)$，而当 $|\ln R| > \sqrt{n}\sigma u_{p/2}$ 时可以认为 $p_1(x)$ 与 $p_2(x)$ 之间有显著的差异。

§1.7　城市人口的 Zipf 律 —— 模型与实证

本节我们将试图建立一个基于主体的城市人口迁移空间渐进模型系，由此揭示 Zipf 律的一种可能的生成机制（薛丹芝，2009；王展，2008）。基于主体的模型方法强调参与互动的主体是有限理性的，主体只能根据可获取的局域信息来采取适应性的行为。本模型系是基于城市系统中主体的空间分布状况，并不是研究单个城市演化过程，而是通过微观主体间相互作用研究宏观经济现象的涌现，是一种自下而上的模型。通过建立模型、编写程序，并用计算机模拟人口的迁移行为，目的在于探讨城市人口位序规模分布情况及其可能的生成机制。

本章所建立的是一个模型系，包含若干个子模型。这些子模型的共同点在于，他们都是用来模拟城市人口迁移的模型，具有相同的运行环境。

1.7.1　模型的运行环境

本模型系的运行环境包含以下几个方面。

1.7.1.1　模型的运行环境

考虑一个含有 Z^2 个点的网格区,每一个点 i 的位置由 $P_i(x_i,y_i)$ 唯一确定,其中 x_i,y_i 均为 $[0,Z-1]$ 上的整数且 $i=x_iZ+y_i$。

设在时刻 t 第 i 个位置的主体数为 $n_i(t)$,则此时所有的主体数为:

$$N(t)=\sum_i n_i(t) \tag{1.7.1}$$

任意两点的距离为:

$$d_{ij}=\max[\,|x_i-x_j|\,,\,|y_i-y_j|\,] \tag{1.7.2}$$

每个主体 a 都有一个受视域界限 v_a 限制的可迁移范围 r_a,即 $1\leqslant r_a\leqslant v_a$。视域界限 v_a 和可迁移范围 r_a 都是正整数。例如,当某一主体的视域界限 $v_a=5$,则该主体最远可移动到距该主体 5 个单位远的所有位置上。

1.7.1.2　空间方面

模型中的主体是按各自的决策进行迁移的,令 $S_i(t)$ 为地点 i 在时刻 $t=1$,$2,\cdots$ 时的价值,则:

$$S_i(t+1)=f(S_i(t),S_{\Omega(i,\delta)}(t)) \tag{1.7.3}$$

式中,f 为一个实值函数:$R\times R^\Omega\rightarrow R$,$\Omega(i,\delta)$ 为离地点 i 的距离小于或等于 δ 的邻居的集合,即 $\Omega(i,\delta)=\{j\mid j\neq i,d_{ij}\leqslant\delta\}$。由(1.7.3)式可知,特定地点的价值的改变不仅取决于该地点上一时期的价值,还取决于上一时期的一定距离范围内邻居的价值。为了描述该迁移机制,令 $A(t)$ 为在 t 时期该系统内所有主体集合,每个主体 $a\in A(t)$ 都有各自特定的迁移范围 $r_a(1\leqslant r_a\leqslant v_a)$。

那么主体的迁移决策依赖于现在居住地和其视野范围内邻居:

$$P_a(t+1)=g(P_a(t),S_{P_{a(t)}},S_{\Omega(P_{a(t)},r_a)},E(t)) \tag{1.7.4}$$

其中,$P_a(t)$ 代表 t 时主体 a 的空间位置,$\Omega(P_a(t),r_a)$ 表示主体 a 视野范围内的所有邻居点,$E(t)$ 是一个环境变量。$S_i(t)$ 在此可以认为是地点 i 的吸引力,环境因素 $E(t)$ 相对于主体来说是外生的(如能源、建筑设施、自然资源、污染等)。

1.7.1.3　人口动态方面

令 $n_i(t)\geqslant 0$ 表示地点 i 在时刻 t 的人口规模,$N(t)\equiv\sum n_i(t)$ 为该系统中全部主体数量。开始时,系统中有 $\bar{N}$ 个主体。Gibrat(1931)的模型比较简单,假定只有有限个主体且它们没有后代,于是 $N(t)=\bar{N},\forall t=1,2,\cdots,T$。每个主体 $a\in A(1)$ 被等概率地分配到先前的地点。

城市被定义为人口大于一定数值 C 的地点 i,即 $n_i(t)>C$。对于整个系统中特定的人口规模,城市人口的动态变化完全由人口的净迁移决定,令 $\gamma_{ij}(t)$ 为人口从地点 i 迁移到地点 j 的数量,那么地点 i 在时刻 t 的人口规模表示为:

$$n_i(t) = n_i(t-1) + \sum_j \gamma_{ji}(t-1) - \sum_j \gamma_{ij}(t-1) \qquad (1.7.5)$$

本节以下讨论的几个子模型中,主体的活动范围相同,但迁移行为规则各不相同,按行为规则的逐步改变形成了以下的空间渐近模型。

1.7.2　随机移动行为

初始时刻将一定数量 N 的主体随机地安置在 $Z \times Z$ 的区域内。每个主体不受视域界限的约束可以游走到该区域的任何一点,即这是一个纯随机游走模型。

运行的结果是可以预见的。在所有的实验报告中显示,系统不收敛,主体将永无休止地运动下去。在这种纯随机的状态下讨论城市规模的分布,让人最容易想到的就是正态分布。从运行结果看,当系统中的主体数足够大的时候,城市规模的概率分布的确会稳定于正态分布,见图 1-23。

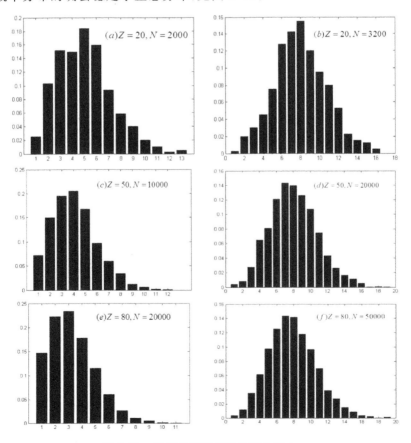

图 1-23　纯随机游走模型的直方图之一

图 1-21 中显示,在区域规模一定的情况下(如 $Z = 20$ 或 50 或 80),随着主体数的增加,即 N 的增大,城市规模分布逐渐呈现正态分布的图形。当 $N \approx 8 \times Z^2$ 时,城市规模服从均值约为 8,标准差约为 2.8 的正态分布。当 N 继续增大,$N \approx 16 \times Z^2$ 时,城市规模服从均值约为 16,标准差约为 4 的正态分布(见图 1-24)。

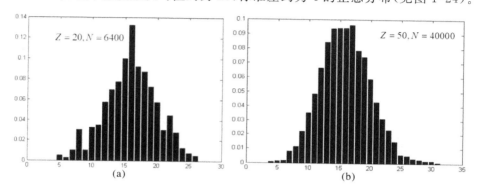

图 1-24　纯随机游走模型的直方图之二

由此可见,当系统中的主体数与区域的大小成一固定比例时,即 $N/Z^2 \equiv C$,无论 N 与 Z 如何改变,城市规模均近似服从均值为 C 标准差约为 $\sqrt{C}$ 的正态分布。

1.7.3　有限理性的主体迁移行为

1.7.3.1　数学模型

在该模型中假设有限理性的主体不能迁移到他们视域界限之外的地点,主体只能选择其视野范围内最有吸引力的地点作为迁入点。

每个主体都被任意分配到的最大迁移范围 $v_a \in [v_{\min}, v_{\max}]$,其中 $1 \leqslant v_{\min} \leqslant v_{\max} \leqslant Z/2$。在这个模型中,$v_{\max} - v_{\min}$ 表示主体差异性的程度。

限定主体迁移行为的方程式还需要详细说明一下。我们都知道,一个独立的企业在进行选址决策的时候很大程度上会受到集聚经济的影响,往往会选择相同产业聚集地或产业链聚集地发展自己的企业。从人口学的角度,人群往往会选择人多的地方作为自己的迁移目标地。当人们处于非完全信息状态,对外界事物没有准确判断的时候,往往会跟随大多数人的选择做出判断。如果将这一观点应用于模型中,就可以得出下列方程式:

$$\psi_{j,a}(t) = n_j(t) \tag{1.7.6}$$

式中,$\psi_{j,a}$ 表示位置 j 对主体 a 的效用。

当然只有主体视域界限范围内的位置对主体的效用才是有意义的。当得到所有有效效用后,下一时刻,主体 a 将选择对其自身效用最大者作为其迁入点,即:

$$P_a(t+1) \equiv \max_{j \in \Omega[P_a(t), r_a]} \psi_{j,a}(t) \qquad (1.7.7)$$

其中, $P_a(t+1)$ 表示主体 a 下一时刻的位置, $\Omega[P_a(t), r_a]$ 表示主体 a 上一时刻视域界限范围内的坐标点集。

1.7.3.2　算法实现

最初少数居民的分布状况可以看成是因为地理因素或自然资源使居住地比其他地方更有吸引力(Rappaport 和 Sachs,2003)。在本模型中,初始时刻,每个主体依均匀分布被安置在移动区域内的某个点处。我们假定没有任何一个主体是完全稳定的,即对于所有的 $a \in A, r_a \geqslant 1$,也就是说,活动能力最小的主体可以移动到距其所在地一单位远的地方。

主体的移动半径 r_a 服从一个有限范围内的离散的概率分布函数(同样也是视域界限 v_a 服从的概率分布,程序的编写中采用视域界限),即 $r_{\min} \leqslant r_a \leqslant r_{\max}$,且 r_a 取正整数。因此,单位时间内活动范围最小的主体只能移动到 $r_{\min}$ 个单位距离以内的位置上,而活动范围最大的主体可以从整个网格区域的一端走到另一端。模型中 r_a 服从的分布可以用 Beta 分布来近似,它包含所有连续的概率分布函数:

$$p(\hat{r_a}) = \frac{\Gamma(\alpha+\beta)}{\Gamma(\alpha)\Gamma(\beta)}(1-\hat{r_a})^{\beta-1}\hat{r_a}^{\alpha-1} \qquad (1.7.8)$$

其中:

$$\hat{r_a} = [r_a - E(r_a)]/\sqrt{\mathrm{var}(r_a)} \qquad (1.7.9)$$

为移动半径的标准化值,所以 $0 \leqslant \hat{r_a} \leqslant 1, \Gamma(\cdot)$ 为伽马函数,且 $\alpha > 0, \beta > 0$ 是恒定参数。之所以选择 Beta 分布,是因为由 Beta 分布得到的随机数在区间 $(0,1)$ 内,而且通过改变 α 和 β 两个参数,可用连续的 Beta 分布近似各种在仿真中生成 r_a 的离散概率分布函数。例如,设定 $\alpha = \beta$ 可以得到具有对称性的分布族,其中也包括均匀分布和正态分布两个特例。另外,当 $\alpha < \beta$ 时,概率分布函数右偏,在模型中表现为大部分的主体活动能力低于平均数。相对地,当 $\alpha > \beta$ 时,概率分布函数左偏,这意味着模型中大部分的主体活动能力高于平均数。

对于边长为 Z 的网格和 $r_{\min} \leqslant r_a \leqslant r_{\max}$ 的限定,则 r_a 的可能取值为 $r_{\min}, r_{\min}+1, \cdots, r_{\max}$,为直观起见,我们用一组正整数来描述 r_a 取这些值的概率分布。设 $w_r = (w_{r_{\min}}, w_{r_{\min+1}}, \cdots, w_{r_{\max}})$,其中分量 w_i 表示相应的 r_a 取 $i(i = r_{\min}, r_{\min}+1, \cdots, r_{\max})$ 的概率权重,即

$$P(r_a = i) = \frac{w_i}{\sum w_i} \tag{1.7.10}$$

例如,给定网格边长 $Z = 10$,且 $1 \leqslant r_a \leqslant 5$,则均匀分布的概率分布函数可以由向量 $w_r = (1,1,1,1,1)$ 来表示,其含义是

$$P(r_a = i) = \frac{w_i}{\sum w_i} = \frac{1}{5}, i = 1,2,3,4,5 \tag{1.7.11}$$

为了方便,用 * 表示一系列连续的单位权重。因此,与均匀分布 $p(r_a) \sim$ $(1,1,1,1,1)$ 相同的另一种表示法为 $p(r_a) \sim$ (*)。

非均匀概率分布函数必须引入多种权重,即 $w_r \geqslant 1$。如果对于所有 $r_{min} \leqslant r_a \leqslant r_{max}$,权重都严格大于1,即 $w_r > 1$,可以通过将最小正概率设为单位权重将数列规范化。因此,考虑一个 $1 \leqslant r_a \leqslant 5$ 的非对称概率分布函数,$p(r_a) \sim$ $(8,2,2,2,2)$。这一右偏分布可以被等价地描述为规范化的概率分布函数 $p(r_a) \sim (4*) \equiv (4,1,1,1,1)$,它表示 $p(r_a = 1) = 1/2, p(r_a \in [2, \cdots, 5]) = 1/8$。在描述同一个不均匀概率分布函数时可以包含多个 *,这种情况下单位权重完全均匀地分布在星号里。例如,设 $Z = 14$,且 $1 \leqslant r_a \leqslant 7$,则分布 $p(r_a) \sim$ (* 5 *) 等 价 于 $(1,1,1,5,1,1,1)$, 表 示 $p(r_a = 4) = 5/11$, $p(r_a \neq 4 \cap r_a \in [1, \cdots, 7]) = 1/11$。(Yuri Mansury, László Gulyás, 2006)

仿真结束时,计算所有城市的人口数,将它们按降序排列,通过方程

$$\ln p(X = r) = \ln C + b \ln r \tag{1.7.12}$$

估计幂指数 b,同时得到城市位序规模分布的拟合图。

1.7.3.3 结论

(1) 模型是收敛的

所有的仿真报告显示,一般在10个单位时间内模型中所有主体在区域内的分布状况(现实中指城市人口分布)将趋于稳定和持续,即模型的收敛速度小于10个单位时间。但主体数越多,即 N 越大,或移动区域越大,即 Z 越大,模型的收敛速度越慢。

(2) 系统中主体的差异性是生成 Zipf 律的条件之一

图 1-25 展示了模型中固定最小移动半径 $r_{min} = 1$,改变最大移动半径 r_{max} 运行得到的结果。当 $r_{max} > 15$ 时,图像没有明显的偏折,呈直线状,城市分布的幂律开始出现。图 1-25 中主体的视域界限 v_a 服从的分布为 Beta(1,1),即类似于均匀分布。实验结果中显示,并不是所有 v_a 服从的分布都能使主体迁移后产生 Zipf 律。在只有 r_{max} 改变的情况下,从 $r_{max} = 15$ 开始,随着 r_{max} 的减小,图像右侧尾部

的偏折逐渐增强。

图 1-25 显示的是城市的位序 — 规模分布，固定 $r_{min} = 1$，改变 r_{max}。在双对数图中，X 轴表示城市人口规模，Y 轴表示对应的位序。同时标注了用最小二乘法（OLS）拟合方程（1.7.12）得到的幂指数 b 和判定系数 R-square。

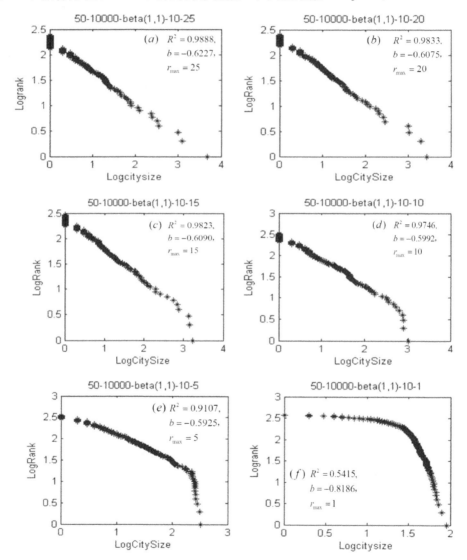

图 1-25 最大移动半径 r_{max} 改变时的人口分布，其中固定 $r_{min} = 1$，R^2 为判别系数，b 为幂指数

r_{max} 的减小意味着主体视域界限之间的差异性逐渐减弱,而幂律揭示的恰恰是事物间的巨大差异性和不平衡性,所以随着 r_{max} 的逐渐减小,幂律也随着渐渐消失。直线的偏折意味着,系统中不再存在规模很大的城市,规模较大的城市中彼此的差别逐渐缩小。对比这 6 张图,可以看出,随着 r_{max} 的逐渐减小,规模很小的城市数量逐渐减少,规模处于中等的城市占所有城市中的大多数。将图 1-25 中(f)的数据在非双对数坐标系中重新作图,得到图 1-26 中的结果。图中显示,除了极少数的城市规模较大外,其余城市的规模近似服从线性分布,各个规模的城市的个数相差不多,基本相同。由此可见,系统中主体的差异性是生成 Zipf 律的必要条件之一。没有主体的差异性就不存在显著的 Zipf 律。

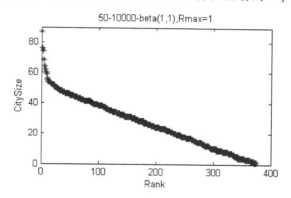

图 1-26　图 1-25(f) 的数据在非双对数坐标系中的结果

(3) 主体视域界限服从对称分布时,才会产生 Zipf 律

上述示例中,主体视域界限大小服从 Beta(1,1) 的分布,分布图是左右对称的。通过实验发现,只有在主体视域界限大小服从的分布是对称分布时,如均匀分布、Beta(α,β) 分布中 $\alpha = \beta \geqslant 1$ 的情况下,且视域界限的差距足够大的时候,才会产生 Zipf 律。这主要因为,在以上列举的各种分布中,视域界限大小居中的主体相对视域界限很大或视域界限很小的主体来说,在总体中占多数。如果视域界限小的主体占多数,那么这些主体相对来说只能在较小的范围内寻找迁移点,就像图 1-23(f),城市规模趋于均匀,差异性减弱,Zipf 律也必然不显著。如果视域界限大的主体占多数,那么大多数主体都能在较大的范围内寻找迁移点,实验的结果必定是所有的主体都集中在有限的几个规模很大的城市中,也就不存在什么差异了。

图 1-25 中主体的视域界限大小服从 Beta(0.1,0.1) 分布,虽然视域界限的差异足够大,$r_{max} = 25$,但城市规模的分布仍不存在 Zipf 律。这是因为系统中视

域界限很小和视域界限很大的主体占大多数,一段时期过后,系统中少数几个规模大的城市之间差异较大,中等规模的城市之间差异较小,而规模较小的城市之间差异又很大。三类城市若分别做 Zipf 律拟合,得到的幂指数中,与中等规模城市相对应的幂指数的绝对值较大,其他两个绝对值较小。因此三者合在一起,也就是指系统中所有的城市,其规模分布并不服从 Zipf 律。(王展,2007)

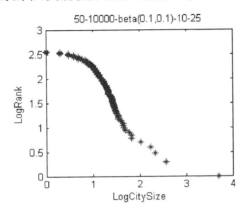

图 1-27   主体的视域界限大小服从 Beta(0.1,0.1) 分布

图 1-28 中主体的视域界限大小服从 Beta(2,10) 分布,由于 r_{max} 取 (0,0.5) 的概率远远大于取(0.5,1) 的概率,所以导致主体视域界限的差异性不够大,而未能生成 Zipf 律。这也是该图与图 1-25(d) 相似的原因。

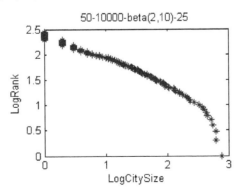

图 1-28   主体的视域界限大小服从 Beta(2,10) 分布

(4)"偏好依附"是城市人口迁移模型中 Zipf 律产生的必要条件之一

Barabási 和 Albert(1999)确定了复杂网络的无标度特征 —— 度分布服从幂律。他们发现,现实网络的无标度性源于众多实际网络所共有的两种生成机制

—— 增长（growth）和偏好依附（preferential attachment）[①]。

为了验证"偏好依附"在城市人口迁移模型中生成 Zipf 律的必要性,特别尝试了将这条机制从模型中去掉,运行结果显示城市规模服从正态分布。这说明"偏好依附"也是城市人口迁移模型中 Zipf 律产生的必要条件之一。

综上所述,本节得到的重要结论是,系统中主体的"差异性"和主体迁移行为的"偏好依附"特性是城市人口迁移模型中生成 Zipf 律的两大必要条件。

1.7.4　加入负外部性的内部移动模型

1.7.4.1　数学模型

该模型中主体的设置与上一个子模型相同,不同之处在于主体选择下一时刻的迁入点时采用的效用函数考虑了拥挤效应,即:

$$\psi_{j,a}(t) = n_j(t) - C \cdot n_j^2(t) \tag{1.7.13}$$

方程右侧第二项表示多人口地区的反集聚影响因素。一般地,高密度工业中心往往伴随着更高的犯罪率,更严重的污染和更高的生活和居住成本。这种外部不经济导致居民迁出原住地,逃避拥挤的居住环境。例如,Cullen 和 Levitt(1999)指出,平均犯罪率每增加 10%,相应的人口就会减少 1%。方程中 C 用来衡量这些反集聚因素的影响强度,C 越小表示反集聚因素的影响强度越弱。反映到模型中是城市对主体的效用开始递减的临界值越高。当 $n_j = \dfrac{1}{2C}$ 时,反集聚因素的影响力开始超越集聚经济对城市效用的影响,并将随着人口的增加而不断扩大,即 $\partial \psi_{j,a}/\partial n_j \mid_{n_j>1/2C} < 0$。虽然效用函数有所改变,但主体仍然会选择视域界限范围内效用最大者作为其下一时刻的迁入点。

1.7.4.2　算法实现与结论

（1）算法实现

算法的编写与上一模型类似,仅仅是在各主体选择迁移目标的时候做简单的修改,即效用函数由式(1.7.13)确定。

（2）结论

在本节的模型中,加入了反聚集参数 c。从数值模拟的结果中可以发现,一般地,C 越高,城市规模分布越平均,进而削弱了 Zipf 律的显著性。见图 1-29,在 $Z = 50$ 的情况下,C 分别取 $0.0001,0.0002,0.0003,0.0004,0.0005$ 和 0.001 时,

---

[①] 关于度分布内容的详细讨论见第三章。

城市规模与位序在双对数坐标系中的图像。

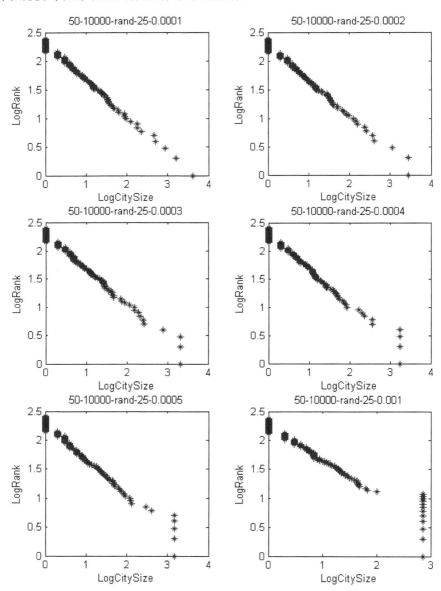

图 1-29   在 $Z = 50$，$N = 10000$ 的情况下，C 分别取 0.0001，0.0002，0.0003，0.0004，0.0005 和 0.001 时，城市规模与位序在双对数坐标系中的图像

由图 1-29 中可以清楚地看到，随着 C 的增大，拥有最大规模的城市数越来越多,即拥有最大城市规模的城市个数为$10000C$。改变$N=5000$,同样存在相同的关系,即拥有最大城市规模的城市个数为NC。模型之所以会产生这样的运行结果,主要是因为当规模达到使效用函数最大后,就不会再有主体加入,也不会有主体离开,城市的规模就稳定不变了。

　　系统中城市的最大规模也受到限制,由图 1-29 中可以看到随着C的增大,规模最大城市的主体数逐渐减小。在图中就表现为图像右侧的点与横轴的截距由大于 3 接近 4,逐渐缩小到小于 3。如前所述,因临界值$n_j=\dfrac{1}{2C}$,因此C越大表示基于城市的主体效用递减的临界值越小,也就意味着横轴截距逐渐变小。

1.7.5　加入地理溢出效应的模型

　　前面模型中虽然也有加负外部性,当规模达到使效用函数最大后,就不会再有主体加入,也不会有主体离开,这似乎也不太切合实际,也直接导致了有若干个规模相同的最大城市的运行结果,即有大城市的点过多。Rosenthal et al.(2001)证实了有形和无形的溢出在不同层次的地理聚集中的重要性。Mansury et al.(2007)认为,应该在效用函数中加入溢出扩散项,即$\nabla \cdot [D_\Psi \cdot \nabla \Psi(t-1)]$,即效用函数改为:

$$\Psi_{j,a}(t) = n_{j,a}(t) - cn_{j,a}^2(t) + \nabla \cdot [D_\Psi \cdot \nabla \Psi(t-1)] \qquad (1.7.14)$$

　　其中D_Ψ表示溢出扩散系数,定义为离所考虑地点的距离的倒数,$\nabla = i\dfrac{\partial}{\partial x} + j\dfrac{\partial}{\partial y}$为空间梯度算子。

　　扩散效应可以理解为一种通过环境变量产生的溢出效用的物理机制。现实中企业在做择址选择时往往会考虑附近区域的企业分布情况,是否有利于企业的原材料的采集和企业产品的销售,是否有利于减少运输成本等等。那么对于相同的人口规模的区域,其附近主体数目多的区域比附近区域主体数目少的区域显得更加有吸引力,因其与其他主体的平均距离小于后者,这样有利于减少运输成本和增加销售的可能。此外,对于一定的地点,离其近的区域对其产生的效用远大于离其远的区域对其产生的效用;也就是说,距离越远,其对该区域的效用贡献越小,其效用贡献与距离成反比,因此反映为扩散效应系数与距离成反比。

　　引入新的效用函数后,数值模拟的结果如下:

　　(1)原先的只加入负外部性的模型的模拟结果会出现若干规模相同的大城市,与实际不大符合;在此加入外部溢出效应项后,模拟的结果大大改善了。如图 1-28 所示,大小中城市的模拟结果在双对数坐标系中显示为一条直线,拟合优度也大大提高了,在 0.95 以上。该模型对前面模型的最大改善是在大城市部分的模拟,模拟结果中不再出现前面模型中若干个相同的大城市这种情况,且主体的视域界限并不需要服从对称式的分布。

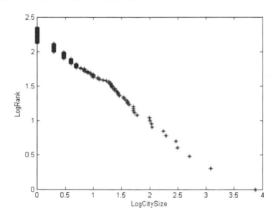

图 1-30　为 $N = 12000, C = 0.001, Z = 50, \mathrm{Beta}(5,10)$ 的加入地理溢出效应项的模型模拟图，$R^2 = 0.9869$

(2) 城市数目 M 的影响因素,见表 1-5。

表 1-5　城市数目与人口数及区域范围的关系

a			b		
总人口 N	区域范围	城市数目 M	总人口 N	V_{max}	城市数目 M
10000	40×40	240	5000	$Z/8$	280
10000	50×50	320	10000	$Z/4$	280
20000	40×40	280	20000	$Z/2$	280
20000	50×50	390	40000	Z	280
30000	40×40	295			
30000	50×50	420			

我们从表 1-5 的 a 列中发现固定 N,当 Z^2 越大,则城市数目 M 越大,因为 Z^2 越大,城市的分布相对比较分散,人们在其视野范围内可做选择的城市就比较多,形成的城市数目就相对较多,城市人口密度也相对比较小。固定 Z^2 即区域范围后,当 N 越大,M 也越大,人口先是随机进入的,之后按照效用函数做选择,当效用函数最大值达到后,会向城市边缘发展,产生新的城市,使得城市数目变多。

另外,主体的最大视野 V_{max} 对 M 也有影响,V_{max} 越大,这表示主体的差异性越大,使得形成城市的数目 M 反而变小了。因为当主体最大视野范围扩大时,主体的选择范围也变大了,主体总是选择其效用最大的城市作为迁入城市,这使得那些大中城市的规模变大,在总人口不变的情况下,使得小城市的数目和规模相应变小了。

在表 1-5 的 b 列中,固定空间大小不变,即 Z 不变,保持 N/V_{max} 大小不变的话,M 就不变。例如将 N 增大一倍,若要保持城市数目不变,则将 V_{max} 增大一倍。

(3)给定 Z,城市数目的最大值 M_c,称为城市数目的截断规模。以下讨论它的影响因素。

从上面分析可知 Z^2 越大则城市数目 M 越大,N 越大 M 也越大,但是 Z^2 对 M 的影响远大于 N 对 M 的影响。一般来说,随着 N 和 Z 变大,M 会变大;但是固定 Z,当 N 变化时,城市个数 M 先是增长然后就无太大变化。例如在 10×10 的空间上,当 $N > 10000$ 后,城市数目就保持在 20,偶尔有所波动,但都在 20 以下;而在 30×30 的空间上,当 $N > 30000$ 后,城市数目保持在 180 不再增长。

表 1-6　城市数目截断规模的影响因素

表 a		表 b		
区域范围	M_c	区域范围	V_{min}	M_c
10×10	20	40×40	2	123
20×20	85	40×40	3	64
30×30	180	40×40	4	40
40×40	320	50×50	2	192
50×50	510	50×50	3	100
60×60	720	50×50	4	61

本模型中假设主体的最小视野为 1,那么,主体只在包括原居住地在内的 5 个点中作迁移决策,当主体数目 N 足够大的时候,城市的个数会有一个有限的截断。由表 1-6 的 a 列,固定最小视野 V_{min} 的大小为 1,可以发现下面关系:

$$M_c = \frac{Z^2}{5} \tag{1.7.15}$$

若调整最小视野大小的时候,发现城市数目的截断规模也会发生变化。最小视野范围越大,则城市数目的截断规模就越小。当 N 足够大,视野大小为 1 的主体分布情况满足正态分布,其形成的城市数目即其截断城市数目 M_1,即形成的每个城市中都有视野大小为 1 的主体。视野大小为 2 的主体这时在视野大小为 1 的形成的城市中有规律地选择其中 M_2 个城市。也就是说,视野大小为 2 的主体形成的城市是覆盖在视野大小为 1 的主体的形成城市之上的。依此下去，视野大小为 V 的主体生成的城市是覆盖在视野大小为 $V-1$ 的主体生成的城市上的。因此当主体数目够大的时候，最终形成的城市数目的多少取决于视野范围最小的主体形成的城市数目。

由表 1-6 的 b 列可知，最小视野与城市数目的截断规模满足以下关系式：

$$M_c \approx \frac{Z^2}{2V_{\min}(V_{\min}+1)+1} \tag{1.7.16}$$

接下来我们考虑一个有意思的问题，即城市规模 s 的影响因素，并考察城市规模是否有个截断值。

我们将模拟结果按城市规模的大小降序排列，发现对于特定的区域范围和位序，总人口规模 N 越大，则人口规模越大，并按照同等比例增长；对于特定的区域范围和位序，如调节最大视野大小，发现最大视野越大，规模相对较小，且是呈同等比例变化；对于特定的总人口规模 N 和最大视野，位序和规模成反比，且同比例变化。经过多次模拟，对于特定的区域范围，我们可以发现以下关系式。

$$s(N,r,M) = \frac{CN}{V_{\max}}r^{-1}, (C < 1),$$

$$r(N,s) = \frac{CN}{sV_{\max}} \tag{1.7.18}$$

且发现城市的截断规模满足：

$$s_c = C \cdot N \tag{1.7.19}$$

为方便起见，引入 Heaviside 函数：

$$\Theta(x) = \begin{cases} 1, & x \geqslant 0 \\ 0, & x < 0 \end{cases} \tag{1.7.20}$$

则有

$$r = (\frac{s}{s_c})^{-1}\Theta(1-\frac{s}{s_c}) = G(x) \tag{1.7.21}$$

其中 $G(x)$ 为规模的标度函数：

$$G(x) = x^{-1}\Theta(1-x) \tag{1.7.22}$$

于是，总人口规模为 N 的模型的城市规模满足如下的标度形式：

$$r = G(s/s_c) \tag{1.7.23}$$

$$s_c(N) = CN \tag{1.7.24}$$

显然 r 与总人口规模 N 和规模有关。但是，在将规模重新标度后，r 就只与重标规模 s/s_c 有关，并且可以用同一个标度函数来表示，由此表明规模位序分布满足 Zipf 律，Zipf 指数为 1。这正是所谓的"数据塌缩"（data collapse）现象。

对于特定的规模 S，我们令 $p = P\{s \geqslant S\}$，那么我们就可以得到规模为 S 的

城市的排名为 pM，那么我们就可以得到如下式子：

$$r = pM \tag{1.7.25}$$

而在本模型中假设 $V_{\max} = Z$，那么关系式（1.7.15）为：

$$V_{\max} = \sqrt{5M} \tag{1.7.26}$$

最后得到

$$s(N,r) = C'Nr^{-\frac{3}{2}} \tag{1.7.27}$$

对于不同的 N，在双对数坐标系中做出 $s(N,r)$ 与位序 r 的图形，由于截断规模 $s_c(N) = s(N,1)$ 与 N 有关，因此不同 N 所对应的图形是不一样的。

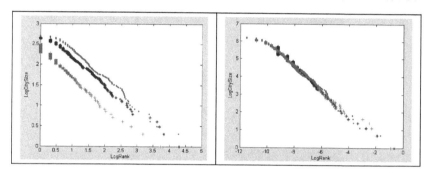

图 1-31 左图中，X 轴为 $\log r$，Y 轴为 $\log s$，最下面的曲线为 $N = 10000$ 的规模位序分布情况，中间那条曲线为 $N = 50000$ 的规模位序分布情况，最上面的曲线为 $N = 100000$ 的规模位序分布情况。取相对规模 $s_N = s/N = Cr^{-+}$。右图是相对规模 s_N 和位序 r 的双对数图，不管总规模 N 取什么值，图像都是相同的，这就是所谓的"数据塌缩"现象

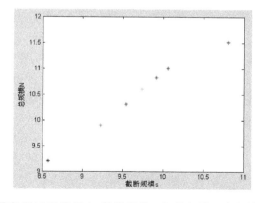

图 1-32 该图是在 50×50 空间上，截断规模 s_c 和总规模 N 之间的双对数关系图，其中 N 分别为 $10000,20000,30000,40000,50000,60000,100000$，发现各点在一直线上，那么我们可知道截断规模 s_c 和总规模 N 存在着幂律关系

下面我们做一个拓展,将人口迁入的情况作为一个影响因素引入模型中。设原系统中总人口为 N,新迁入人口总数为 m,模拟结果见图 1-33。

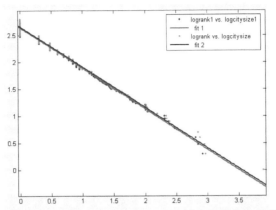

图 1-33　$N = 15000$ $m = 1000$ $Z = 100$ 城市规模分布模拟图①

由图 1-33 可见,蓝线是人口迁入前的拟合曲线 $P1 = (-0.7518, 2.642)$,$M1 = 603$,红线是人口迁入后的拟合曲线,其中 $P = (-0.7474, 2.659)$,$M = 628$。随着人口的迁入,曲线将变得平坦,它表示的是最大城市人口规模变大,且有新城市的诞生,但是前者的增长率明显大于后者的增长速度,才会使得曲线变平坦。Gabaix(1999)曾指出,城市数目的增长速度不会超过城市人口的增长速度,那么规模位序分布指数可以达到1。

这是因为系统中的区域是有限的,也就是能够开发为城市的点是有限的。而人口,也就是主体数是在不断增加的,相对人口规模的增加城市数的增加是缓慢的。但是不是时间足够长,所有的点都会开发为城市?实验证明,不是。

由于程序运行的过程中可以看到每时每刻城市规模的大小,本模型得到了一个特殊的观察结果。程序运行的过程中,会有一些原本规模很小的城市迅速成长为规模较大的城市。对照现实,就好像浙江义乌等专业市场近年来的发展历程。以义乌为例,它凭借小商品市场的发展,吸引了越来越多的人到义乌做生意,同时也提供了大量的就业岗位,这也是吸引外来人员的重要因素。一些原本人口较小的城市在产业集聚的影响下,迅速膨胀成为规模较大的城市,这一现象恰恰在模型中得到体现。

---

① 详见书后彩图。

1.7.6 加入地理溢出效应和主体相互作用的迁移模型

上述模型在处理细节上略显简单,为了与现实更为贴近,我们在本模型中加入了主体间的相互作用这一重要因素。同等级主体和不同等级主体之间的相互作用是不等的。这里不同等级的主体可以理解为不同行业的主体。同等级主体的数量规模和不同等级的数量规模对选择主体的影响效用是不同的 —— 同等级的主体对其效用大于不同等级主体对其的效用。在现实中,企业很多时候在做迁移决策的时候,考虑该迁入点从事相同行业的人口的数量,而其他行业的企业数量对其也产生影响,但是影响力相对小点,从而会表现出一些地区形成企业群。随着经济的快速发展,我们国家在东南沿海地区出现了越来越多的专业市场。主体在做迁移决策时,会追求其效用最大化,而这取决于主体所处的外部环境和其本身所具备的内在素质的共同作用。内在素质在这里表现为属于何种主体(这里只分两类),外部环境为各类主体在该区域的分布情况,同类和不同类主体的数量分布情况。只有当外部环境和内在因素共同作用最大时,才能获得最大的效用。

(1)算法实现

算法的编写与上一模型类似,仅仅是在各主体选择迁移目标的时候做简单的修改。根据上面的讨论,此时得到下面的形式:

$$\Psi_{j,a}(t) = \alpha\Psi_{j,a}(t) + \beta\Psi_{j,-a}(t) \tag{1.7.28}$$

式中,$\Psi_{j,-a}(t)$ 表示的城市 j 中非等级 a 的效用贡献,α 表示的是同等级的主体对其的吸引力,β 表示的是不同等级的主体对其的吸引力,一般来说 $0 < \beta < \alpha < 1$。

(2)结论

在此前的模型中,主体选择迁移点总是选择人口多的城市,虽然也有加负外部性,即遵循的效用函数是 $\Psi_{j,a}(t) = n_j(t) - c \cdot n_j^2(t)$,但是当规模达到使效用函数最大后就不会再有主体加入,也不会有主体离开。这种情况不太符合实际,也直接导致了有若干个规模相同的最大城市的运行结果。将主体间相互作用加入后,模拟后的图像,虽然图形出现了弯折,但是大中城市点在一直线上。对此我们结合实际,在现实中我们定义城市时,并不是有人口的地方就是城市。作为城市,它的规模必须大于一定数值才予以考虑。Guérin-Pace(1995)研究法国从1831 年到 1990 年的城市体系时,选取人口大于 2000 的地区作为城市;Netown et al.(2006)研究巴西的城市,选取居住地人口大于 30000 作为城市。

在此,我们将人口规模过小的地方并不作为城市考虑,即反映在图像上,是将规模较小的点舍去,只考虑人口规模在一定数值上的地方。拟合后发现,R^2 达到了 0.96 以上,拟合优度大大提高了,见图 1-34。

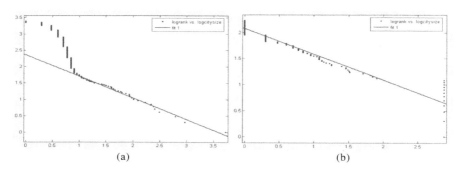

(a) (b)

图 1-34 （a）加入主体间相互作用力的模型得到的图，其中 $Z = 50\ N = 10000\ C = 0.001$ $\alpha = 1, \beta = 0.6, R^2 = 0.9692$；（b）未加入主体间相互作用力的模型得到的图 $Z = 50\ N = 10000$ $C = 0.001, R^2 = 0.93$。

一般来说，在经验数据所满足的分布的左端，往往为非幂律的，因此幂律的行为何时开始，即从何时开始分布开始呈现出幂律的形式，便显得非常的重要。这涉及幂律行为的下界 $x_{\min}$ 的估计问题。如果估计值偏小，那么我将得到一个有偏差的估计，而如果估计值偏大，则会失去很多有用的信息。传统的方法有：（1）在双对数坐标系中目测 PDF 或者 CDF 从什么地方开始变成直线了；（2）将 $\hat{\alpha}$ 看成是 $x_{\min}$ 的函数，观察其从什么时候开始 $\hat{\alpha}$ 变得稳定了。但传统方法过于主观，容易受到尾部噪声或波动的影响。我们已经在本章第五节第三部分幂律的拟合中详细讨论了 $x_{\min}$ 的估计问题。

利用前面的数据，可得图 1-35，其中横坐标为 $x_{\min}$ 的值，纵坐标为大于 $x_{\min}$ 的数据集拟合得到的幂指数。从图中可观察到 $x_{\min} > 8$ 之后，拟合的幂指数较平缓。这时候应取 $x_{\min} = 8$。

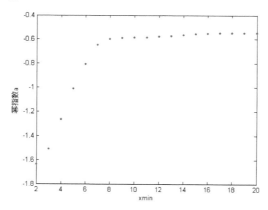

图 1-35　$Z = 50, N = 10000, C = 0.001$ 的加入主体间相互作用力的模拟图

1.7.7　实证研究

Gabaix(1999)认为,当城市数目的增长速度不会超过人口的增长速度,Zipf的指数才有可能达到1。我们来观察一下该条件不满足情况下这个结论的结果,也就是该论断是否适用于中国的情况。当代中国的人口迁移和劳动力流动问题是中国人口转变、城市化迅速与经济转型的历史性重要阶段的一个重大现实问题,是未来相当长一段时间内人口和发展研究方面最有活力的领域之一。关于城市体系规模分布的研究,国内学者在理论和方法方面做了深入的研究,但就实证研究而言,仍有一些值得改进之处。一是数据质量问题。国内学者在研究城市体系分布的时候,都采用非农业人口代替城市人口来计算,这将使结果产生偏差。因为从目前实际情况来看,城市非农人口根本无法代表城市规模,以浙江省三大城市杭州、宁波和温州为例,2000年三市非农人口分别为152万,72万和53万,但是按照第五次人口普查的城市人口统计口径,2000年这三大城市人口分别已经达到245万,121万和137万,非农业人口少于城市人口的情况在浙江省乃至在全国的各级城市中普遍存在。显然,非农业人口不能真正代表城市规模,因此用非农业人口代替城市实际居住人口来研究城市体系分布特征将导致分析结果产生偏差。二是研究区的选取问题,现有的文献主要是对东北地区,河南省北部地区以及山东、四川省等地的城市规模体系的研究,而作为中国市场经济发育较早且城市化程度较高的浙江省,目前尚无这方面的专门研究。我们认为,城市体系的演化由于受到市场作用的牵引而更能显示自组织的作用,作为东南沿海极具发展优势和发展潜力的浙江省在这场人口大规模迁移的运动中,一直扮演着"人口迁入省"的角色,人口规模的增长更多的是机械增长而不是自然增长,也就是外来人口的迁入是人口变动的主要因素。因此通过研究浙江省城市规模分布来分析我国人口迁移问题更具有代表性。因此本文选择浙江省作为实证研究的研究对象。分析各次人口普查的数据,发现1990年和2000年两次的人口普查数据所得到的Zipf接近于1,并在所允许的范围(0.95,1.05)之间。因此数据选取1990年和2000年两次人口普查的数据。

浙江各县市区的人口数排序后,在双对数坐标下得到图1-36和图1-37的结果。由图中可以看到,浙江省各县市区的人口基本呈现线性,即存在Zipf律。浙江省城市体系规模分布的分维数从1990年的0.953上升到2000年的1.134(这里分维数指的是帕累托指数),这说明1990年的浙江省城镇规模分布比较分散,人口分布差异程度较大,首位城市的垄断性较强,相比较而言2000年人口城镇规模分布比较集中,人口分布比较均衡,中间位序的城镇较多,表明中小城市的发

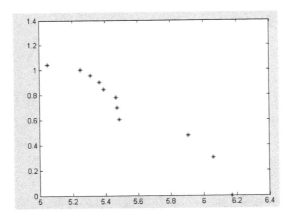

图 1-36 1990 年浙江省城市规模 — 位序双对数坐标图

(数据来源于《浙江省第四次人口普查资料》,中国统计出版社,1992)

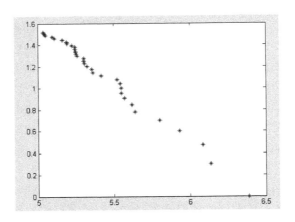

图 1-37 2000 年城市规模 — 位序双对数坐标图

(数据来源于《浙江省第五次人口普查资料》,中国统计出版社,2002)

展较快。整个城镇体系的等级差异性减小,人口分布趋于均衡。浙江省城市规模 Zipf 维数下降的主要原因在于市场经济发展早且市场化程度较高,行政力量对不同等级行政区经济干预较少,一些县级市的经济高速增长,人口和产业向城市集聚的动力不断增强,城市人口规模不断增加。部分原来城市人口规模很小的县级市,如义乌、萧山和慈溪市"四普"时的市区人口分别只有 6.7 万,8.0 万和 6.7 万人,而到了"五普"时分别达到 41.4 万,33.2 万和 34.6 万人。Gabaix(1999) 的论断当中最主要的因素是城市数目的增长速度不会超过人口的增长率,观察这个条件不满足情况下的这个理论的结果是很有启发性的。而浙江省的人口规模分布不满足这个条件,但是可以达到 Zipf 指数为 1。

表 1-7   1990 年、2000 年浙江省城市规模分布的 Zipf 维数

1990 年				2000 年			
回归点数	Zipf 维数	分维数	R-square	回归点数	Zipf 维数	分维数	R-square
11	1.0491	0.953	0.929	33	0.8821	1.134	0.986

最近,我们利用浙江省统计年鉴 2016 年的数据进行了拟合,得到的具体结果为:(1)回归模型较好地解释了城市等级和城市规模之间的关系,用 Zipf 律拟合的 R^2 判定系数约为 0.8617,模型的拟合优度较好;(2)2016 年的 Zipf 指数约为 0.7507,比 2000 年略小,而分维数为 1.3321,比 2000 年的略大。

这说明浙江省的大城市人口分布仍然集中,但各等级城市的人口分布正在趋向均匀。这或许是近些年来小城镇建设带来的一些变化。

本章结语

虽然尾部具有幂律特征的分布族以及正态分布族具有截然不同的性质,但它们都可以是独立同分布随机变量之和的分布的吸引子,其中幂律分布是无限方差的稳定分布,正态分布是唯一具有有限方差的稳定分布。

幂律分布、Zipf 律和帕累托律虽然表现形式不同,但它们本质上属于同一种统计规律。这就意味着,其中任何一种规律的形成机制都可以作为其他两种规律形成机制的参考。

个体微观运动的方式有两种,一种是布朗运动,另一种是列维飞行。前者是纯随机的游动,位移服从正态分布;后者则除了随机游动以外还存在着"关键的一跳",这使得位移取极端值的概率相比于正态分布显著变大了,从而显示出重尾的特征,即幂律分布的特征。

现实世界中发现的列维飞行的标度指数大多数都在 2 与 3 之间。本章所介绍的一些模型表明,现实世界中发现的列维飞行标度的多样性仍然可以是由某个目标函数的最优化机制决定的。通过计算幂律分布的复杂性,可以发现幂指数在 2 与 3 之间的复杂性最大,与大量实证研究中所发现的标度律范围高度吻合。

重尾分布是指尾部具有幂律特征的分布,"尾部"的起点如何识别以及如何估计,如何拟合尾部,如何估计相关的参数估计和如何假设检验等,都需要一些有针对性的统计方法。本章介绍了其中的一些方法。

为了弄清 Zipf 律的生成机制,我们从纯随机游动的模型出发,逐渐加入有限理性、偏好依附、反聚集效应、地理溢出效应、人口迁入和主体间相互作用等因素,随着模型复杂化程度的提高,城市人口的分布会呈现出越来越明显的重尾特征。对浙江省城市人口规模与位序之间的关系所做的实证研究,显示了较为显著的 Zipf 律特征,从而验证本模型的适用性。

接下来的问题是,幂律分布作为一种普适的分布,在自然系统和人类社会系统中还会在哪些方面表现出这种分布的特征?

下一章从一个很简单却又很重要的模型出发,讨论自组织临界性理论。

第二章　　自组织临界性与雪崩动力学

　　复杂系统的一个重要特点就是其永恒的开放性 —— 物质、能量和信息之流进出其间并周流不息。例如,地球系统不停地接受着来自太阳的辐射能量之流。这些能量的一部分被地球上的生物圈所利用,其他部分则使大地、海洋和大气加热。在耗散和以长波辐射的方式损失于外太空之前,这些能量被地球以各种直接或间接的方式储存,譬如以化学能的方式、大气中凝聚的水蒸气的方式等。因为地球的平均温度基本上是一个常数,所以进出地球的平均能量应该相等。因此,地球所处的状态并不是热力学平衡态,而是所谓的非均衡稳态(non-equilibrium steady state)。非均衡稳态是一类兼具时间和空间自由度的广延耗散动力系统(spatially extended dynamical systems)特有的一种状态,处于该状态的系统的一个特点是,它往往在一个临界点附近保持着平衡,并且对外在扰动的反应呈现出标度不变(scale invariance)的行为方式,即反应的规模并不与外在扰动的强度呈线性的比例关系且不存在一个特征标度。

　　1987 年,美国布鲁克海文国家实验室的 Bak、圣巴巴拉理论物理研究所的 Cao Tang（汤超）及佐治亚工学院的 Wiesenfeld,提出了自组织临界性(Self-Organized Criticality,简称 SOC,以下同)概念,并将其作为控制大量广延耗散动力系统的普遍组织原则。这个概念认为,广延耗散动力系统自发地演化到临界状态,在临界状态下,没有特征时间和特征空间长度。虽然在平衡态统计力学中的临界现象在相变点附近也会出现空间自相似性,动力学响应函数也具有 1/f 幂律的特征,但是,其临界点往往是通过调控参数(如温度)的方式来达到的。与这种平衡态临界现象不同,广延耗散动力系统的临界状态是自组织的;也就是说,它不需要任何调控参数,也不必详细规定初始条件,系统将会自动地到达临界状态(Bak et al., 1987)。

　　幂律已被证明为自组织临界态的一个基本特征。自组织临界态指的是系统在一个自组织的相互作用过程中涌现的稳态或临界态。对处于临界态的系统所施加的一个微小的局部扰动常常会通过相互作用这个关系网而传递到系统的各个部分,产生一种类似于"多米诺骨牌效应"的现象,这种现象称为"雪崩"。已有的研究表明,"雪崩"的规模,包括空间尺度(雪崩在关系网中传播的范围)和时间尺度(雪崩的持续时间),其分布均服从幂律。

在理解自组织临界性这个概念时,有两个关键方面要考虑:首先,这种临界性不同于平衡态统计力学中所指的平衡相变的临界性。平衡系统的相变是通过调节系统的某个参数而达到的,比如系统的温度。然而自组织临界性的产生不需要调节系统的任何参数,纯粹是系统自身内部相互作用的一种动力学演化结果,因而这种临界性被称为自组织的。其次,临界性体现了由短程的局域相互作用导致的系统组元间的一种长程的时空关联,这种关联的最终结果体现为雪崩事件的"标度无关性"。

作为观察大自然的一种新方法,自组织临界性理论的主要目的是想要解释大自然为什么是复杂的一种可能的机制,这种机制描述了简单的规则通过相互作用网络的蔓延和反馈是如何涌现出复杂的特性的。它解释了自然界中某些普适性的结构,比如分形、$1/f$ 噪声等。它的应用范围极其广泛,其中包括地震、脉冲星、黑洞、地质地貌、生命演化、大脑、经济管理、互联网和交通灯,大自宇宙、小到基本粒子的层次。

自从 Bak 及其合作者于 1987 年发表于《物理评论快报》的文章中首先提出自组织临界性的概念以来,已经有成千上万篇关于这方面的研究在各种杂志上发表。物理学家、生物学家、地质学家、经济学家、计算机专家、数学家等各个领域的科学家纷纷把这种概念引入到他们自身的工作领域,加入了各种各样的模型,得到了许多令人关注的结果。许多实验室还利用沙堆、米粒和泥土来开展 SOC 实验方面的工作,也取得了很大的进展。随着近 20 年来的发展,SOC 的研究手段也拓展了不少,除了计算机模拟以外,还包括平均场近似、微扰方法、重整化方法和主方程的运用等解析手段。这些都极大地推动了 SOC 的应用和发展。

正如巴克所指出的那样:"自组织临界性理论不是复杂性的全部,但它打开了通向复杂性的一扇大门。"

作为探讨自组织临界性理论的入门,先介绍一个经典的模型 —— 沙堆模型。

§2.1　BTW 模型

沙堆模型(Sandpile Model)是用来说明自组织临界态的一个很直观的模型。在给出沙堆模型的数学化表示之前,先介绍一个简单的沙堆实验。

设想往一张水平的圆盘上输入沙粒,一次一粒。随着不断地输入沙粒,圆盘上慢慢地形成沙堆,并且沙堆的坡度越来越陡。接着,落下的沙粒开始崩塌,并带动周围的沙粒一起崩塌;也就是说,雪崩开始了。所谓雪崩(avalanche),是指某个沙粒的崩塌会导致其他沙粒的崩塌,而这些沙粒的崩塌又会导致另外一些沙粒的崩塌,依此类推。

在初始阶段,一粒沙的崩塌只会带来一些局部的扰动,不会出现大规模的雪崩。此时沙堆某个部分发生的沙粒崩塌事件不会对距离该部分较远的沙粒产生影响。因此,在这个阶段,沙堆内部没有整体的交流,更多的只是沙粒作为个体的一种行为。

随着沙粒的不断输入,沙堆变得越来越陡,这时一粒沙的崩塌很可能会导致系统中大量沙粒的崩塌。最终,沙堆的坡度会达到某个临界值,并且不会再进一步增长。这时,加入的沙粒数量和从圆盘的边缘落下去的沙粒数量在统计平均的意义上是相等的。这时,沙堆所处的状态就是前面提到的非均衡稳定态。显然,处于非均衡稳定态后,原本不相关的沙粒在重力以及相互之间摩擦力的作用下变得整体相关,整个系统的沙粒之间仿佛拥有了某种信息交流的渠道,局部一个微小的扰动既有可能在短时间内归于平静,也有可能会产生大规模的长时间的雪崩。或者说,局部扰动所导致的雪崩规模没有一个典型的均值,并且是标度无关的。研究表明,不管是雪崩的空间规模还是时间规模都服从幂律。这样的一个非均衡稳定态就被称为自组织临界态。

沙粒的不断加入,使得系统从沙粒遵循自身局域动力学的状态转变到整体动力学涌现的临界态。当系统处于自组织临界态时,对局部扰动的无标度反应意味着此时的沙堆是一个非线性的复杂系统,有其自身的涌现动力学,这种整体动力学的出现,是无法由单个沙粒的个体性质中得出的。

上述沙堆的某些物理机制,很大程度上融合了来自实际经验的直觉,因而有必要采用一个数学模型来模拟沙堆自组织临界态的产生机制。

作为研究复杂系统演化行为的有效工具,元胞自动机在研究自组织临界性理论中仍然发挥着重要作用。下面我们先讨论简单的一维沙堆模型,期望能从中获得一些关于 SOC 理论基本思想和方法的启示。

以下有关一维 BTW 沙堆模型的经典内容,主要参考了 Christensen 和 Moloney(2006) 的部分内容。

2.1.1　一维 BTW 模型及其算法

为了更加直观地阐述自组织临界性的概念,Bak,Tang 和 Wiesenfeld 运用元胞自动机来模拟沙堆模型。该模型中的时间、空间以及动力学变量都是离散的。

元胞自动机在某一时刻的结构由某一动力学变量在每一个位置的值所确定。例如,可以将沙堆的局域坡度(local slope)作为观察的动力学变量。然后,设定一个局域的动力学规则,就可以确定模型及其演化行为。

一维 BTW 模型的算法很简单:将一直线段分成许多格子,每次将一粒沙放在其中的一个格子上,当某一格子的局域坡度超过某一临界值时,该格子的沙子就会发生坍塌,其中的一粒沙就会落到最邻近的格子里。

设所观察的系统为一直线段上 L 个从左到右排列的格子,$i = 1, 2, \cdots, L$,在第一个格子的左边有一块挡板以阻止沙粒落到系统之外,而第 L 个格子的右边则是开放的,在该处沙粒会落到系统之外。用 h_i 表示第 i 个格子上的沙粒数,z_i 表示第 i 个格子的坡度:$z_i = h_i - h_{i+1}$。为方便起见,令 $h_{L+1} = 0$。在每一个格子处都设置相同的阈值 z^{th}。每次都在系统中某一个随机选定的格子上放一粒沙,如果随机选定的格子是 i,则 $h_i \to h_i + 1$。如果位置 i 的坡度超过了阈值,即 $z_i > z^{th}$,就会有一粒沙从 i 崩落到 $i + 1$,于是就有

$$h_i \to h_i - 1, h_{i+1} \to h_{i+1} + 1 \tag{2.1.1}$$

这样就导致相邻格子处的坡度都发生了变化。如果因此而导致相邻格子的坡度超过了阈值,则沙粒的崩塌过程就会继续,直到对所有的 i,成立 $z_i \leqslant z^{th}$,系统才会稳定下来。雪崩停止时系统所处的状态称为稳定位形(stable configuration)。见图 2-1(a)(b)。

一旦一粒沙从位置 i 落到位置 $i + 1$,则相邻的三个位置的坡度都会发生改变,见图 2-1(a),即

$$z_i \to z_i - 2, z_{i\pm1} \to z_{i\pm1} + 1 \tag{2.1.2}$$

不过两端边界处的情形稍有不同,因为它们都只有一个邻居。如果 $i = 1$,则有

$$z_1 \to z_1 - 2, z_2 \to z_2 + 1 \tag{2.1.3}$$

而对于 $i = L$,则有

$$z_L \to z_L - 1, z_{L-1} \to z_{L-1} + 1 \tag{2.1.4}$$

因此,对于坡度而言,左边界是开放的,而右边界是封闭的。

由上面的讨论,我们可以用坡度的术语给出一维 BTW 模型的算法。

(1)初始化。任选一组数 $z_1, z_2, \cdots, z_L$,其中 $z_i \leqslant z^{th}$,$i = 1, 2, \cdots, L$。它表示沙堆初始的稳定位形。

(2)驱动(drive)。在随机选定的格子 i 增加一粒沙。

若 $i = 1$,则

$$z_1 \to z_1 + 1 \tag{2.1.5a}$$

若 $i = 2, 3, \cdots, L$,则

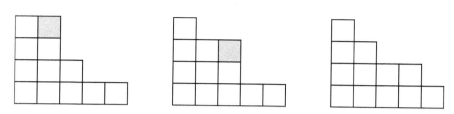

（a）取 **L＝5,z**th**＝1**,图中的积木块表示沙粒。在 **i＝2** 处加入一粒沙,则该处的坡度超过了阈值 **z**th**＝1**,于是依据崩落规则,该沙粒落到了 **i＝3** 处,这样又导致 **i＝3** 处的坡度超过了阈值,于是该沙粒又落到了 **i＝4**,由于此后所有位置的坡度都不大于阈值,雪崩停止,系统达到了稳定位形。标有颜色的积木为即将崩落的沙粒

（b）图中每个位置的积木数表示该位置的坡度,从左到右表示与图（a）演化相应的坡度的变化,标有颜色的积木表示导致崩落的坡度

图 2-1　一维 BTW 模型示意图

$$z_i \rightarrow z_i + 1, z_{i-1} \rightarrow z_{i-1} - 1 \qquad (2.1.5b)$$

（3）弛豫（relaxation）。若 $z_i > z^{th}$,则释放格子 i 的沙粒。

若 $i = 1$,则

$$z_1 \rightarrow z_1 - 2, z_2 \rightarrow z_2 + 1 \qquad (2.1.6a)$$

若 $i = 2, 3, \cdots, L-1$:

$$z_i \rightarrow z_i - 2, z_{i\pm1} \rightarrow z_{i\pm1} + 1 \qquad (2.1.6b)$$

若 $i = L$:

$$z_L \rightarrow z_L - 1, z_{L-1} \rightarrow z_{L-1} + 1 \qquad (2.1.6c)$$

持续弛豫过程,直到对一切 i,有 $z_i \leqslant z^{th}$。

（4）迭代。回到（2）。

由于坡度阈值的大小并不会影响模型的演化行为,因此为了简单起见,取 $z^{th} = 1$。

由于在雪崩模型中经常会涉及时间标度的问题,因此先给出时间不同标度的含义。假设 a, b 分别为两个不同的时间标度,且在以 a 为标度时间时,$b > a$,则称 a 为时间的"短"标度,而 b 则称为"长"标度。例如,设 $a = 1$ 表示一日,而 $b = 1$ 表示一年,若以 a 为时间标度,则有 $b = 365a > a$。因此,以"日"为单位的时间标度为短标度,而以"年"为单位的时间标度则为长标度。

由于只有在系统处于稳定位形（stable configuration）时,才往里加入沙粒,

因此时间标度是分离的。注意，这里有两个时间标度，一个是系统反应的时间，即雪崩的持续时间（短标度），另一个是两次输入沙粒的时间间隔（长标度）。记 Δt 为两次输入沙粒的间隔时间，如果将其视为一个单位，那么系统的反应（雪崩的持续过程）就被认为是在一个单位时间内完成的，此时时间标度为长标度。这时候所关心的问题是系统稳定位形的变化过程。如果把雪崩过程中接连两次沙粒的崩塌间隔视为一个时间单位，那么 Δt 就是雪崩的持续时间（称为弛豫时间），此时时间标度为短标度。值得指出的是，在短标度下，Δt 是一个随机变量，这时候所关心的问题是 Δt 的分布及其各阶矩。

从物理学的角度看，沙堆的形成是因为沙粒之间的摩擦力。上述沙堆模型描述的是一个能量缓慢输入的系统：在摩擦力的作用下，加入的每一粒沙都增加了系统的势能。一旦系统的规模达到一定的程度，沙粒之间的摩擦力被克服，雪崩就会被触发。在雪崩的过程中，沙堆因为沙粒输入而慢慢积累的势能转化为动能，并最终以热、声音和逃逸的方式耗散。

在一维 BTW 模型中，沙粒的"黏性"是由非零的坡度阈值来表示的。非零的坡度阈值保证了系统稳定位形的存在以及雪崩发生的可能性。

2.1.2 一维 BTW 模型的瞬态和循环态

用坡度的术语，系统在任何一个时刻的状态可以用向量 $(z_1, z_2, \cdots, z_L)$ 来表示，其中 $z_i = 0, 1, 2$，对一切 i。根据模型的算法，当且仅当对一切 i 均 $z_i = 0$ 或者 1 时，系统才处于稳定位形。因此，系统可能的稳定位形的数量是有限的。由于在已知现在状态的条件下，系统在下一时刻的状态与过去无关。因此，系统的状态还是一个 L 维马尔可夫链。

系统的稳定位形集 S 可以分为两类，一类称为瞬态（transient configuration），另一类称为循环态（recurrent configuration）。系统最多到达瞬态一次，之后便永远也不会回到该状态。而循环态则在迭代的过程中可以无穷次返回。

记所有瞬态组成的集合为 T，所有循环态组成的集合为 R，则 R 构成了 L 维空间上系统状态集合的吸引子。

往稳定位形 S_j 上加一粒沙，则系统在雪崩过程后到达另一个稳定位形 S_{j+1}，记为 $S_j \rightarrow S_{j+1}$。在这里，下标 j 表示输入系统的沙粒数，因此也表示时间的长尺度。

初始时刻，系统内的沙粒数为零，该状态是一个瞬态。然后一次次地往里输入沙粒，系统在开始会经历一系列的瞬态，最后在某一个时刻（比如时刻 n）进入循环态。

$$T_0 \rightarrow T_1 \rightarrow \cdots \rightarrow T_{n-1} \rightarrow R_n \rightarrow R_{n+1} \rightarrow \cdots$$

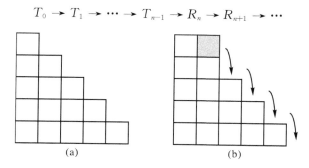

图 2-2　（a）一维 **BTW** 模型的唯一循环态，其中 $L = 5, z^{th} = 1$，所有位置的坡度 z_i $= z^{th}$。（b）在第 **2** 个位置加入的一颗沙粒引起雪崩。沙粒沿着"阶梯"往下落，在经过 s $= L + 1 - i = $ **4** 次崩落之后，回到原来的稳定位形。雪崩的规模 s 可以作为系统消失的**势能的测度**

对于一维 BTW 模型，循环态集合很简单，因为它只含有一个稳定位形，即对所有的 i，有 $z_i = z^{th}$。见图 2-2(a)(b)。

由图 2-2(b) 可以看出，当系统进入循环态后，输入系统的沙粒的平均数等于离开系统的沙粒的平均数。一般地，如果输入的平均值等于输出的平均值，我们就称系统处于定态(steady state)。用能量的术语说，所谓定态就是输入能量的平均值等于随后消失能量的平均值。一次雪崩消失的能量可以用崩落的次数来测度，它也用来描述雪崩的规模 s。

平均的来说，输入的沙粒处于沙堆中间的位置，因此当系统处于"阶梯"循环态时，沙粒平均要经过 $(L+1)/2$ 步的崩落才会离开系统。这就意味着，雪崩的平均规模 $\langle s \rangle$ 与系统的规模 L 成正比。

记 $P(s,L)$ 为观察到雪崩规模为 s 的概率，则有

$$P(s,L) = \frac{1}{L}, s = 1, 2, \cdots, L \qquad (2.1.7)$$

为方便起见，引入 Heaviside 函数

$$\Theta(x) = \begin{cases} 1, & x \geqslant 0 \\ 0, & x < 0 \end{cases} \qquad (2.1.8)$$

则有

$$P(s,L) = \frac{1}{L}\Theta\left(1 - \frac{s}{L}\right)$$

$$= s^{-1}\frac{s}{L}\Theta\left(1 - \frac{s}{L}\right)$$

$$= s^{-1}G_{1d}^{\mathrm{BTW}}(s/s_c) \tag{2.1.9a}$$

其中 $s_c(L) = L$ 为雪崩规模的截断函数，$G_{1d}^{\mathrm{BTW}}(x)$ 为一维雪崩规模的标度函数：

$$G_{1d}^{\mathrm{BTW}}(x) = x\Theta(1-x) \tag{2.1.9b}$$

于是，格子数为 L 的一维 BTW 模型的雪崩规模满足如下的标度形式：

$$P(s,L) = s^{-1}G_{1d}^{\mathrm{BTW}}(s/s_c) \tag{2.1.10a}$$

$$s_c(L) = L \tag{2.1.10b}$$

(2.1.10a) 式右端的第一个因子表明，一维 BTW 模型的雪崩规模指数 (avalanche-size exponent) 为 $\tau_s = 1$。(2.1.10a) 式还可以写成如下的形式：

$$sP(s,L) = G_{1d}^{\mathrm{BTW}}(s/s_c) \tag{2.1.11}$$

显然 $P(s,L)$ 与系统的规模 L 有关。但是，(2.1.11) 式表明，在将雪崩规模重新标度后，$sP(s,L)$ 就只与重标雪崩规模 s/s_c 有关，并且可以用同一个标度函数来表示。这正是所谓的"数据塌缩"(data collapse) 现象。

为了从以上简单的一维 BTW 模型的讨论中获得研究更一般的自组织临界性现象的具有启示性的思路和途径，特给出图 2-3 和图 2-4。

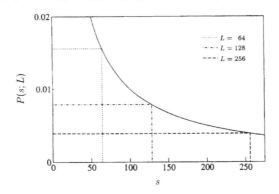

图 2-3   系统规模 L 分别取 $64,128,256$ 时，雪崩规模概率分布 $P(s,L)$ 关于 s 的函数图像

图 2-3 给出了系统规模 L 分别取 $64,128,256$ 时雪崩规模概率分布 $P(s,L)$ 关于 s 的函数图像。雪崩规模在 $1 \leqslant s \leqslant s_c(L)$ 之间是等可能的。如果将 $P(s,L)$ 在 $s_c = L$ 的值用实线连接起来，可以发现它是以 $s^{-\tau_s}$ 的方式衰减的，并且其中 $\tau_s = 1$ 正是 (2.1.10a) 式中的雪崩规模指数，称为雪崩规模临界指数。这给我们提供了在更复杂的情形确定雪崩规模指数的一个思路。

图 2-4(a) 给出了系统规模 L 分别取 $64,128,256$ 时 $sP(s,L)$ 关于 s 的函数图像。可以发现，这是三个明显不同的图像。图 2-4(b) 显示，不管 L 取什么值，$sP(s,L)$ 关于重标雪崩规模 s/s_c 的函数图像都是一致的，即标度函数的图像。

雪崩规模的平均值可以视为系统对外界干扰的反应敏感性的一个度量。由

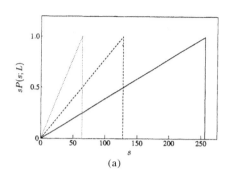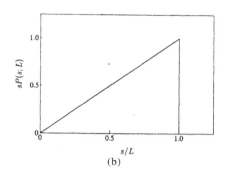

图 2-4　数据崩塌现象示意图.(a) 系统规模分别取 **64,128,256** 时 $sP(s,L)$ 关于 s 的函数图像；(b) $sP(s,L)$ 关于的函数图像，不管系统规模取什么值，图像都是相同的，这就是所谓的"数据塌缩"现象。

(2.1.7) 式可得雪崩规模的平均值：

$$\langle s \rangle = \sum_{s=1}^{\infty} sP(s,L) = \frac{1}{L}\sum_{s=1}^{L} s = \frac{L+1}{2} \tag{2.1.12}$$

因此，雪崩的平均规模是 L 的线性函数。

一维 BTW 模型是相当简单的，但是它至少在几个方面反映了自组织临界性理论所研究对象的一些特点。

首先，系统在经过一系列瞬态后将最终达到稳定位形的循环态；并且更为重要的是，这个循环态的涌现是自组织的结果。

其次，雪崩的规模具有特殊的标度形式，即存在一个标度函数。

最后，将雪崩模型重新标度后，可以出现"数据塌缩"的现象。

2.1.3　BTW 模型的平均场理论

本节讨论另一种形式的 BTW 模型 —— 随机邻居 BTW 模型。

考虑分别标有 $i=1,2,\cdots,N$ 的 N 个位置，在每个位置上都分派一个阈值为 $z^{\rm th}$ 的整数变量 z_i，它表示该位置的沙粒数。每次在一个随机确定的位置上增加一粒沙，$z_i \rightarrow z_i+1$。若位置 i 处的沙粒数大于阈值，即 $z_i > z^{\rm th}$，则该位置数量为 $z^{\rm th}$ 的沙粒崩塌[①]，即 $z_i \rightarrow z_i - z^{\rm th}$。

我们引入一个离散的参数 $\alpha_n = n/z^{\rm th},n=0,1,2,\cdots,z^{\rm th}$，并规定在每一次崩落中，有 $n = \alpha_n z^{\rm th}$ 个随机确定的邻居都可以从崩落的 $z^{\rm th}$ 粒沙中获得一粒沙，而

---

① 本小节中阈值不再限定为 1。

剩余的 $z^{th} - n$ 粒沙则消失在系统外。如果某个邻居因为获得一粒沙而使其沙粒数超过阈值,则该位置依前述规则继续崩落过程,直到所有位置上的沙粒数都不大于阈值,即对一切 i,有 $z_i \leqslant z^{th}$。

该模型的具体算法如下:

(1) 初始化。确定一个系统的稳定位形[①],即对一切 i,有 $1 \leqslant z_i \leqslant z^{th}$。

(2) 驱动。在随机选定的一个位置 i 上增加一个单位:

$$z_i \rightarrow z_i + 1 \tag{2.1.13}$$

(3) 弛豫。如果 $z_i > z^{th}$,则有:

$$z_i \rightarrow z_i - z^{th}$$
$$z_{j_k} \rightarrow z_{j_k} + 1, k = 1, 2, \cdots, \alpha_n z^{th} \tag{2.1.14}$$

其中 j_k 是随机选取的。继续弛豫过程,直到对一切 i,有 $z_i \leqslant z^{th}$。

(4) 迭代。回到步骤(2)。

根据以上的算法,该模型的系统稳定位形数量为 $N_S = (z^{th})^N$。然而,并不是所有的稳定位形都是循环态的。系统先要经过一系列的瞬态,然后才会自组织到循环态,其中沙粒数在一个常量附近波动。记 P_z 为某一位置沙粒数为 z 的概率,则 P_z 的动力学变化可以反映这个常量以及系统的自组织机制。

由模型的算法,在驱动和弛豫步骤,都会在随机选定的一个位置上增加一粒沙。因此,下一时刻系统中任一位置沙粒数为 z 的概率 $P_z(t+1)$ 与当前时刻的两个量有关,一个是当前时刻沙粒数为 $z-1$ 的概率 $P_{z-1}(t)$,另一个是当前时刻沙粒数为 z 的概率 $P_z(t)$。$P_{z-1}(t)$ 大,则下一时刻沙粒数进入状态 z 的可能位置数就多;$P_z(t)$ 大,则下一时刻沙粒数离开状态 z 的可能位置数也多。

因此,假设对某一个稳定位形,有 $P_{z-1}(t) > P_z(t)$,则下一时刻有可能进入状态 z 的位置数超过了离开状态 z 的位置数;若 $P_{z-1}(t) < P_z(t)$,则有可能离开状态 z 的位置数超过了进入状态 z 的位置数。因此,当系统处于定态时,两者应该平衡,即有 $P_{z-1} = P_z$。

于是,由归一化条件,有

$$P_z = \frac{1}{z^{th}}, z = 1, 2, \cdots, z^{th} \tag{2.1.15}$$

故系统处于定态时,沙粒数这一动力学变量应该围绕着其平均值波动,其中其平均值为:

$$\langle z \rangle = \sum_{z=1}^{z^{th}} z P_z = \frac{z^{th} + 1}{2} \tag{2.1.16}$$

---

① 为简单起见,设定最小的变量值为 1。

由于在驱动的步骤中,只有在沙粒数为 z^{th} 的位置上增加一个单位才会导致雪崩,因此两次雪崩的间隙中增加的沙粒数服从参数为 $P_{z^{\text{th}}}$ 的几何分布。其平均值为

$$\langle \text{influx} \rangle = \frac{1}{P_{z^{\text{th}}}} = z^{\text{th}} \tag{2.1.17}$$

在弛豫阶段,超过阈值的位置会有 z^{th} 个单位的沙粒崩落,其中 $\alpha_n z^{\text{th}}$ 个位置的沙粒数增加 1。在单一的一次崩落过程中系统将消失 $(1 - \alpha_n) z^{\text{th}}$ 粒沙。设雪崩的平均规模为 $\langle s \rangle$,则雪崩过程中平均流出的单位数为

$$\langle \text{outflux} \rangle = (1 - \alpha_n) z^{\text{th}} \langle s \rangle \tag{2.1.18}$$

令 $\langle \text{influx} \rangle = \langle \text{outflux} \rangle$,可得

$$\langle s \rangle = \frac{1}{1 - \alpha_n}, \alpha_n < 1 \tag{2.1.19}$$

因此,当某个位置崩落时,$(1 - \alpha_n)$ 控制着流出系统的沙粒数。若 $1 - \alpha_n > 0$,即系统的耗散量非零,则由 (2.1.19) 式,雪崩的规模将是有限的,此时应该存在一个有限截断的雪崩规模。当 $\alpha_n = 1$ 时,消失在系统外的单位数为零,此时一旦对所有的 $i, z_i = z^{\text{th}}$,则一粒沙的输入就会引发规模无穷的雪崩。

由于每次崩落都会有随机选定的 $\alpha_n z^{\text{th}}$ 个位置各增加一粒沙,因此这些位置的沙粒数便有可能超过阈值而继续崩落过程。又由于只有沙粒数为 z^{th} 的位置才有可能被添加的一粒沙触发弛豫的过程,而每个位置的沙粒数刚好为 z^{th} 的概率为 $P_{z^{\text{th}}}$。因此,$\alpha_n z^{\text{th}}$ 个随机的位置中刚好有 k 个位置被触发进一步崩落的概率为:

$$\binom{\alpha_n z^{\text{th}}}{k} P_{z^{\text{th}}}^{k} (1 - P_{z^{\text{th}}})^{\alpha_n z^{\text{th}} - k} \tag{2.1.20}$$

此即二项分布 $b(k; \alpha_n z^{\text{th}}, P_{z^{\text{th}}})$。被诱发进一步崩落的位置的平均数 $\langle k \rangle$ 其实就是平均的分支比(branching ratio),且

$$\langle k \rangle = \alpha_n z^{\text{th}} P_{z^{\text{th}}} = \alpha_n \tag{2.1.21}$$

由 (2.1.19) 式和 (2.1.21) 式,可得

$$\langle s \rangle = \frac{1}{1 - \langle k \rangle}, \langle k \rangle < 1 \tag{2.1.22}$$

"亚临界"的平均分支比,$\langle k \rangle < 1$,对应于一个雪崩规模有限的耗散系统。而临界的平均分支比,$\langle k \rangle = 1$,则对应于一个具有无穷雪崩规模的非耗散系统。

下面我们以分支过程为出发点,推导出平均雪崩规模和平均分支比之间的关系。

§2.2　BTW 模型的分支过程理论

2.2.1　分支过程

　　雪崩的过程可以用树状网络来表示。节点表示发生崩落的位置,从某节点伸出的树枝表示该节点诱导了进一步的崩落。第一个发生崩落的位置用树的根来表示,根部没有到达它的树枝。如果某位置的崩落没有诱导进一步的崩落过程,则该节点没有离开的树枝。离开某一节点的树枝数就是被进一步触发了崩落的位置数。显然,雪崩的规模(崩落发生的总次数)就是雪崩树包含的节点总数,见图 2-5。

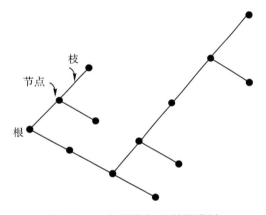

图 2-5　一个规模为 13 的雪崩树

　　因此,一个雪崩过程可以用一棵树表示,树的节点数表示雪崩的规模,分支数则表示被诱发了崩落的位置数。将每一棵雪崩树标号,记 s_k 为第 k 棵雪崩树的节点数,则该雪崩树的分支数为 $s_k - 1$。因此,所有雪崩树的节点总数为 $\sum_k s_k$,分支总数为 $\sum_k (s_k - 1)$。于是,雪崩树系综(ensemble)的平均分支比为

$$\langle b \rangle = \frac{\sum_k (s_k - 1)}{\sum_k s_k}$$

$$= 1 - \frac{\sum_k 1}{\sum_k s_k} \qquad (2.2.1)$$

$$= 1 - \frac{1}{\langle s \rangle}, \langle b \rangle < 1$$

该式与(2.1.22)式等价,但却是在更一般的框架中得到的。在这个框架中,我们不需要知道诱导进一步崩落的概率,也不需要知道在雪崩期间各个位置是否相关。

下面我们利用生成函数的概念,给出基于分支过程的雪崩模型的一些较为严格的分析及结果。

2.2.2　生成函数及其基本性质

设取非负整数值的随机变量 X 的分布列为 $\{p_k, k = 0, 1, 2, \cdots\}$,称

$$G_0(s) = \langle s^X \rangle = \sum_{i=0}^{\infty} p_i s^i \qquad (2.2.2)$$

为随机变量 X 的生成函数(generating function)。
生成函数有下面的一些基本性质:
(1) 由分布列的规范性,有

$$G_0(1) = 1 \qquad (2.2.3)$$

(2) 随机变量的分布列可由其生成函数生成,即有

$$p_k = \frac{1}{k!} \left. \frac{\mathrm{d}^k G_0(s)}{\mathrm{d}s^k} \right|_{s=0} \qquad (2.2.4)$$

这就意味着,生成函数包含了分布列中所有的统计信息。
(3) X 的数学期望或均值为:

$$\langle X \rangle = \sum_k k p_k = G'_0(1) \qquad (2.2.5)$$

(4) X 的高阶矩可由生成函数的高阶导数生成,即有

$$\langle X^n \rangle = \sum_k k^n p_k = \left[\left(s \frac{\mathrm{d}}{\mathrm{d}s} \right)^n G_0(s) \right]_{s=1} \qquad (2.2.6)$$

(5) 若 $X_1, X_2, \cdots, X_m$ 独立同分布,生成函数均为 $G_0(s)$,则 $\sum_{i=1}^{m} X_i$ 的生成函数为

$$\langle s^{\sum_{i=1}^{m} X_i} \rangle = \prod_{i=1}^{m} \langle s^{X_i} \rangle = [G_0(s)]^m \qquad (2.2.7)$$

（6）设随机变量 N 的生成函数为 $H(s)$，$X_1, X_2, \cdots, X_N$ 独立同分布，生成函数均为 $G_0(s)$，则随机个随机变量之和 $\sum_{i=1}^{N} X_i$ 的生成函数为

$$
\begin{aligned}
\langle s^{\sum_{i=1}^{N} X_i} \rangle &= \sum_{n=0}^{\infty} \langle s^{\sum_{i=1}^{N} X_i} \mid N = n \rangle P\{N = n\} \\
&= \sum_{n=0}^{\infty} [G_0(s)]^n P\{N = n\} = H(G_0(s))
\end{aligned} \tag{2.2.8}
$$

下面给出两个重要分布的生成函数。

（1）二项分布 $b(k; n, p) = \binom{n}{k} p^k q^{n-k}$ 的生成函数为：

$$
\sum_{k=0}^{n} \binom{n}{k} (ps)^k q^{n-k} = (q + ps)^n \tag{2.2.9}
$$

（2）泊松分布 $p(k; \lambda) = \dfrac{\lambda^k}{k!} e^{-\lambda}$ 的生成函数为：

$$
\sum_{k=0}^{\infty} e^{-\lambda} \frac{(\lambda s)^k}{k!} = e^{-\lambda(1-s)} \tag{2.2.10}
$$

2.2.3　基于分支过程的雪崩规模的概率分布

下面我们运用生成函数的性质给出基于分支过程的雪崩规模概率分布的标度形式。

把雪崩开始时发生崩落的位置称为始祖，把被其诱发的崩落位置称为其后代。记 $X_0 = 1$，它表示雪崩过程刚开始时崩落的位置数，即为第 0 代的个体数。第 0 代个体的后代数构成第一代个体数，记为 X_1。一般地，以 X_n 表示第 n 代的个体数，则有：

$$
X_n = \sum_{i=1}^{X_{n-1}} Z_i \tag{2.2.11}
$$

其中 Z_i 表示第 $n-1$ 代的第 i 个个体的后代数。为了讨论的方便起见，不失一般性，取 $a_n z^{\text{th}} = 2$，即每一次崩落所释放的沙粒数为 2。设每一粒崩落的沙都以相同的概率 p 诱发进一步的崩落，故有 $Z_i \sim b(k; 2, p)$。于是，由 (2.2.9) 式，Z_i 的生成函数为 $P(s) = (q + ps)^2$。由于 $X_1 = Z_1$，故其生成函数也是 $P(s)$。

令 $S_n = 1 + \sum_{i=1}^{n} X_i$，则表示到第 n 代为止所有后代（包含第 0 代的始祖）的数量，也就是到时刻 n 为止雪崩的规模。设其生成函数为 $R_n(s)$，则 $S_1 = 1 + X_1$ 的生成函数为 $R_1(s) = sP(s)$。于是，可以看成是 X_1 个"始祖"经过代的后代总数，

而每一个"始祖"到时刻的后代数的生成函数均为 $R_{n-1}(s)$，因此由性质 (f)，有

$$R_n(s) = sP(R_{n-1}(s)) \tag{2.2.12}$$

令 $n \to \infty$，可得雪崩总规模 $S = \lim\limits_{n\to\infty} S_n$ 的生成函数 $\rho(s) = \lim\limits_{n\to\infty} R_n(s)$ 是下列方程的解

$$\rho(s) = sP(\rho(s)) \tag{2.2.13}$$

由于 $P(s) = (q + ps)^2$，于是方程 $(2.2.13)$ 变为

$$\rho(s) = s(q + p\rho(s))^2 \tag{2.2.14}$$

一般来说，这个一元二次方程有两个解，但一个随机变量的生成函数是唯一的，又由于对于一切满足 $0 < p \leqslant p_c = 1/2$ 的 p，有 $\rho(1) = 1$，于是可得：

$$\rho(s) = \frac{1 - 2spq - \sqrt{1 - 4spq}}{2sp^2} \tag{2.2.15}$$

于是，由 $(2.2.4)$ 式，雪崩规模 S 的分布列为

$$P\{S = n\} = \frac{\rho^{(n)}(0)}{n!} \tag{2.2.16}$$

将 $(2.2.15)$ 式改写成：

$$2p^2 s\rho(s) = 1 - 2spq + (1 - 4spq)^{1/2} \tag{2.2.17}$$

两边同时对 s 求 $(n+1)$ 阶导数，若 $n \geqslant 1$，则有

$$2p^2(s\rho^{(n+1)}(s) + (n+1)\rho^{(n)}(s)) = (1 - 4pqs)^{-\frac{1}{2}-n}(2pq)^{n+1}(2n-1)!! \tag{2.2.18}$$

令 $s = 0$，得

$$\rho^{(n)}(0) = \frac{(2n-1)!!}{n+1} 2^n p^{n-1} q^{n+1} \tag{2.2.19}$$

从而有

$$P\{S = n\} = \frac{\rho^{(n)}(0)}{n!} = \frac{1}{n+1} \frac{(2n-1)!!(2^n n!)}{n!n!} p^{n-1} q^{n+1}$$

$$= \frac{1}{n+1} \binom{2n}{n} p^{n-1} q^{n+1} \tag{2.2.20}$$

回到以前的记号。取 $\alpha_n z^{th} = 2$，于是根据刚才的讨论，雪崩规模恰好为 s 的概率为

$$P(s, p) = \frac{1}{s+1} \binom{2s}{s} p^{s-1}(1 - p)^{s+1}$$

$$= \frac{1}{s+1} \binom{2s}{s} \frac{1 - p}{p} [p(1 - p)]^s, s \geqslant 1 \tag{2.2.21}$$

图 2-6 给出了当 $\alpha_n z^{th} = 2, p_c = 0.5$ 时，在双对数坐标中 $P(s, p)$ 分别对应

于 $p = 0.35, 0.45, 0.4842, 0.495, p_c$ 时关于雪崩规模 s 的图像,其中相应的雪崩规模都有一个截断值(cutoff),分别为 $s_c(p) = 10, 100, 1000, 10000, \infty$。当 $p = p_c$ 时,雪崩的截断规模为无穷大,并且对于大的雪崩规模,$P(s, p_c)$ 以幂律的方式衰减:

$$P(s, p_c) \sim s^{-\tau_s}, s \gg 1 \qquad (2.2.22)$$

其中 $\tau_s = 3/2$。

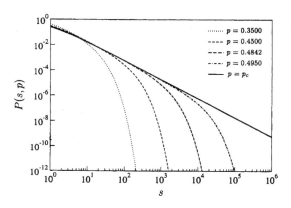

图 2-6 $P(s, p)$ 分别对应于 p 的不同值时关于雪崩规模 s 的函数图像

下面给出雪崩规模概率分布的标度形式。

由 Stirling 公式,当 n 充分大时,有 $n! \approx \sqrt{2\pi n} n^n \exp(-n)$,因此

$$\frac{1}{s+1} \frac{(2s)!}{(s!)^2} \approx \frac{1}{s+1} \frac{\sqrt{2\pi 2s}(2s)^{2s}\exp(-2s)}{2\pi s s^{2s}\exp(-2s)}$$

$$= \frac{1}{\sqrt{\pi}} s^{-\frac{3}{2}} 4^s, s \gg 1 \qquad (2.2.23)$$

其中在最后一等式,我们利用了 $(s+1)/s \approx 1$。于是,有

$$P(s, p) \approx \frac{1}{\sqrt{\pi}} \frac{(1-p)}{p} s^{-\frac{3}{2}} [4p(1-p)]^s, s \gg 1 \qquad (2.2.24)$$

当 $p \to p_c$ 时,$(1-p)/p \to 1$。因此,基于分支过程的雪崩模型概率分布的标度形式为

$$P(s, p) \propto s^{-\tau_s} \exp(-s/s_c), p \to p_c, s \gg 1 \qquad (2.2.25a)$$

$$s_c = -\frac{1}{\ln[4p(1-p)]} \qquad (2.2.25b)$$

其中 $\tau_s = 3/2$。为了观察在用 s/s_c 重标雪崩规模后的"数据塌缩"现象,引入标度函数

$$G^{BP}(x) = \exp(-x) \qquad (2.2.26)$$

则有

$$s^{\tau_s} P(s,p) \propto G^{\mathrm{BP}}(-s/s_c) \qquad (2.2.27)$$

比较(2.1.10)式和(2.2.25)式,(2.1.11)式和(2.2.27)式,可以发现基于分支过程的雪崩模型与一维 BTW 模型之间本质上的相似之处。这就是,自组织、标度函数和数据塌缩。

为了对"数据塌缩"现象有更为直观的认识,特别给出图 2-7。

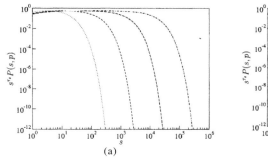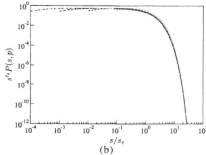

图 2-7 基于分支过程的一维 BTW 模型的数据崩塌现象(a)$s^{\tau_s} P(s,p)$ 分别在 $p = 0.35$,$0.45, 0.4842, 0.495$ 时关于自变量 s 的函数图像;(b)给出的是 $s^{\tau_s} P(s,p)$ 关于重新标度后的自变量 s/s_c 的函数图形

图 2-7(a)给出的是以 $s^{\tau_s} P(s,p)$ 分别在 $p = 0.35, 0.45, 0.4842, 0.495$ 时关于自变量 s 的函数图像(双对数坐标系)。图中可以看出,对应于不同的 p 值,函数图形之间的差别是明显的,并且它们之间不同的特征是垂直排列的。

图 2-7(b)给出的是 $s^{\tau_s} P(s,p)$ 关于重新标度后的自变量 s/s_c 的函数图形(双对数坐标系)。可以发现,在重新标度后,对应于不同 p 值的 $s^{\tau_s} P(s,p)$ 图形都塌缩到标度函数 $G^{\mathrm{BP}}(x) = \exp(-x)$ 的图形。对于大的雪崩规模 s 以及接近于 p_c 的 p,数据塌缩的现象更明显。图中对应于不同 p 值的曲线之间在初始阶段的微小误差,是因为 Stirling 近似引起的,而各曲线与标度曲线的差异则是由所忽略的因子 $p/(1-p)$ 引起的。

利用雪崩规模概率分布的标度形式(2.2.25),可以得到平均雪崩规模。

$$\begin{aligned}
\langle s \rangle &= \sum_{s=1}^{\infty} s P(s,p) \\
&\propto \sum_{s=1}^{\infty} s^{1-\tau_s} \exp(-s/s_c) \\
&\approx \int_{1}^{\infty} s^{1-\tau_s} \exp(-s/s_c) \mathrm{d}s
\end{aligned}$$

$$
\begin{aligned}
&= \int_{1/s_c}^{\infty} (us_c)^{1-\tau_s} \exp(-u) s_c \mathrm{d}u (u = s/s_c) \\
&= s_c^{2-\tau_s} \int_{1/s_c}^{\infty} u^{1-\tau_s} \exp(-u) \mathrm{d}u \\
&\propto s_c^{2-\tau_s} p \rightarrow p_c
\end{aligned}
\tag{2.2.28}
$$

由于当 $p \rightarrow p_c$ 时，$1/s_c \rightarrow 0$，因此（2.2.28）式的最后一个积分趋于常数 $\Gamma(2-\tau_s)$，故有最后一个等式的成立。若 $\tau_s = 3/2$，则该常数为 $\Gamma(1/2) = \sqrt{\pi}$。进一步地，我们还可以从（2.2.28）式看到，平均雪崩规模与 $\sqrt{s_c}$ 成正比，即与截断规模的平方根成正比。

注意到当 $p \rightarrow p_c$ 时，$4p(1-p) \rightarrow 1$，故由泰勒一阶展开式，有

$$
\begin{aligned}
\ln[4p(1-p)] &= \ln[1 + 4p(1-p) - 1] \\
&= 4p(1-p) - 1 \\
&= -(1-2p)^2
\end{aligned}
\tag{2.2.29}
$$

故由（2.2.25）式和（2.2.28）式，注意到 $\tau_s = 3/2$，有

$$
\langle s \rangle \propto \left(\frac{-1}{\ln[4p(1-p)]} \right)^{1/2} = \frac{1}{1-2p}, p \rightarrow p_c
\tag{2.2.30}
$$

2.2.4 基于分支过程的雪崩停止问题

下面讨论从某个位置触发的雪崩过程迟早会停止的概率。

沿用上一节的记号，以 $X_m(m = 0, 1, 2, \cdots)$ 表示第 n 代的个体数，Z_i 表示第 $n-1$ 代的第 i 个个体的后代数，则 $Z_i \sim b(k; \alpha_n z^{\mathrm{th}}, p)$。设每一个个体产生 j 个后代的概率为 p_j，则

$$
p_j = \begin{pmatrix} \alpha_n z^{\mathrm{th}} \\ j \end{pmatrix} p^j (1-p)^{\alpha_n z^{\mathrm{th}} - j}, j = 0, 1, \cdots, \alpha_n z^{\mathrm{th}}
\tag{2.2.31}
$$

从数学上来说，基于分支过程的雪崩是以下面两个基本假设为前提的，即每一代不同个体的后代数 $Z_1, Z_2, \cdots$ 相互独立。

于是，每一代的个体数 $X_0, X_1, \cdots, X_m, \cdots$ 具有如下形式的概率分布：

$$
\begin{aligned}
&X_0 = 1 \\
&X_1 \sim b(k; \alpha_n z^{\mathrm{th}}, p) \\
&\quad\quad\quad \vdots \\
&X_m \sim b(k; X_{m-1} \alpha_n z^{\mathrm{th}}, p) \\
&\quad\quad\quad \vdots
\end{aligned}
\tag{2.2.32}
$$

并且雪崩的规模

$$s = \sum_{m=0}^{\infty} X_m \tag{2.2.33}$$

对 X_{m-1} 取条件,得

$$
\begin{aligned}
E[X_m] &= E[E(X_m \mid X_{m-1})] \\
&= p\alpha_n z^{\mathrm{th}} E(X_{m-1}) \\
&= (p\alpha_n z^{\mathrm{th}})^2 E(X_{m-2}) \\
&= (p\alpha_n z^{\mathrm{th}})^m
\end{aligned}
\tag{2.2.34}
$$

以 π_0 表示从单个位置触发的雪崩过程迟早会停止的概率。对第一代个体数取条件,可以得到一个关于 π_0 的方程:

$$
\begin{aligned}
\pi_0 &= P\{雪崩迟早停止\} \\
&= \sum_{j=0}^{\alpha_n z^{\mathrm{th}}} P\{雪崩迟早停止 \mid X_1 = j\} p_j
\end{aligned}
\tag{2.2.35}
$$

给定 $X_1 = j$,雪崩迟早停止当且仅当以第一代的成员为始祖的 j 个雪崩过程最终停止。由于各个雪崩过程是相互独立的,而任意一个雪崩停止的概率均为 π_0,所以得到

$$\pi_0 = \sum_{j=0}^{\alpha_n z^{\mathrm{th}}} \pi_0^j p_j \tag{2.2.36}$$

如果取 $\alpha_n z^{\mathrm{th}} \geqslant 2$,则由(2.2.21)式,有 $p_0 > 0$, $p_0 + p_1 < 1$。此时,关于 π_0 有如下的定理(Ross,1983)。

定理 2.2.1　(1) π_0 是满足

$$\pi_0 = \sum_{j=0}^{\alpha_n z^{\mathrm{th}}} \pi_0^j p_j \tag{2.2.37}$$

的最小正数。

(2) $\pi_0 = 1$ 的充分必要条件是

$$p \leqslant \frac{1}{\alpha_n z^{\mathrm{th}}} \tag{2.2.38}$$

由定理 2.2.1 可以看出,存在一个临界的诱发概率 $p_c = (\alpha_n z^{\mathrm{th}})^{-1}$,一旦 p 大于这个临界值,那么就有一个正的概率使得雪崩过程永远不会停止下来。如果取 $\alpha_n z^{\mathrm{th}} = 2$,那么这个临界值就是 $p_c = 1/2$。根据上一节的讨论和定理 2.2.1,当 $p < p_c$ 时,雪崩会以概率1停止,并且雪崩的规模 s 会有一个有限的截断。当 $p = p_c$,雪崩仍然会以概率1停止,但此时雪崩的规模并没有一个有限的截断;也就是说,此时 $P\{X_n \geqslant 1\} > 0$ 对一切 n 成立。

综上所述,当 $p \leqslant p_c$ 时, $\pi_0 = 1$,并且

$$P\{s < s_c(p)\} = 1 \tag{2.2.39}$$

以上我们基于分支过程的假设得出了雪崩规模概率分布的标度形式。但是，在现实的系统中，雪崩在各个位置之间的传播过程并不能认为是一个统计不相关的过程。一旦将相关性考虑进来，那么以上的方法(平均场、分支过程等)就都不适用了。

不过，前面对一维BTW模型以及随机邻居的分支过程模型的研究中得出的一些结论，对一般的雪崩过程的研究提供了一些重要的线索，其中最重要的就是雪崩规模概率分布的标度形式和数据塌缩。

下面我们将建立关于标度和数据塌缩的更一般的框架中。

2.2.5 标度拟设

根据前面的讨论，很自然地会使我们猜测雪崩规模的概率分布应该具有下面的形式：

$$P(s,L) \propto s^{-\tau_s}G(s/s_c), L \gg 1, s \gg 1 \tag{2.2.40a}$$

$$s_c(L) \propto L^D, L \gg 1 \tag{2.2.40b}$$

其中，L 为系统的规模，临界指数 D 就是所谓的雪崩维数，而临界指数 τ_s 则是雪崩规模指数。式(2.2.40)实际上是在预设了雪崩规模概率分布具有一定的标度形式之后的一种猜测，称为标度拟设(scaling ansatz)。

设标度函数 $G(x)$ 可表示成如下的形式：

$$G(x) = \begin{cases} G(0) + G'(0)x + \dfrac{1}{2}G''(0)x^2 + \cdots, & x \ll 1 \\ \text{快速衰减}, & x \gg 1 \end{cases} \tag{2.2.41}$$

即，在 x 充分小时，可展开成关于 x 的泰勒级数，而在 x 充分大时，则快速衰减，这样就能保证在系统规模有限时雪崩规模的各阶矩存在。

由概率分布的归一化条件以及一阶矩的发散性，有

$$\sum_{s=1}^{\infty} P(s,L) = 1, \text{对一切 } L \tag{2.2.42a}$$

$$\sum_{s=1}^{\infty} sP(s,L) \to \infty, \text{当 } L \to \infty \text{ 时} \tag{2.2.42b}$$

假设 $G(0) \neq 0$，则由式(2.2.41)和式(2.2.42)，有

$$\lim_{L \to \infty} P(s,L) \propto s^{-\tau_s}G(0) \tag{2.2.43}$$

于是，综合式(2.2.42a)和(2.2.42b)，雪崩规模指数应该满足：$1 < \tau_s \leqslant 2$。由(2.2.43)式可算得系统规模有限时雪崩规模的 k 阶矩。

$$\langle s^k \rangle = \sum_{s=1}^{\infty} s^k P(s, L)$$

$$= \sum_{s=1}^{\infty} s^{k-\tau_s} G(s/L^D)$$

$$\propto \int_1^{\infty} s^{k-\tau_s} G(s/L^D) \mathrm{d}s$$

$$= \int_{1/L^D}^{\infty} (uL^D)^{k-\tau_s} G(u) L^D \mathrm{d}u u = s/L^D$$

$$= L^{D(1+k-\tau_s)} \int_{1/L^D}^{\infty} u^{k-\tau_s} G(u) \mathrm{d}u \qquad (2.2.44)$$

若 $\tau_s < k+1$，则上式的最后一个积分关于下限是收敛的，而标度函数 $G(x)$ 将随着自变量的增加而快速衰减的假设，则保证了该积分关于上限的收敛性。因此，当 L 趋于无限时，该积分趋于一个常数。故有：

$$\langle s^k \rangle \propto L^{D(1+k-\tau_s)}, L \gg 1, k \geqslant 1 \qquad (2.2.45)$$

利用（2.2.45）式，即使在不知道雪崩规模概率分布的前提下，也能得到一些重要的结果。例如，对于一维 BTW 模型，在系统处于定态时，每一次增加的沙粒导致的平均雪崩规模是 L 的线性函数，即 $\langle s \rangle \propto L$，于是由（2.2.45）式，有

$$D(2 - \tau_s) = 1 \qquad (2.2.46)$$

而当 $D = 1$ 和 $\tau_s = 1$ 时，上式确实成立。

对（2.2.45）式两边取对数，有

$$\log \langle s^k \rangle = D(1+k-\tau_s) \log L + \log C, C \text{ 为常数} \qquad (2.2.47)$$

利用上式，可通过数值模拟来确定临界指数 D 和 τ_s。

首先，在以 $\log L$ 为横轴，$\log \langle s^k \rangle$ 为纵轴的双对数坐标系中，由（2.2.47）式对不同的 k 分别画出相应的直线，则每条直线的斜率即为 $D(1+k-\tau_s)$ 的估计值。

其次，将 $D(1+k-\tau_s)$ 看成是 k 的函数，并画出其图形，则斜率即为 D，并且在 $k = \tau_s - 1$ 处与 k 轴（横轴）相交。

§2.3　二维 BTW 模型

考虑一个正方形区域，其中包含 $N = L \times L$ 个格子，记为 $i = 1, 2, \cdots, N$。在位置 i 上分派一个整数 z_i，一般将其视为位置 i 的高度，它表示位置 i 上叠加的沙粒数。我们通过在一个随机的位置上添加一颗沙粒来驱动这个系统。设随机选中的位置为 i，则 $z_i \to z_i + 1$。一旦该位置的高度超过阈值 z^{th}，则该位置发生崩落，向靠得最近的 4 个邻居各转移一粒沙，从而使该位置的高度减少 4 个单位，而 4 个最近邻居（nearest neighbors）的高度各增加 1 个单位：$z_i \to z_i - 4, z_{\text{nn}} \to z_{\text{nn}} +$

1。如果最近邻居中的某一个高度因此而超过了阈值,则刚才的过程将继续,直至所有位置的高度都不超过阈值为止。雪崩的规模 s 定义为雪崩过程中移动的沙粒总数。

以上描述的二维 BTW 模型的具体算法如下:

(1) 初始化。系统的初始状态为任一稳定位形,其中对一切 i,$z_i \leqslant z^{\mathrm{th}}$。

(2) 驱动。在随机选定的位置 i 上添加一粒沙。

$$z_i \to z_i + 1 \tag{2.3.1}$$

(3) 弛豫。如果 $z_i > z^{\mathrm{th}}$,则弛豫位置 i。

$$z_i \to z_i - 4, z_{\mathrm{nn}} \to z_{\mathrm{nn}} + 1 \tag{2.3.2}$$

继续该弛豫过程一直到对所有的 i,均成立 $z_i \leqslant z^{\mathrm{th}}$ 为止。

(4) 迭代。回到步骤(2)。

由于阈值的大小并不会影响系统的行为,因此为简单起见取 $z^{\mathrm{th}} = 3$,这样当且仅当对所有的 i,有 $z_i = 0,1,2,3$ 时,系统处于稳定位形。

图 2-8 演示了 $L = 5$,$z^{\mathrm{th}} = 3$ 时的二维 BTW 模型的一次雪崩过程。

3	2	3	2	2
1	2	4	1	3
2	3	1	2	1
2	1	3	3	0
1	3	0	1	2

(a)

3	2	4	2	2
1	3	0	2	3
2	3	2	2	1
2	1	3	3	0
1	3	0	1	2

(b)

3	3	0	3	2
1	3	1	2	3
2	3	2	2	1
2	1	3	3	0
1	3	0	1	2

(c)

图 2-8 L = 5,z^{th} = 3 时的二维 BTW 模型。(a) 在第二行第三列的位置加入一粒沙,则该位置的高度超过了阈值,从而使该位置弛豫 4 粒沙;(b) 经过一次弛豫后,第一行第三列位置的高度超过了阈值,从而诱致进一步的弛豫,其中一粒沙消失在系统之外;(c) 系统处于稳定位形,雪崩结束

系统最终会到达循环态,其中进入和离开系统的平均沙粒数相等。此时系统处于定态,其平均高度 $\langle z \rangle = \left(\sum_{i=1}^{N} z_i\right) \Big/ N$ 在一个常量附近波动,并且加入的沙粒最终会转移到边界。由于在沙粒的崩落过程中并没有方向的偏好,因此沙粒的轨迹应该是平面格点上的一个随机游动。现在的问题是,如果到边界的距离与 L 成正比,那么要经过多少步沙粒才会到达边界?或者等价的,平均来说这个随机游动需要走多少步才会走过这段距离?

设 $E = \{(0,1),(0,-1),(1,0),(-1,0)\}$,其中的元素分别表示向左、右、

上、下移动一格。设 $e_i \in E$ 表示第 i 步的位移,则 s 步以后的位移为 $R = \sum_{i=1}^{s} e_i$,故经过 s 步后沙粒移动距离的平方为

$$R^2 = \sum_{i=1}^{s} e_i \cdot \sum_{j=1}^{s} e_j = \sum_{i=1}^{s} e_i \cdot e_i + \sum_{i=1}^{s} \sum_{j \neq i} e_i \cdot e_j$$
$$= s + \sum_{i=1}^{s} \sum_{j \neq i} e_i \cdot e_j \qquad (2.3.3)$$

由于朝 4 个方向游动是等可能的,因此当 $i \neq j$ 时,$\langle e_i \cdot e_j \rangle = 0$,故有

$$\langle R^2 \rangle = \langle s \rangle \qquad (2.3.4)$$

由于与边界的平均距离与 L 成正比,故沙粒到达边界所需要移动的平均距离为 $\sqrt{\langle R^2 \rangle} \propto L$,又当系统处于定态时,雪崩的平均规模等于沙粒到达边界前的平均弛豫次数,故有

$$\langle s \rangle \propto L^2 \qquad (2.3.5)$$

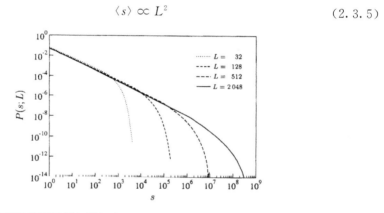

图 2-9 二维 BTW 模型雪崩规模概率分布 $P(s,L)$ 在 L 分别等于 $32,128,512,2048$ 时模拟图像,可以看出除了截断规模外雪崩规模并没有一个典型值

由此我们可以看到,要使平均雪崩规模随着系统规模的增大而发散,必须要求雪崩规模概率分布在雪崩截断规模的范围内是宽带分布的,并且雪崩截断规模本身也是发散的。这就意味着,雪崩规模概率分布随着 L 的增大应该有一个"厚尾"。

为了获得雪崩规模概率分布,Christensen et al. (2006) 在系统处于循环态时做了数值模拟。图 2-9 给出了二维 BTW 模型雪崩规模概率分布 $P(s,L)$ 在 L 分别等于 $32,128,512,2048$ 时模拟图像。图中可以看出,雪崩规模概率分布随着规模的增大而衰减,并且在截断规模以内确实是宽带分布的。

为了考察二维 BTW 模型的雪崩概率分布是否满足系统规模有限时的标度拟设,可以运用上一节中关于确定临界指数的程序,即矩标度分析的方法。见

图 2-10。

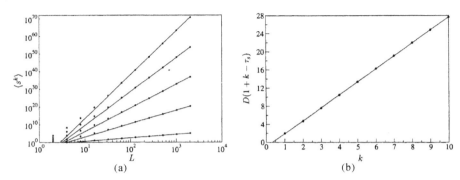

图 2-10　确定临界指数的矩标度分析方法。(a)$\langle s^k \rangle$ 当 $k = 1,3,5,7,9$ 时关于 L 的函数图像，其中 L 分别取值 $1,2,4,\cdots,2048$；(b)$D(1 + k - \tau_s)$ 关于 k 的图像

图 2-10(a) 显示了在双对数坐标系统 $\langle s^k \rangle$ 当 $k = 1,3,5,7,9$ 时关于 L 的函数图像，可以看出当 L 足够大之后，$\log\langle s^k \rangle$ 与 $\log L$ 之间的线性关系很明显。根据 (2.2.47) 式，图 2-10(a) 中每一条直线的斜率均为 $D(1 + k - \tau_s)$。图 2-10(b) 显示的是 $D(1 + k - \tau_s)$ 关于 k 的图像。

从图 2-10(b) 中可以估计 $D = 2.86$，又由于图形在 $k = 0.33$ 处与横轴相交，因此 $\tau_s = 1.33$。

但是，到此为止，我们还只能得到如下的结论：如果雪崩概率分布满足标度拟设，即具有 (2.2.40) 的形式，则两个临界指数的估计值分别为 $D = 2.86$，$\tau_s = 1.33$。但是，这并不意味着，二维 BTW 模型的雪崩概率分布真的就满足标度拟设而具有 (2.2.40) 的形式了。这是因为，要确认这一点，还必须观察是否出现了"数据塌缩"的现象。

图 2-11(a) 给出了 $s^{\tau_s} P(s,L)$ 关于 s 的函数图形。出乎意料的是，各个图形的不同特征并不完全是垂直排列的。

图 2-11(b) 给出了用截断雪崩规模 $s_c(L) \propto L^D$ 重新标度以后 $s^{\tau_s} P(s,L)$ 的图形。可以看出，在快速衰减之前，不同曲线在一开始有明显的呈平行排列的差别。

从图 2-11 中可以看出，数值模拟的结果并没有呈现明显的"数据塌缩"现象，因为所有的曲线并没有令人信服地塌缩到标度函数的图形中。

数据塌缩现象的缺失有两种可能的解释。

首先，由于数据塌缩现象是在标度拟设的前提下才存在的。因此，对于二维 BTW 来说，雪崩规模概率分布的标度拟设可能不成立。这种解释被下列的事实

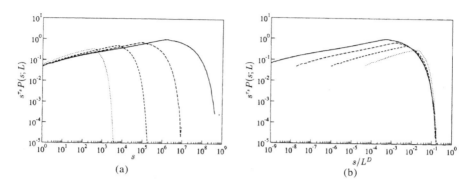

图 2-11　二维 BTW 模型的数据崩塌现象不是很明显。（a）当 $\tau_s = 1.33$ 时 $s^{\tau_s} P(s, L)$ 关于 s 的函数图形；（b）当 $D = 2.86, \tau_s = 1.33$ 时 $s^{\tau_s} P(s, L)$ 关于的函数图形

所支持，即所有的雪崩可以分为两个不相交的部分，一部分为非耗散的雪崩（不会到达系统边界的雪崩），另一部分是耗散的雪崩（会到达边界的雪崩）。这两种雪崩服从不同的标度，这导致了将它们混合起来时标度拟设的失效。

其次，标度拟设一般只有在发散的系统规模和大规模雪崩时才是有效的。因此，数据塌缩缺失的另一种解释是，所获得数值模拟结果并没有到达渐近的标度区域。当雪崩两个子集中的某一个占统治地位时，这样一个标度区域可能是存在的，并且只有在系统规模非常大时这样的标度区域才是可见的。

这样就给我们留下了若干课题：（1）是否对任何规模的系统，标度拟设都会失效？（2）是否当 $L \to \infty$ 时标度拟设会成立？

§2.4　Bak-Sneppen 模型

2.4.1　B-S 模型

在自组织临界性模型中，值得我们关注的还有 Bak 和 Sneppen(1993) 提出的生物演化模型（简称 B-S 模型）。在该模型中，同一生态系统中的不同物种相互关联协同演化。一个物种的变异将通过相互关系网作用于其他物种，从而导致整个系统的演化。

设想某生态系统中有 L^d 个物种被排在一个具有周期边界的 d 维网格上，网格上的每个"顶点"代表一个物种，"边"代表物种之间的某种关联。每个物种的适应度为 $f_i(i = 1, 2, \cdots, L^d)$，适应度的初值取为服从区间 $[0, 1]$ 上均匀分布的随机数。适应度的大小反映了物种生存的能力，适应度小的物种将通过变异来更好地适应环境。

B-S 模型定义如下。

设 s 为离散时间变量,$s = 0,1,2,\cdots$。

(1)在每个时刻 s,确定具有最小适应度 $f_{\min}(s)$ 的物种。

(2)具有最小适应度的物种以及它的 $2d$ 个邻居发生变异,从而导致适应度的变化。变异后的这 $2d+1$ 个物种的适应度为在区间 $[0,1]$ 上重新获取的 $2d+1$ 个随机数。

(3)$s \rightarrow s+1$,返回(1)。

这样的变异过程不断地持续下去,最终会到达一个稳态,其中最小的适应度值不会超过一个阈值 f_c。具体地说,有下列结果:

$$f_{\min}(s) \leqslant f_c \tag{2.4.1a}$$

$$\varlimsup_{s \to \infty} f_{\min}(s) = f_c \tag{2.4.1b}$$

数值模拟表明,阈值 f_c 与网格的维数 d 有关。当 $d = 1$ 时,$f_c \approx 0.677$;当 $d = 2$ 时,$f_c \approx 0.329$。

很显然,该演化规则是模仿食物链中物种与物种相互依存的事实,即一个物种的变异直接影响到与之相关的捕食物种与被捕食物种的生存。

注意,在以上关于 B-S 模型的描述中,包括在(2.4.1)式中,所涉及的时间 s 是以两次变异之间的时间间隔为一个度量单位,这是一个短标度。事实上,在该模型中,还有一个时间的长标度,这就是以每一次雪崩的持续时间为计量单位的时间。关于时间的这两个标度,我们将在下面讨论 B-S 雪崩时再加以说明。

与 B-S 模型相关的雪崩有好几种类型,在介绍这些雪崩之前,先给出几个相关的引理。

引理 2.4.1 设随机变量 X 服从 $[a,b]$ 上的均匀分布,则在事件 $\{X > x\}$ ($a < x < b$)发生的条件下,X 在 $(x,b]$ 上服从均匀分布。

由引理 2.4.1 知,若 $X_1, X_2, \cdots, X_L$ 相互独立且均服从 $[a,b]$ 的均匀分布,则在已知 $\{X_{\min} = \min(X_1, \cdots, X_n) > x\}$ 发生的条件下,$X_1, X_2, \cdots, X_L$ 相互独立且均服从 $(x,b]$ 上的均匀分布。

引理 2.4.2 设 $X_1, X_2, \cdots, X_L$ 相互独立且均服从 $[a,b]$ 上的均匀分布,则它们的最小值 $X_{\min}$ 的概率密度为

$$p_{\min}(x) = \frac{L}{(b-a)^L}(b-x)^{L-1} \quad a < x < b \tag{2.4.2a}$$

数学期望为

$$E(X_{\min}) = \frac{b+aL}{L+1} \tag{2.4.2b}$$

于是,由引理 2.4.2,$X_{\min}$ 与区间左端点之间的隙距(gap)为:

$$E(X_{\min} - a) = \frac{b + aL}{L+1} - a$$
$$= \frac{b - a}{L+1} \tag{2.4.3}$$

(2.4.3)式的直观含义比较明确。如果将 $X_1, X_2, \cdots, X_L$ 视为取自总体 $U[a, b]$ 的容量为 L 的样本。那么当 L 很大时,从统计平均的意义上来说,这 L 个数应该"均匀"等间距地从小到大排列于区间$[a, b]$ 上,即这 L 个点把区间分成了 $L+1$ 长度相同的子区间。因此直观上看,最左边的点,即 $X_{\min}$ 与左端点之间的平均距离应为$(b-a)/(L+1)$,此即为(2.4.3)。

回到 B-S 模型。由于 d 维模型中的物种数为 L^d,因此若在雪崩的触发时刻系统的最小适应度为 $f_{\min} = m$,则根据 B-S 模型的定义以及引理 2.4.1 可知,在雪崩结束的时刻,系统内所有物种的适应度都服从$(m,1]$上的均匀分布。因此,其最小适应度的概率密度为:

$$p_{\min}(f) = \frac{L^d}{(1-m)^{L^d}}(1-f)^{L^d-1}, m < f \leqslant 1 \tag{2.4.4}$$

这里需要特别说明一点,即阈值 f_c 的涌现并不意味着,所有物种的适应度均服从$(f_c,1]$上的均匀分布是一个稳态,而是指当 $L^d \gg 1$ 时,由 $f_{\min} = f_c$ 触发的雪崩其持续时间观察不到一个有限的截断。事实上,在 d 维网格中,雪崩开始时刻就发生变异的$2d+1$ 个物种的适应度在变异后至少有一个小于 f_c 的概率为 $1-(1-f_c)^{2d+1}$。关于这一点,后面我们还会做进一步的阐述。

在正式讨论 B-S 雪崩模型之前,先来讨论一种简单的模型。

2.4.2　基本模型

由于网格的维数对于 B-S 模型的自组织临界性的产生并不会形成实质性的影响,因此为了描述的方便,取 $d = 1$。

设有一生态系统,具有 L 个物种,$i = 1, 2, \cdots, L$,它们从左到右占据着一维网格上的 L 个位置。当 $i = 1$ 时,规定 $i-1 = L$,当 $i = L$ 时,规定 $i+1 = 1$,即一维网格是以 L 为周期的。这样,这 L 个物种便构成了一个循环的生物链。

为了方便起见,我们用每一物种的适应度 $f_i(t)$ 来表征在时刻 t 的第 i 个物种。于是,该生态系统就可以用一个 L 维时间向量序列:

$$F(t) = (f_1(t), f_2(t), \cdots, f_L(t)), (t = 0, 1, 2 \cdots) \tag{2.4.5}$$

来表示,并称 $F(t)$ 为第 t 代种群。

注意,这里的时间变量是一个长标度变量,其含义将在下面的描述中进一步明确。

本模型的具体算法如下：

(1) 初始化。在$[0,1]$上随机地取L个随机数，记为$f_i(0)(i=1,2,\cdots,L)$，并记 $f_{\min}(0)=\min\{f_1(0),f_2(0),\cdots,f_L(0)\}$，并输出$f_{\min}(0)$。

令 $S_1=1$。

(2) 令 $f=\min\{f_1(0),f_2(0),\cdots,f_L(0)\}$，设取得最小适应度的物种为$i$，即 $f_i(0)=f$。

(3) 物种i的适应度$f_i(0)$发生变异，由服从$[0,1]$上均匀分布的随机数代替，仍然将其记为$f_i(0)$。

(4) 如果 $\min\{f_1(0),f_2(0),\cdots,f_L(0)\}>f$，则将新的种群记为

$$F(1)=(f_1(1),f_2(1),\cdots,f_L(1)) \tag{2.4.5}$$

并记：

$$f_{\min}(1)=\min\{f_1(0),f_2(0),\cdots,f_L(0)\} \tag{2.4.6}$$

输出 $S_1,f_{\min}(1)$，结束。

否则，若变异后种群的最小适应度没有超过原来种群的最小适应度，则S_1 → S_1+1，返回步骤(2)。

根据以上算法，最终输出的结果表示种群从$F(0)$变异到$F(1)$所需的迭代次数。与$F(0)$的不同之处在于，种群$F(1)$中每一个物种的适应度不再服从$[0,1]$上的均匀分布，而是区间$[f_{\min}(0),1]$上的均匀分布。

类似地，设已确定第t代种群$F(t)=(f_1(t),f_2(t),\cdots,f_L(t))$，则让适应度最小的物种变异，取$[0,1]$上均匀分布的随机数替代其适应度，继续该过程，直到新种群的最小适应度大于$f_{\min}(t)=\min\{f_1(t),\cdots,f_L(t)\}$为止。然后将变异的次数记为$S_{t+1}$，得到的新种群记为$F(t+1)$，其中的每个分量(物种)均服从$(f_{\min}(t),1]$上的均匀分布。

这样就得到如下三个序列：

(1) 种群代与代之间的变异次数 $S_1,S_2,\cdots,S_t,\cdots$；

(2) 每一代的最小适应度数列 $f_{\min}(0),f_{\min}(1),\cdots,f_{\min}(t),\cdots$；

(3) L维时间向量序列

$$F(t)=(f_1(t),f_2(t),\cdots,f_L(t)),(t=0,1,2\cdots) \tag{2.4.7}$$

称$F(t)$为第t代种群。

正如前面提到的，这里涉及时间变量的两个标度。

一个是短标度，它将每一次变异视为一个时间单位，这样S_t实际上就是代与代之间进化需要的时间。如果采用短标度，则$F(t-1)$到$F(t)$的时间间隔S_t就是一个随机变量，理论上可以取到无穷。这就意味着，如果雪崩规模S_t没有一

个截断值,那么 $F(t-1)$ 就有可能永远也进化不到 $F(t)$。

另一个是长标度,它将两代种群之间的间隔视为一个时间单位。以此为标度,则代与代之间的进化所需时间都被认为是一个时间单位。

关于 S_t 的数学期望,龚小庆(2003)证明了以下两个定理。

定理 2.4.1　从 $F(t-1)$ 进化到 $F(t)$ 所需变异的次数 S_t 的均值为:

$$E(S_t) = \left(\frac{L}{L-1}\right)^t \tag{2.4.8}$$

证明　对于种群 $F(t-1) = (f_1(t-1), f_2(t-1), \cdots, f_L(t-1))$,在 $f_{\min}(t-1) = x$ 的条件下,在 $[0,1]$ 上任取一个随机数恰好大于 x 的概率为 $1-x$,于是从 $F(t-1)$ 进化到 $F(t)$ 所需变异的次数实际上就是连续做独立实验,每次试验都是取一个 $[0,1]$ 上均匀分布的随机数,直到所取的数首次越过 x 时所需要的试验次数,所以 S_t 在 $f_{\min}(t-1) = x$ 的条件下服从参数为 $1-x$ 的几何分布,故其条件数学期望为

$$E(S_t \mid f_{\min}(t-1) = x) = \frac{1}{1-x} \tag{2.4.9}$$

由于在 $f_{\min}(t-1) = x$ 发生的条件下,也就是说在 $\{f_i(t-1) > x\}$ 对于一切 i 均发生的条件下,$f_{\min}(t)$ 的条件概率密度为

$$p_{\min}^{(t)}(y \mid x) = \frac{n(1-y)^{L-1}}{(1-x)^L} \tag{2.4.10}$$

于是,有

$$
\begin{aligned}
E(S_t \mid f_{\min}(t-2) = x) &= \int_x^1 E(S_t \mid f_{\min}(t-1) = y) p_{\min}^{(t-1)}(y \mid x) \mathrm{d}y \\
&= \int_x^1 \frac{1}{1-y} \frac{L[1-y]^{L-1}}{1-x} \mathrm{d}y \\
&= \frac{L}{L-1} \frac{1}{1-x} = \frac{L}{L-1} E(S_{t-1} \mid f_{\min}(t-2) = x)
\end{aligned}
\tag{2.4.11}
$$

对上式两边再取 $f_{\min}(t-2)$ 的数学期望,得递推公式

$$E(S_t) = \frac{L}{L-1} E(S_{t-1}) \tag{2.4.12}$$

下面求 $E(S_1)$。

$$
\begin{aligned}
E(S_1) &= \int_0^1 E(S_1 \mid f_{\min}(0) = x) p_{\min}^{(0)}(x) \mathrm{d}x = \int_0^1 \frac{1}{1-x} L[1-x]^{L-1} \mathrm{d}x \\
&= \frac{L}{L-1}
\end{aligned}
\tag{2.4.13}
$$

于是,有

$$E(S_t) = \left(\frac{L}{L-1}\right)^t \qquad (2.4.14)$$

证毕。

该定理说明了非常重要的一点，这就是从每一代生态系统演化到下一代生态系统所需时间的数学期望是有限的，从而保证了最小适应度序列 $f_{\min}(0)$，$f_{\min}(1), \cdots, f_{\min}(t), \cdots$ 是有意义的。

定理 2.4.2　记 $a_t = E(f_{\min}(t))$，$a = \lim\limits_{t \to \infty} a_t$，则有 $a = 1$。

证明　先求条件数学期望，有

$$E(f_{\min}(t) \mid f_{\min}(t-1) = x) = \int_x^1 \frac{L y (1-y)^{L-1}}{(1-x)^L} \mathrm{d}y$$
$$= \frac{1}{L+1}(1+Lx) \qquad (2.4.15)$$

由于上式与 t 无关，所以对任意 t 都成立，我们有

$$a_t = E(f_{\min}(t)) = E(E(f_{\min}(t) \mid f_{\min}(t-1))) = \frac{1}{L+1}E(1+Lf_{\min}(t-1))$$
$$= \frac{1}{L+1}(1+La_{t-1}) \qquad (2.4.16)$$

由于数列 $\{a_t\}$ 单调增加并且有界，故 $t \to \infty$ 时其极限存在，记极限为 a。对上式两边取极限，有

$$a = \frac{1}{L+1}(1+La) \qquad (2.4.17)$$

解得 $a = 1$。

证毕。

定理 2.4.3　对于最小适应度序列，我们有

$$P\{\lim_{t \to \infty} f_{\min}(t) = 1\} = 1 \qquad (2.4.18)$$

$$\text{或 } f_{\min}(t) \xrightarrow{a.s} 1 \qquad (2.4.19)$$

即最小适应度序列几乎必然收敛于 1。

证明　记 $b_t = \mathrm{var}(f_{\min}(t))$，$c_t = E(f_{\min}^2(t))$，则有

$$b_t = c_t - a_t^2 \qquad (2.4.20)$$

我们还是先来计算条件期望：

$$E(f_{\min}^2(t) \mid f_{\min}(t-1) = x) = \int_x^1 \frac{L y^2 (1-y)^{L-1}}{(1-x)^L} \mathrm{d}y$$
$$= \frac{L}{L+2}x^2 + \frac{2L}{(L+1)(L+2)}x + \frac{1}{(L+2)(L+1)}$$
$$(2.4.21)$$

于是有

$$c_t = E(f_{\min}^2(t)) = E(E(f_{\min}^2(t) \mid f_{\min}^2(t-1)))$$

$$= \frac{L}{L+2}E(f_{\min}(t-1)) + \frac{2L}{(L+1)(L+2)}E(f_{\min}(t-1))$$

$$+ \frac{2}{(L+1)(L+2)}$$

$$= \frac{L}{L+2}c_{t-1} + \frac{2L}{(L+1)(L+2)}a_{t-1} + \frac{2}{(L+2)(L+1)}$$

$$(2.4.22)$$

两边取极限,记 $c = \lim\limits_{t\to\infty}c_t$,再利用定理 11.4.2 的结果,有

$$c = \frac{L}{L+2}c + \frac{2L}{(L+1)(L+2)} + \frac{2}{(L+2)(L+1)} \qquad (2.4.23)$$

解得 $c = 1$。

记 $b = \lim\limits_{t\to\infty}b_t$,由(2.4.20)式,有 $b = 0$,即最小适应度的方差序列以 0 为极限,于是利用切比雪夫不等式,知序列 $f_{\min}(t) - a_t$ 依概率收敛于 0,又由定理 2.4.2 可推知, $f_{\min}(t)$ 依概率收敛于 1。由于它是一个单调增加的序列,所以它也几乎必然地收敛于 1,即有(2.4.19)式成立。

证毕。

在上面的证明过程中,我们看到随着演化的进程,最小适应度的方差将趋于 0,并且由定理的结论知所有的适应度都几乎必然地被"凝结"在最大适应度"1",从而导致了多样性的丧失。

然而,在 B-S 模型中,最小适应度的物种会带动邻居一起发生变异,这给理论分析带来了难度。

2.4.3　B-S 雪崩

B-S 雪崩的算法如下:

(1) 初始化。在[0,1]上随机地取 L 个随机数,记为 $f_i(0)(i = 1,2,\cdots,L)$,并记 $f_{\min}(0) = \min\{f_1(0),f_2(0),\cdots,f_L(0)\}$,并输出 $f_{\min}(0)$。

令 $S_1 = 1$。

(2) 令 $f = \min\{f_1(0),f_2(0),\cdots,f_L(0)\}$,设取得最小适应度的物种为 i,即 $f_i(0) = f$。

(3) i 及与 i 相邻的两个物种的适应度 $f_{i-1}(0),f_i(0),f_{i+1}(0)$ 发生变异,由服从[0,1]上均匀分布的任意三个随机数代替,仍然将其记为 $f_{i-1}(0)$, $f_i(0)$, $f_{i+1}(0)$。

(4) 如果 $\min\{f_1(0),f_2(0),\cdots,f_L(0)\} > f$,则将新的种群记为
$$F(1) = (f_1(1),f_2(1),\cdots,f_L(1))$$
并记
$$f_{\min}(1) = \min\{f_1(0),f_2(0),\cdots,f_L(0)\}$$

输出 S_1,$f_{\min}(1)$,结束。

否则,若变异后种群的最小适应度没有超过原来种群的最小适应度,则 S_1 → $S_1 + 1$,返回步骤(2)。

根据以上算法,最终输出的结果表示种群从 $F(0)$ 变异到 $F(1)$ 所需的迭代次数,即为第一个雪崩的规模。与 $F(0)$ 的不同之处在于,种群 $F(1)$ 中每一个物种的适应度不再服从[0,1]上的均匀分布,而是区间[$f_{\min}(0)$,1]上的均匀分布。

类似地,设已确定第 t 代种群 $F(t) = (f_1(t),f_2(t),\cdots,f_L(t))$,则让适应度最小的物种以及两个邻居变异,取三个[0,1]上均匀分布的随机数替代它们的适应度,继续该过程,直到新种群的最小适应度大于 $f_{\min}(t) = \min\{f_1(t),\cdots,f_L(t)\}$ 为止。然后将变异的次数记为 S_{t+1},得到的新种群为 $F(t+1)$,其中的每个分量(物种)均服从($f_{\min}(t)$,1]上的均匀分布。

这样我们仍然可以得到如下三个序列:

(1) 雪崩的规模数列 $S_1,S_2,\cdots,S_t,\cdots$;

(2) 每一代的最小适应度数列 $f_{\min}(0),f_{\min}(1),\cdots,f_{\min}(t),\cdots$;

(3) L 维时间向量序列
$$F(t) = (f_1(t),f_2(t),\cdots,f_L(t)),(t = 0,1,2\cdots)$$

称 $F(t)$ 为第 t 代种群。

为了区别,短标度的时间用 s 表示,而长标度的时间用 t 表示。

假如 $E(S_t) < +\infty$,$t = 1,2,\cdots$,即用短标度,从 $F(t-1)$ 进化到 $F(t)$ 的平均时间有限,则用时间的长标度来讨论数列 $f_{\min}(t)$ 的极限是有意义的,并且由定理 2.4.2,此时 $f_{\min}(t)$ 概率为 1 收敛于 1。这个结果与(2.4.1)式是矛盾的。根本原因就在于,两式中所涉及的时间标度不一样。(2.4.1)式是短标度,而定理 2.4.2 中涉及的则是长标度。两者之间的矛盾意味着,长标度的时间有一个有限截断;也就是说,存在一个有限的 T,使得从 $F(T)$ 演化到 $F(T+1)$ 所需要的时间没有有限的截断。

下面我们做进一步的分析。

用 s 表示短标度的时间变量,$f_{\min}(s)$ 表示在时刻 s 种群中所有物种的适应度的最小值。引入一个函数 $G(s)$,称为隙距(gap),它定义为:
$$G(s) = \max_{0 \leqslant s' \leqslant s} f_{\min}(s') \tag{2.4.24}$$

即隙距 $G(s)$ 为 $f_{\min}(s')$ 在时段 $0 \leqslant s' \leqslant s$ 中的最大值。当 $G(s)$ 从某个值 $G(s_1)$ 跳到最邻近的较高值 $G(s_2)$ 时，意味着一个雪崩的结束和另一个雪崩的开始。从它的定义可知，随机过程 $G(s)$ 的任何一个样本都是一个阶梯函数，两次跳跃之间的距离就是雪崩的时间规模。

根据 (2.4.24) 式以及最小适应度数列 $f_{\min}(0), f_{\min}(1), \cdots, f_{\min}(t), \cdots$ 的定义可知，当 $\sum_{i=1}^{t} S_i \leqslant s < \sum_{i=1}^{t+1} S_i$ 时，$G(s) = f_{\min}(t)$。

$G(s)$ 的样本是一个阶梯函数，这展示了生物学中一个很重要的现象，即"断续平衡"(punctuated equilibrium) 现象。生物学考古研究发现，生物演化通常并不像人们所想象的那样是以一种大致均匀的速率发生的，而是在很长的一段时间内，物种至少在表型方面相对来说维持不变，然后在某段时间内发生比较急剧的变化。这种现象就称为断续平衡。

产生断续平衡的原因有多种，比如环境的剧变等。但我们这里所强调的则是来自生物内部方面的原因。这时自然环境并没有发生剧烈的变化，而是基因随时间逐渐地发生变化，但这种变化对表型的适应度并无明显的改变。这种变化称为漂变。作为这种漂变的结果，一个物种的基因群会向着一个临界态发展，此时一个细微的基因变化可使适应度发生根本性的变化，并且可能在某个时期，生态系统中有相当数量的物种都处于这样一个临界态，从而导致一定数量的物种的表型(适应度)都发生突变。这些变化可能会引发一系列的连锁反应或"雪崩"，在这个"雪崩"过程中，一些生物变得更加成功，其适应度变得更大，而另一些生物则灭绝了。这就说明，一个处于临界态的顶级生态系统既是脆弱的又是稳定的。说脆弱，是指在这样的生态系统中哪怕是一个小物种的消失都会引起一系列的连锁反应或"雪崩"，说它稳定是指，它具有自组织及自我调整的能力，在一系列的反应和调整后它最终又会回到临界态。

在我们这个模型中，$G(s)$ 在两次跳跃之间的暂时平衡表明此时的系统还保持着一定的平衡，可是突然之间的跳跃却改变了整个系统的结构：从所有雪崩初期所有物种的适应度均服从 $[f_{\min}(t), 1]$ 上均匀分布的种群突变到雪崩结束时服从 $[f_{\min}(t+1), 1]$ 上的均匀分布的种群，直至演化到自组织的临界态。

仍然沿用前面的符号，则由以上的讨论知 $G(s)$ 在 $T_t = \sum_{i=1}^{t} S_i$ 处发生跳跃，其中 $S_1, S_2, \cdots, S_j, \cdots$ 是雪崩的时间规模，它们相互独立但不是同分布的。数值模拟演示，当 $G(s)$ 接近于 f_c 时，雪崩规模的数学期望将趋于无穷 (Bak et al. 1987, Paczuski et al. ,1996)，这就意味着，长标度的时间 t 在系统到达临界态后就不再增加，因此对于最小适应度序列 $\{f_{\min}(t)\}$ 讨论 $t \to \infty$ 时的极限是没有实际意义的。

如果 $G(s)$ 总能够在有限的时间内发生跳跃,则定理 2.4.2,$G(s)$ 概率为 1 的收敛于 1,然而事实却并非如此。图 2-12(a) 和图 2-12(b) 显示了用 matlab 程序算得的 $G(s)$ 的两个样本曲线。在第一个样本中取 $L=50$,第二个取 $L=100$。就计算的过程看,系统规模 L 越大,$G(s)$ 到达临界值所需的时间越长。

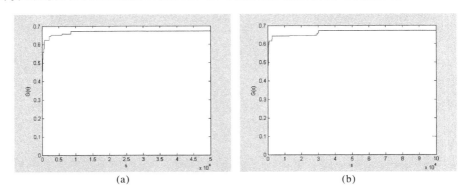

图 2-12　隙距函数的图形呈现出"断续平衡"的特点。(a) 隙距的一个样本($L=50$,$f_c \approx 0.6728$);(b) 隙距的一个样本($L=100$,$f_c \approx 0.6726$)

Paczuski(1996) 等给出了 d 维 B-S 雪崩的隙距函数 $G(s)$ 满足如下的微分方程:

$$\frac{\mathrm{d}G(s)}{\mathrm{d}s} = \frac{1-G(s)}{L^d \langle S \rangle_{G(s)}} \qquad (2.4.25)$$

其中 $\langle S \rangle_{G(s)}$ 为 $G(s)$ 给定的条件下雪崩时间规模的条件数学期望,当 $G(s) = f_{\min}(t-1)$ 时,它就是 $\langle S_t \rangle = E(S_t)$。

(2.4.25) 式的直观含义比较明显。假如雪崩开始时的隙距值为 $G(s)$,那么在雪崩结束时,所有物种的适应度都大于 $G(s)$。根据引理 2.4.1,这 L^d 个物种的适应度在 $[G(s),1]$ 上服从均匀分布,它们的最小值就是雪崩结束时的隙距值 $G(s+\Delta s)$,根据 (2.4.3) 式,平均地来说,有

$$\Delta G = G(s+\Delta s) - G(s) = \frac{1-G(s)}{L^d+1} \qquad (2.4.26)$$

而 Δs 正是雪崩的持续时间,即 $\langle S \rangle_{G(s)}$。因此,在 L 充分大的条件下,(2.4.25) 式在平均的意义上是成立的。

由此我们可以看到,$G(s)$ 有两个平衡态,一个是 $G(s)=1$,另一个是当 $\langle S \rangle_{G(s)} = \infty$ 的时候。但是,由于当 $G(s)$ 接近于 f_c 时,数值模拟的结果显示,$\langle S \rangle_{G(s)}$ 没有一个有限的截断,因此前一个平衡态在事实上是达不到的。

注意此时的稳态并不是一个静止的状态,而是一个不停地发生着雪崩过程

的稳态。这个稳态通过 f_c 的涌现及隙距函数 $G(s)$ 的长期不变性来表征。

　　这个结果同样是很深刻的,因为它意味着,由于考虑了相互作用,各子系统之间在不断适应的过程中,虽然总的来说其适应度会增大,但是它并不会无限趋近于 1,而是经过一个自组织过程后每一代种群的最小适应度趋近于一个涌现出来的稳定临界值 f_c,从而使得系统中各个子系统的适应度集合始终保持着一定程度的多样性,而不是像定理 2.4.2 所示的那样冻结到 1。

　　在这个模型中,选择机制是通过对需要变异物种的选择来实现的,所涉及的选择机制既是一个"劣汰"的机制,同时又增加了让邻近物种变异的机制,这颇有点殃及无辜的味道,但是这在生态系统中也并不是没有道理的。

　　在某些生态系统中,可能会有某个适应度极大的强势物种存在,比如捕食者。由于它肆意挥霍资源(如无节制地繁殖和捕食),结果导致弱势物种(如被捕食者)适应度的下降,当弱势物种的适应度下降到一定程度时便导致了强势物种的困境。描述捕食者和被捕食者之间的 Lotka-Volterra 模型便很好地说明了这一点。因此 B-S 模型中的选择机制还是比较符合实际的。

　　要想获得隙距方程(2.4.25)的解,首先要知道当系统接近临界态时 $\langle S \rangle_{G(s)}$ 发散的方式。为此我们做下的标度拟设,即假设当 $G(s)$ 趋于 f_c 时, $\langle S \rangle_{G(s)}$ 以幂律的方式发散,即:

$$\langle S \rangle_{G(s)} \sim (f_c - G)^{-\gamma} \tag{2.4.27}$$

其中 $\gamma \geqslant 1$。

　　先考虑 $\gamma > 1$ 的情形。

　　将(2.4.27)式代入(2.4.25)式,可解得

$$\Delta f = f_c - G(s) \sim \left(\frac{s}{L^d}\right)^{-\rho}, \text{其中} \rho = \frac{1}{\gamma - 1} \tag{2.4.28}$$

　　(2.4.28)式由 Ray 和 Jan(1994)首先发现,它的成立范围为 $L^d \ll s \ll L^{\tilde{D}}$。该范围的下限要求雪崩处于标度律成立的范围,以使得(2.4.27)式成立,而上限则要求雪崩空间规模的截断值 $R_c \sim \Delta f^{-\nu}$ 要远远小于系统的规模,即 $\Delta f^{-\nu} \ll L$。将方程(2.4.28)代入,即要求 $s \sim L^{\tilde{D}}$ 时,有 $\Delta f^{-\nu} \sim L$,得到

$$\tilde{D} = d + \frac{\gamma - 1}{\nu} \tag{2.4.29}$$

　　若 $\gamma = 1$,则将导致一个趋于临界吸引子的指数弛豫过程:

$$\Delta f \sim e^{-As/L^d} \tag{2.4.30}$$

其中,A 是一个与 L 无关的常数。上式成立的区域为 $L^d \ll s \ll L^d \ln L$,并且在 $s \sim L^d \ln L$ 时达到自组织临界态。

　　下面我们换一个角度来研究 B-S 模型,并进一步给出刻画雪崩不同特性的

标度以及它们之间的关系。

2.4.4   PMB 雪崩

PMB 雪崩,也被称为 f_0 雪崩,是由 Paczuski,Maslov 和 Bak(1996) 提出的,其目的是为考察雪崩的递阶结构。

PMB 雪崩的思想来源于前面的 B-S 模型,主要的不同点是引入了一个辅助参数 f_0。f_0 是 0 到 f_c 之间的一个数,是用来定义雪崩的辅助参数,本身并无特别的含义。在 B-S 模型中,PMB 雪崩是按如下的方式定义的:假设在时刻 s(短标度)整个系统中的最小适应度 $f_{\min}(s)$ 大于 f_0。然后,最小适应度物种所在的格点及其 $2d$ 个邻居的适应度被 $(2d+1)$ 个随机数替换。在这 $(2d+1)$ 个新随机数中,每一个随机数小于 f_0 的概率等于 f_0,并且其中至少有一个小于 f_0 的概率为 $1-(1-f_0)^{2d+1}$。假设这 $(2d+1)$ 个新随机数的最小值小于 f_0,则在 $(s+1)$ 时刻,该最小值所在的位置及其邻居发生变异,此后的过程与 B-S 雪崩类似,只要系统中有一个物种的适应度小于 f_0,雪崩就会延续。若在时刻 $s+S$ 系统的最小适应度第一次小于 f_0,该雪崩即终止,雪崩的大小为 S。

PMB 雪崩可以很明显地体现雪崩的递阶结构。当 f_0 取值减小时,由原来 f_0 定义的雪崩会被分解成多个较小的雪崩;而当 f_0 取值变大时,由原来的 f_0 定义的雪崩会变大,多个小雪崩合并成了一个大的雪崩。PMB 雪崩的递阶结构可以由图 2-13 清楚地体现出来。

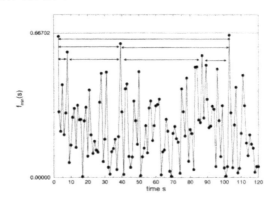

图 2-13 f_0 雪崩的递阶结构图示。大的雪崩可以分解为由辅助参数 f_0 取较小值时所对应的若干个小雪崩

为了更方便讨论,把所有的格点分为两类:适应度大于 f_0 的和适应度小于 f_0。若 $f_i > f_0$,则格点 i 视为"空"的;若 $f_i < f_0$,则格点 i 视为"实"的,认为有"粒

子"占据其中。于是，f_0 雪崩便可以用如下的方式来描述。

一开始所有的格点都是空的，然后任选一个格点，对它以及它的 $2d$ 个邻居共 $2d+1$ 的格点分别赋予 $2d+1$ 个服从 $[0,1]$ 上均匀分布的随机数。如果至少有一个格点是实的，则最小随机数占据的格点以及邻居继续变异，直到所有的格点都回到空的状态为止。

如果某一个格点在雪崩过程中的某一个时刻是"实"，则称该格点为"活跃"的。设 n_{cov} 为 f_0 雪崩过程中所有曾经处于"活跃"状态的格点（物种）数，则由于每个格点可以在多个时刻处于"活跃"的状态。因此，n_{cov} 不同于雪崩的规模 S，它们之间存在如下的关系：

$$n_{cov} \leqslant AS \tag{2.4.31}$$

其中 A 是一个依赖于维数的常数。如果说 S 描述了雪崩的时间尺度，n_{cov} 则描述了雪崩的空间尺度。

2.4.5　PMB 雪崩的标度行为

由定义，在 f_0 雪崩的初始时刻，有 $f_{\min}(s) > f_0$，因此对于充分小的 $\mathrm{d}f_0$，也有 $f_{\min}(s) > f_0 + \mathrm{d}f_0$。于是，$f_0$ 雪崩可以视为 $f_0 + \mathrm{d}f_0$ 雪崩的一个子雪崩，并且起始时间是相同的。当 f_0 雪崩结束时，所有格点的适应度均服从 $(f_0,1]$ 上的均匀分布，故 n_{cov} 个被激活的格点中的每一个处于 $[f_0, f_0 + \mathrm{d}f_0]$ 的概率均为 $\mathrm{d}f_0/(1-f_0)$。因此，至少有一个格点的适应度落在 $[f_0, f_0 + \mathrm{d}f_0]$ 中的概率为：

$$P\{f_0 < f_{\min}(s) < f_0 + \mathrm{d}f_0\} = 1 - \left(1 - \frac{\mathrm{d}f_0}{1-f_0}\right)^{n_{cov}} \approx \frac{\langle n_{cov}\rangle_{f_0}}{1-f_0}\mathrm{d}f_0$$

$$\tag{2.4.32}$$

注意，上式的右端 $\langle n_{cov}\rangle_{f_0} \mathrm{d}f_0/(1-f_0)$ 也是在 f_0 雪崩结束时 n_{cov} 个被激活的格点中的处于 $[f_0, f_0 + \mathrm{d}f_0]$ 的平均格点数。

下面考虑 $f_0 + \mathrm{d}f_0$ 雪崩。记 f_0 雪崩的平均规模为 $\langle S \rangle_{f_0}$，则经过平均规模为 $\langle S \rangle_{f_0}$ 的雪崩后，f_0 雪崩结束，但是如果最小值 $f_{\min}(s)$ 落在 $[f_0, f_0 + \mathrm{d}f_0]$ 中，则 $f_0 + \mathrm{d}f_0$ 雪崩并没有结束。于是在下一时刻，$f_{\min}(s)$ 重新回到区间 $[0, f_0]$ 并再一次触发一个 f_0 雪崩的概率为：

$$C(f_0) = 1 - (1-f_0)^{2d+1} \tag{2.4.33}$$

于是，有下列的关系式：

$$\langle S \rangle_{f_0+df_0} - \langle S \rangle_{f_0} = \langle S \rangle_{f_0} C(f_0) \frac{\langle n_{cov}\rangle_{f_0}}{1-f_0}\mathrm{d}f_0 \tag{2.4.34}$$

或者

$$\frac{\mathrm{dln}\langle S\rangle_{f_0}}{\mathrm{d}f_0} = C(f_0)\frac{\langle n_{\mathrm{cov}}\rangle_{f_0}}{1-f_0} \tag{2.4.35}$$

(2.4.35)式是 Dahlbom 和 Irback(1996)对 Paczuski, Maslov 和 Bak(1996)的文章中的 $\gamma -$ 方程的一个修正,因为他们发现了在原方程的推导过程中忽略了因子 $C(f_0)$。(2.4.35)式对于 B-S 模型来说是精确成立的,并与维数无关。

f_0 的大小直接决定了 PMB 雪崩的规模。设 $P(S,f_0)$ 为 f_0 雪崩的规模恰好为 S 的概率,利用标度拟设(scaling ansatz)法,由(2.2.40)式可设

$$P(S,f_0) = S^{-\tau}G^{\mathrm{BS}}(S/S_c) \tag{2.4.36}$$

其中 $S_c \sim (f_c - f_0)^{-1/\sigma}$ 为 $f_0 < f_c$ 时,PMB 雪崩的截断规模;τ 和 σ 为与模型相关的指数;$G^{\mathrm{BS}}(x)$ 为标度函数,在 $x \gg 1$ 时快速地衰减为 0,而当 $x \to 0$ 时趋于一个常数。

当 $f_0 \to f_c$ 时,雪崩规模服从幂律 $P(S) \sim S^{-\tau}$,此时不存在一个有限的截断规模,并且由(2.4.27)式,雪崩规模的平均值具有如下形式:

$$\langle S\rangle_{f_0} \sim (f_c - f_0)^{-\gamma} \tag{2.4.37}$$

将上式代入(2.4.36),可得

$$\gamma = \lim_{f \to f_c}C(f_0)\frac{\langle n_{\mathrm{cov}}\rangle_{f_0}(f_c - f_0)}{1-f_0} \tag{2.4.38}$$

对于一维 B-S 模型,Dahlbom 和 Irback(1996)通过数值计算,利用计算得到的 $\langle S\rangle_{f_0}$ 以及(2.4.37)式,可得 $f_c = 0.66712(2)$,$\gamma = 2.69(2)$,而由(2.4.38)式,可以算得 $\gamma = 2.68(3)$(括弧中的数字表示最后一个数字的不确定性)。两者的结果相当吻合,这同时也间接地说明了由(2.4.35)式所建立的 $\langle S\rangle_{f_0}$ 与 $\langle n_{\mathrm{cov}}\rangle_{f_0}$ 的关系是正确的。对于同样的一组数据,利用 Paczuski, Maslov 和 Bak(1996)的文章中 $\gamma -$ 方程得到的估计值为 $\gamma = 2.79(3)$。该文对于估计结果的误差解释为有限的系统规模,而实际上是因为忽略了因子 $C(f_0)$。值得指出的是,Paczuski, Maslov 和 Bak(1996)的文章在自组织临界性理论中所占据的地位相当重要。

现在,我们观察事件 $\{f_{\min}(s) > f_0\}$ 发生的时刻 $s_0, s_1, s_2, \cdots$。显然,该事件发生的时间间隔 $\Delta s_i = s_i - s_{i-1}$ 是独立同分布的,它表示第 i 个 f_0 雪崩的持续时间,并且 $\langle S\rangle_{f_0} = \langle \Delta s_i\rangle$,$i = 1,2,\cdots$。记 $N(s) = \max\{n:s_n \leqslant s\}$,则更新过程 $N(s)$ 表示 s 之前事件 $\{f_{\min}(s) > f_0\}$ 发生的次数。于是,当 $s \to \infty$ 时,$\langle N(s)\rangle/s$ 应该趋向于 $P\{f_{\min}(s) > f_0\}$,根据更新过程的基本更新定理,有

$$P\{f_{\min}(s) > f_0\} = \frac{1}{\langle S\rangle_{f_0}} \tag{2.4.39}$$

从而,由(2.4.37)式,在充分接近临界点处

$$P\{f_{\min}(s) > f_0\} \sim (f_c - f_0)^\gamma \tag{2.4.40}$$

故有

$$P\{f_0 < f_{\min}(s) < f_0 + \mathrm{d}f_0\} = \frac{\langle n_{\mathrm{cov}} \rangle_{f_0}}{1 - f_0} \mathrm{d}f_0 \sim (f_c - f_0)^{\gamma-1} \tag{2.4.41}$$

当接近临界态时,$\mathrm{d}f_0 = f_c - f_0$,于是,有

$$\langle n_{\mathrm{cov}} \rangle_{f_0} \sim (f_c - f_0)^{-1} \tag{2.4.42}$$

综合式(2.4.31)、(2.4.37)和(2.4.42),有 $\gamma \geqslant 1$,而这正是式(2.4.27)和(2.4.30)成立的前提。

在充分接近临界点处,对(2.4.36)式积分,可以得到几个指数之间的标度关系

$$\gamma = \frac{2 - \tau}{\sigma} \tag{2.4.43}$$

下面我们来探讨雪崩的空间规模。

由于雪崩是通过近邻传播的,因此,所有被激活的格点即被雪崩覆盖的区域构成一个紧密相连的集丛(cluster)。记 R_{cov} 为雪崩传播的空间距离,则对于一维格点,有 $R_{\mathrm{cov}} = n_{\mathrm{cov}}$,对于一般的 d 维的情形,有

$$R_{\mathrm{cov}} = n_{\mathrm{cov}}^{1/d} \tag{2.4.44}$$

如果时间规模 S 和 R_{cov} 之间存在下面的关系式:

$$S \sim R_{\mathrm{cov}}^D \tag{2.4.45}$$

则称 D 为雪崩集丛的维数。于是,有 $n_{\mathrm{cov}} = R_{\mathrm{cov}}^d \sim S^{d/D}$。记 $\Delta f = f_c - f_0$,则由(2.4.42)以及 $P(S) \sim S^{-\tau}$ 和 $S_c \sim (f_c - f_0)^{-1/\sigma}$,有:

$$(\Delta f)^{-1} \sim \langle n_{\mathrm{cov}} \rangle \sim \int_1^{(\Delta f)^{-1/\sigma}} S^{d/D} S^{-\tau} \mathrm{d}S \sim (\Delta f)^{(\tau-1-d/D)/\sigma} \tag{2.4.46}$$

因此,综合式(2.4.43)和(2.4.46)可以看出,各指数之间存在着下面的关系:

$$\sigma = 1 - \tau + \frac{d}{D} \tag{2.4.47}$$

$$\gamma = \frac{2 - \tau}{1 - \tau + d/D} \tag{2.4.48}$$

空间长度关联指数 ν 描述了雪崩空间规模截断值的标度,即 $R_c \sim \Delta f^{-\nu}$,由于 $S_c \sim R_c^D$,故有

$$\nu = \frac{1}{\sigma D} = \frac{1}{D + d - D\tau} \tag{2.4.49}$$

很显然,只要空间规模截断值满足 $(\Delta f)^{-\nu} \sim L$,系统就达到了临界吸引子。设到达自组织临界态所需的时间 s_{org} 满足标度关系 $s_{\mathrm{org}} \sim L^{\tilde{D}}$,其中 $\tilde{D}$ 由(2.4.29)

式确定,$\widetilde{D} = d + (\gamma - 1)/\nu$,将(2.4.47)—(2.4.49)代入,得 $\widetilde{D} = D$。由于 D 是常数,因此,我们解读出一个有趣的现象,即到达临界吸引子的自组织时间与系统的初始状态无关。

2.4.6　关于 B-S 雪崩模型进一步说明

关于 B-S 模型一直存在着一些模糊的认识。根据作者的思考,觉得有必要做如下几点澄清。

(1)到目前为止所有数值模拟都表明,依据以上 B-S 模型的演化规则迭代时,不管终止迭代的次数取多大,当迭代的次数 $s \gg 1$ 时,隙距函数便一直处于状态 f_c,因此 f_c 可以视为 $G(s)$ 的吸收壁。

(2)当隙距函数值首次到达状态 f_c 时,所有物种的适应度在区间 $[f_c, 1]$ 上服从均匀分布,而当 $f > f_c$ 时,所有物种的适应度在区间 $[f, 1]$ 上服从均匀分布的现象则一直没有被观察到。

(3)然而,不管终止迭代次数取多大,它都只是有限的。因此,数值模拟的结果并不能在理论上保证,当迭代的次数 $s \to \infty$ 时,有 $G(s) \to f_c$。事实上,若在某一时刻,所有物种的适应度在区间 $[f_c, 1]$ 上服从均匀分布,那么最小适应度的物种及邻居共 $2d+1$ 个物种经过一次随机变异后其适应度均大于 f_c 的概率为 $(1 - f_c)^{2d+1}$,它在 $f_c < 1$ 时大于 0。在一维的时候,这个概率值约为 0.0337。也就是说,存在着正的概率使得呈阶梯状的隙距函数 $G(s) > f_c$。根据方程(2.4.25),对于在数值模拟中涌现的临界值 f_c 的长期稳定性,我们似乎可以这样来理解:当 $G(s) \to f_c, L \to \infty$ 时,有 $\langle S \rangle_{G(s)} \to \infty$,即在系统的规模足够大时,由 $f_{\min}(t) = f_c$ 触发的雪崩其平均持续时间不存在一个有限的截断。

(4)常常会有这样的误解,以为 B-S 模型存在着这样一个系统整体的稳态,即所有物种的适应度均服从 $[f_c, 1]$ 上的均匀分布。例如,Dahlbom 和 Irback(1996)的文章里的这么一段话便很容易让人产生这样的理解:

This set of rules, called extremal dynamics, leads the system into a SOC state where the distribution of barrier values is uniform above a critical barrier value f_c.

然而,"所有物种的适应度均服从 $[f_c, 1]$ 上的均匀分布"这一状态是稍纵即逝的,这个状态马上就会被随后的雪崩过程所破坏。因此,很显然,所有物种的适应度所服从的分布不存在一个稳态!

根据我们的定义,种群 $F(t) = (f_1(t), f_2(t), \cdots, f_L(t))$ 是一个马尔科夫过程。同样地 $f_{\min}(t) = \min_{1 \le i \le L} f_i(t)$ 也是一个马尔科夫过程。认为在系统进入自组织

临界态后所有物种的适应度有一个稳定的分布,实际上就是认为 f_c 是 $f_{\min}(t)$ 的一个吸收壁,然而,很显然,f_c 只是 $f_{\min}(t)$ 的一个反射壁而不是吸收壁。

从数值模拟的结果来看,就我们可以想象并且有现实意义的时间长河之内,f_c 是 $G(s)$ 的吸收壁,但却是 $f_{\min}(t)$ 的一个反射壁而不是吸收壁。当 $f_{\min}(t)$ 接近于 f_c 时,雪崩的持续时间服从由(2.4.27)所描述的幂律。

(5)在系统进入自组织临界态后,系统整体的稳态是通过雪崩规模的无标度特性、演化标度以及它们之间相互关系的涌现来表征的。

最后,我们要特别指出的是,虽然作为自组织临界性理论的经典模型,B-S 模型揭示了一类生物演化的重要特性,如"适者生存""断续平衡"等,但是该模型还是忽略了一些在生物演化过程中非常重要的特点。

当适应度低的物种让位给适应度更高的物种后,必然导致生态位以及食物链的调整,新物种与其他物种之间的相互作用方式也会发生改变,而 B-S 模型虽然强调了物种适应度的更替,但是物种之间的网络结构却没有变。另外,B-S 模型中物种之间的相互作用网络是规则的网格结构,这也与大量实证研究中发现的复杂网络结构不相符合。因此,有必要在以下两方面继续做深入的研究:(1)在给定的更加符合现实的复杂网络结构中来讨论自组织演化模型;(2)在自组织的框架中讨论复杂网络结构的涌现。

§2.5 应用:双临界沙堆模型

本节我们试图用自组织临界性理论来对截流戗堤坍塌的机制做一个初步的定性分析,进一步的工作还有待以后工作中的不断探索。

下面用一个数学模型来模拟沙堆的产生机制。

用一个二维的方格子盘代表桌面。方格子盘中的每一个方格都有一个坐标 (i,j),用一个数 $z(i,j)$ 来表示落在方格 (i,j) 中的沙粒的数目。对于一个 $N \times N$ 的方格子盘来说,$i,j = 1,2,\cdots,N$。模型采用的沙粒是理想的沙粒,是体积为 1 的立方体,而且每粒沙的大小都一样。

加一粒沙到方格 (i,j) 中可以表示为 $z(i,j) \to z(i,j) + 1$。为了表示沙粒的崩落,特引进"崩落规则",这个规则设置了一个崩落的临界值 z_c 并且在方格中的沙粒数超过该临界值时允许沙粒转移到邻近的方格中。在很多场合中可设置 $z_c > 3$,这样当某方格的沙粒数超过临界值时可以平等地向其邻近的 4 个方格中的每一个方格送一粒沙,这样该方格的沙粒数也会减少 4 个单位。该崩落规则可用下面的式子来表示:

$$\begin{cases} z(i,j) \rightarrow z(i,j) - 4 \\ z(i \pm 1, j) \rightarrow z(i \pm 1, j) + 1 \\ z(i, j \pm 1) \rightarrow z(i, j \pm 1) + 1 \end{cases} \tag{2.5.1}$$

还需要考虑边界条件。考虑到堆沙的实际情形,采用开放的边界条件。比如,如果处在边缘上的某个方格不稳定($z(i,j) > z_c$),那么该方格中的一些沙就会离开这个系统,相当于从桌面的边缘掉下去了;而对于掉下去的沙粒在沙堆模型中是不关心的。

上面所定义的沙堆模型中,所需要的计算只是加减运算,但是由于考虑了方格之间的相互作用,模型所展示的结果却相当复杂。研究表明,无论是雪崩的空间规模还是时间规模的分布在双对数坐标系中都是一条直线,而且由于局部扰动而发生的雪崩的区域呈现出自相似的分形结构。

在做了以上的讨论后,我们转到大江截流戗堤的坍塌机制研究中去。

目前,世界截流技术的发展趋势是以立堵法逐渐代替平堵法。事实上,自20世纪60年代以来,国内外绝大多数工程均采用立堵截流,平堵法已很少采用。原因就在于立堵截流中所存在的问题逐渐得到了解决,而平堵截流的固有缺点仍然存在。然而,在三峡工程大江截流中又暴露了一个新的重大问题,即戗堤边坡的大规模坍塌。事实上,早在1993年,在三峡大江截流模型试验中,就发现在戗堤进占时,堤头发生大规模的坍塌现象(殷瑞兰等,1998)。由于问题的严重性,有关部门和学者进行了一系列的研究工作,对戗堤坍塌的机理做了广泛深入的探讨。下面我们就一类特殊环境中戗堤坍塌的某种可能机制做一些初步的探讨。

殷瑞兰等(1998)认为,戗堤的进占与沙堆试验十分相似,仅仅是它的外部条件不是空气,而是水流。由于三峡截流初期流速很小,对戗堤干扰小,因此进占过程具有向临界状态演化的外部条件。临界状态时的坡度称为临界坡度。达到临界坡度后发生大小事件,即不同规模的坍塌,坍塌后的坡度为稳定坡度,为稳定平衡点。戗堤的进占是抛投体在向临界坡度演化 —— 坍塌 —— 形成临界坡度后发生坍塌,是三峡大江截流工程的必然现象,是小流速、大水深截流的自身规律,也是三峡截流不同于其他工程截流的特点。

可以说,殷瑞兰等的文章是较早采用自组织临界性理论来分析大江截流戗堤坍塌机理的文献之一,它无疑为以后的进一步讨论做了开创性的探索工作。但是,当我们试图利用自组织理论(比如沙堆模型)来分析截流戗堤坍塌的机理时,要始终注意大江截流本身的特殊性。

首先,对于大江截流来说,并不存在如沙堆模型中的桌面。如果说将河床作为桌面的话,那么该桌面将是无穷大的。而对于桌面无穷大的情况,是没有临界态的。因此沙堆模型中的边界条件在截流问题中并不适用,不加考虑地照搬该模型是行不通的。但是在某些特殊的情况下，沙堆模型仍然可以借鉴。肖焕雄等（1997）指出，如果截流龙口水太深，抛石从水面降到河底的路径及延续时间要长一些，途中遇到各种阻碍的机会也就多一些。当一些石块沿戗堤边坡向下滚动（滑动或又滚又滑）过程中，若与伸出戗堤边坡外的一些突出部分阻挡后，则可能在该处停积下来，从而形成类似于沙堆模型的边界，随着抛石的过程愈积愈高，并一直沿坡向水面延伸，而坡度又比较陡，当延伸到一定高度后，达到临界态，从而由于外在的干扰（如抛石、水流的紊动等）而发生坍塌（雪崩）事件。在这种情况下，戗堤坍塌的机理可以用沙堆模型来解释。但是在很多场合下，很可能在还没有达到临界态的时候坍塌就已经发生了。已有的研究表明，如图 2-14 所示，沙堆在其底层边界处的压力最大（图中颜色越深，表示压力越大）。因此随着抛石的过程，石堆边界处（即一开始受到阻碍的地方）由于一直是压力最大处，所以很容易被压垮，从而使上面的石堆发生较大规模的坍塌。对于这种情况还需要进一步的模型试验。

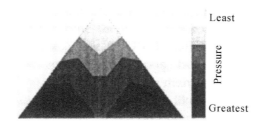

图 2-14　沙堆的压力水平

　　其次，一般的沙堆模型所考虑的是均匀的沙粒，而在截流过程中，抛石的粒径往往不一，有大有小。之所以采用粒径大小不一的抛投料，其原因是由戗堤坍塌的另一种机制 —— 突变机制决定的。如果认为截流戗堤是由散粒体组成的，那么它的坍塌可以用突变理论中的"折叠"型数学方程描述。它的势函数为：

$$V(x) = x^3 + yx \qquad (2.5.2)$$

相空间是二维的。平衡曲面 M 为方程

$$3x^2 + y = 0 \qquad (2.5.3)$$

上式中，当 $y < 0$ 时，有两个临界点：$x = \pm\sqrt{\dfrac{-y}{3}}$，其中 $x = \sqrt{\dfrac{-y}{3}}$ 是稳定的平衡点，$x = -\sqrt{\dfrac{-y}{3}}$ 是不稳定的平衡点。y 在这里是水的流速 v 和抛投物粒径的止动速度 v_s 之差，即 $y = v - v_s$。如果抛投物的粒径较小，则其止动速度 v_s 偏小，稍强的外部条件（流速较大）就可以导致 $y > 0$，此时没有临界点，抛投物不能止

动和沉积,而是随水流走,自然不会发生坍塌现象。反过来,如果抛投物的粒径较大,则其止动速度 v_s 偏大,当流速较小时就有 $y < 0$,从而有两个临界点:稳定的和非稳定的。坍塌实际上就是由不稳定平衡点到平衡稳定点的突变。

由于越靠近河床的流速越小。因此,在进占初期,只需抛投较小粒径的料。随着进占的过程,抛投粒的粒径慢慢加大。按进占过程中的流速有计划分阶段抛投不同粒径的抛投料,这样既可避免堤头坍塌,或堤头长度在施工安全允许范围内,又可避免浪费大料,同时保证截流成功。

当我们按照上述思路来实施截流时,便出现了与沙堆模型的一个显著不同点。前面说过,沙堆模型强调的是均匀的沙粒,而在截流过程中,由于抛投粒的粒径不同,在将其模型化时便需考虑非均匀沙粒的情形。于是就出现了下面的一个一般性的问题:水下的由非均匀沙粒组成的沙堆会不会出现自组织临界态。

关于这个问题,姚令侃和方铎(1997)进行了模型试验。试验结果表明,水下由非均匀沙粒组成的沙堆在放水过程中流沙量占总量的比例 X 以及大于 X 的发生次数 N 之间在显著性水平 $\alpha = 0.01$ 下满足如下关系式:

$$\ln N = 6.58 - 1.57 \ln X \qquad (2.5.4)$$

也就是说,X 与 N 之间服从幂律,幂次为1.57,而正如前面所说,幂律可以作为自组织临界状态的指纹。于是由试验结果我们可以得出结论,水下非均匀沙堆也能呈现自组织临界性。

最后,我们还要特别提到深水截流过程的一种常见的坍塌机制。这就是肖焕雄教授领导的课题组进行了深入研究的机制,即浸水湿化为主的坍塌机制(肖焕雄等1997,贺昌海等2001)。这种坍塌主要是因截流材料浸水湿化引起摩擦系数即水下稳定内摩擦角变化;加上上部重力荷载逐渐加大,内因和外因结合施加影响而导致的。这种坍塌显然与截流材料物理力学性能有关(入浸水湿化速率、摩擦系数、水下休止角等),也与水深大小有关。坍塌的特点是,突发性强、坍塌规模大,一般发生在深水截流过程中。

在上述两篇文献中,作者们创造性地运用突变论的思想方法探讨了截流抛石浸水湿化速率与微结构不稳定性的关系,以及浸水湿化速率的模型与原型相似性等问题。应用戗堤堆石的一个微结构模型,运用静态分叉和奇异性理论,进一步研究了戗堤堆石的分叉特性,结果表明堆石内部的应力变化和抛投材料的浸水湿化是深水截流中戗堤边坡高频率大规模坍塌的根本原因。下面我们就结合这些成果以及自组织临界性理论来建立一个能够更好地反映浸水湿化为主的坍塌机制的沙堆模型。

下面是模型的描述。

设在截流过程中,发生坍塌的时刻为 $X_i (i = 1, 2, \cdots)$,而相应的坍塌持续时

间为 Y_i，在两次坍塌之间，即在时段 $[X_i, X_{i+1}]$ 内，我们认为所讨论的沙堆模型的桌面是固定的，设为 $N_i \times N_i$ 方格子盘。假设每一次坍塌都会导致桌面的扩大，这样便得到一个桌面边长的递增数列 $N_1, N_2, \cdots N_i, \cdots$，如果想要避免模型的复杂化，可以设该数列为等差数列。最简单的情形是假设 $N_1 = 1$ 并且每次只增加一格。实际上桌面扩大的规模取决于坍塌的规模。坍塌的规模大，则桌面扩大的规模也大。这一点非常重要，因为当桌面固定时，一个沙堆的临界坡度是固定的，因此其高度也是固定的，可以设想这样的话截流是不可能成功的。

由于深水截流初期的特点是流速很小，因此仍然考虑均匀的理想沙粒，即体积为 1 的立方体，而且每粒沙的大小都一样。往桌面输沙粒的机制，与前面所述的一般沙堆模拟产生机制相同。接下来关键是崩落临界值的确定。

在往桌面上输沙粒的过程中，还有一个过程在同步进行着，那就是由于沙堆内部被水浸泡、湿化，摩擦力逐渐减低。肖焕雄和贺昌海等把摩擦力减低的过程描述为他们所提出的微结构元模型的弹性系数 K 向临界值变化的过程。当弹性系数 K 降低到临界值时，微结构系统的总势能将发生分叉，从而在外力的干扰下，截流岐堤堆石孔隙微结构发生失稳，产生坍塌现象。但是，并不是沙堆中所有微结构系统的弹性系数在同一时刻到达临界值。往往是沙堆下面的微结构已处于失稳状态，但是上面的微结构还没有充分湿化，还具有一定的稳定性，从而导致整个系统保持着某种平衡。但是在沙堆到达自组织临界态时，沙粒的输入将导致雪崩的发生，这样处于沙堆最外层还没有充分湿化的沙粒开始滑落，并接着产生一连串的连锁反应。由于外层的沙粒之间缺乏应有的稳定性，此时的沙堆便可以看作是一个已经充分湿化了的沙堆（即所有微结构元的弹性系数都已过临界值）。一个充分湿化了的沙堆，其自组织临界态与原来的沙堆是不同的。由于湿化了的沙堆沙粒之间的摩擦力减低，所以其临界坡度更缓，稳定后的沙堆高度也更低。

因此，我们在设立崩落临界值时便与前面的模型不同。首先得有一个触发临界值 z_c，一旦某一方格的沙粒数超过该临界值，便开始坍塌过程，并且桌面也相应地扩大，有一部分沙粒将随着坍塌过程被传输到桌面新增长的部分，只有当所有格子上的粒子数均低于另一个临界值 z'_c 时，坍塌结束。其中，z'_c 便是充分湿化后沙堆的临界高度，它小于触发临界值 z_c。因此，该模型中的坍塌将不是一般沙堆模型中的雪崩（输入的沙粒与从桌面边界中滑落的沙粒数大致相等），而是大规模的坍塌。只有在大规模的坍塌结束后，充分湿化了的沙堆才会到达自组织临界态，此时外界能量的输入才有可能导致服从幂律的各种雪崩的发生。当然这一点还需要模型试验的验证。

另外，随着桌面的扩大，由于临界边坡的稳定性，沙堆的临界高度将越来越大。因此在演化的过程中，还需要调整两个临界值的大小。

综上所述，我们提出如下的模拟截流饿堤坍塌的沙堆模型的模拟规则：

（1）取一个初始桌面，设其边长为 N；

（2）确定两个临界值 z_c,z_c'；

（3）往桌面上均匀地输入沙粒；

（4）当 $z(i,j)>z_c$ 时，将方格 (i,j) 上的沙粒平均地向邻近的 4 个方格输送一颗沙粒，被分配到桌面外的沙粒将不在今后的过程中出现；

（5）如果对一切的 $i,j=1,2,\cdots,N$，重复过程（4），直到在所有的方格上均有 $z(i,j)\leqslant z_c'$ 时，令 $N\rightarrow N+1$，并将其设为新桌面的尺寸，再令 $z_c\rightarrow z_c+l_c$，$z_c'\rightarrow z_c'+l_c'$，将其设为新的临界值；

（6）回到阶段（3），并记录下崩落的持续时间从桌面上掉下的沙粒数以及影响的空间范围。

上面所提出的模型只是一个非常粗糙的模型，它与以往传统意义上的沙堆模型的不同之处在于我们这里考虑了截流的特殊性。但是，即使是这样一个简单的模型，我们看到它仍然体现了我们在本文所始终强调的复杂系统的特征：涌现与演化的嬗替过程。所谓的涌现，是指在截流过程中的每一次的坍塌都会涌现出一个稳定的临界边坡，并且该边坡是在沙堆中微结构系统的势能发生分叉后开始的一个自组织过程的稳态。所谓的演化有两个方面的含义，其一是指在抛投过程中，水下沙堆的微结构元的弹性系数 K 向邻近值的演化；其二才是真正意义上的演化，即随着坍塌将桌面的不断扩大，输入沙粒（在截流过程中是抛投石料）的过程将出现一个接一个的处于自组织临界态的沙堆。如果充分湿化后的沙堆具有稳定的临界边坡，那么随着桌面的扩大，每一次坍塌后都造就一个稳定的更高的处于临界态的沙堆。

于是在不断输入沙粒的过程中，我们看到了这样两个过程的交替：一方面是临界态的涌现，另一方面则是一个临界态向另一个临界态的演化。因此像深水截流这样一个实际问题仍然可以将其纳入我们所提到的复杂系统演化的理论框架中来讨论。

这样的一个模型还可以用来描述证券市场的波动。此时进入的资金就是"沙粒"，而摩擦力则是投资者的心理预期，心理预期高则股指的临界值就高，心理预期低则股指的临界值就低，这可以分别表示牛市和熊市时候的情况。在牛市的后期有一个筑顶的阶段，此时股指进入临界期，偶尔的一个小扰动（如一条负面消息）就有可能引发股灾。在筑顶的阶段，人们的心理预期会在起伏不定中慢慢"湿化"，此时股指向下那"关键的一跳"可能就会引发心理预期的关键一跳，从而引发慢慢熊程，直到下一个临界点。

现在的问题是,这样一个沙堆模型在计算机中的实现,并由此观察是否能揭示出自组织临界性的新的标度行为。这个问题应该是以后工作中的一个方向。

本章结语

物理系统处于临界态时所呈现出来的统计规律性,一直是统计物理学们关注的对象。一维 BTW 模型是最简单的沙堆模型。不过,即使这样简单的模型仍然与更为复杂的沙堆模型具有一些共同的统计规律,例如稳定位形循环态的涌现、雪崩规模的标度形式和"数据塌缩"现象等。

运用平均场理论可以得到雪崩平均规模$\langle s \rangle$和平均分支比$\langle k \rangle$的关系式。当平均分支比$\langle k \rangle < 1$时的"亚临界"状态对应的是一个雪崩规模有限的耗散系统。当平均分支比$\langle k \rangle = 1$的临界态对应的则是一个具有无穷雪崩规模的非耗散系统。

在某些假设(如传播过程统计不相关)下,也可以运用分支过程理论来研究 BTW 模型,由此可以得到雪崩规模概率分布的标度形式,以及雪崩平均规模与雪崩截断规模之间的关系。

作为从特殊到一般的方法,标度拟设的方法可以为一般形式沙堆模型的各临界指数的获得提供一个简捷的途径。不过,当维数增加时,可能由此并不一定能得到令人满意的结果。例如,二维 BTW 模型中,并没有观测到显著的数据塌缩现象。

不论是 BTW 模型还是 B-S 模型和 PMB 模型,其特征都是处于临界态时任何一处的变化都会"殃及邻里"。这种"殃及邻里"的机制使得每一次的变化都有可能会蔓延到远处,从而形成一次规模非常大的雪崩 —— 这相当于列维飞行中的"关键的一大跳",这正是雪崩规模服从幂律分布的关键所在。

最后我们以深水截流戗堤坍塌问题为背景给出了一个双临界沙堆模型,关于该模型的研究还有待后续更深入的工作。

本章所涉及的雪崩模型都是以规则网络为平台的。接下来的问题是,如果以现实中存在的更为一般的网络作为平台,这些模型会表现出什么样的标度行为?

要回答这个问题,首先要弄清现实的网络具有什么样的结构和统计特征。

在接下来的一章,我们将重点介绍最近二十年才发展起来的复杂网络理论,并在随后的章节中进一步讨论复杂网络中的合作问题以及自组织临界性。

第三章　　复杂网络

　　复杂系统无处不在，从由大量分子所组成的细胞到由数十亿个相互作用的个体所组成的社会，到处都可以观察到宏观的秩序和自组织的过程。理解复杂系统并进行定量化的研究一直以来都是科学界所面临的一大挑战。

　　19世纪末发展起来的动力学理论，揭示了气体的某些可测量的宏观性质（如温度和压力等）可以还原为原子和分子的运动。20世纪六七十年代，科学家们发展了一套较为成熟的方法来定量研究像磁体和流体这类物质从无序到有序的相变过程。20世纪80年代则是混沌理论大显身手的时期，它揭示了即使是极少数的个体在非线性相互作用下也可以涌现出不可预测的复杂行为。到了20世纪90年代，科学家们运用分形理论定量地揭示了自然界各种复杂几何形态（包括树叶和雪花的图案等）在自组织过程中的涌现。

　　尽管有了如此丰富的研究工具和研究成果，但是由此就断言说复杂性科学理论的完整体系已经建立则还为时过早。其原因在于，当我们试图用定量化的方法来分析复杂系统时，会发现依然缺乏一个普适的分析框架和数学工具。Barabasi(2007)认为，其原因有三：

　　首先，构成复杂系统的元素是非同质的(non-identical)。这里有两层含义，其一是元素的属性不同，比如气体和磁体；其二是每一个个体都有自己与众不同的行为，比如人类社会的不同成员由于知识水平和能力等方面的差异而导致的不同行为方式。

　　其次，由于元素之间的相互作用是非线性的，使得系统呈现出混沌的行为方式。

　　最后，也是更为重要的，是系统的元素既不像气体那样是完全无序的，其中任何两个分子都有可能发生碰撞，也不像磁体那样是完全有序的，其中每个元素只与格点中最邻近的元素发生相互作用。

　　虽然在定量化研究复杂系统时遇到了一些困难，但是仔细观察还是会发现复杂系统的一些共性，其中最主要的共性就是无所不在的相互作用。事实上，在我们前面各章的讨论中其实已经揭示了这样一个重要的观点,这就是,复杂性科学考察的基本对象不再是传统科学中所研究的实体以及实体本身独立自存的属性,如原子、分子和细胞等的本身属性,而是元素之间的相互作用和相互关系。

这就意味着,一切"存在"都具有相依相存的网络特征。"存在"可以理解为关系网络,而被我们曾经视为实体的东西则被重新理解为该关系网络中的一个个称为"关系者"的稳定的节点。更进一步地,每一个节点本身也是一个关系网络,构成这个子关系网络的则是一个个更加细小的有着内在联系的节点。如此反复推演下去,则存在便可被理解为一个由一层层关系网络所构成的层级体系。因此,实在便由两个要素所构成,即"关系(相互作用)"与"关系者(节点)",而就两者之间的关系而言,则是"关系"在前"关系者"在后。也就是说,关系者是不能独立自存的,它的所有性质都是被关系网络中存在的其他关系者(节点)以及它们之间的关系所决定的。在这个关系网络中,"关系者"之间既互相肯定又互相调节,构成一个互相耦合的整体。就像离开市场交易关系来单独地讨论"企业是什么"是毫无意义的一样,离开"关系"来讨论"存在是什么"同样是没有意义的。

如果我们从相互作用或者网络的视角来观察复杂系统,那就可以发现,在几乎所有的标度上复杂系统都具有网络的特征。例如,人的大脑是由神经细胞通过轴突连接而成的一个网络,而每一个细胞又是分子之间通过生化反应而形成的一个网络。人类社会同样如此,它是人们之间通过友谊、家庭以及各种专业联系而成的一个网络。在更大的标度上,食物链以及生态系统则可以视为由物种构成的一个网络。

作为复杂系统的网络无处不在,Newman(2003)在其著名的综述文章《复杂网络的结构和功能》中将现实世界中的复杂网络大体上归为四类:(1)社会网络,如人与人之间的友谊模式,公司之间的商业关系模式以及家族之间的联姻模式等;(2)信息网络,如学术论文之间的引文网络、万维网、偏好网络等;(3)技术网络,如电力输送网络、航空路线网络、道路网络等;(4)生物网络,如代谢路径网络、基因调节网络、食物网络等。

网络可以作为理解很多复杂现象的平台。例如,在社会关系网络上讨论舆论(如谣言等)的传播,接触关系网络上讨论传染病的传播,计算机病毒在互联网络或邮件网络上的传播,在引文网络上研究新思想的提出与传播,在科学家网络上研究科学家之间的相互影响,在商业网络中研究银行与企业之间的关系,等等。网络与现象结合还可以用来讨论网络的稳定性等结构与功能关系,例如在食物链网络上讨论个别或部分物种灭绝对整体生态系统的影响,在不同的网络上讨论传染病传播的控制,在科学家网络中讨论某个领域中不同科学家的影响力对网络演化的影响。此外,网络本身的演化过程也是一个有趣的问题,例如,web

的形成被认为是无限定原则的,但是它却展现了一些重要而普适的结构特征与稳定性。再如,对某一个学科内的引文网络与科学家网络的演化机制的研究,有可能给出促进科学发展的新的方案与模式。

对于一般的复杂系统而言,要确定其网络特征,关键是要确定两个最基本的要素:节点(关系者)和相互作用的方式(关系)。表 3-1 给出了一些常见的复杂网络的描述方式(Newman,2003)。

表 3-1　复杂网络的例子

网络	节点	相互作用的方式
组织代谢	参与消化食物以释放能量的分子	参与相同的生化反应
好莱坞	演员	出演同一部电影
因特网	路由器	光纤及其他物理连接
蛋白质调控网络	协助调控细胞活动的蛋白质	蛋白质之间的相互作用
研究合作	科学家	合作撰写论文
性关系	人	性接触
万维网	网页	超链接

本章我们重点介绍复杂网络的一些基本研究成果。

§3.1　网络的拓扑结构和统计量

3.1.1　度及其分布

将每一个参与人视为节点,如果两个节点之间存在着相互作用,则认为这两个节点之间有一条边相连。这样网络就可以用符号 $G=(V,E)$ 来表示,其中 V 表示节点的集合,E 表示所有边的集合,且 E 中的每条边 e 都有 V 的一对点 (i,j) 与之对应。

定义 3.1.1(邻接矩阵)　设网络 G 拥有 n 个节点,记为 $N=(1,2,\cdots,n)$,令

$$g_{ij} = \begin{cases} 1, & \text{若节点 } i \text{ 与 } j \text{ 之间有边相连} \\ 0, & \text{否则} \end{cases} \quad (i \neq j) \tag{3.1.1}$$

并规定 $g_{ij}=0$,则称为邻接矩阵(adjacency matrix)。

由于邻接矩阵完整地描述了网络,因此以后我们就用 $G=(g_{ij})_{n\times n}$ 来表征网

络 G。网络可以分为有向网络和无向网络两种。如果 $G = (g_{ij})_{n \times n}$ 是对称矩阵,则该网络称为无向网络,否则就称为有向网络。

定义 3.1.2(一级近邻与度)　　网络 G 中节点 i 的一级近邻 $N_i(G)$ 是指所有与之有边相连的节点所组成的集合,即

$$N_i(G) = \{j \in V \mid g_{ij} = 1\} \qquad (3.1.2)$$

节点 i 一级近邻 $N_i(G)$ 所包含的元素的个数称为节点 i 的度(degree),记为 $k_i(G)$,简记为 k_i。

根据定义可知,对于无向网络来说,节点 i 的度 k_i 可以表示为

$$k_i = \sum_{j=1}^{n} g_{ij} \qquad (3.1.3)$$

即 k_i 为邻接矩阵 $G = (g_{ij})_{n \times n}$ 第 i 行元素的和。

进一步地,可以如下的方式定义节点 i 的 k 级近邻 $N_i^k(G)$:

$$N_i^k(G) = N_i^{k-1}(G) \bigcup (\bigcup_{j \in N_i^{k-1}} N_j(G)), k = 2, 3, \cdots, n-1 \qquad (3.1.4)$$

其中 $N_i^1(G) = N_i(G)$。

记 $G_k(k = 0, 1, 2, \cdots, n-1)$ 为网络 G 中度为 k 的节点所组成的集合,则 $G_k(k = 0, 1, 2, \cdots, n-1)$ 把网络中所有的节点分成了不同的节点群。

令 $|G_k|$ 表示 G_k 中元素的个数,K 为任选一个节点的度,则

$$p_k = P(K = k) = \frac{|G_k|}{n}, k = 0, 1, 2, \cdots, n-1 \qquad (3.1.5)$$

表示度为 k 的节点所占的比例,称为度分布。

如果任意两个节点之间以概率 p 存在边,则 $g_{ij}(i \neq j)$ 服从参数为 p 的 $0-1$ 分布,因此由(3.1.3)式并注意到 $g_{ii} = 0$ 可知,每一个节点的度均服从二项分布 $b(n-1, p)$。于是,当 n 很大,p 较小时,节点的度近似服从参数为 $(n-1)p$ 的泊松分布,即任选的一个节点的度恰好为 k 的概率为

$$P(k) \approx \frac{\lambda^k}{k!} \mathrm{e}^{-\lambda} \qquad (3.1.6)$$

其中 $\lambda = (n-1)p$。此时的网络就是被 Erdös 和 Rényi(1960) 做了充分研究的随机网络模型。

Erdös 和 Rényi 关于随机网络的研究获得了丰富的解析解,这使得学者们在很长一段时间里都以随机网络作为研究现实网络的基本范式。但是,自 20 世纪末以来的一系列基于实证的研究成果动摇了这个范式。

事实上,只要稍微改变一下,如果当时学者们面对实际网络时能换一个方式提问,那么就有可能会更早地动摇这个范式了。比如,你可以这样来提问:

　　如果任意两台计算机是随机连接的，那么互联网还能提供快速和不间断的服务吗？

　　如果科学研究的团队是随机组合的，那么他们还能长时间地合作研究同一个问题吗？

　　从直觉上来说，以上问题的答案是否定的。另外，经验告诉我们，在现实的网络中，如因特网、万维网（WWW）以及经济贸易网络等，每一个节点是否与其他节点发生特定的相互作用，既有随机的一面（主体的有限理性及信息不完全等因素所造成），同时也有确定性的一面（追求适应度的最大化），由此决定的度分布应该具有与随机网络不同的特点。然而，由于数据的缺乏，以及计算机技术的局限，使得随机网络的范式在很长的时间内既不能被证实也不能被证伪。

　　20 世纪 90 年代以来，计算机科学和技术取得了巨大的进展，这使得"科学计算"成为继"科学理论"与"科学实验"之后的第三种科学研究手段，并逐渐被科学共同体所普遍接受。

　　Barabási 领导的科学团队，结合各种科学研究手段，从万维网入手，发现了网络研究的新范式。他们的第一个重要成果就是在 1999 年发表的文章中所确定的复杂网络的无标度特征 —— 度分布服从幂律（Barabási al. 1999；Albert al. 1999）。

　　万维网包含了数十亿个网页。如果将网页视为节点，将网页之间的超链接视为边，则万维网构成了一个巨大的网络。Albert，Jeong 和 Barabási 设计了一个网络机器人，让它从一个给定的网页出发，搜寻网页中的超链接数，然后顺着这些超链接访问更多的网页，并统计相应的超链接数。

　　由于万维网是一个有向网络，因此每一个网页上所显示的超链接都是指向其他网页的，即向外的链接（outgoing links），其包含的链接数记为 k_{out}，称为"出度"。但是，每一个网页还包含有另外一些超链接，这些链接是不能在网页中被直接观察到的，需要网络机器人在来回反复的漫游中统计得到，这就是其他网页中指向它的超链接，即每一个网页所隐含的向内的链接（incoming links），其包含的链接数记为 k_{in}，称为"入度"。受随机网络范式（实际上就是正态范式）的影响，Barabási 等人一开始预期不论是 k_{out} 还是 k_{in}，都应该服从泊松分布。然而，实证的结果表明，实际网络具有与随机网络截然不同的统计性质：出度与入度它们均服从如下的幂律：

$$P(k) \sim k^{-\gamma} \tag{3.1.7}$$

其中 $\gamma_{out} \approx 2.45$，$\gamma_{in} \approx 2.1$（见图 3-1）。

　　已知，服从幂律分布的随机变量具有完全不同的统计性质，它取值的范围很

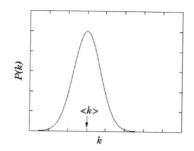

图 3-1　左边的图显示的是根据随机网络范式预期的度分布图形，右边的图显示的是实际的度分布，它在双对数坐标系内的图形为一条近似的直线。

广，可以覆盖很多个数量级，因此不存在一个特征标度。虽然服从幂律分布的随机变量也可能会存在均值（当 $\gamma > 2$ 的情形），但是其一般并不具备代表性，尤其是在其方差不存在的情形（$\gamma \leqslant 3$ 时）。由于幂律分布呈现出明显的标度无关的统计特性，因此，称度分布服从幂律分布的网络为无标度网络（scale-free networks）。

由（3.1.7）式知，万维网是无标度网络。这就意味着，绝大多数的网页只有很少的超链接，而极少数网页拥有着大量的链接。网络的这种特殊的拓扑结构必然会有一些与随机网络截然不同的特征。例如，从直观上看，那些在自组织过程中自发形成的有大量超链接的网页应该在网络中扮演着类似于枢纽（hubs）的功能，它们很有可能决定了无标度网络高集聚性和小世界（small world）等特性（稍后将进一步加以讨论这些特性）。

万维网无标度特性的发现开启了研究复杂网络的热潮。很快地，人们发现了大量具有无标度特性的网络，包括 Internet 网络、电影与电视剧演员合作网络、科学家合作网络、人类性关系网络、蛋白质互作用网络、语言学网络等。同时，人们发现还存在高斯型的度分布（如蛋白质折叠网络）和指数衰减型的度分布（如电视剧演员合作网络），等等。

接下来的问题是，无标度网络是否有其特殊的生成机制？

3.1.2　B-A 模型

Barabási 和 Albert（1999）发现，现实网络的无标度特性源于众多实际网络所共有的两种生成机制 —— 增长（Growth）和偏好依附（Preferential attachment）。

首先，与随机网络不同的一点是，现实网络中的节点数并不是一成不变的，而是不断有新节点加入的。也就是说，现实的网络是从无到有、从小到大生成的，从而表现出一般复杂系统所共有的开放特性。例如，万维网的节点数通过不断有新网页的诞生而呈指数增长的趋势；科研文献通过出版新论文而连续增长；市场中不断地有新商人的加入而发展；等等。

另外，他们还发现，每一个节点在与其他节点相连接时明显地呈现出偏好依附或择优连接的迹象，从而使得连接到该节点的可能性与该节点的度呈单调增加的趋势。例如，一网页在选择与哪些网页超链接时，会倾向于选择那些已被很多网页链接的流行网页，因为它们能以很低的成本搜索到；一篇被大量引用的文章会被更多的人阅读，从而会被更多地引用；顾客更愿意购买市场占有率较高的商品；新演员更愿意与著名演员同台演出；等等。因此，在网络增长的过程中，每个节点度的增加会呈现出"富者更富，穷者更穷"的马太效应，此即所谓的"奉有余而损不足"。

现实网络的增长和偏好依附这两个要素，可以说抓住了复杂系统的本质。复杂系统是开放的系统，这导致了新节点的不断进入和网络规模的扩大。同时复杂系统中的每个节点都是适应性的主体，他们在与其他主体发生相互作用时追求给定信念下的成本最小化，这导致了他们更愿意与较易发现的主体发生相互作用。

正是基于这两个要素，Barabási 和 Albert 提出了他们的模型（以下简称 B-A 模型）。该模型的基本算法如下：

（1）增长：初始时刻（$t=0$）系统中有较少的节点数量（m_0），在每个时间间隔增添一个具有 $m(m \leqslant m_0)$ 条边的新节点，连接这个新节点到 m 个已存在于系统中的节点上。

（2）偏好依附：在时刻 $t+1$，新节点在选择与之相连的节点时，假设其具有"欺贫爱富"的特点，即新节点连接到节点 i 的概率 $\pi_{t+1}(k_i)$ 取决于时刻 t 节点 i 的度数 $k_i(t)$，即

$$\pi_{t+1}(k_i) = \frac{k_i(t)}{\sum_{j=1}^{N-1} k_j(t)}, \text{其中 } N = t + m_0 \tag{3.1.8}$$

数值模拟结果表明，当时间趋于无穷时，有

$$\lim_{t \to \infty} P\{k_i(t) = k\} \propto k^{-3} \tag{3.1.9}$$

即，度分布具有幂律的形式，并且在该算法下，作为标度指数的幂取常数值 3，而与该模型中的唯一参数 m 无关。

接下来的问题是，增长和偏好依附这两个机制是不是无标度网络形成中的必要条件。为了检验这一点，Barabási 等人构造了两个模型，在模型 A 去掉了偏好依附这个条件，即让新节点与系统中原有的节点以相同的概率连接。运用连续域方法研究表明，当时间趋于无穷时，$k_i(t)$ 服从指数分布：

$$P(k) = \frac{\mathrm{e}}{m}\exp\left(-\frac{k}{m}\right) \tag{3.1.10}$$

上式表明,缺乏偏好依附的机制,网络的无标度特性将消失。

模型 B 保留了偏好依附但是去掉了增长这一机制。设系统中一直保持有 N 个节点,在每个时间段任选一个节点以概率 $\pi(k_i) = k_i / \sum_j k_j$ 连接系统中的节点 i。数值模拟结果表明,在早期模型显示出幂律的特性,但是度分布 $P(k)$ 并不稳定,由于 N 为常数,边数随时间增加,在经过 $T \approx N^2$,系统达到所有的节点都相连接的状态。运用连续域理论,可得到如下的理论结果:

$$k_i(t) \approx \frac{2}{N}t \tag{3.1.11}$$

假设 $N \gg 1$,则上面的结果与数值模拟的结果相吻合,并且随着时间的增加,度分布由原来的幂律演化为正态分布。

如果将这两个机制都去掉,那么系统就还原到一开始所讨论的随机网络,此时的度分布近似的具有正态分布的特性。

增长和偏好依附是现实网络中普遍存在的两个最基本的机制,但是考察 Barabási-Albert 模型可以发现,该模型中关于这两个机制的数学描述还是简单了一些,现实中的网络则呈现更为多样化的模型。对这两个机制的不同理解便产生了不同的模型。

接下来的问题是,是否度分布可以完备地描述网络的特征呢?或者说,是否度分布相同的网络都会呈现出完全相同的行为模式呢?比如说,大多数实际的网络都呈现出无标度的共性,那么是否无标度网络具有大体一致的行为模式呢?

为了考查无标度网络的差异性,Newman(2002a,2002b)选择把节点之间度与度的相关性作为研究的对象,并提出"匹配模式"(assortative mixing pattern)的概念,目的是考察度值大的点是倾向于和度值大的点连接,还是倾向于和度值小的点连接,并且进一步考察匹配模式对于网络行为的实质性影响。

3.1.3　相邻节点的相关性和匹配模式

设所考察的网络有 N 个节点和 M 条边,度分布为 p_k,它表示随机选的一个节点恰好有 k 条边的概率。现在考虑这样的一个问题:在网络中任意选定一条边,在这条边某一端的节点的度恰好为 k 的概率是多少?

这是一个与 p_k 不同的概率。这是因为,更多的边都以高连接度而不是低连接度的节点为端点。于是,这就导致了顺着任意的一条边所到达的节点的度偏向于取较大的值。事实上,任选一条边,它恰好属于度为 k 的节点所拥有的 k 条边中的某一条边的概率与 kp_k 而不是 p_k 成正比。

对于无向网络，假设顺着任选的一条边到达某个节点，那么，除了进来的这条边之外，其他的边都可以视为离开该节点的边。我们将离开该节点的边的数量定义为该节点的剩余度（remaining degree）。由于某节点的剩余度为 k 意味着该节点的度为 $(k+1)$，因此节点的剩余度恰为 k 的概率 q_k 与 $(k+1)p_{k+1}$ 成正比。因此，有下式成立

$$q_k = \frac{(k+1)p_{k+1}}{\sum_j j p_j} = \frac{(k+1)p_{k+1}}{\langle k \rangle} \tag{3.1.12}$$

节点剩余度 k 的均值和方差分别为

$$\langle k \rangle = \sum_k k q_k \tag{3.1.13}$$

$$\sigma_q^2 = \langle k^2 \rangle - \langle k \rangle^2 = \sum_k k^2 q_k - \left(\sum_k k q_k\right)^2 \tag{3.1.13}$$

任何一条边均有两个节点，记这两个节点的剩余度恰好为 j 和 k 的概率为 e_{jk}，则对于无向网络，应有 $e_{jk} = e_{kj}$，并且

$$\sum_{j,k} e_{jk} = 1 \tag{3.1.14}$$

$$\sum_j e_{jk} = q_k \tag{3.1.15}$$

如果相邻节点的度是相互独立的，则有 $e_{jk} = q_j q_k$。对于一般的情形，可用协方差或相关函数来刻画相邻节点度之间的关系，其中协方差为

$$\mathrm{cov}(j,k) = \langle jk \rangle - \langle j \rangle \langle k \rangle = \sum_{j,k} jk(e_{jk} - q_j q_k) \tag{3.1.16}$$

于是，相邻节点度之间的相关系数为

$$r_d = \frac{\mathrm{cov}(j,k)}{\sigma_q^2} \tag{3.1.17}$$

对于有向网络，相邻节点度相关系数为

$$r_d = \frac{\sum_{j,k} jk(e_{jk} - q_j^{\mathrm{in}} q_k^{\mathrm{out}})}{\sigma_{\mathrm{in}} \sigma_{\mathrm{out}}} \tag{3.1.18}$$

其中 e_{jk} 表示随机选取的一条边恰好是出度（out-degree）为 k 的节点指向入度（in-degree）为 j 节点的概率。

对于实际发现的有确定节点和边的无向网络，（3.1.17）式所确定的相关系数可以由下式来计算：

$$r_d = \frac{M^{-1}\sum_i j_i k_i - \left[M^{-1}\sum_i \frac{1}{2}(j_i + k_i)\right]^2}{M^{-1}\sum_i \frac{1}{2}(j_i^2 + k_i^2) - \left[M^{-1}\sum_i \frac{1}{2}(j_i + k_i)\right]^2} \tag{3.1.19}$$

其中 j_i 和 k_i 为由第 i 条边连接的两个节点的剩余度，$i=1,2,\cdots,M$。对于实际发现的有确定节点和边的有向网络，(3.1.18)式所确定的相关系数可由下式计算：

$$r_d = \frac{\sum\limits_i j_i k_i - M^{-1} \sum\limits_i j_i \sum\limits_m k_m}{\sqrt{\left[\sum\limits_i j_i^2 - M^{-1}\left(\sum\limits_i j_i\right)^2\right]\left[\sum\limits_i k_i^2 - M^{-1}\left(\sum\limits_i k_i\right)^2\right]}} \qquad (3.1.20)$$

其中 j_i 和 k_i 分别表示第 i 条有向边终端节点的剩余入度和起始节点的剩余出度。

对于相关系数，始终有 $|r_d| \leqslant 1$。若 $r_d > 0$，则称网络正向匹配；若 $r_d < 0$，则称网络负向匹配。

表3-2列出了一些实际网络的度相关系数。从表3-2中可以发现一个有趣的现象：绝大多数社会系统中的网络都是正向匹配的，即高连接度的节点倾向于和高连接度的其他节点相连；而技术系统和生物系统中的网络则是负向匹配的。有三个网络，即软件相依网络、电力网和学生网络，它们的度相关系数接近于0。节点度之间相关系数接近于0的网络模式称为中性匹配。

表 3-2　一些不同类型的有向和无向网络的度相关系数

	网络	类型	节点数 n	相关系数 r	误差 σ_r
社会系统	物理学合作	无向	52909	0.363	0.002
	生物学合作	无向	1520251	0.127	0.0004
	数学合作	无向	253339	0.120	0.002
	电影演员合作	无向	449913	0.208	0.0002
	公司董事	无向	7673	0.276	0.004
	学生关系	无向	573	-0.029	0.037
	E-mail 通讯录	有向	16881	0.092	0.004

	网络	类型	节点数 n	相关系数 r	误差 σ_r
技术系统	电力网	无向	4941	−0.003	0.013
	因特网	无向	10697	−0.189	0.002
	万维网	有向	269504	−0.067	0.0002
	软件相关	有向	3162	−0.016	0.020
生物系统	蛋白质交互作用	无向	2115	−0.156	0.010
	新陈代谢网	无向	765	−0.240	0.007
	神经网络	有向	307	−0.226	0.016
	海洋食物网	有向	134	−0.263	0.037
	淡水食物网	有向	92	−0.326	0.031

于是,很自然地,就有了如下这么一个问题:为什么社会网络不同于其他类型的网络?

Newman 给出了如下的解释。

(1) 很有可能在社会网络中,相似的人们会互相吸引。事实上,社会学家也经常做这样的假设。此正所谓"物以类聚,人以群分"。这将会导致合群的人与合群的人交往,隐士与隐士交往。

(2) 另一方面,像学术、演员和商人往往从属于一些团体。这样,团体中的成员都与其他成员相连。这就部分解释了规模大的团体中所有成员的连接度都比较高,而规模小的团体其成员的连接度相对较低,从而导致团体内成员连接度正相匹配的原因。

(3) 像因特网和万维网,或许还有一些关于节点度之间负相关的组织原则上的理由。在这些网络中,连接度高的节点往往成为连通性或目录的提供者,它们往往负有连接用户或者网页的责任,于是便呈现出负向匹配的现象。

(4) Maslov 和 Sneppen 证明了在有限规模的网络中,如果限制任何两个节点之间只能有一条边,那么非协调性或负向匹配现象就会产生。这是因为这个限制会使得连接度高的节点之间互相排斥,从而导致负的相关系数。

但是,社会网络节点之间通常也只存在单边。两个人或者彼此认识或者不认识,一般不存在"多次认识某个人"的概念。尽管如此,从表 3-2 中可以看出社会网络的相关系数却大多为正。这说明社会网络中的一些特殊结构使其区别于其他类型的网络。这个特殊的结构很有可能来自复杂网络的传递性,即若 A 与 B 相连,B 与 C 相连,则 A 与 C 也相连的概率会比较大。通俗地说,就是 A 的朋友的朋友还是 A 的朋友,或者 B 的两个朋友之间也存在着朋友关系。

下面我们通过考察聚集性来进一步考察传递性。

3.1.4　聚集系数

Watts 和 Strogatz 指出大多数网络具有高传递性或聚集性。

聚集系数(clustering coefficient)C 定义为与某一节点相连的节点也彼此相连的平均概率,它描述了网络中节点与节点集结成群的趋势。

对于每一个节点 i,设 G_i 为所有与节点 i 有边直接相连的节点的集合,即节点 i 的一级近邻集合。记 E 为网络中所有边组成的集合,$k_i = |G_i|$,则 G_i 中存在的边的数量为

$$M = \sum_{l \in E, y \in G_i} \delta_l^y \qquad (3.1.21)$$

其中

$$\delta_l^i = \begin{cases} 1 & \text{如果边 } l \text{ 包含定点 } i \\ 0 & \text{否则} \end{cases} \qquad (3.1.22)$$

显然,近邻集合 G_i 中的 k_i 个节点所有可能的边共有 $k_i(k_i-1)/2$ 条,故:

$$C_i = \frac{2M}{k_i(k_i-1)} \qquad (3.1.23)$$

描述了节点 i 的近邻之间仍然存在连接的可能性,故将其定义为节点 i 的聚集系数。

这样我们就可以得到每一个顶点的聚集程度,它的统计分布是刻画网络的一个重要指标,其平均值称为网络的平均聚集程度,记为 C,即有

$$C = \frac{1}{N} \sum_{i=1}^{N} C_i \qquad (3.1.24)$$

由定义,$C \leqslant 1$。如果 $C = 1$,则表明网络中的任意一对节点都有边相连,即其成为完全连接图。对于随机网络的研究表明,$C \sim 1/N$,它相对于大量现实网络的节点数来说是一个很小的数。但是,虽然大多数网络的聚集系数都显著小于 1,但现实网络的平均聚集系数都远远大于 $1/N$,像电影演员网络甚至达到了 0.79。这表明现实中存在的大量网络应该是介于随机网络与完全连接网络之间,集团化的趋势比较明显。

如果节点 B 和 C 均与节点 A 相连,B 和 C 也相连,则这时我们称网络具有传递性。从网络拓扑学的角度说,传递性意味着网络中存在着三角形(三个节点中每个都与其他两个有边相连)。因此集群系数也可以定义为

$$C_i = \frac{\text{包含节点 } i \text{ 的三角形的个数}}{\text{以节点 } i \text{ 为中心的三点组的个数}} \qquad (3.1.25)$$

所谓三点组，是指包含三个节点的集合，该集合中的一个节点有边与其他两个节点相连。对于度为 0 或 1 的节点而言，由于分子和分母均为 0，令 $C_i = 0$。如由图 3-2 所示的网络中，以中间节点 A 为中心的三点组的个数为 6，而包含它的三角形个数为 1，因此该节点的集群系数为 1/6，与用公式（3.1.24）计算的结果一致。

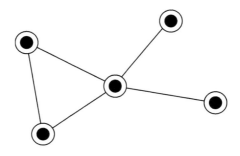

图 3-2　三点组示例

（3.1.25）式描述的是某一个节点的聚集系数，至于整个网络的聚集系数，有

$$C = \frac{3N_{\text{triangle}}}{N_{\text{triple}}} \tag{3.1.26}$$

其中 N_{triangle} 为网络中三角形的数量，而 N_{triple} 为网络中三点组的总数。

复杂适应系统理论一个重要特征就是聚集，并且不同主体之间的聚集可以形成更大的主体，从而导致层次的涌现。复杂网络理论从一个侧面揭示了这一特征。研究表明，多数社会经济网络表现出"群落结构"，即节点组中有密集的关联边，而组与组之间的关联边密集程度则较低。事实上，人们确实会按兴趣、职业、年龄、生产或经销商品的种类而分为不同的群体。网络的群落结构对于研究网络的结构和功能有很重要的意义。例如，将引文网络分割为若干群组，分别代表特定的研究兴趣领域；在万维网中，群落可能反映的是网页的主题分类；新陈代谢网络、神经网络或软件网络中，群落可能代表的是功能单位；食物网中，群落可能代表的是生态系统中的子系统；等等。

社会网络的这样一种正向匹配和高集聚性特点，使得复杂网络上的博弈仍然具有多水平选择的特点。

3.1.5　平均路径长度

平均路径长度（average path length）L 定义为节点与节点之间的平均距离。

网络中的任意两点间有一条最短的路径,L 表示网络中所有的节点对之间的最短路径上边的平均数量。

两点的最短路径 l_{ij} 定义为所有连通节点 i 与 j 的通路中,所经过的其他节点最少的一条或几条路径。记 i 与 j 之间最短路径的集合为 S_{ij},相应的路径长度为 $d_{ij} = | l_{ij} |$。如果 (i, j) 之间不存在通路,那么记 $d_{ij} = N$。于是我们可以得到一个矩阵 $(d_{ij})_{N \times N}$,其分布特征是一个重要的统计指标,其平均值称为平均最短路径 L。

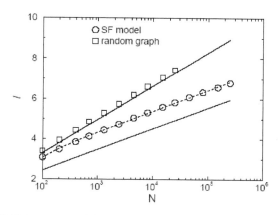

图 3-3　**B-A 模型在 $\langle k \rangle = 4$ 时的平均路径长度 l 与同等规模的随机图路径长度随网络规模 N 的变化比较**。短画线服从公式(**3.1.27**),实线表示公式(**3.1.28**),$z_1 = \langle k \rangle$,z_2 为相应的网络中的 **2** 级近邻的平均个数(**Albert et al.,2002**)

图 3-3 给出了作为网络规模 N 的函数,平均度数 $\langle k \rangle = 4$ 的 B-A 模型的平均路径长度与同样规模相同平均度的随机图的平均路径长度相比显得更小一些。说明非均匀的无标度拓扑结构比随机图的均匀拓扑结构使节点更为靠近。B-A 网络的平均路径长度随 N 近似地呈对数增长,符合下述广义对数形式:

$$L = A\ln(N - B) + C \tag{3.1.27}$$

而相应的广义随机图(度分布是幂律的条件下用边随机地连接节点)的平均路径长度在 $N \gg z_1, z_2 \gg z_1$ 时具有如下形式:

$$L = \frac{\ln(N/z_1)}{\ln(z_2/z_1)} + 1 \tag{3.1.28}$$

其中 $z_1 = \langle k \rangle$,z_2 为相应的网络中的 2 级近邻的平均个数。

通过对平均路径长度的研究,科学家们揭示出了一个"小世界网络"(small-world networks)的模型。比如,对一个具有 8×10^8 个节点的复杂网络的研究,发现 $L = 18.59$,而这相对于网络的节点数来说是一个很小的数

（Albert et al.，1999）。

3.1.6　介数

复杂网络的另一个重要统计指标是介数（betweenness centrality）。它衡量了每一个节点在网络"流"（物质、信息和能量流等）中的影响力和向心力（Goh et al.，2003）。

设有一对节点(i,j)，连接它们之间最短路径的数量记为$c(i,j)$，其中在这些最短路径中，经过节点k的路径数量为$c_k(i,j)$，它们之间的比为：

$$g_k(i,j) = \frac{c_k(i,j)}{c(i,j)} \tag{3.1.29}$$

将$g_k(i,j)$关于网络中所有的节点对(i,j)求和，可得节点k的介数：

$$g_k = \sum_{(i,j)} g_k(i,j) = \sum_{(i,j)} \frac{c_k(i,j)}{c(i,j)} \tag{3.1.30}$$

根据定义式（3.1.30），一个节点的介数大表明通过该节点的最短路径比较多，于是该节点在整个网络"流"中扮演了十分重要的角色。如果把介数最大的节点去除，则网络的连通性必将受到损害。

在科学家引文网中，介数最大的科学家必定是该领域影响力最大的学者，介数最大的论文也是该领域最有影响力的论文。这就为评价科学家或者科学论文的影响力提供了一个新的有效指标。

对于无标度网络，节点介数的分布服从幂律，即任意一个节点的介数恰好为g的概率为

$$P_b(g) \sim g^{-\eta} \tag{3.1.31}$$

其中指数$\eta \approx 2.2$或者$\eta \approx 2.0$，其取值在度分布的指数$2 < \gamma \leqslant 3$时具有一定的鲁棒性。

对于 B-A 模型，节点的介数与度之间存在着下列关系：

$$g \sim k^{(\gamma-1)/(\eta-1)} \tag{3.1.32}$$

于是，度数大的节点在网络"流"中影响力也大。基于此，可以猜想相连的节点介数之间的相关性应该与度的相关性相同。

类似于（3.1.28）式，介数相关系数可用下式计算。

$$r_b = \frac{1}{\sigma_b^2} \sum_{l,m} lm[e_b(l,m) - p_b(l)p_b(m)] \tag{3.1.33}$$

其中$e_b(l,m)$一条边连接的两个节点的介数分别为l和m的概率，$p_b(l)$表示某一节点的介数恰好为l的概率，σ_b^2是介数的方差。

研究表明，对于负向匹配和中性匹配的网络，节点介数之间的相关系数与度

之间的相关系数类似。但是,对于正向匹配的网络,介数之间的相关性显示出非常弱的正向匹配(相关系数接近于 0)。具体结果见表 3-3,其中 N 为节点数(Goh et al.,2003b)。

表 3-3　　部分社会网络的度相关性和介数相关性

类型	名称	N	$\langle k \rangle$	r_d	r_b
演员	电影频道	29824	33.7	0.22	0.024
	肥皂剧	33980	73.0	0.38	0.033
	有线电影频道	117655	55.5	0.14	0.035
	电视剧	79663	118.4	0.53	0.013
科学合作	神经科学	205202	11.8	0.60	0.057
	数学	78835	5.50	0.59	0.091
	Cond-mat	16264	5.85	0.18	0.086
	arXiv.org	52909	9.27	0.36	0.057

经计算知,因特网(负向匹配)和 $\gamma = 3$ 时非退化的 B-A 模型(中性匹配)的介数相关系数分别为 -0.16 和 0.02,接近于分别为 -0.18 和 0.01 的相应的度相关系数(Goh et al.,2003b)。但是在正向匹配的社会网络中,从表 3-3 中可以看出,介数的相关性明显不同于度相关性。例如,数学家合作网络的度相关系数为 0.59,而介数相关系数仅为 0.091;神经科学合作网络的度相关系数为 0.60,而介数相关系数仅为 0.057。

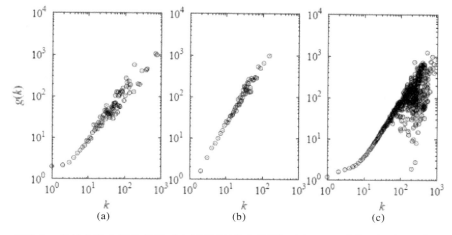

图 3-4　　度与介数之间的关系。(a) 因特网(负向匹配);(b)$\gamma = 3$ 时非退化的 B-A 模型(中性匹配);(c) 神经科学合作网络(正向匹配)

为了解释这种反常的现象,分别对正向、负向和中性匹配三种类型的网络计算了度 k 与介数 g 之间的关系,$g = g(k)$。结果见图 3-4。结果发现,对于负向和中性匹配的网络,(3.1.32) 式较好地得到满足,但是对于正向匹配网络,对于大的度数 k,(3.1.32) 式不成立。一种解释是,对于正向匹配的网络,度数大的节点聚在一起,这样,两个节点之间的最短路线就不必经过这个聚集部分的所有节点。于是,度值大的节点其度与介数之间的关系就会形成大的波动。

对于科学家合作网络,度的正向匹配性说明了如果某位科学家的合作者很多,那么他的合作者同样也有很多的合作者。比如说,一个讲究合作的科学研究团队内每位成员都会有较高的连接度。但是成员之间介数的波动意味着,其中只有少数几位科学家还有团队以外的科学合作者,比如说这个团队的学科带头人。当团队以外的科学家在该团队内寻找合作者时一般总是选择学科带头人。因此,直观上看,那些介数比较大的科学家往往是各自科研团队的学术权威。

3.1.7　鲁棒性和脆弱性

复杂系统的功能依赖于其特殊的拓扑结构。例如,复杂系统的功能能否正常行使,在很大程度上取决于其间"流"(物质、能量和信息) 的畅通性,而这又取决于网络的连通性。实证结果表明,在保持网络连通性方面,复杂系统呈现出两方面看上去相互矛盾的特性。

一方面,复杂系统常常显示出惊人的容错度。例如,尽管承受着剧烈的药物以及环境的干扰,像新陈代谢网络之类相对简单的组织依然能够维持着生长和繁殖的基本功能。这种容错的能力表明复杂系统具有潜在的鲁棒性机制。以前的学者一般认为这种鲁棒性机制根源于网络中大量存在的富余连接。但是,研究表明,并不是所有具有富余连接的网络都享有鲁棒性。

另一方面,作为复杂系统鲁棒性机制的代价,它又具有固有的脆弱性:面对着有选择的攻击,例如,有意移除在保持系统连通性方面至关重要的节点,哪怕是极少数,复杂系统也很有可能会处于瘫痪状态。

面临随机故障时所呈现出的鲁棒性和有意攻击时所显现的脆弱性,是复杂系统中"流"的最普遍的两种特性,它们根源于复杂网络特有的无标度性。从理论上讲,度分布服从幂律意味着,绝大多数的节点只有很少的边,因此随机选取的节点很可能属于这一类,它们的去除对网络的连通性的影响并不会很大。但是由于存在极少数具有大量连接的中枢节点,这就使得对这些节点的恶意攻击将很容易使系统瘫痪。这些中枢节点就是复杂网络所谓的"阿喀琉斯之踵"。

最初揭示这两种特性的研究成果是 2000 年发表于 *Nature* 上的一篇论文。

下面介绍其基本思路和结论(Albert et al.，2000)。

现在假设给定一个网络。每次从该网络中去除一个节点，这也就同时去除了与该节点相连的所有的边，从而有可能使得网络中的某些路径中断。一般来说，节点之间路径的减少会导致网络平均路径长度的增大。如果两个节点之间的所有路径均中断，则这两个节点之间的连通性将不再存在。所谓鲁棒性，是指在去除少量节点之后网络中的绝大多数节点仍然是连通的。

现在考虑两种去除节点的策略：一是随机故障策略，即随机地去除网络中的一部分节点；二是蓄意攻击策略，即有意识地去除一部分网络中度值最高的节点。假设去除的节点数与原始网络总节点数之比为 f，去除节点后网络的平均路径长度和最大连通子集(集丛)的相对大小分别为 L 和 S，则我们可以通过观察 L, S 与 f 的关系来考察网络的鲁棒性和脆弱性。

下面观察两种类型网络的鲁棒性和脆弱性，一个是随机网络 E，另一个则是无标度网络 SF。图 3-5 显示了这两种网络在面临随机故障(failure)和蓄意攻击(attack)时 L 与 f 之间的关系，其中网络规模均为 $N = 10000$，平均度值 $\langle k \rangle = 4$。通过对不同的网络规模 N 的数值模拟结果，表明 L 与 f 的关系独立于网络的规模 N。一般而言，若 L 增大，则表明"流"的畅通性降低了；反之，则表明"流"的畅通性有所增加。

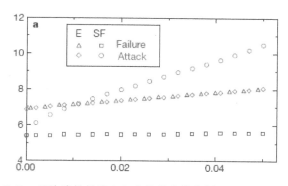

图 3-5   平均路径长度 L 与去除节点的比例 f 之间的关系图

从图 3-5 中可以看出以下几点：

首先，在 $f = 0$ 时，无标度网络的平均路径长度要比随机网络的小。

其次，面对随机故障时，随着 f 的增加，随机网络的平均路径长度缓慢变大，而无标度网络的平均路径长则几乎没有变化。

再次，面对蓄意攻击时随机网络平均路径长度的变化与面对随机故障时几乎一样。这是因为随机网络中几乎所有节点的度值均围绕在 $\langle k \rangle$ 左右，因此每个节点的重要性几乎相等。而无标度网络的平均路径长度则以较快的速度增加。

最后,我们可以得出结论,面对随机故障,无标度网络更有能力保持网络的畅通,因而具有更高的鲁棒性,而面对蓄意的攻击,无标度网络则更脆弱。

图 3-6 显示了 Internet 和 WWW 中 L 与 f 之间关系的实证结果。可以看出,这两类网络的鲁棒性和脆弱性均表现得非常明显。

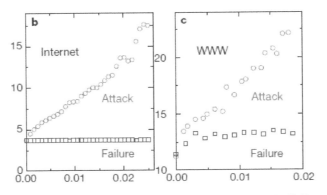

图 3-6   Internet 和 WWW 中 L 与 f 之间关系的实证结果

节点的去除除了会增加平均路径长度以外,还会影响最大集丛的相对规模 S 以及孤立集丛(除最大集丛以外的集丛)平均规模 $\langle s \rangle$ 的值。这是因为,节点的去除可能会导致集丛的分裂,即分解为若干个互不关联的小集丛甚至瓦解为一个个孤立的节点,从而导致网络连通性的破坏。图 3-7 显示了 S 和 $\langle s \rangle$ 关于 f 的关系。

先看图 3-7(a) 所显示的随机网络的情形。如同图 3-5 所示的情形,对于随机网络而言,随机故障和蓄意攻击对网络连通性的影响程度几乎没什么区别。但是有一点还是需要注意的,这就是节点去除的比例 f 存在一个临界值 $f_c = 0.28$。当 $f < f_c$ 时,S 随着 f 递减,并且递减的速度越来越快。同时,由于最大集丛的不断分解导致孤立集丛数目的增加,$\langle s \rangle$ 则呈递增趋势并在 $f = f_c$ 时达到最大值 $\langle s \rangle \approx 2$。当 $f > f_c$ 时,$S \approx 0$,并且 $\langle s \rangle$ 快速递减至 $\langle s \rangle \approx 1$。

对于 B-A 模型所描述的无标度网络(图 3-7(b))、Internet(图 3-7(c)) 和 WWW(图 3-7(d)),当受到随机攻击时,f 的临界值很大(无标度网络的临界值大约为 0.75,即要随机去除 75% 的节点,才能让网络彻底瓦解,这在现实中几乎是不会发生的),并且随着 f 的增加 S 的递减速度相当缓慢,这表明这三种网络对于随机故障均具有较高的鲁棒性。然而,当这些网络受到蓄意的攻击时,其脆弱性则非常明显,它们的临界值都比随机网络要小,尤其是像 Internet 和 WWW 这样的实际网络,其临界值非常小,分别为 0.03 和 0.067;并且 S 随着 f 的递减速度非常快。这意味着,面对着蓄意的攻击,Internet 的最大集丛迅速地缩小,并

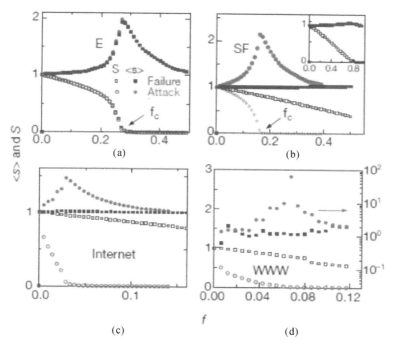

图 3-7 最大集丛的相对规模 S，孤立集丛平均规模 $\langle s \rangle$ 与 f 的关系，空心的方块和圆圈分别表示面对随机故障和蓄意攻击时的 S，而实心方块和圆点则分别表示面对随机故障和蓄意攻击时的 $\langle s \rangle$

且在有选择地去掉 3% 的节点后，网络彻底瓦解。

§3.2　随机图与广义随机图

上一节介绍了复杂网络的拓扑结构和一些用来刻画这种特殊结构的统计量。本节和下一节我们将从建模动机、建模程序和一些显著的性质出发，讨论一些常见的网络模型。关于这部分的综述可参见 Boccaletti，Latora，Moreno，Chavez，Hwang 于 2006 年合作发表的综述文章。

3.2.1　随机图的临界性

关于随机图的系统研究起始于 Erdös 和 Rényi 于 1959 年的工作。他们的最初目的是运用概率论的工具研究网络的性质是如何随着节点之间连接概率的变化而变化的。

随机图是以如下方式构造的:从 N 个孤立的节点出发,任意两个节点之间以概率为 p 随机加一条边,由此形成一个网络。此时任选一个节点的度服从二项分布,当节点数很大时,近似服从泊松分布。

随机图理论的主要目标是,当 p 取何值时,图将产生某些特定的性质。Erdös 和 Rényi 最重要的发现之一是随机图的许多重要性质都具有涌现的特点。在一个给定的概率下,或者是几乎所有的图都具有某些性质(例如,每一对节点都有一条由边连接而成的路径连接起来),或者是没有图具有这种性质。从几乎必然具有某种性质到几乎不可能具有这种性质之间的变化非常迅捷。

Erdös 和 Rényi 发现,对每一种性质都存在着一个临界概率 $p_c(N)$,当 $N \to \infty$ 时,如果连接概率 $p(N)$ 增加得比 $p_c(N)$ 慢,则几乎所有的连接概率为 $p(N)$ 的随机图都不会具有该种性质;反之,如果连接概率 $p(N)$ 增加得比 $p_c(N)$ 快,则几乎所有的连接概率为 $p(N)$ 的随机图都具有该种性质。记

$$P_{N,p}(Q) = P\{\text{有 } N \text{ 个节点且连接概率为 } p(N) \text{ 的图具有性质 } Q\}$$

则 Erdös 和 Rényi 的结果可以用数学公式表示为:

$$\lim_{N \to \infty} P_{N,p}(Q) = \begin{cases} 0, & \text{若 } \dfrac{p(N)}{p_c(N)} \to 0 \\ 1, & \text{若 } \dfrac{p(N)}{p_c(N)} \to \infty \end{cases} \tag{3.2.1}$$

在第二章我们讨论 BTW 模型中也曾涉及一个临界概率 p_c,当一个位置沙粒的坍塌将导致下一个位置再一次坍塌的概率等于 p_c 时,雪崩将不存在一个有限的截断。在 SOC 中,这个概率可以通过有限规模的标度方法得到。在像自组织临界性理论所讨论的模型中,系统都是有限维的,此时标度方法一般都是适用的。但是,网络在本质上是无限维的,因为节点最近邻的个数可以随着系统大小的增加而增加。因此,在随机图理论中,连接概率 p 被定义为系统规模的一个函数:已有边数占总可能边数 $N(N-1)/2$ 的比例。所以,在同样的 p 值下,规模大的网络将包含更多的边,因此在小的 p 值下,某些结构子图的存在在规模大的网络中更容易出现。这就意味着,对于随机图中的许多性质 Q,不存在一个类似于自组织临界性理论中与系统规模无关的阈值 p_c。

现在考虑一个包含 N 个节点连接概率为 p 的随机图 $G = G_{N,p}$,同时考虑包含 k 个节点和 l 条边的小图 F。可以证明,图 G 中包含子图 F 的个数 X 的期望值为:

$$E(X) = \binom{n}{k} \frac{k!}{a} p^l \approx \frac{N^k p^l}{a} \tag{3.2.2}$$

其中 a 为同构图的数目。记 $\lambda = E(X)$,则当时,有

$$P_p\{X = r\} = \frac{\lambda^r}{r!}e^{-\lambda} \tag{3.2.3}$$

则 G 至少包含一个子图 F 的概率为

$$P_p(G \supset F) = \sum_{r=1}^{\infty} \frac{\lambda^r}{r!}e^{-\lambda} = 1 - e^{-\lambda} \tag{3.2.4}$$

因此,由以上三式,当 p 满足 $pN^{k/l} \to \infty$ 时,G 至少包含一个子图 F 的概率收敛到 1。这就意味着,存在一个临界概率 $p_c(N) = cN^{-k/l}$。

在随机图 $G = G_{N,p}$ 中,对于一个给定的子图 F,其节点数和边数之比 k/l 是给定的一个常数。因此,如果将临界概率表示成 $p_c(N) \sim N^z$,则幂指数 $z = -k/l$ 就是一个与系统规模无关的数。由此看来,在随机图理论中,与系统规模无关的临界值并不是连接概率,而是连接概率的与系统规模无关的标度指数。

从(3.2.4)式可以直接得到以下几个重要的结论:

(a) 存在 k 阶树的临界概率为 $p_c(N) = cN^{-k/(k-1)}$;

(b) 存在 k 阶环的临界概率为 $p_c(N) = cN^{-1}$;

(c) 存在 k 阶完全子图的临界概率为 $p_c(N) = cN^{-2/(k-1)}$。

令连接概率 $p \sim N^z$,则出现各种子图的临界概率可以用 z 来表示。从图 3-8 可以看出,出现 4 阶树的临界值为 $z = -4/3$,出现四阶完全图的临界值为 $z = -2/3$,而出现 5 阶完全图的临界值为 $z = -1/2$。

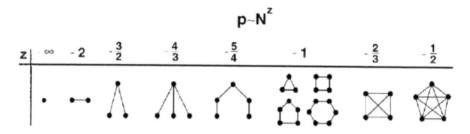

图 3-8　在随机图中出现各种子图的临界概率 $p \sim N^z$

3.2.2　广义随机图

为了区别于度分布为泊松分布的随机网络,我们称具有任意给定度分布的网络为广义随机网络或广义随机图(generalized random graph)。

记 $G_{N,D}$ 为所有满足如下条件的网络所构成的系综:(1) 有 N 个节点;(2) 各节点的度构成的序列为 $D = \{k_1, k_2, \cdots, k_N\}$,其中 D 可视为来自给定分布 $P(k)$ 的一组样本,$\sum_{k=1}^{N} k_i = 2K$,K 为网络中边的总数。$G_{N,D}$ 中的每个元素称为一个位形（configuration）。

Bender 和 Canfield（1978）介绍了一个被称为配置模型（configuration model）的方法，以产生具有给定度序列 D 的网络样本。方法很简单，给每个节点 i 配置 k_i 条"半边"（half-edges），然后每条"半边"与其他节点的"半边"随机配对形成一条连接两个节点的完整的边。这个过程将以相同的概率产生 $G_{N,D}$ 的每一个位形。由于每个节点的"半边"是不可分辨的，因此由这个过程生成的 $G_{N,D}$ 的位形数共有 $\prod_i (k_i!)$ 个，并且出现每一种情况都是等可能的。

任选系综 $G_{N,D}$ 中的一个位形，设节点度的分布列为 $\{p_k\}$，则其相应的生成函数为

$$G_0(s) = \sum_{k=0}^{\infty} s^k p_k \tag{3.2.5}$$

由于任选一条边，沿着该边到达的节点度恰好为 k 的概率正比于 kp_k。因此沿着任选的一条边所到达的节点度的生成函数为

$$\frac{\sum_k k p_k s^k}{\sum_k k p_k} = s \frac{G'_0(s)}{G'_0(1)} \tag{3.2.6}$$

由（3.2.6）式，节点剩余度的分布列为 $\{q_k\}$，其中 $q_k = (k+1)p_{k+1} / \sum_k k p_k$，于是，相应于节点剩余度分布的生成函数为

$$G_1(s) = \sum_k q_k s^k = \frac{\sum_k k p_k s^{k-1}}{\sum_k k p_k}$$
$$= \frac{G'_0(s)}{G'_0(1)} = \frac{1}{z_1} G'_0(s) \tag{3.2.7}$$

其中是节点度的平均值。

任选一个节点，记为 A_0，其所有邻居的集合记为 A_1，称 A_1 中的元素为 A_0 的一级近邻。由（3.2.7）式，从初始节点 A_0 出发，任选一条边所到达的节点剩余度的生成函数为 $G_1(s)$。如果将从 A_0 出发的边看作是指向邻居的"入边"（in-edges），则剩余度可理解为邻居"出边"（out-edges）的数量。将一级近邻中所有出边到达的节点记为 A_2，则 A_2 中的元素称为 A_0 的二级近邻。由于一级近邻中任选一条出边到达其他一级近邻，即构成一个三角形环的概率与 N^{-1} 成正比。因此，当 $N \to \infty$ 时，可以认为 A_2 的元素与 A_1 不相容。这样网络就可以被认为是一个树状的（tree like）分支图。

设 A_0 的度为 k，一级近邻 A_1 中 k 个节点的剩余度分别为 $k_1, k_2, \cdots, k_k$，则根

据前面的讨论，可以认为 $k_1,k_2,\cdots,k_k$ 相互独立，且二级近邻 A_2 的数量就是 $\sum_{i=1}^{k}k_i$，这是随机个随机变量之和。由于 k 的生成函数为 $G_0(s)$，k_i 的生成函数为 $G_1(s)$，则由第二章关于生成函数的性质(6)和(2.2.8)式知，二级近邻 A_2 的数量 $\sum_{i=1}^{k}k_i$ 的生成函数为 $G_0(G_1(s))$。

以此类推，三级近邻数量的生成函数为 $G_0(G_1(G_1(s)))$。于是二级近邻数的平均值为：

$$z_2 = \left[\frac{\mathrm{d}}{\mathrm{d}s}G_0(G_1(s))\right]_{s=1} = G'_0(1)\,G'_1(1) = G''_0(1) \qquad (3.2.8)$$

不过需要注意的一点是，虽然一级近邻数的平均值 $z_1 = \langle k \rangle = G'_0(1)$，二级近邻数的平均值为 $z_2 = G''_0(1)$，但并没有更一般的结论，即 m 级近邻数的平均值并不一定等于 $G_0^{(m)}(1)$。

网络的集丛(component 或 cluster)定义为连通的子图，而巨集丛(giant component 或 giant cluster)则是指其规模与 N 同阶的集丛。

随机地选一条边，顺着这条边所能到达的节点的总数，即所能到达的集丛的大小，是一个随机变量，将该随机变量的生成函数记为 $H_1(s)$。若顺着这条边首先到达的节点的剩余度为 k，即该节点的"出边"有 k 条，则顺着每一条"出边"能够到达的节点的数量 $l_1,l_2,\cdots,l_k$ 相互独立且都有相同的生成函数 $H_1(s)$，并且从初始边出发所能到达的节点总数为 $1+\sum_{i=1}^{k}l_i$。考虑到剩余度的生成函数为 $G_1(s)$，有

$$H_1(s) = \langle s^{1+\sum_{i=1}^{k}l_i} \rangle = s\langle s^{\sum_{i=1}^{k}l_i} \rangle = sG_1(H_1(s)) \qquad (3.2.9)$$

如果我们不是从任选的一条边出发，而是从任选的一个节点出发，则此时所能到达的节点总数在形式上仍为 $1+\sum_{i=1}^{k}l_i$，不过此时 k 不再是节点的剩余度，而是度本身，其生成函数为 $G_0(s)$。因此，从任选的一个节点出发所能到达的节点总数的生成函数为

$$H_0(s) = sG_0(H_1(s)) \qquad (3.2.10)$$

因此，从原则上说，一旦 $G_0(s),G_1(s)$ 给定，根据方程(3.2.9)和(3.2.10)就可以解得 $H_0(s),H_1(s)$，并进而利用生成函数的性质进一步得到集丛大小的分布。不过，值得指出的是，就一般的情形这两方程相当复杂难解。但是根据方程，还是能够得到关于解的一些性质。

由方程(3.2.9)，对每个固定的 $s<1$，可以证明，$H_1(s)$ 是下列方程的一个根：

$$t = sG_0(t) \qquad (3.2.11)$$

总结一下，有如下一些结果。

令 p_s 为从一条边出发所能到达的节点总数（所到达的集丛的大小）恰好为 s 的概率，则有

（1）$s\,p_s$ 等于所到达的集丛大小有一个有限截断的概率 x（而 $1-x$ 等于存在巨集丛的概率）；

（2）生成函数 $H_1(s)$ 由方程式（3.2.11）的唯一的根所给出，而且 $H_1(s) \leqslant x$。

因此，如果 $H_1(1) = 1$，即 $x = \sum_s p_s = 1$，则表明此时不存在巨集丛。若 $x = \sum_s p_s < 1$，则表明有 $1-x$ 的概率存在巨集丛。因此，在上面讨论与集丛大小分布 $\{p_s\}$ 相应的生成函数 $H_1(s)$ 时，是把巨集丛排除在外的。

3.2.3 集丛的平均大小、相变和巨集丛

由于度分布服从参数为 $z = \langle k \rangle$ 的泊松分布，因此其生成函数为

$$G_0(s) = \mathrm{e}^{-z} \sum_{k=0}^{\infty} \frac{z^k s^k}{k!} = \mathrm{e}^{z(1-s)} \tag{3.2.12}$$

设 x 是随机图中不属于巨集丛的节点所占的比例，它表示随机选定的一个节点不属于巨集丛的概率。一个节点不在巨集丛的概率等于其邻居全都不在巨集丛的概率。因此，如果一个节点的度为 k，则它不属于巨集丛的概率就是 x^k。考虑到节点度服从泊松分布，由全概率公式，有

$$x = \sum_{k=0}^{\infty} p_k x^k = G_0(x) \tag{3.2.13}$$

令 $S = 1-x$，则 S 表示任选一个节点属于巨集丛的概率，即巨集丛所占据的随机图的比例，由（3.2.12）式和（3.2.13）式，得

$$S = 1 - \mathrm{e}^{-zS} \tag{3.2.14}$$

方程（3.2.14）没有显式解，但是可以看出，当 $z < 1$ 时，它的唯一的非负解为 $S = 0$，此时表明不存在巨集丛。当 $z > 1$ 时，存在一个非零解，即巨集丛存在的概率为正。因此，在 $z = 1$ 处产生了相变。

在不存在巨集丛的情况下，由（3.2.10），任选一个节点所在集丛的大小的平均值为

$$\langle s \rangle = H'_0(1) = 1 + \frac{G'_0(1)}{H'_1(1)} \tag{3.2.15}$$

又根据（3.2.9），有

$$H'_1(1) = 1 + G'_1(1)\,H'_1(1) \tag{3.2.16}$$

因此,有

$$\langle s \rangle = 1 + \frac{G'_0(1)}{1 - G'_1(1)} = 1 + \frac{z_1^2}{z_1 - z_2} \tag{3.2.17}$$

其中 z_1, z_2 分别是一级近邻和二级近邻的平均数量。

由(3.2.17)式,可知当 $G'_1(1) = 1$ 时,$\langle s \rangle = \infty$,此时有相变发生,即巨集丛的涌现。由(3.2.5)式和(3.2.7)式可知

$$G'_1(1) = \frac{1}{z} G''_0(1) = \frac{\sum_{k=1}^{\infty} k(k-1) p_k}{\sum_{k=1}^{\infty} k p_k} \tag{3.2.18}$$

于是 $G'_1(1) = 1$,即存在巨集丛的相变条件可以写成

$$\sum_k k(k-2) p_k = 0 \tag{3.2.19}$$

事实上,从(3.2.16)还可以推出:若 $G'_1(1) > 1$,或

$$\sum_k k(k-2) p_k > 0 \tag{3.2.20}$$

则 $\langle s \rangle = H'_1(1) = \infty$。因此,巨集丛存在的条件为(3.2.20)式。这与 Molloy 和 Reed(1998) 的结果一致。

若 $H_1(1) = x < 1$,则由前面的讨论,任选的一个节点属于巨集丛的概率 $S > 0$,此时,若将巨集丛排除在外,则归一化后,集丛大小的分布变为 $\{p_s/H_1(1)\}$,生成函数为 $H_1(s)/H_1(1)$。于是,将巨集丛排除在外后,集丛的平均大小为

$$\langle s \rangle = \frac{H'_0(1)}{H_0(1)} = \frac{1}{H_0(1)} \left[G_0(H_1(1)) + \frac{G'_0(H_1(1)) G_1(H_1(1))}{1 - G'_1(H_1(1))} \right]$$

$$= 1 + \frac{zx^2}{(1-S)(1-G'_1(x))} \tag{3.2.21}$$

对于随机网络,$G_0(s) = G_1(s) = e^{z(s-1)}$,$S = 1 - x = 1 - e^{-zS}$,将他们代入 (3.2.21) 式,得

$$\langle s \rangle = \frac{1}{1 - z + zS} \tag{3.2.22}$$

3.2.4 集丛规模分布的标度行为

下面我们讨论集丛规模分布的渐近行为。

在接近于发生相变的临界点,假设相应于生成函数 $H_0(x)$ 的集丛规模分布 P_s 具有如下的标度形式:

$$P_s \sim s^{-\alpha} e^{-s/s_c}, s \gg 1 \tag{3.2.23}$$

其中 s_c 是集丛的截断规模。下面我们利用生成函数来确定 α 和 s_c。

截断参数 s_c 与生成函数 $H_0(x)$ 的收敛半径有关。设收敛半径为 $|x^*|$，则有

$$s_c = \frac{1}{\ln|x^*|} \tag{3.2.24}$$

其中 x^* 是 $H_0(x)$ 的最接近于原点的奇点（Newman et al.，2001）。由 (3.2.10)，$H_0(x) = xG_0(H_1(x))$。因此，x^* 可能来自 $G_0(x)$ 的奇异性，也可能来自 $H_1(x)$ 的奇异性。

由于 $G_0(x) = \sum_{k=0}^{\infty} x^k p_k$ 在 $|x| \leqslant 1$ 时绝对收敛，因此在 $|x| \leqslant 1$ 内不存在奇点，于是其第一个奇点在单位区间之外。

因为 $H_1(x) \leqslant 1-S$（S 表示任选一个节点属于巨集丛的概率），并且 $H_1(1) = 1$，因此，$H_1(x)$ 的第一个奇点 x^* 在临近相变处趋于 1。

综上所述，在充分接近相变处，x^* 来自 $H_1(x)$ 的奇点。

令 $w = H_1(x)$，则 $x = H_1^{-1}(w)$。由于 $H_1(x) = xG_1(H_1(x))$，即

$$x = \frac{w}{G_1(w)} \tag{3.2.25}$$

记 $w^* = H_1(x^*)$，则由于 x^* 是 $H_1(x)$ 的奇点，因此 $H_1^{-1}(w)$ 在 w^* 处的导数应该为零，即

$$\frac{dH(w)}{dw}\bigg|_{w=w^*} = 0 \tag{3.2.26}$$

或者

$$G_1(w^*) - w^* G_1'(w^*) = 0 \tag{3.2.27}$$

由于在相变处，$G_1(1) = G_1'(1) = 1$，因此方程的解为 $w^* = x^* = 1$，并且 $s_c \to \infty$。利用 (3.2.25) 式将 $x = H_1^{-1}(w)$ 在 $w^* = 1$ 附近展开，可得

$$H_1^{-1}(1+\varepsilon) = 1 - \frac{1}{2} G_1''(1)\varepsilon^2 + O(\varepsilon^3) \tag{3.2.28}$$

只要 $G_1''(1) \neq 0$，$H_1(x)$ 和 $H_0(x)$ 就具有如下的标度形式：

$$H_0(x) \sim (1-x)^\beta, x \to 1 \tag{3.2.29}$$

其中 $\beta = \frac{1}{2}$。

由 (3.2.23)，$H_0(x)$ 可以写成如下的形式：

$$H_0(x) = \sum_{s=0}^{M-1} P_s x^s + C \sum_{s=M}^{\infty} s^{-\alpha} e^{-s/s_c} x^s + \varepsilon(M) \tag{3.2.30}$$

其中 C 是常数，$\varepsilon(M)$ 根据标度拟设应该远小于第二项。由于第一项是多项式，不

存在奇异性,因此 $H_0(x)$ 的奇异性来自第二项。由此方程,指数 β 可以写成:

$$\beta = \lim_{x \to 1} \left[1 + (x-1) \frac{H''_0(x)}{H'_0(x)} \right]$$

$$= \lim_{M \to \infty} \lim_{x \to 1} \left[\frac{1}{x} + \frac{x-1}{x} \frac{\sum\limits_{s=M}^{\infty} s^{2-\alpha} x^{s-1}}{\sum\limits_{s=M}^{\infty} s^{1-\alpha} x^{s-1}} \right]$$

$$= \lim_{M \to \infty} \lim_{x \to 1} \left[\frac{1}{x} + \frac{1-x}{x \ln x} \frac{\Gamma(3-\alpha, -M \ln x)}{\Gamma(2-\alpha, -M \ln x)} \right] \quad (3.2.31)$$

在最后一个等式中,因为 M 很大,所以用积分替代求和。最后可得:

$$\alpha = \beta + 1 = \frac{3}{2} \quad (3.2.32)$$

上式在 $G''_1(1) \neq 0$ 时对一切度分布均成立。

3.2.5 近邻的数量以及平均路径长度

将任选的一个节点视为"始祖",它的所有一级近邻视为第一代,二级近邻视为第二代,以此类推,将 m 级近邻视为第 m 代,则网络任选节点的度分布所对应的生成函数为 $G_0(x)$ 同时也是一级近邻数的生成函数。根据前面的讨论,二级近邻数的生成函数为 $G_0(G_1(x))$。一般地,令

$$G^{(m)}(x) = \begin{cases} G_0(x), & m = 1 \\ G^{(m-1)}(G_1(x)), & m \geqslant 2 \end{cases} \quad (3.2.33)$$

则 $G^{(m)}(x)$ 就是第 m 代群体的后代数或者 m 级近邻数的生成函数。于是,m 级近邻的平均数为

$$z_m = \frac{\mathrm{d}G^{(m)}(x)}{\mathrm{d}x} \bigg|_{x=1} = G'_1(1) \frac{\mathrm{d}G^{(m-1)}(x)}{\mathrm{d}x} \bigg|_{x=1} = G'_1(1) z_{m-1} \quad (3.2.34)$$

由于 $z_1 = z = \langle k \rangle = G'_0(1)$,因此

$$z_m = \left[G'_1(1) \right]^{m-1} G'_0(1) = \left[\frac{z_2}{z_1} \right]^{m-1} z_1 \quad (3.2.35)$$

根据这个结果,我们可以估计任选两个节点之间最短路径的特征长度 l,其所基于的方程为

$$1 + \sum_{m=1}^{l} z_m = N \quad (3.2.36)$$

利用(3.2.35)式,可得

$$l = \frac{\ln \left[(N-1)(z_2 - z_1) + z_1^2 \right] - \ln z_1^2}{\ln(z_2/z_1)} \quad (3.2.37)$$

在通常的情况下，$N \gg z_1$，$z_2 \gg z_1$，则上式可近似写成

$$l = \frac{\ln(N/z_1)}{\ln(z_2/z_1)} + 1 \qquad (3.2.38)$$

基于两点理由，(3.2.38)式只是一个近似。首先，这个公式成立的条件就是近似的，精确的答案取决于网络的详细结构。其次，它假设从任选的一个节点出发可以到达所有其他的节点，但这并不总是成立的。比如，在巨集丛不存在的情况下，就不能用(3.2.38)式。即使是巨集丛存在，它也并不覆盖整个网络。此时一种处理的方法是在(3.2.38)式中用 NS 代替 S，其中 S 是巨集丛在整个网络中所占的比例。

不过，尽管有这些局限，但是公式(3.2.38)所表明的一些特征还是值得关注的。

(1) 任意两个节点之间的平均距离，不管度服从什么分布，都与网络规模 N 的对数成正比，即

$$l = A + B\ln N \qquad (3.2.39)$$

其中 A,B 是常数。这个结果在一些特殊的场合已为人所熟知。

(2) 虽然平均最短距离是网络的一个宏观量，但是却可以被两个反映局部性质的微观 z_1，z_2 所刻画。因此，对于像熟人网络之类的社会网络，可以通过实测获得局部量的经验数据来估计节点之间的平均距离。

(3) 这个公式表明，在计算平均最短距离时，只有一级近邻和二级近邻的平均数才是重要的。于是，不管两个网络的度分布有怎样的差异，只要有相同的 z_1，z_2，就会有相同的平均最短距离。

对于度分布为泊松分布的随机网络，$z_1 = z$，$z_2 = z^2$，因此有 $l = \ln N/\ln z$，而这是一个熟知的结果。

在本节的讨论中，我们大量使用了生成函数这一工具，并得出了很多有关广义随机图的有意义的结果。但是在实际的网络中，节点往往具有聚集成团的趋势，这使得近邻的关系具有传递性，因此必然导致近邻节点的度相关性比较明显，从而在应用生成函数要用到的近邻节点度之间一个非常重要的性质 —— 独立性不再适用。这是生成函数在实际应用中的一个局限。

§3.3 小世界网络与无标度网络

3.3.1 小世界网络

早在 1967 年,Stanley Milgram 提出一个"六度分离"(Six Degrees of Separation) 假设,即世界上的任意两个人,可以通过朋友(熟人)关系联系起来。你可能是我朋友的朋友,或者我朋友的朋友的朋友,依次类推,总能联系起来。但(你我中间需要通过他们才能联系的)朋友的个数是很小的,平均不超过 6 个。这基于这样一个数学推理,假设每个人认识 100 个朋友,那么 $1 \times 100^5 = 100$ 亿,这已远远超过世界上所有人口了。Milgram 做过邮包传递实验,要求实验者传递一个邮包给一个素不相识的陌生人,但只能通过熟人来传递。他惊讶地发现,最好的结果只需两个人就可以把邮包送到。

这种个体之间存在紧密联系的"小世界"现象在现实世界中有很多实例,例如在数学家的合作论文中,合作者之间存在 Erdös 值(Erdös Number)。统计结果表明,任何数学家,他同 Erdös 关联起来的平均值即 Erdös 值为 3。1998 年,Watts 和 Strogatz 进一步提出了"小世界网络"理论。所谓"小世界网络",一般而言是指其具备两个最基本的特征,其一是平均路径长度较小,其二是聚集系数较大。

他们统计了电影明星网、电力网、C. elegans 蠕虫的神经网中节点的平均距离,发现这些网络表现了明显的小世界网络的特征(见表 3-4)。

表 3-4 给出了三个真实网络的特征路径长度 l 和聚集系数 C 与节点数量(n)相同以及每个节点拥有边的平均数量相同的随机网络之比较。其中,演员网:$n = 225226, k = 61$;电力网:$n = 4941, k = 2.67$;蠕线虫:$n = 282, k = 14$。所有三个网络都显示了小世界现象:实际的平均路径长度 L_{actual} 略大于 L_{random},但聚集系数 C_{actual} 远远大于 C_{random}。

表 3-4 小世界网络的实际案例

	L_{actual}	L_{random}	C_{actual}	C_{random}
电影演员合作网	3.65	2.99	0.79	0.00027
电力网	18.7	3.4	0.080	0.005
蠕线虫	2.65	2.25	0.28	0.05

为了对小世界网络的生成机制有一个更为直观的认识,Watts 和 Strogatz 给

出了如下的简单模型：

（1）对于有 N 个节点，每个节点有 k 条边的环形网格（ring lattice）规则网络，假设 $N \gg k \gg \ln(N) \gg 1$；

（2）以概率 p 重连（rewiring）它的边。约束条件为两个节点间的边数不能多于一条边，节点没有边与它自身相连接（无自环）。这一过程引进了 $pNk/2$ 条长距离边，这使得一些原本相距其远的节点之间产生了捷径（shortcut）。

显然，当 $p = 0$ 时，相当于各边未动，还是规则网络；当 $p = 1$ 时，所有的边均随机重新连线，就变成了随机网络。建立这个模型的目的是要研究当 $0 < p < 1$ 时的网络性质。图 3-9 给出了规则网络向随机网络变化的示意过程。

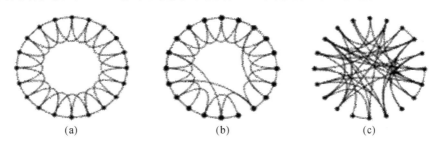

(a)　　　　　　　　　(b)　　　　　　　　　(c)

图 3-9　在不改变网络图中节点和边的数量的情况下，在规则环形图形和随机网络之间插入随机改写连线过程。我们从由 **N** 个节点的环形开始，每个节点由无向边连到它的 **k** 个近邻。图中 **N = 40，k = 4**

为了揭示小世界网络的特征 —— 小路径长度和高聚集系数的存在，考虑把聚集系数 $C(p)$ 和平均路径长度 $L(p)$ 作为连接可能性 p 的一个函数。对于环形规则网络，$L(0) \approx N/2k \gg 1$ 并且 $C(0) \approx 3/4$。因此，规则网络的聚集系数虽然比较大，但由于其具有较大的平均路径长度（与系统的大小呈线性关系），从而不具备小世界的特点。另一方面，当 $p \to 1$ 时，模型转换为随机网络图，其中 $L(1) \sim \ln(N)/\ln(k)$，同时 $C(1) \sim k/N$。因此随机网络的平均路径较短，但其聚集系数却很小，仍然缺乏小世界网络的特点。

于是，从规则网络和随机网络的情形来看，似乎大的聚集系数总是与大的平均路径长度相应，而小的集群系数总是与小的平均路径长度相应，从而表面上的印象是小世界网络存在似乎是不太可能的。然而，Watts 和 Strogatz 却发现了一个 p 值的宽阔区间，在这一区间内，$L(p)$ 接近于 $L(1)$，而 $C(p) \gg C(1)$。由图 3-10 可以看出，对于 p 取小值时，$L(p)$ 快速下降，而 $C(p)$ 却几乎不变，导致小世界网络的特征 —— 高集群度和小特征路径长度的涌现。

Watts 和 Strogatz 所构造的模型虽然简单，但得到的结论却相当深刻。它导致了更多关于小世界网络的研究。由于在前面的模型中,网络的性质被视为主要是重连概率 p 的函数,而对于网络规模 N 以及近邻数 k 对网络性质的影响则基本上没有被关注。因此,将网络的性质视为多变量 p,N,k 的函数,以此进一步考察当这些变量发生变化时网络性质的标度行为便成为随后工作的一个热点。

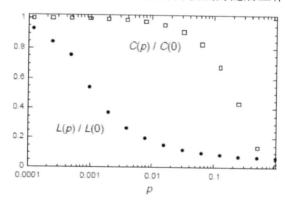

图 3-10　Watts-Strogatz 模型的特征长度 $L(p)$ 相对于 $L(0)$ 和聚集系数 $C(p)$ 相对于 $C(0)$ 关于 p 的变化趋势

在小世界网络模型中,重连概率 p 决定了捷径的数量密度,而捷径直接决定了平均路径长度的大小。Newman 和 Watts 考虑了当 p 很小时,平均路径长度的标度行为。设网络的节点数为 L,则根据小世界网络的构造方法可知,平均捷径数为 pLk。因此,综合前面的讨论,当 $pLk < 1$ 时,可以预期平均路径长度 l 随着 L 线性增长,当 $pLk > 1$ 时,可以预期 l 以 $\log L$ 为标度。于是,满足 $pLk \approx 1$ 的系统处于相变的临界点。因此,随着系统规模的增大,当 $L = \xi \sim p^{-1}$ 时系统将发生相变。反过来也可以看出,当 $N \to \infty$ 时,系统发生相变的临界点是 $p = 0$。

考虑到其他学者的一些工作,Newman 和 Watts 对于平均路径长度给出如下的标度拟设(Newman et al.,2001):

$$l = \begin{cases} Lf(p^r L), & k = 1 \\ \dfrac{L}{k}f(p^r kL), & k > 1 \end{cases} \quad (3.3.1a)$$

其中

$$f(x) = \begin{cases} C, & x \ll 1 \\ \dfrac{\ln x}{x}, & x \gg 1 \end{cases} \quad (3.3.1b)$$

因此,平均路径长度有两个标度区域,分别对应平均捷径数很小或很大的区域,而后者是小世界特性显现的区域。

运用重正化群（renormalization group）的方法，Newman 和 Watts 证明了 $\tau = 1$。这个结果与其他学者的 $\tau = 2/3$ 有较大出入。为了验证自己的标度拟设以及结果，Newman 和 Watts 做了数值计算，结果如图 3-11 所示。图中，网络的规模用 L 表示。可以发现，当 $\tau = 1$ 时数据塌缩现象非常明显，而 $\tau = 2/3$ 时则相对较差。

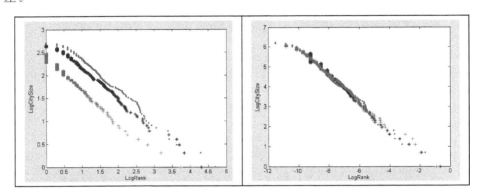

图 3-11　数值计算显示 **lk/L** 关于 **pkL** 的函数图形，可以发现数据塌缩现象很明显，表明本文的方法和结论是正确的。右上方的插图是 $\tau = 2/3$ 的情形，可以看出数据塌缩现象不明显

前面讨论的网络是具有周期边界的一维线性格点模型。Newman 和 Watts 进一步将其结果推广到 d 维格点的情形。设 L 为一维线性规模，则运用重正群的方法可以得出如下的标度拟设：

$$l = \frac{L}{k} f((pk)^{1/d}L) \qquad (3.3.2)$$

数值计算结果表明，数据塌缩现象很明显。图 3-12 显示了二维情形的计算结果。

计算机病毒在计算机网络上的蔓延，传染病在人群中的流行，谣言在社会中的扩散，新思想在科学界的传播，新的营销手段在市场中的蔓延，等等，都可以看作是服从某种规律的网络传播行为。如何去描述这种传播行为，揭示它的特性，寻找出对该行为进行有效控制的方法，一直是数学家、物理学家和计算机学家共同关注的焦点。小世界现象的存在，对于解释这些现象具有深刻的启示意义。人们常说的"天网恢恢，疏而不漏"似乎也可以得到新的理解：从犯罪现场的蛛丝马迹中顺藤摸瓜，在经过不多的环节后就可以将犯罪嫌疑人锁定在某一个范围内。

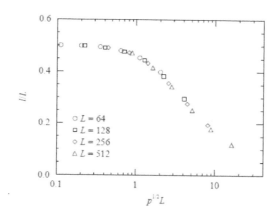

图 3-12 二维平面格点模型的数据塌缩现象

3.3.2 无标度网络的静态模型

采用上一节提到的"配置模型"可以得到度分布服从幂律的无标度网络,它是广义随机图的一种特殊情况,我们将其称为静态无标度网络(static scale-free networks)。所谓静态,在这里是为了强调网络度分布是给定的,而不关心这个分布是如何演化而来的。

我们采用如下包含了指数截断形式的度分布:

$$p_k = Ck^{-\gamma}e^{-k/\kappa}, k \geqslant 1 \tag{3.3.3}$$

其中 γ,κ 是常数。采用(3.3.3)式的理由有两点:其一是许多真实的网络都呈现出这个截断形式;其二是它对任意的 γ 都可以规范化,而不仅仅是只针对 $\gamma \geqslant 2$。

利用概率分布的规范化或归一化条件,可得 $C = [Li_\gamma(e^{-1/\kappa})]^{-1}$,其中 $Li_n(x)$ 是 n 阶多对数函数(polylogarithm):

$$Li_n(x) = \sum_{k=1}^{\infty}\frac{x^k}{k^n} \tag{3.3.4}$$

关于多对数函数,有几点需要说明一下。

(1)$Li_n(1) = \zeta(n)$ 是黎曼 ζ 函数;

(2)关于导数,有以下两个常用的结果:

$$\frac{dLi_n(x)}{dx} = \frac{1}{x}Li_{n-1}(x) \tag{3.3.5}$$

$$\frac{dLi_n(e^\mu)}{d\mu} = Li_{n-1}(e^\mu) \tag{3.3.6}$$

根据(3.3.3)式,与度分布对应的生成函数为

$$G_0(x) = \frac{Li_\gamma(xe^{-1/\kappa})}{Li_\gamma(e^{-1/\kappa})} \tag{3.3.7}$$

类似地，与节点剩余度对应的生成函数为

$$G_1(x) = \frac{Li_{\gamma-1}(xe^{-1/\kappa})}{xLi_{\gamma-1}(e^{-1/\kappa})} \tag{3.3.8}$$

利用前面讨论过的生成函数的性质以及与网络统计性质之间的关系，有下列一些结果：

（1）一级近邻平均数为：

$$z = G'_0(1) = \frac{Li_{\gamma-1}(e^{-1/\kappa})}{Li_\gamma(e^{-1/\kappa})} \tag{3.3.9}$$

（2）二级近邻平均数为：

$$z_2 = G''_0(1) = \frac{Li_{\gamma-2}(e^{-1/\kappa}) - Li_{\gamma-1}(e^{-1/\kappa})}{Li_\gamma(e^{-1/\kappa})} \tag{3.3.10}$$

（3）任选一条边所到达的节点属于巨集丛的概率为：

$$S = 1 - G_0(x) = 1 - \frac{Li_\gamma(xe^{1/\kappa})}{Li_\gamma(e^{1/\kappa})} \tag{3.3.11}$$

其中等于任选一条边所到达的节点属于有限规模集丛规模的概率，它是方程 $x = G_1(x)$ 的最小非负实根。对于度服从纯幂律的网络（$\kappa \to \infty$），方程 $x = G_1(x)$ 变为

$$x = \frac{Li_{\gamma-1}(x)}{x\zeta(\gamma-1)} \tag{3.3.12}$$

于是，对于 $\gamma \leqslant 2$ 的情形，由于 $\zeta(\gamma-1) = Li_{\gamma-1}(1) = \sum_{k=1}^{\infty} \frac{1}{k^{\gamma-1}} = \infty$，故 $x = 0$，从而 $S = 1$。也就是说，如果 $\gamma \leqslant 2$，则顺着任何一条边所到达的节点属于巨集丛的概率为1。当 $\gamma > 2$ 时，$x = 1$ 是最小非负解，从而 $S = 0$。这就意味着，如果 $\gamma > 2$，则即使对于无限大的网络规模（$\kappa \to \infty$），也只有有限规模的集丛，即它们是非连通的。

（4）平均路径长度为

$$l = \frac{\ln N + \ln[Li_\gamma(e^{-1/\kappa})/Li_{\gamma-1}(e^{-1/\kappa})]}{ln[Li_{\gamma-2}(e^{-1/\kappa})/Li_{\gamma-1}(e^{-1/\kappa}) - 1]} + 1 \tag{3.3.13}$$

它在 $\kappa \to \infty$ 时极限为

$$l = \frac{\ln N + \ln[\zeta(\gamma)/\zeta(\gamma-1)]}{ln[\zeta(\gamma-2)/\zeta(\gamma-1) - 1]} + 1 \tag{3.3.14}$$

当 $\gamma < 3$ 时，此时没有有限的正实值，表明此时必须为度分布确定一个有限的截断 κ。

考察的结果表明，实际网络的平均路径长度总体上来说要比广义随机网络

的平均路径长度要大（见表 3-5）。它表明了度分布并不能唯一地确定网络的拓扑结构，实际网络的拓扑结构中包含着非随机的一面。

表 3-5 中，l_{real}，l_{rand}，l_{pow} 分别表示实际网络、随机网络和服从幂律分布的广义随机网络的平均路径长度。

表 3-5 一些无标度网络的统计指标（Albert et al.，2002）

Network	Size	$\langle k \rangle$	κ	$Your$	Yin	l_{real}	l_{rand}	l_{pow}
WWW	325 729	4.51	900	2.45	2.1	11.2	8.32	4.77
WWW	4×10^7	7		2.38	2.1			
WWW	2×10^8	7.5	4000	2.72	2.1	16	8.85	7.61
WWW，site	260000				1.94			
Internet，domain*	3015—4389	3.42—3.76	30—40	2.1—2.2	2.1—2.2	4	6.3	5.2
Internet，router*	3888	2.57	30	2.48	2.48	12.15	8.75	7.67
Internet，router*	150000	2.66	60	2.4	2.4	11	12.8	7.47
Movie actors*	212250	28.78	900	2.3	2.3	4.54	3.65	4.01
Co-authors，SPIRES*	56627	173	1100	1.2	1.2	4	2.12	1.95
Co-authors，neuro.*	209293	11.54	400	2.1	2.1	6	5.01	3.86
Co-authors，math.*	70975	3.9	120	2.5	2.5	9.5	8.2	6.53
Sexual contacts*	2810			3.4	3.4			
Metabolic，E. coil	778	7.4	110	2.2	2.2	3.2	3.32	2.89
Protein，S. cerev.*	1870	2.39		2.4	2.4			
Ythan estuary*	134	8.7	35	1.05	1.05	2.43	2.26	1.71
Silwood Park*	154	4.75	27	1.13	1.13	3.4	3.23	2
Citation	783339	8.57			3			
Phone call	53x106	3.16		2.1	2.1			
Words，co-occurrence*	460902	70.13		2.7	2.7			
Words，synonyms*	22311	13.48		2.8	2.8			

事实上，在上面利用生成函数作为研究广义随机网络的工具时，用到了分支过程的一些结果。运用分支过程来研究网络的一个前提是，我们所考虑的网络是树状（tree-like）的，即二级近邻与一级近邻的交集可以忽略不计。但是实际网络往往有聚集的特性，这样二级近邻里包含了相当数目的一级近邻。这一事实用朋

友网络的术语来说就是"朋友的朋友还是朋友"。这个事实导致了不同聚集体之间捷径数量的匮乏,从而加大了网络的平均路径长度。从表 3-5 中可以看出,社会网络中这种倾向更加普遍。

对于度分布服从 $\kappa \to \infty$ 时纯幂律的情形,可以得到聚集系数具有下面的关系式:

$$C \sim N^{-\beta}, \beta = \frac{3\gamma - 7}{\gamma - 1} \tag{3.3.15}$$

在很多网络中,当 $2 \leqslant \gamma \leqslant 3$ 时,聚集系数会表现出一些有趣的行为。如果 $\gamma > 7/3$,则 C 随着网络规模的变大而趋于 0,但它趋于 0 的速度当 $\gamma < 3$ 时要比随机图的 $C \sim N^{-1}$ 慢。如果 $\gamma = 7/3$,C 变成常数或者为网络规模的对数。如果 $\gamma < 7/3$,C 将随着网络规模的增加而增加。因此对于较小指数 γ 的无标度网络,即使连接方式是完全随机的,也会经常见到大的聚集系数。这个机制能够说明像 WWW 之类的网络中的许多聚集现象。

3.3.3　无标度网络的演化模型

如果网络的增长以及年龄过程对网络的结构及其性质的形成并不起决定性的作用,则静态无标度网络模型是关于很多实际网络的一个很好的描述。但是更多的时候,实际网络的结构及其性质由系统的动力学演化机制所决定。前面介绍的 B-A 模型就是有关这方面的一个很好例子。

但是 B-A 模型只是一种理论模型,由该模型预测的幂律分布指数为 $\gamma = 3$。然而,这个模型有很明显的局限性。因为,实际网络的演化机制显得更加的多样化。从实际网络中测得的指数一般都在 1～3 之间取值。因此,为了更加完整地认识复杂网络的演化机制,学者们提出了另外的一些模型。

3.3.3.1　基于适应度的竞争网络

B-A 模型假设所有节点的度以相同的动力学指数 $\beta = 1/2$ 的幂律方式增长,从而最老的节点度数最大,因为他们有最长的生存时间来积累度数。另外,如果两个节点同时进入系统,那么如果忽略掉可能的随机涨落,那么在任何时候都具有几乎相同的连接。然而在现实网络中,节点的度及其增长速率并非只取决于年龄。例如万维网中的一些网页通过良好的内容和宣传策略,在非常短的时间内就获取了大量的链接;一些论文比其他同等论文被更多地引用;某些年轻的演员一夜成名从而片约不断,使得该演员所代表的节点度迅速增长;由于性格以及为人处事的原则不同,某些人具有更多的朋友并且朋友的数量并不与年龄成正比;等等。从中我们可以看到,某些节点度的增长速率远远高于系统内的其他节点。

Bianconi 和 Barabasi(2000) 指出,由于每个节点都有靠消耗其他节点而竞争获得连接边的本能,因此实际的网络具有竞争的态势。把节点 i 获取连接边的能力用一个参数 η_i 来表示,称为 i 的适应度。设 $\eta_1,\eta_2,\cdots$ 是取自分布为 $\rho(\eta)$ 的样本。每一个新节点与系统中已存在的 m 个节点相连。系统内已存在的节点 i 被新节点连接的概率 Π_i 既依赖于它的连接度 k_i,又依赖于它的适应度 η_i,具有如下形式:

$$\Pi_i = \frac{\eta_i k_i}{\sum_j \eta_j k_j} \qquad (3.3.16)$$

(3.3.16)式所表达的广义偏好依附意味着连接度和适应度联合决定了节点度数的增长率。即使是一个相对年轻的节点,只要它有足够高的适应度,也可以以较高的速率获得新的连接。

运用平均场理论方法,可得度分布为:

$$P(k) \sim \frac{k^{-C-1}}{\ln(k)} \qquad (3.3.17)$$

即服从对数广义幂律(倒对数校正)。

图 3-13 比较了不同模型的度分布。最上面的实线是由公式(3.3.17)所预测结果的数值模拟,短虚线是没有对数校正的 $\gamma = 2.225$ 的幂律曲线,长虚线是 B-A 模型预测的结果。

上面所介绍的基于适应度的复杂网络模型的本质是强调不同节点之间的竞争性。每一个节点通过竞争争夺有限的连线资源,由(3.3.16)式可以看出,适应度高的节点具有更高的可能性获得连接,适应度低的节点所具有的连接在整个系统中的比例将随着时间的推移越来越小。在社会网络中,高适应度意味着个体具有较高的技能;在贸易网络中,高适应度意味着市场节点具有良好的经营环境和服务质量;在科学引文网中,高适应度意味着文章具有重大意义的发现;等等。

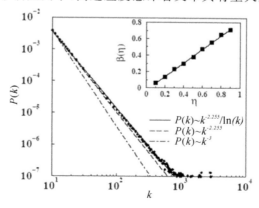

图 3-13　不同模型的度分布比较,其中 $m = 2, N = 10^6$;右上插图显示的是当 $\rho(\eta)$ 为均匀分布时 $\beta(\eta)$ 与 η 之间的关系

但是,上面所介绍的模型还是相对简单的,因为每一个节点的适应度假设为是被给定的且与时间无关。事实上,正如我曾经所反复强调的,每个主体的适应度函数是在与环境的相互作用过程中被确定的。这里环境包括系统中存在的其他主体。因此,复杂网络中每一个节点与不同的节点连接其适应度是不同的。每一个节点在选择与什么样的节点连接都会考虑能够自己带来什么样的"好处",而这决定了连接的"价值"。比如由于空间距离的客观存在,即使外地有更好的市场环境,你也可能会选择与当地的企业合作。于是,每一条边的价值往往是不同的,它取决于多种因素。

3.3.3.2　B-A 模型的推广

根据前面的讨论,生成无标度网络的 B-A 模型中,一个重要的机制是偏好依附,即假设获取新边的可能性随着节点度的增加而增加 —— 一个节点连接到某节点的概率 $\pi(k)$ 与该节点的度 k 成正比。B-A 模型的这一假设隐含着两个更为基本的前提:第一,相对于连接概率为常数 p 的随机网络,$\pi(k)$ 是一个取决于 k 的变量;第二,$\pi(k)$ 是 k 的线性函数。

关于第一个前提,学者们通过对科学合作网、引文网、演员合作网、国际互联网的实证研究证实了这一点,并且在每一种情况下 $\pi(k)$ 都具有幂律的形式:

$$\pi(k) \sim k^a \tag{3.3.18}$$

但是幂指数 α 并不总是等于1,对于神经科学合作网和演员合作网,呈现出亚线性的特征,其中 $\alpha \approx 0.8 \pm 0.1$。

Krapivsky,Redner 和 Leyvraz(2000)研究了非线性的 $\pi(k)$ 对网络动力学性质和拓扑结构的影响。在一有向网络中,他们用变化率方程法计算了在 t 时刻有条"入边"和一条"出边"的节点的平均数 $N_k(t)$,其中 $N_k(t)$ 满足

$$\frac{\mathrm{d}N_k(t)}{\mathrm{d}t} = \frac{1}{M_a}\big[(k-1)^a N_{k-1}(t) - k^a N_k(t)\big] + \delta_{k1} \tag{3.3.19}$$

其中 $M_a = \sum_k k^a N_k(t)$ 是 $N_k(t)$ 的 α 阶矩。(3.3.19)式可以这样来理解:

(1) 在时刻 t 度为 k 的节点平均数 $N_k(t)$ 与两个量直接相关,即稍早时刻度为 $k-1$ 的节点平均数 $N_{k-1}(t-\Delta t)$ 和度为 k 的节点平均数 $N_k(t-\Delta t)$。

(2) 在时刻 t 进入的新节点如果与度为 $k-1$ 的节点相连[其概率与 $(k-1)^a$ 成正比],则导致 $N_k(t)$ 的增加,如与度为 k 的节点相连(其概率与 k^a 成正比),则导致 $N_k(t)$ 的减少。

综合以上两点可以解释(3.3.19)式中的前面两项。考虑到只有一条"出边"的新节点,即 $k=1$ 的情形,就有了第三项。

根据 α 的值,可以确定如下两种不同状态。

（a）亚线性状态（$\alpha < 1$）。

在 $t \gg 1$ 的区域内，有 $M_a(t) = \mu t$，其中 μ 为待定因子，满足 $1 \leqslant \mu = \mu(\alpha) \leqslant 2$。把 $M_a(t)$ 和 $N_k(t) = p_k t$ 代入（3.3.19）式，可得：

$$p_k = \frac{\mu}{k^a} \prod_{j=1}^{k} \left(1 + \frac{\mu}{j^a}\right)^{-1} \tag{3.3.20}$$

它具有如下的渐近行为：

$$p_k \sim \begin{cases} k^{-\alpha}\exp\left[-\mu\left(\dfrac{k^{1-\alpha} - 2^{1-\alpha}}{1-\alpha}\right)\right], & \dfrac{1}{2} < \alpha < 1 \\[3mm] k^{\frac{\mu^2-1}{2}}\exp\left[-2\mu\sqrt{k}\right], & \alpha = \dfrac{1}{2} \\[3mm] k^{-\alpha}\exp\left[-\mu\,\dfrac{k^{1-\alpha}}{1-\alpha} + \dfrac{\mu^2}{2}\dfrac{k^{1-2\alpha}}{1-2\alpha}\right], & \dfrac{1}{3} < \alpha < \dfrac{1}{2} \end{cases} \tag{3.3.21}$$

（b）超线性状态（$\alpha > 1$）。

此时，方程（3.3.19）无解析解，但其离散的差分方程可以通过递归的方式来确定 $N_k(t)$ 当 $t \to \infty$ 时的主要行为。当 $\alpha > 2$ 时将涌现"赢者通吃"的现象：几乎所有的节点都只有一条边，它们全都"凝聚"向某一个节点，称该节点为"凝聚节点"（gel node），它拥有了网络中其他所有的边。当 $3/2 < \alpha < 2$ 时，具有两条边的节点数以 $t^{2-\alpha}$ 的方式增长，而多于两条边的节点数却仍然是有限的。凝聚节点依然拥有其余的边。一般地，当 $(l+1)/l < \alpha < l/(l-1)$ 时，多于 l 条边的节点数有限，而 $k \leqslant l$ 时，$N_k \sim t^{k-(k-1)\alpha}$。

总之，从 Krapivsky，Redner 和 Leyvraz 的研究结果看，网络的无标度性被非线性偏好依附破坏了。网络拓扑结构无标度的唯一状态是偏好依附的方式为渐近线性的，即当 $k_i \to \infty$ 时，$\pi(k_i) \sim \alpha_\infty k_i$。在这种状态下，变化率方程导致

$$p_k \sim k^{-\gamma}, \quad \gamma = 1 + \frac{\mu}{\alpha_\infty} \tag{3.3.22}$$

这样，度分布指数可以在 2 到 ∞ 之间加以调节。

B-A 模型的另一个机制是线性增长，即节点和边的数量随时间线性增长，它导致了网络的平均度为常数的结果。但是，实证的结果显示：国际互联网 1997 年 11 月的平均度为 3.42，而一年以后 1998 年 12 月增加到 3.96；万维网的平均度在 Border 等人测试的 5 个月中从 7.22 增加到 7.86；科学合作网在 8 年中连续增长；等等。平均度增长的事实表明，实际网络中边的数量比节点数量增长快，呈现非线性增长的特性，这种现象称为加速增长。

下面讨论非线性增长对网络动力学性质和拓扑结构的影响。

Dorogovtsev 和 Mendes（2001）分析研究了有向网络中加速增长对度分布的影响。在该模型中，每一步增添一个新节点，然后获得来自系统内随机选取的 n

个节点的 n 条入边。另外有 $c_0 t^\theta$ 条新边以如下的方式分布:每一条边从随机选取的一个节点以概率 $\pi(k_{in}) \propto A + k_{in}$ 指向另一个节点具有入度 k_{in} 的节点。研究表明,由指数 θ 控制的增长速度,不会改变度分布的无标度性,但其指数则修正为

$$\gamma = 1 + \frac{1}{1 + \theta} \tag{3.3.22}$$

Barabási 等人受合作网络演化的启发研究了一个无向网络模型。在该模型中,新节点被加入到以常速率增长的网络,然后将这些新节点以偏好连接的方式连接到系统的 b 个节点,其概率为

$$p_i = b \frac{k_i}{\sum_j k_j} \tag{3.3.23}$$

另外,在每个时间间隔,数量线性增长的边在节点之间分配(其数量为网络中已有节点的 a 倍),在节点 i 和节点 j 之间增添一条边的概率为

$$p_i = \frac{k_i k_j}{\sum_{i \neq j} k_i k_j} N(t) a \tag{3.3.24}$$

式(3.3.24)中,$N(t)$ 为系统中的节点数。这两个过程导致了网络的平均度以 $\langle k \rangle = 2t + 2b$ 的方式随时间线性增长。这个结果与实际合作网络的测度结果一致。运用连续域理论得到的结果表明,时间相关的度分布在临界点 k_c 发生交叉行为,其中

$$k_c = \sqrt{b^2 t} \left(2 + \frac{2at}{b} \right)^{3/2} \tag{3.3.25}$$

当 $k \ll k_c$ 时,度分布服从幂律,幂指数为 $\gamma = 1.5$,当 $k \gg k_c$ 时,指数 $\gamma = 3$。由于随着时间的增加,$k_c \to \infty$,因此这个结果表明随着时间的增加 $\gamma = 1.5$ 的标度行为变得明显。

关于网络增长的方式还有很多种,比如说内部边的移除和重新连接,老龄化和连接成本,网络行走等,都会影响增长的方式。

对于偏好依附和增长机制的不同理解,就会得到不同的网络演化模型,并进而涌现出不同的标度行为。

3.3.4　加权网络

如果两个主体之间存在相互作用,则可以用连接这两个主体(节点)之间的一条边来表示。这种表示方法使得我们可以从网络的视角来研究和分析复杂系统的结构、功能和动力学性质。但是到现在为止,我们所讨论的网络均为无权网络。在无权网络中,邻接矩阵 $G = (g_{ij})_{N \times N}$ 的元素 g_{ij} 非 0 即 1,仅表示顶点之间

的边存在或不存在两种情况。显然,无权网络只能给出节点之间的相互作用是否存在的定性描述,而对于节点之间所存在的相互作用在强度方面所表现出来的差异则并不在考虑范围之内。

然而,在很多情况下,节点之间相互作用的强度对于网络的整体性质起着非常关键的作用:神经网络中的连接权重对于网络功能的实现至关重要;在关于大脑皮层微回路的研究中,发现神经元突触之间的连接在学习和认知过程中并不改变,只是突触之间连接强度的变化使大脑皮层产生了新的功能;食物链网络中捕食关系及其强度的多样性,以及新陈代谢反应速率之间的差别是维持生态系统和新陈代谢网络稳定的重要因素;在社会系统中,相互作用强度对网络上的疾病传播等过程产生重要影响;Internet 网络上的带宽、航空网中两个机场间航班的数量或者座位数、科学家合作网中的合作次数等都是影响系统性质的重要因素。此时,仅用一条边表示连接与否的无权网络描述方式已不能准确反映实际网络的细致结构及其功能,为此需要引入边权(link weight)来刻画相互作用强度的差异性,从而形成加权网络(wighted networks)。

加权网络研究的核心问题是:理解网络拓扑、物理过程和权重分布三者之间的匹配关系对网络功能的影响。现实网络的结构和功能往往是通过这三者之间的相互作用而涌现出来的。通过研究加权网络可以加深对实际网络的理解,同时对优化网络的功能具有一定的指导意义。

以下的内容主要参考了 Boccaletti et al.(2006)和李梦辉等(2006)的文章。

3.3.4.1　加权网络的统计性质

边权代表个体间相互作用的强度。如何赋予每一条边的权重在实际网络中并没有一个统一的标准。当实际问题存在着物理权重时,如电阻网络边上的阻值、Internet 网络上的带宽、贸易网络中口岸之间的距离以及化学反应网络中的反应速率等等,问题相对容易处理一些,直接把相关物理量看作边权即可。但是对于其他包含相似关系、亲密程度等社会关系的网络,就需要把两点间相互作用的某种属性转化为权重,尤其是当系统中包含多个层次的相互作用关系的时候,就必须仔细研究其加权方式了。

另外,权重原则上应分为相异权(dissimilarity weight)和相似权(similarity weight)两种。相异权的权值越大表示关系越疏远,而相似权则相反,权值越大表示关系越密切。例如,对于国际贸易网,如果以口岸之间的距离作为边权,那么它就是相异权,如果以口岸之间往来的货物吞吐量作为权重,那么它就是相似权。但是如果把相异权的权重做一个变换,把原来权重的某个递减函数作为调整后的权重,那么所有的加权网络就都可以视为相似权。因此,为了能够用权重的概念统一描述网络,以下对权重的性质不再区分,均视为相似权。

无权网络可以用矩阵 $G = (g_{ij})_{N \times N}$ 来表示,其中 $g_{ij} = 1$ 表示节点 i 与 j 间有边相连,而 $g_{ij} = 0$ 则表示节点 i 与 j 间无边相连。类似地,有 N 个节点的加权网络也可以用矩阵 $W = (w_{ij})_{N \times N}$ 来表示,其中 w_{ij} 表示连接节点 i 与 j 之间边的权重。当 $w_{ij} > 0$ 时,有 $g_{ij} = 1$,表示节点 i 与 j 之间有边相连且该边的权重为 w_{ij}。当 $w_{ij} = 0$ 时,有 $g_{ij} = 0$,此时表示节点 i 与 j 之间无边相连。这样,矩阵 $W = (w_{ij})_{N \times N}$ 就完整描述了加权网络。

(1) 节点强度、强度分布和相关性

在加权网中,与节点度 k_i 相对应的自然推广就是点强度或点权(node strength),它的定义为

$$s_i = \sum_{j \in N_i(G)} w_{ij} \tag{3.3.26}$$

其中 $N_i(G)$ 为节点 i 的一级近邻。点强度既考虑了节点的近邻数,又考虑了该节点与近邻之间边的权重,是该节点局域信息的综合体现。当边权与网络的拓扑结构无关时,度为 k 的节点强度为 $s(k) \approx \langle w \rangle k$,其中 $\langle w \rangle$ 为边权的平均值。当边权与拓扑结构具有相关性时,点强度与度的函数关系一般为 $s(k) \approx Ak^\beta$,其中 $\beta = 1, A \neq \langle w \rangle$ 或者 $\beta > 1$。

对于一个给定的节点 i,即使度 k_i 和强度 s_i 的值给定,边权的分布情况仍然会有不同。有可能所有边的权重 w_{ij} 都与 s_i/k_i 同阶,也有可能只有少数几条边的权重占统治地位。节点 i 的权重分布的差异性(disparity in the weight)定义为:

$$Y_i = \sum_{j \in N_i(G)} \left[\frac{w_{ij}}{s_i} \right]^2 \tag{7.3.27}$$

根据定义,Y_i 描述了与节点 i 相连的边上权重分布的离散程度,并且由于 $N_i(G)$ 为节点 i 的一级近邻,因此 Y_i 还与 k_i 之间存在着关系。如果所有边的权重相差不大,则 Y_i 与 k_i 同阶;如果只有一条边的权重占统治地位,则 $Y_i \approx 1$,即此时 Y_i 独立于 k_i。

任选一个节点,其强度恰好为 s 的概率记为 $R(s)$,它连同度分布 $P(k)$ 为分析加权网络提供了有用的信息。比如,由于节点强度和节点度的相关性,因此可以预期在加权网络中 $R(s)$ 也具有"厚尾"的特征,随着 $P(k)$ 缓慢衰减。

之前我们利用节点剩余度的概念以及相邻节点度值之间的相关系数来衡量节点间的匹配关系。实证研究发现,度值为 k 的节点与其他节点相连的概率与 k 有关。记 $P(k' \mid k)$ 为度值为 k 的节点与度值为 k' 的节点相连的条件概率,则有 $\sum_{k'} P(k' \mid k) = 1$。令

$$k_{nn}(k) = \sum_{k'} k' P(k' \mid k) \qquad (3.3.28)$$

则 $k_{nn}(k)$ 表示度值为 k 的节点的一级近邻平均度值,可以用来刻画度值为 k 的节点与其他节点度值的相关关系。对于不存在相关关系的网络,$k_{nn}(k)$ 与 k 无关。在实际的统计分析中,可以通过对节点 i 的近邻平均度(average nearest neighbors degree)的分析得到网络的相关匹配性质,其中节点 i 的近邻平均度定义为

$$k_{nn,i} = \frac{1}{k_i} \sum_{j \in N_i(G)} k_j \qquad (3.2.29)$$

上式是对节点 i 的所有一级近邻求和。由上式也可以计算出所有度值为 k 的节点的一级近邻平均度值 $k_{nn}(k)$。若 $k_{nn}(k)$ 为 k 的增函数,则网络是同相匹配的(assortative);若 $k_{nn}(k)$ 为 k 的减函数,则网络是负向匹配的(disassortative)。

对于加权网络而言,除了上述的度值相关匹配关系外,还可以类似地讨论点强度的相关匹配关系。与(3.3.29)式类似,节点 i 的加权平均近邻度(weighted average nearest neighbors degree)定义如下:

$$k_{nn,i}^w = \frac{1}{s_i} \sum_{j \in N_i(G)} w_{ij} k_j \qquad (3.3.30)$$

这是根据归一化的权重 w_{ij}/s_i 计算出的局域的加权平均近邻度,它可以用来刻画加权网络的相关匹配性质。当 $k_{nn,i}^w > k_{nn,i}$ 时,具有较大权重的边倾向于连接具有较大度值的节点;当 $k_{nn,i}^w < k_{nn,i}$ 时,则恰好相反,即具有较大权重的边倾向于连接具有较小度值的节点。所以,对于相互作用强度(权重)给定的边,$k_{nn,i}^w$ 表明它与具有不同度值的节点之间的亲和力。同理,也可以计算所有度值为 k 的节点 $k_{nn,i}^w$ 的平均值 $k_{nn}^w(k)$,该值度量了考虑了相互作用强度以后网络的相关匹配关系。

(2)加权网络最短路径

计算连接网络任意两点之间的路径长度,是网络分析中的课题之一。对于嵌入在欧式空间的网格,连接节点之间的路径长度可以看作是两点间的欧氏距离,对于无权网络,连接两个节点之间的路径长度可以看作是其间边的数量。对于一般的加权网络,每条边的长度可以看作是权重的某函数。例如,由于权重的大小表示节点之间的亲密程度,因此权重大的边可以认为长度要小一些,因此一种简单的办法就是将连接节点 i 与 j 之间的边的长度定义为 $l_{ij} = 1/w_{ij}$。在无权网中,经过边数最少的路径即为两点间的最短路径,但是在加权网中,由于每条边权重值的差异,路径的长度不再满足三角不等式,从而导致经过边数最少的路径不一定是两点间的最短路径。假设节点 i 和 k 通过两条权重分别为 w_{ij} 和 w_{jk} 的边相连,则节点 i 和 k 之间的距离 $l_{ik} = w_{ij}^{-1} + w_{jk}^{-1} = (w_{ij} + w_{jk})/w_{ij}w_{jk}$。以此为基础,

就可以获得任意连续路径的距离值，进而可以得到加权网络中任意两点间的最短距离以及网络的平均最短距离。而其他统计量，如介数，也可以在此基础上计算了。

（3）加权聚集系数

节点的聚集系数反映了该节点的一级近邻之间的集团性质，近邻之间联系越紧密，该节点的聚集系数越高。在无权网络聚集系数的基础上，发展了加权网络聚集系数的概念，比如 Barrat 等人定义的节点 i 的加权网络聚集系数为：

$$C_B^w(i) = \frac{1}{s_i(k_i - 1)} \sum_{j,k} \frac{w_{ij} + w_{jk}}{2} g_{ij} g_{jk} g_{ki} \tag{3.3.31}$$

Onnela 等考虑了三角形三条边上的权重的几何平均值，定义了相应的加权网络聚集系数：

$$C_O^w(i) = \frac{1}{k_i(k_i - 1)} \sum_{j,k} (w_{ij} w_{jk} w_{ki})^{1/3} \tag{3.3.32}$$

其中，w_{ij} 为经过网络中的最大权重 $\max w_{ij}$ 标准化后的数值。

不过，上述的定义中都存在这样或者那样的问题。Peter Holme 等人比较细致地分析了加权网络的聚集系数，指出它应该符合以下几条要求：

（a）聚集系数的值应介于 0 与 1 之间；

（b）当加权网络退化为无权网络时，加权网的聚集系数应该与 Watts — Strogatz 所定义的聚集系数（见（3.1.23）式）的计算结果相一致；

（c）权值为 0 表示不存在这条边；

（d）包含节点 i 的三角形中三条边对 $c^w(i)$ 的贡献应该与边的权重成正比。

在上述规则的基础上，Peter Holme 等人首先把（3.1.23）式所定义的聚集系数重写成下面的形式：

$$c(i) = \frac{\sum\limits_{j,k} g_{ij} g_{jk} g_{ki}}{\sum\limits_{j,k} g_{ij} g_{ki}} \tag{3.3.33}$$

根据（3.3.33）式，考虑到三角形中任一条边对聚集系数的贡献，可以写出加权网的聚集系数如下：

$$c_H^w(i) = \frac{\sum\limits_{j,k} w_{ij} w_{jk} w_{ki}}{\max\limits_{i,j} w_{ij} \sum\limits_{j,k} w_{ij} w_{ki}} \tag{3.3.34}$$

除了上述基本网络统计量以外，人们对其他网络性质也在加权网络上进行了推广。比如 Onnela et al.（2007）就提出了一个系统的方法，把模体（motifs）的分析推广到了加权网络上。由于边权增加了刻画系统性质的维数，建立相应的概念,研究加权网络上特殊的统计性质,仍然是目前加权网络研究中的一个重要内容。

3.3.4.2 一些加权网络的实证结果

加权网络引入了节点之间相互作用的强度,刻画了连接的多样性,增加了网络的抽象刻画能力;同时,边权的引入也极大地丰富了网络的统计性质。除了由边决定的连接外,对于加权网络还必须关注与权重有关的统计性质,特别是权重和拓扑的相关性,这为理解相应系统的组织结构提供了一个新的视角。许多实证研究表明,加权网络表现出了丰富的统计性质和无标度行为。下面简要介绍一些典型的实际系统以及相应的实证分析结果。

(1)生物网络

在细胞网络、基因相互作用网络、蛋白质网络以及其他的细胞分子调控行为中,拓扑结构起着重要作用。最近的研究表明,相互作用强度也具有非常关键的作用。Almaa 等人把 E. coli metabolism 中的新陈代谢反应看作加权网络进行研究,其中把从代谢物 i 到 j 的流量看作边权 w_{ij}。观察到的流量具有高度的非均匀性,在理想的培养条件下,边权(流量)的分布符合幂律分布:

$$P(w) \propto (w_0 + w)^{-\gamma_w} \tag{3.3.35}$$

其中 $w_0 = 0.0003, \gamma_w = 1.5$。

此外,还发现给定两端度值,边的权重平均值和两个端点度值的关系为 $\langle w_{ij} \rangle \sim (k_i k_j)^\theta$,其中 $\theta = 0.5$。除了全局流量分布的非均匀性外,通过公式(3.3.27)计算 Y_i,还可以观察到在单个代谢物的层面上边权分布的非均匀性。在此网络上对出度和入度相同的顶点计算边权的差异性,发现它们都服从 $Y(k) \sim k^{-0.27}$,这是一种介于常数和 $Y(k) \sim k^{-1}$ 之间的中间状态,说明一个代谢物参与的化学反应越多(被消耗或被生产),其中的某一个化学反应携带主要流量的可能性就越高。

Tieri 等人研究了人类免疫系统中细胞间的通信过程。他们把这一过程抽象为加权有向网络,其中节点代表不同种类的细胞,边代表细胞间的响应关系,权重 w_{ij} 则表示细胞 i 所分泌的能影响细胞 j 的可溶性介质的种类数。研究结果表明,免疫细胞加权网络是一个高度非均匀的网络,极少数的可溶性介质在调解不同细胞种类间的相互作用中起着中枢作用。

(2)社会网络

科学家合作网、电影演员合作网、E-mail 网络以及人际关系网等等都是典型的社会网络,其中许多网络的拓扑性质,如科学家合作网和电影演员合作网都得到了深入研究。比如 Newman 给出了科学家合作网的基本统计性质,发现科学家合作网既有小世界网络的性质，又有无标度网络的特征。而 Barabási 则主要研究了科学家合作网的演化性质。在无权的科学家合作网中，科学家是网络中的节点，如果两位科学家至少合作过一篇文章，则对应的节点之间连有边。在实际情况中许多科学家之间合作过多次，无权网仅用边的存在与否给出了他们之间的定性关系，不足以说明他们的亲密程度，因此需要把合作的次数转化为权重来区分亲密程度的差异性。

以科学家合作网为例，Newman 定义了科学家合作网的权重：

$$w_{ij} = \sum_{p} \left(\frac{\delta_i^p \delta_j^p}{n_p - 1} \right) \tag{3.3.36}$$

其中 p 包括了数据库中的所有文章，如果 i 是文章 p 的作者之一，则 $\delta_i^p = 1$，否则 $\delta_i^p = 0$，n_p 表示文章 p 中作者的数目。归一化因子 $n_p - 1$ 考虑了合著者的多少对合作关系的影响。从平均效果来看，合作者较少时作者之间的相互关系应该更加紧密，同时这一定义使得点强度 s_i 与作者 i 和其他人合作的文章数相等。

利用 Newman 的权重定义，Barrat 等根据电子网站 arxiv.org 上 1995 年至 1998 年之间关于凝聚态方面的文章，研究了相应的科学家合作网。研究发现，点强度的分布 $P(s)$ 与度分布 $P(k)$ 的情况类似，都有厚尾（heavy tail）现象。点强度的平均值 $s(k)$ 与度的关系表现为线性关系 $s(k) = \langle w \rangle k$，表明权重与网络的拓扑结构之间是相互独立的；而 $c(k)$ 的实证结果表明，度值小的节点的集聚系数会更高，表明合作者较少的科学家之间在一起合作的机会更大一些。当 $k \geqslant 10$ 时，以（3.3.31）式计算的加权集聚系数的平均值 $c^w(k)$ 会大于 $c(k)$。k 较大的作者通常为一个科研团队的核心，$c^w(k)$ 大于 $c(k)$ 表明他有与其合作者合作发表更多文章的趋势。有影响力的科学家会促成一个稳定的研究集体，他们的大部分文章产生于这个集体之中。$k_{nn}(k)$ 和 $k_{nn}^w(k)$ 均以 k 的幂函数形式增加，说明科学家合作网中体现了社会网络的正向相关匹配特性。

下面重点介绍我国学者的部分工作。

已有的关于科学家合作网的研究工作大部分只考虑了科学家之间的合著关系，把合作发表文章的次数转化为权。当关心科学思想在科学家之间的传播和相互影响时，仅仅考虑合著关系就不够了。在科学家合作网中，合著、引用乃至一些非正式的讨论都是交流、传播思想的方式，只是贡献不同而已。因此，如果希望通过网络分析挖掘科学家在科学研究上的内在关联，就必须考虑不同层次相互作用的贡献，而网络连接的权重就需要综合考虑层次和强度两个方面。此时，对于同一种相互作用，需要考虑相互作用强度的差别，比如合著关系，不仅边的存在与否至关重要，合著的次数也是非常有用的信息；同时，还必须考虑引用和致谢的贡献，并考虑相应的强度。总的来说，主要关心的并不是交流事件本身，而是希望通过各种不同的交流形式,来反映科学家思想交流的深层结构,尽管不得不通过相关事件的形式和次数来获得这些信息。

　　基于上述思想,北京师范大学狄增如教授的小组收集了 1992—2004 年发表的经济物理学(econophysics)方面的文章,包括 808 篇文章和 819 位作者。从数据库中可以得到任意两位作者之间的合作、引用和致谢三种关系的次数,记录为 (S_1, S_2, x, y, z),作者 S_1 与作者 S_2 合作 x 次,引用作者 S_2 的文章 y 次,并且在 S_1 文章中的致谢里对作者 S_2 感谢 z 次。另外,为了保证数据的完备性,只计算了数据库内的文章的引用次数和对数据库内的作者的致谢次数。

　　事实上,可以把整个数据看作三个不同的网络:合著网络、引用网络和致谢网络,但是从思想的传播和交流以及学科领域的发展来看,应该把这三种关系综合在一起考虑,看作一个网络进行研究,把不同层次的交流和相应次数转化为边上的权重。因此,采用了以下的赋权方式,把每条边上的合作、引用和致谢的权重综合成为一个权重:

$$w_{ij} = \sum_{\mu} w_{ij}^{\mu} \tag{3.3.37}$$

其中 $\mu = 1, 2, 3$ 分别表示合著、引用和致谢关系,w_{ij}^{μ} 是三种关系的对应权重,定义为:

$$w_{ij}^{\mu} = \tanh(\alpha_{\mu} T_{ij}^{\mu}) \tag{3.3.38}$$

其中 T_{ij}^{μ} 是第 μ 种关系的次数。

　　直观上说,次数越多关系越亲密,但是随着次数的增加,新事件对亲密程度的贡献越来越小,即新事件对亲密程度的贡献具有边际递减效应。因此在 (3.3.38) 式中引入了具有饱和效应的 tanh 函数将次数转化为权重,来刻画次数和亲密程度之间的非线性效应。假定三种相互作用关系对权重的贡献也是不同的,用参数 α_{μ} 表示。在研究经济物理学科学家合作网络时,$\alpha_1, \alpha_2, \alpha_3$ 分别取值为 0.7, 0.2, 0.1。

　　边权 w_{ij} 对应于两节点间的亲密程度,属于相似权。为了方便计算网络中节点间的距离,需要把相似权转化为相异权 $\widetilde{w}_{ij} = 3/w_{ij}$,所以 $\widetilde{w}_{ij} \in [1, \infty)$。如此则可以和网络中的距离相对应了。

　　引用和致谢有方向的,因此经济物理科学家合作网是一个加权有向网。

　　图 3-14 和图 3-15 显示了关于该网络的一些统计结果。图中可以看出,度和点权分布具有与其他实证研究类似的定性结果。图 3-15 给出了网络的点介数的 Zipf 排序图。某个节点在该曲线上的位置可以说明相应科学家在该领域中的研究地位。其中标出了 E. Stanley 和张翼成在图中的位置。众所周知,在经济物理学的发展过程中,Stanley 在对经济数据的时间序列分析的市政工作和建模中都

做了开创性的工作,比如股票价格和企业规模中的工作;张翼成在少数者博弈方面也有很大的贡献。另外,从网络结构随时间的演化,可以从网络分析的观点来反映相关学科科学研究的发展,以及科研工作者地位的变化。

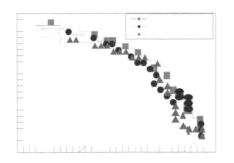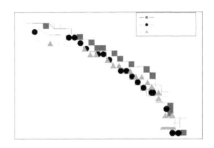

图 3-14　经济物理学家合作网络的度和点权的 Zipf 图

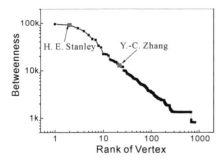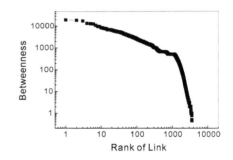

图3-15　点介数和边介数的 Zipf 排序图(点介数图中标出了 Stanley 和张翼成的位置)

(3) 技术网络

在一些基础设施网络中,例如 Internet,铁路网,地铁网和航空网中,输运过程中的流量可以自然地转化为权重。Barrat 等人分析了全球航空网络,把两机场 i 和 j 之间的航班的有效座位数作为机场间的权重 w_{ij}。而李炜等人在研究中国航空网时,把两机场 i 和 j 之间的航班数作为机场间的权重 w_{ij}。在对不同的数据进行研究时,发现这些网络都具有小世界网络和无标度网络的特征。特别是度分布表现为如下形式:$P(k) = k^{-\gamma} f(k/k_c)$,其中 $\gamma = 2.0$,且 $f(k/k_c)$ 是指数截断函数,与一个机场能够运作的最大航线数有关。点强度分布呈现出幂律尾,并且边权和度具有一定的相关性:平均来讲,边权与边的两端节点的度值的函数关系为 $\langle w_{ij} \rangle \sim (k_i k_j)^\theta$,其中指数 $\theta = 0.5$。点强度和度之间的关系服从幂律函数关系 $s(k) \approx A k^\beta$,其中 $\beta = 1.5$,这说明机场越大,处理交通流量的能力就越强。

在航空网中,对加权集聚系数、近邻平均度等物理量的统计,得到了比科学家合作网络更加丰富的现象。例如,当无权的集聚系数随着 k 的增加而下降时,Barrat 加权集聚系数 $c^w(k)$ 在所有的度值 k 上变化不大,这说明航线较多的机场与相邻机场具有形成大流量航线的趋势,这恰好能抵消由于度值增大而降低的网络拓扑集聚系数,而维持加权集聚系数不变。由于大交通流量是与枢纽联系在一起的,因此在网络中度值较高的节点会趋向于和度值相等或更高的节点形成集团。这一结论仅仅通过对相应无权网的分析是得不到的。对相应无权网络的相关性分析表明,只有在度值较小的节点上,$k_{nn}(k)$ 才能显现出正向相关匹配特征。当 $k > 10$ 时,$k_{nn}(k)$ 会趋于一个常数值,表明该类网络连接没有相关性,即无论节点的度值的大小如何,节点都具有非常相似的近邻结构。但是,在所有 k 的取值范围内,对加权 $k_{nn}^w(k)$ 的分析表明,网络具有显著的正向相关特征,给出了与无权网络不同的图景。这表明航线较多的机场对其他大机场具有较强的吸引力,主要的流量将在它们之间产生。

§3.4 复杂网络上的自组织临界性

2003 年 8 月 14 日,美国东北部和加拿大部分地区发生大面积停电,影响人口达 5000 万。根据官方调查的结论,这次事故的起因是俄亥俄州的一条 345kV 输电线路(Camberlain-Harding)跳开,由此引发一场雪崩式的连锁反应,并最终导致系统崩溃。

复杂系统大规模全局性的灾难往往起因于系统中极小部分组元的失效,这正是复杂系统的脆弱性之所在。

我们在前面的讨论中曾经指出,复杂系统脆弱性的根源在于其特有的网络拓扑结构。由于节点的度服从幂律分布,使得网络中存在着极少数具有大量连接的中枢节点,这些节点构成了复杂网络的"阿喀琉斯之踵",源于这些节点的失效会迅速在网络中蔓延并导致系统瘫痪。

在第二章中,我们在规则网格中讨论了 BTW 模型和 B-S 模型。但是正如本章前面所讨论的那样,包括电网在内的大多数现实网络既不是完全规则也不是完全随机的,而是介于这两种极端情况之间的一种网络,即所谓的无标度网络或复杂网络。因此,以复杂网络作为基本的平台来研究雪崩动力学模型,如 BTW 雪崩模型和 B-S 雪崩模型等,具有理论和现实的双重价值。

3.4.1 小世界网络中的 B-S 模型

在第二章我们以自组织临界性理论为框架讨论了 B-S 雪崩模型。该模型能表现出间歇的动力学行为,即所谓的断续平衡:每个物种在长时期内都处在几乎没有什么变化的过程中——"豫滞期",并不时地被突发事件所打断。在第二章中,关于 B-S 模型的研究是在规则网络上展开的。本节我们介绍小世界网络中 B-S 模型的一些结果。

一般网络框架中的 B-S 模型定义如下:

给定一个节点数为 N 的网络,网络的每个节点代表一个物种,每个物种 i 的适应度初值为服从[0,1]上均匀分布的一个随机数 $f_i(i=1,2,\cdots,N)$,模型的演化规则为:

(1)在每个时间段,找出系统的最小适应度的物种,设为 j,并重新赋予[0,1]上的一个新随机数;

(2)取区间[0,1]上 z_1 个随机数赋给节点 j 的所有一级近邻物种(z_1 是节点 j 的所有一级近邻数)。

将上述的两个演化步骤不断地重复下去。在经典 B-S 模型的有关研究中,人们已发现,模型将演化到一个与适应度的初值无关的自组织临界态。比如,隙距函数 $G(s)$ 是一个阶梯函数,而这个阶梯函数到达临界状态 f_c 时,意味着系统已经处于自组织临界态。

回顾一下 Watts 和 Strogatz 给出的小世界模型构造规则:

(1)对于有 N 个节点,每个节点有 k 条边的环形网格(ring lattice)状的规则网络,假设 $N\gg k\gg\ln(N)\gg 1$;

(2)以概率 p 重连(rewiring)它的边。约束条件为两个节点间的边数不能多于一条边,节点没有边与它自身相连接(无自环)。这一过程引进了 $pNk/2$ 条长距离边,这使得一些原本相距甚远的节点之间产生了捷径(shortcut)。

仍然用 $C(p)$ 和 $L(p)$ 表示网络的聚集系数和平均路径长度,并且对于每一个节点,引入指标 g_i:

$$g_i = 1 - \frac{D_i - \min_{(j)} D_j}{\max_{(j)} D_j - \min_{(j)} D_j} \tag{3.4.1}$$

$$D_i = \sum_{j=1}^{N} d(i,j) \tag{3.4.2}$$

其中 $d(i,j)$ 是节点 i 与 j 之间的最小距离,即从 i 到达 j 所需的最小连接数。由于 D_i 表示从节点 i 出发到达所有节点的最小距离之和,因此从直观上来看,若 D_i 大,则节点 i 的连通性较差;反之,则连通性较好。因此,若节点 i 具有最好的连通性,即 $D_i = \min_{(j)} D_j$,则 $g_i = 1$;若节点 i 具有最差的连通性,即 $D_i = \max_{(j)} D_j$,则 $g_i = 0$。指标 g_i 可以作为节点 i 连通性的一个度量,故将其称为连通度(connectance)。

下面我们在小世界网络中观察 f_0 雪崩的动力学特性。

Kulkarni et al.（1999）分别就 $N = 2000$ 以及 $p = 0, 0.01, 0.04$ 和 0.1 的情形做了计算模拟，并且对每一种非规则的网络（$p \neq 0$），各取 10 次样本。为了获得较为精确的结果，在 SOC 平稳状态特征均出现以后继续运行了 5×10^9 个时间单位。虽然对于不同的重连概率 p，网络的拓扑结构有所不同，但是计算的结果表明存在数据塌缩的现象，计算所得的量都位于相同的曲线上。以下我们讨论 $p = 0$ 和 $p = 0.01$ 两种情形，因为它们已经抓住了从规则网络到小世界网络的基本特征。

设 f_c 为 B-S 模型处于 SOC 状态时适应度的临界值，对于每一个 p 值，选择 f_0 使得 $\Delta f = f_c - f_0 = 0.01$。图 3-16 显示了 $p = 0$ 和 $p = 0.01$ 时雪崩规模的分布和雪崩经过的节点数 N_{cov}。

由图 3-16 中可以看出，当 $p = 0.0$ 时，其图形呈现出明显的具有截断规模的幂律行为。当 $p = 0.1$ 时，可以看出网络小世界特性的影响，呈现出两个不同的幂律区域 A 和 B。随着雪崩规模的增加，"感知"网络中捷径的能力也随之增加从而变得更加的"非局域化"（delocalized）。非局域化的结果是，雪崩覆盖的节点数 $N_{\mathrm{cov}}(s)$ 在区域 B 比区域 A 具有更大的斜率。在区域 C 可以看出明显地存在着网络有限规模的影响。

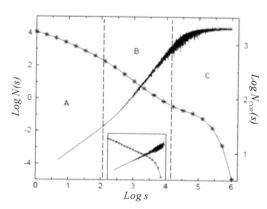

图 3-16　雪崩数 $N(s)$ 与雪崩规模 s 的关系（图中用 $*$ 表示递减的曲线）；雪崩经过的节点数 $N_{\mathrm{cov}}(s)$ 与雪崩规模 s 的关系（图中递增的实线）；插图中表示 $p = 0$ 的情形；小世界或捷径的影响通过区域 **A** 和 **B** 中的斜率的变化表示出来，在区域 **C**，明显地存在网络有限规模的效应

在 f_0 雪崩的过程中，一些节点的适应度会在某一个时刻被其他随机数所取代，这就意味着雪崩波及了这些节点，此时称这些节点为活跃的。称某一节点相

继两次处于活跃状态之间的豫滞时间为首次返回时间。

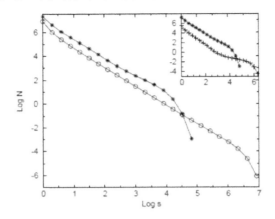

图 3-17 连通度最大的节点首次返回时间 N 与雪崩规模 s 的关系,圆圈 o 表示 $p = 0$ 的情形,星号 $*$ 表示 $p = 0.01$ 的情形。插图中显示的 $p = 0.01$ 是最大连通度的节点($*$)和最小连通度节点(十)的首次返回时间分布

图 3-17 显示了网络中连通度最大的节点在 $p = 0.0$ 和 $p = 0.01$ 时的首次返回时间与雪崩规模之间的关系。图中可以看出有明显的幂律行为。由于小世界特性的影响,$p = 0.01$ 时首次返回时间的截断值(豫滞时间的最大值)比 $p = 0$ 时要小两个数量级。从插图中可以看出,高连通度的截断值要小于低连通度的。这就意味着,高连通度的节点更加活跃,这应该源于其对环境更高的敏感性。

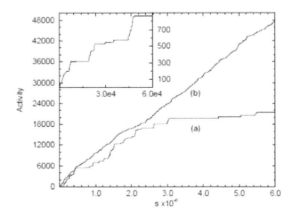

图 3-18 连通度最大的节点累 8 计活跃次数与雪崩规模 s 的关系,(a)$p = 0$ 的情形,显示出比较明显的断续平衡现象;(b)$p = 0.01$ 的情形,显示出豫滞时间的均匀性,不过通过插图可以看出,它在更小的时间标度内仍然显示了断续平衡的特点

图 3-18 显示了连通度最大的节点在 $p=0$ 和 $p=0.01$ 时的累计活跃时间。在 $p=0$ 时,累计活跃时间具有明显的"断续平衡"的特点:节点在长时间的静止后被短暂地激活然后又复归平静。与此相对应的是,在 $p=0.01$ 时,最大连通度节点的活跃期显示出时间标度上的"均匀性"的特点。原因就在于,随着 p 的增加,节点豫滞时间的截断值也随之下降。这种关系可以从图 3-18 的插图中看出:随着 p 的增大,在更小的时间标度内呈现出"断续平衡"的现象。

图 3-19 显示了在 $p=0.01$ 时最大连通度节点和最小连通度节点的累计活跃时间。可以看出,最小连通度节点具有比较明显的断续平衡特点,而最大连通度节点显示出"均匀性"。

通过上面的数值模拟结果,我们可以看出,随着重连概率 p 和连通度 g 的增加,节点的滞豫时间随之有比较明显的缩短,并且 B-S 模型所呈现出的"断续平衡"现象也只能在更小的时间标度上被观察到。这是因为,重连概率 p 的增加导致了"捷径"数目的增加,从而使节点之间的联系更加紧密;另外,连通度 g 大的节点与其他节点之间距离更短,感知捷径的能力也越强。这些因素,都使得雪崩传播的范围更广速度更快,这当然也使得每一个节点的豫滞时间更短。

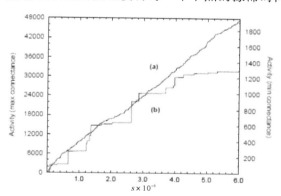

图 3-19　连通度最大的节点累计活跃次数与雪崩规模 s 的关系,(a) $p=0$ 的情形,显示出比较明显的断续平衡现象;(b) $p=0.01$ 的情形,显示出豫滞时间的均匀性,不过通过插图可以看出,它在更小的时间标度内仍然显示了断续平衡的特点

Kulkarni 等人的以上工作揭示了一些重要的现象。不过其分析完全是建立在数值模拟基础上的,对于小世界网络上 Bak-Sneppen 模型的临界值的存在性问题上没有给予回答,而这一点对于该模型是相当重要的。关于这一部分的内容,可参见贾武(2006)的博士论文。

3.4.2　复杂网络中的 BTW 模型

第二章的研究表明,在 BTW 模型中,当系统处于自组织临界态时,雪崩的规模服从幂律,即雪崩规模恰好为 s 的概率为

$$P(s) \sim s^{-\tau} \tag{3.4.3}$$

其中,对于一维格点,$\tau \approx 1.5$,对于二维格点,$\tau \approx 1.33$。

Bonabeau(1995)曾经在 ER 随机网络中研究了 BTW 模型,得到的结果是 $\tau \approx 1.5$。下面我们介绍在无标度网络中研究 BTW 沙堆模型的一些成果(Caldarelli et al. ,2008;Goh et al. ,2003)。

设网络节点的度分布为 $p(k)$,一般网络中的 BTW 模型定义如下。

(1)初始化。任选一组数 $z_1, z_2, \cdots$,其中 z_i 满足 $z_i < k_i, i = 1, 2, \cdots$,表示初始时刻节点 i 上的沙粒数,k_i 为节点 i 的度同时也是该节点沙粒数的临界值,$z_1, z_2, \cdots$ 表示沙堆初始时刻的稳定位形。

(2)驱动。在每一时刻,在随机选取的一个节点 i 上添加一粒沙:$z_i \rightarrow z_i + 1$。

(3)弛豫。若 $z_i \geqslant k_i$,则释放节点 i 上的 k_i 粒沙到它的邻居上,其中每个邻居各得一粒沙:$z_i \rightarrow z_i - k_i, z_j \rightarrow z_j + 1, j$ 为 i 的邻居。

持续弛豫过程,直到对一切 i,有 $z_i < k_i$。

(4)迭代。回到(2)。

注意,在上面的定义中,由于每个节点的度不同,因此其阈值是不同的,这是与规则网格中 BTW 模型的一个明显的不同点。

对于这个模型,我们关注以下几个量的分布:(1)雪崩的区域 A,即雪崩覆盖的所有节点的数目;(2)雪崩的规模 S,即沙粒崩塌的次数;(3)雪崩的持续时间 T。

与第二章类似,可以用分支过程的方法来描述由 BTW 模型定义的雪崩过程。描述上述雪崩过程的雪崩树或分支过程构造如下:最初达到阈值从而触发沙粒崩塌的节点为分支过程的始祖,从该节点出发的分枝表示沙粒向邻居的崩塌,如果某个邻居因此而继续这个沙粒崩塌过程,则该邻居将继续产生下一代。随着雪崩的继续,雪崩树不断增长,直到雪崩停止。如图 3-20 所示。

需要说明的是,这里定义的 BTW 模型雪崩树与第二章定义的 BTW 模型雪崩树是不同的,在第二章中,只有那些发生了沙粒崩塌事件的位置才能成为雪崩树的节点,而在我们这里雪崩树的节点则多了那些接受沙粒但并没有发生进一步沙粒崩塌的节点,这些节点就是雪崩树的边界节点。当雪崩树的规模巨大时,两者之间的区别就不是很显著了。

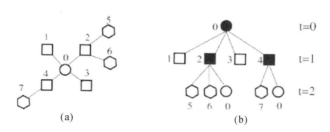

图 3-20 （a）节点 0 触发了一个雪崩，沙粒释放至节点 1,2,3 和 4,节点 2 进一步将沙粒释放至节点 0,5 和 6,节点 4 则将沙粒释放至节点 0 和 7,在节点 1,3,5,6 和 7 没有进一步的沙粒崩塌现象；（b）雪崩树所对应的分支过程有三代（t = 0, 1, 2），因为只在 3 个节点触发了沙粒的崩塌，因此雪崩的规模为 3（实心的节点数）。

于是，雪崩的规模 S 等于雪崩树的总节点数减去边界的节点总数（雪崩树规模很大时近似等于所有的节点数），雪崩的持续时间 T 就是从根节点到雪崩树最远的节点之间所经历的最短路径的分支数。

注意 A 和 S 是两个不同的量,这是因为在一次雪崩过程中,同一个节点可能会经历多次崩塌,因此一般有 $A \leqslant S$。但是这样一来,在利用分支过程的时候就会遇见一个难题,即经历多次崩塌的节点既是它的后代同时又是它的祖先,即雪崩树上有圆圈。这对于分支过程的分析方法来说是不允许的。

但是,对于规模充分大的无标度网络,数值模拟的结果显示,雪崩的最大覆盖区域 $A_{\max}$ 与最大规模 $S_{\max}$ 非常接近,对于度分布的幂指数分别为 $\gamma = 2.01$,3.0 和 ∞ 的无标度网络,$(A_{\max}, S_{\max})$ 分别为 $(5127, 5128)$,$(12058, 12059)$,$(19692, 19692)$。这就意味着,在一次雪崩过程中经历多次崩塌的节点数相对于雪崩的规模来说很小,因此可以近似地认为雪崩树不会形成圆圈,从而可以近似地认为 S 与 A 是同一个量。进一步地,假设接受沙粒的不同节点是否会诱发新的沙粒崩塌事件是相互独立的。

任选的一个节点恰好产生雪崩树上的 k 条分枝的概率 $q(k)$ 取决于两个因子,一个因子是 $q_1(k)$,它表示从邻居中获得一粒沙的节点恰好有 k 个邻居,另一个因子是 $q_2(k)$,它表示该节点在增加一粒沙后发生了崩塌。$q_1(k)$ 表示崩塌的沙粒顺着一条边到达的节点恰有条出边的概率,此即剩余度的分布,由(3.1.12),有

$$q_1(k) = \frac{kp(k)}{\langle k \rangle} \tag{3.4.4}$$

$q_2(k)$ 则是崩塌的沙粒所到达的节点恰有 $k-1$ 粒沙的概率,当系统处于定态时,类似于(2.1.15),该节点的沙粒数应该等可能地取 $0, 1, 2, \cdots, k-1$,故有

$$q_2(k) = \frac{1}{k} \tag{3.4.5}$$

上式也被数值模拟的结果所验证。于是,有

$$q(k) = q_1(k)q_2(k) = \frac{p(k)}{\langle k \rangle}, k \geqslant 1 \tag{3.4.6}$$

且 $q(0) = 1 - \sum_{k \geqslant 1} q(k)$。

设 $P(y)$ 为与雪崩规模的分布 $p_S(s)$ 相对应的生成函数,$Q(\omega)$ 为与 $q(k)$ 相应的生成函数,则类似于(3.2.9),有

$$P(y) = yQ[P(y)] \tag{3.4.7}$$

令 $\omega = P(y)$,则有 $y = \omega/Q(\omega)$。这样,给定 y,可解得 ω。图 3-21 显示了当 $\gamma = 3.5, \kappa \to \infty$ 时,$\omega = P(y)$ 的图形。

由于雪崩规模的平均值为 $\langle s \rangle = P'(1)$,故由(3.4.7),有

$$\langle s \rangle = \frac{Q(P(1))}{1 - Q'(P(1))} \tag{3.4.8}$$

假设度分布具有幂指数为 γ 的指数截断形式,即 $p(k) = Ck^{-\gamma}e^{-k/\kappa}, k \geqslant 1$,则由(3.3.8),与剩余度分布 $q(k)$ 对应的生成函数为

$$Q(\omega) = \frac{Li_{\gamma-1}(\omega e^{-1/\kappa})}{\omega Li_{\gamma-1}(e^{-1/\kappa})} \tag{3.4.9}$$

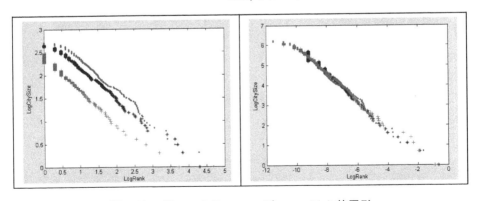

图 3-21 当 $\gamma = 3.5, \kappa \to \infty$ 时,$\omega = P(y)$ 的图形

设 $r(t)$ 为分支过程的寿命不大于 t 的概率,则有

$$r(t) = \sum_{k=0}^{\infty} q(k)[r(t-1)]^k = Q[r(t-1)] \tag{3.4.10}$$

设 $\omega = r(t-1)$,则雪崩持续时间 T 的分布为

$$p_T(t) = P(T = t) = r(t) - r(t-1) = Q(\omega) - \omega \tag{3.4.11}$$

因此,只要 $Q(\omega)$ 的形式清楚了,原则上就可以确定与雪崩相关的一些统计量了。

以下是几个基本的结果。

(1) 指数网络和随机网络。

设度分布具有指数函数的形式,即 $p(k) \sim \exp(-ak)$,则相应的剩余度的分布具有下面的形式

$$q(k) = \begin{cases} \mathrm{e}^{-a}, & k = 0 \\ \mathrm{e}^{-a(k+1)}(\mathrm{e}^a - 1)^2, & k \geqslant 1 \end{cases} \tag{3.4.12}$$

雪崩的规模服从下面的分布

$$p_S(s) \sim s^{-\frac{3}{2}} \tag{3.4.13}$$

雪崩的持续时间服从下面的分布

$$p_T(t) \sim t^{-2} \tag{3.4.14}$$

上面得到的两个指数 $\tau = 3/2$ 和 $\delta = 2$ 对于随机网络也成立。

(2) 无标度网络

设度分布具有幂律的形式,即 $p(k) \sim k^{-\gamma}$,则相应的剩余度分布具有下面的形式

$$q(k) = \begin{cases} 1 - \dfrac{\zeta(\gamma)}{\zeta(\gamma-1)}, & k = 0 \\ \dfrac{k^{-\gamma}}{\zeta(\gamma-1)}, & k \geqslant 1 \end{cases} \tag{3.4.15}$$

其中 $\zeta(n) = \mathrm{Li}_n(1)$ 是黎曼 ζ 函数。

雪崩的规模服从下面的分布

$$p_S(s) \sim \begin{cases} a(\gamma)s^{-\frac{\gamma}{\gamma-1}}, & 2 < \gamma < 3 \\ bs^{-\frac{3}{2}}(\ln s)^{-\frac{1}{2}}, & \gamma = 3 \\ c(\gamma)s^{-\frac{3}{2}}, & \gamma > 3 \end{cases} \tag{3.4.16}$$

其中

$$\begin{cases} a(\gamma) = -\dfrac{(A(\gamma))^{\frac{1}{1-\gamma}}}{\Gamma(1/1-\gamma)}, A(\gamma) = \dfrac{\Gamma(1-\gamma)}{\zeta(\gamma-1)} \\ b = \sqrt{\pi/6} \\ c(\gamma) = \sqrt{1/(2\pi B(\gamma))}, B(\gamma) = \dfrac{\zeta(\gamma-2)}{\zeta(\gamma-1)} - 1 \end{cases} \tag{3.4.17}$$

雪崩的持续时间服从下面的分布

$$p_T(t) \sim \begin{cases} t^{-\frac{\gamma-1}{\gamma-2}}, & 2 < \gamma < 3 \\ t^{-2}(\ln t)^{-1}, & \gamma = 3 \\ t^{-2}, & \gamma > 3 \end{cases} \qquad (3.4.18)$$

于是,三个不同指数之间具有如下的标度关系:

(a) 当 $2 < \gamma < 3$ 时,有 $\tau = \gamma/(\gamma-1)$,$\delta = (\gamma-1)/(\gamma-2)$;

(b) 当 $\gamma \geqslant 3$ 时,有 $\tau = 3/2$,$\delta = 2$。

表 3-6 给出了相对于不同幂指数的静态无标度网络的一些标度指数的理论值与模拟值,其中下标 m 表示模拟测量值,t 表示理论值。当 $\gamma \to 2$ 时,不同样本的模拟数据有很大的波动性。当 $\gamma = 3$ 时,τ_t 和 δ_t 依据(3.4.16)和(3.4.18)需要做对数修正。

表 3-6　一些静态无标度网络的理论值与数值模拟值

γ	τ_m	τ_t	δ_m	δ_t
∞	1.52(1)	1.50	1.9	2
5.0	1.52(3)	1.5	2.0	2
3.0	1.66(2)	1.50	2.5	2
2.8	1.69(3)	1.56	2.6	2.25
2.6	1.75(4)	1.63	2.9	2.67
2.4	1.89(3)	1.71	3.5	3.50
2.2	1.95(9)	1.83	4.3	6.00
2.01	2.09(8)	2.0		∞

在 BTW 模型以及无标度网络的静态模型中,我们运用了分支过程以及生成函数的理论与方法得到了一些解析结果。但是需要指出的是,运用这些理论与方法需要一些前提,比如,不同节点生成的子雪崩树规模是相互独立的,从同一节点出发顺着不同边到达的节点的剩余度是相互独立的,等等。正如前面提到的,度分布并不能唯一地决定网络的拓扑结构和相应的统计量,如相同度分布的网络可以分别呈现出正相匹配和负相匹配的不同统计特性。对于很多实际的网络,尤其是具有高集聚性的网络,前面提到的独立性要求很难满足。因此,进一步挖掘生成函数、分支过程以及更一般的随机过程理论,并由此获得对雪崩动力学和复杂网络更深刻的认识,是以后的一个工作方向。

§3.5 网络上的合作及其雪崩动力学

本节介绍 Ebel et al.(2002) 的一个模型,该模型探讨了网络上的囚徒困境以及均衡协同演化的雪崩动力学及其标度行为。

3.5.1 网络上基于记忆的囚徒困境

设有 N 个参与人占据了 N 个节点,它们构成了一个网络 G。每一个参与人的博弈对象是其一级近邻 $N_i(G)$(简称邻居)。参与人与邻居之间做如下形式的囚徒困境博弈:

$$
\begin{array}{cc}
 & \begin{array}{cc} C & D \end{array} \\
\begin{array}{c} C \\ D \end{array} &
\begin{pmatrix} R & S \\ T & P \end{pmatrix}
\end{array}
\tag{3.5.1}
$$

其中 $T > R > P > S$ 且 $2R > T + S$。

参与人的一个策略 s 是从他自身的"知识集"到行动集 $\{C, D\}$ 的一个映射,其中所谓的"知识"是关于博弈历史的记忆。记 m 为参与人的记忆长度,则参与人之前 m 个回合的行动将作为下一步采取行动的依据,此时知识集包含有 2^m 个元素。取 $m = 1$,即每个参与人都根据对方上一步的行动来采取行动。由于初始时刻没有关于对方行动的知识,因此第一步的行动也是策略的一部分。为了计算的方便,记数字 1 表示合作 C,数字 0 表示背叛 D。这样的一个策略就可以用一个 3 位的二进制比特串表示,共有 8 个可能的策略,见表 3-7。

表 3-7 中最右一列中每个比特串的含义是:第一个数字表示第一回合采取的行动,第二个数字表示在上一回合对方合作的条件下自己本回合所采取的行动,第三个数字表示在上一回合对方背叛的条件下自己本回合所采取的行动。例如,比特串 010 表示第一步背叛,此后采取与对方上一回合同样的策略,因此被称为"不信任的一报还一报"(suspicious Tit-For-Tat)。又如,比特串 110 表示第一步合作,此后采取与对方上一回合同样的策略,此即为我们所熟知的"一报还一报"策略。不过为了与"不信任的一报还一报"相对照,此时称其为"慷慨的一报还一报"(generous Tit-For-Tat)。在策略的简记中,首个小写的字母 s 和 g 分别表示第一回合采取的行动是背叛(不信任,suspicious)和合作(慷慨,generous)。

表 3-7　一步记忆所有可能的 8 个策略

编号	策略	简记	比特串
0	always defect	sD	000
1	suspicious anti-Tit-For-Tat	sATFT	001
2	suspicious Tit-For-Tat	sTFT	010
3	suspicious cooperate	sC	011
4	generous defect	gD	100
5	generous anti-Tit-For-Tat	gATFT	101
6	generous Tit-For-Tat	gTFT	110
7	always cooperate	gC	111

设参与人 i 的策略为 $s_i \in \{0,1,2,3,4,5,6,7\}$,$N$ 个参与人的策略组合为 $s = (s_1, s_2, \cdots, s_N)$,参与人 i 的支付是 s 的函数,不过由于每个参与人只与邻居博弈,因此其支付只是自己以及邻居的策略的函数,即有

$$\pi_i = \pi_i(s_i, s_{-i}) = u_i(s_i, s_{N_i(G)}) \qquad (3.5.2)$$

其中 $s_{N_i(G)}$ 是参与人 i 所有邻居的策略组合。

接下来将每个策略的比特串视为染色体,所谓的变异就是随机地选择染色体中的某一个数字进行变异(1 变为 0,0 变为 1)。

初始时刻,生成一个平均度为 $\langle k \rangle$ 的随机网络。每个节点(参与人)被随机设定一个策略,然后依据被设定的策略与邻居做囚徒困境博弈,由此得到一个支付。任意两个参与人之间的博弈回合虽然是有限的,但是参与人并不知道具体的回合数。接下来按如下步骤迭代:

(1) 随机选择一个节点,将其策略 s_i 变异为 s_i';

(2) 然后节点 i 使用新策略与邻居博弈,得到新的支付 $\pi_i(s_i', s_{-i})$,如果 $\pi_i(s_i', s_{-i}) > \pi_i(s_i, s_{-i})$,则接受新策略,同时他所有邻居的支付也被更新。否则将拒绝新策略。

按照上面的迭代过程,当网络处于平稳状态时,即任何一个节点单方面改变策略都不可能改善自己的支付时,纳什均衡就实现了。

显然,所有人都选择"总是背叛"(sD)的策略组合 $s_D = \{0,0,\cdots,0\}$ 和所有人都选择"慷慨的一报还一报"(gTFT)的策略组合 $s_{TFT} = \{6,6,\cdots,6\}$ 均为纳什均衡。

接下来一个感兴趣的问题是,当纳什均衡被扰动后重新回到原来的均衡或者到达另一个均衡需要多长的时间,旧均衡到新均衡之间的时间间隔具有什么

样的标度行为?

3.5.2 亚临界、临界和超临界态

在系统处于平稳状态后,随机选择一个节点赋予其一个新的策略,从而为被扰动的节点及其邻居提供了通过变异提高支付的新机会。一旦引入一个新的策略之后,所有邻居的支付都会被更新,从而进一步引发变异的雪崩。

雪崩的规模 M 定义为引入新的策略以后到均衡的重新确立之间所需要的变异次数。很显然,M 与博弈的支付矩阵相关。

在支付矩阵(3.5.1)中,令 $R = 3, S = 0, P = 1$,而把背叛的诱惑 T 的值作为一个控制参数。数值模拟的结果发现,对于稀疏连接的随机网络,随着 T 取值范围的变化,会呈现出三个不同的雪崩动力学状态。

(1)当 $3 < T \leqslant 4$ 时,背叛的诱惑不算大,此时系统会呈现出亚临界的状态,其中雪崩的规模会有一个有限的指数截断。如图 3-22 所示。

从图 3-22 中可以看出,最大的雪崩规模在 100 左右,小于网络规模,这意味着雪崩只是局部的并没有蔓延到全局。

(2)当 $4 < T < 4.7$ 时,可以观察到临界行为,雪崩规模服从幂律分布(见图 3-23),其标度律为

$$P(M) \sim M^{-\gamma}, \text{其中} \gamma = 1.39 \pm 0.10 \tag{3.5.3}$$

(3)当 $4.7 \leqslant T < 6$ 时,观察到超临界状态。如图 3-24 所示,大规模雪崩的概率明显增大了。

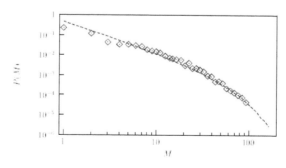

图 3-22 当 $3 < T \leqslant 4$ 时,雪崩规模的分布 $P(M)$,图中由 $\diamondsuit$ 构成的散点图是对 **50** 个随机网络的平均值,其中网络规模 $N = 200, \langle k \rangle = 2, T = 3.5$。雪崩的弛豫过程是受限分支过程(图中的虚线,其中参数 $\alpha = 0.235$)

于是,在背叛诱惑的临界值 $T^c = 4$ 之上,对系统微小的扰动都会导致长时间的雪崩从而影响到网络上所有的参与人。由于此时标度指数小于 2,因此雪崩的

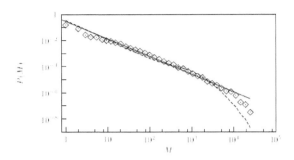

图 3-23 当 $4 < T < 4.7$ 时,雪崩规模的分布 $P(M)$,图中由 ◇ 构成的散点图是对 50 个随机网络的平均值,其中网络规模 $N = 200$,$\langle k \rangle = 2$,$4 < T < 4.7$。雪崩的弛豫过程是受限分支过程(图中的虚线,其中参数 $\alpha = 0.315$)

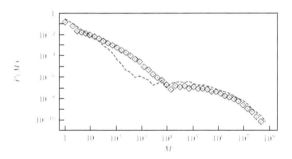

图 3-24 当 $4.7 \leqslant T < 6$ 时,雪崩规模的分布 $P(M)$,此时观察到了超临界现象。图中由 ◇ 构成的散点图是对 50 个随机网络的平均值,其中网络规模 $N = 200$,$\langle k \rangle = 2$,$T = 4.7$。雪崩的弛豫过程与受限分支过程拟合得很好(图中的虚线,其中参数 $\alpha = 0.390$)

平均规模是发散的。当背叛的诱惑 T 越过临界值 T^c 后,雪崩从亚临界状态的小规模到临界状态时全局性的大规模的相变,这一现象关于策略空间和平均度的变化具有一定的鲁棒性。这样的一种定性行为即使对于无限次重复博弈和非常不同的支付矩阵也仍然能够得到保持。

3.5.3 闭环上的临界态与合作水平

以上的数值模拟都是针对平均度 $\langle k \rangle = 2$ 的随机网络所做的。对于所有节点的度均为 2 的闭环,数值模拟的结果也可以观察到亚临界、临界和超临界的现象。不过,略有不同的是,此时三种现象的参数范围分别为 $3 < T \leqslant 4$,$4 < T < 4.12$ 和 $4.12 \leqslant T < 6$,并且临界状态时的标度指数为 $\gamma = 1.04 \pm 0.5$,显著小于平均度为 2 的随机图的标度指数。如图 3-25 所示。

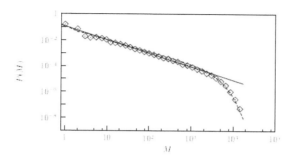

图 3-25　临界状态时闭环上雪崩规模的分布 $P(M)$。图中由 ◇ 构成的散点图是对 **50 个随机网络的平均值**，其中网络规模 $N = 200$，$T = 4.1$。数值模拟数据与受限分支过程的行为拟合得很好（图中的虚线，$\alpha = 0.512$）

数值模拟的结果还显示，在三种不同的状态中，所观察到的均衡是不同的。在亚临界区域，平稳状态是由策略 6（一报还一报或 gTFT）和策略 7（总是合作或 gC）构成的混合均衡。在临界区域，平稳状态是 s_{TFT} 均衡，即所有的参与人均选择一报还一报策略。在超临界区域，平稳状态是 s_D 均衡，即所有参与人都选择总是背叛。

在第一卷里我们曾经指出，"总是合作"是"一报还一报"的中性漂变策略即两个策略的适应度在由它们构成的混合种群中是相等的。在闭环的情形，设节点 $i-1$ 选择 gC，$i+1$ 选择 gTFT，如果节点 i 想既"剥削"了善良的 $i-1$ 又可以与 $i+1$ 保持合作，那么在 $T \leqslant 4$ 时要想获得比 gC 和 gTFT 更好的折中策略是不存在的，因此它只能选择 gC 或 gTFT。

但是当 $T > 4$ 时，这样的折中策略是存在的，这会有助于驱逐 gC 这样的"老好人"策略，而使 gTFT 成为均衡选择。

在超临界区域，背叛的诱惑使得任何合作的策略都会被驱逐，从而使得背叛策略组合 s_D 成为均衡。

3.5.4　分支过程

由于每一个节点的变异都有可能导致邻居以及自身的进一步变异，因此这样的一个过程便可以用一个分支过程来描述。

把雪崩开始时发生变异的节点称为始祖，把被其诱发的变异节点称为其后代。记 $X_0 = 1$，它表示雪崩过程刚开始时变异的节点数，即为第 0 代的个体数。第 0 代个体的后代数构成第一代个体数，记为 X_1。一般地，以 X_n 表示第 n 代的个体数，则总的变异数为 $X = \sum_{i=0}^{\infty} X_i$，此即为雪崩的规模。

设每一节点的变异会诱使每一个邻居(包括自身)发生进一步变异的概率均为 α,则当某一个变异节点有 k 个邻居时,该节点的变异将诱使下一代 m 次变异的概率为

$$p_m = \binom{k+1}{m}\alpha^m(1-\alpha)^{k+m-1} \tag{3.5.4}$$

假设 Z_i 表示第 $n-1$ 代的第 i 个个体的后代数,则有

$$X_n = \sum_{i=1}^{X_{n-1}} Z_i \tag{3.5.5}$$

由(3.5.4)式,在所有节点的度均为 k 的时候 $Z_i \sim b(k+1,\alpha)$,其生成函数为 $(1-\alpha+\alpha s)^{k+1}$。

值得指出的是,(3.5.5)式的成立是有前提条件的,即不同变异节点引发的变异节点是不相同的,然而事实上这一点并不成立,即不同的变异节点会诱发同一个节点发生变异。这意味着,不同变异节点诱发的进一步变异行为不是独立的。下面我们仍然假设(3.5.5)式是成立的,这样本模型就成了 BTW 模型。

类似于第二章第二节用生成函数工具对 BTW 模型的讨论,可以得到如下的结果

$$P(X = r) = \frac{1-\alpha}{\alpha k}\sqrt{\frac{k+1}{2\pi k}}\left(\frac{k^k}{\alpha(1-\alpha)^k(k+1)^{k+1}}\right)^{-r}r^{-\frac{3}{2}} \tag{3.5.6}$$

令 $\overline{m} = (k+1)\alpha$ 为每一个变异节点诱发的平均变异节点数,则当 $\overline{m} < 1$ 时,有

$$P(X = r) = Cr^{-\frac{3}{2}}\mathrm{e}^{-\frac{r}{r_0}} \tag{3.5.7}$$

其中

$$r_0 = \frac{k+1}{2k}\frac{1}{(1-\overline{m})^2} \tag{3.5.8}$$

且常数

$$C = \frac{k+1-\overline{m}}{k\overline{m}}\sqrt{\frac{k+1}{2\pi k}} \tag{3.5.9}$$

(1)当 $\overline{m}$ 与 1 之间有一定的距离时,由(3.5.8)式,雪崩规模有一个有限的截断 r_0,此对应于亚临界状态。

(2)当 $\overline{m} \to 1^-$ 时,雪崩的截断规模 r_0 趋向于 ∞ 且与 $(1-\overline{m})^{-2}$ 同阶,此时对应于临界态,雪崩规模服从幂律,标度指数为 3/2,与节点度无关。值得指出的是,这个标度指数 $\gamma = 3/2$ 与一维 BTW 模型一致。

(3)当 $\overline{m} > 1$ 时,由分支过程理论,此时 $E(X_n) = (\overline{m})^n \to \infty$,且雪崩迟早会结束的概率小于 1,此时对应于超临界状态。

因此，诱发邻居发生进一步变异的概率 α 有一个临界值 $\alpha_c = 1/k+1$，当 $\alpha < \alpha_c$ 时属于亚临界域，而当 $\alpha \to \alpha_c^-$ 时属于临界域，当 $\alpha > \alpha_c$ 时就属于超临界域。

需要特别说明的是，当 $k = 2$ 时就是闭链，其处于临界态时的标度指数 $\gamma = 3/2$ 与之前得到的随机网络的标度指数 $\gamma = 1.39 \pm 0.10$ 有出入。究其原因，或许在于，在上述分支过程的模型中每一代的个体数是没有限制的，而实际上它有一个上界，即网络的规模 N。

下面介绍一个有规模限制的分支过程，看看能否较好地拟合之前数值模拟的结果。

3.5.5　受限分支过程

受限分支过程(confined branching processes)的"受限"是指：(1) X_n 的取值有一个上界 N；(2) $Z_i (i = 1, \cdots, X_{n-1})$ 不是相互独立的。

引入随机变量 $Y_v^{(n)}$，$Y_v^{(n)} = 1$ 表示第 n 代时节点 v 发生了变异，$Y_v^{(n)} = 0$ 表示第 n 代时节点 v 没有发生变异。受限分支过程 $\{X'_n\}$ 定义如下

$$X'_n = \sum_{v=1}^{N} Y_v^{(n)} \tag{3.5.10}$$

$Y_v^{(n)}$ 的分布律为

$$P(Y_v^{(n)} = 0) = (1-\alpha)^\lambda, P(Y_v^{(n)} = 1) = 1 - (1-\alpha)^\lambda \tag{3.5.11}$$

其中

$$\lambda = \sum_{v \in \mathbf{N}_v(G) \bigcup \{v\}} Y_v^{(n-1)} \tag{3.5.12}$$

雪崩规模为 $X' = \sum_{i=0}^{\infty} X'_i$。从图 3-22 至图 3-25 中可以看出，基于原始模型的数值模拟结果(由 $\diamondsuit$ 组成的散点图)和基于受限分支过程的数值模拟结果(图中的虚线)拟合得相当好：仍然可以观察到亚临界、临界和超临界现象，同时在临界域的标度函数、截断规模和标度指数也相当接近。

对于受限分支过程的理论分析有相当的难度，原因在于不同的变异节点可能会有同一个后代，从而导致相互依赖的变异概率递归方程。从几何上说，分支树会形成回路。为了获得关于网络上博弈协同演化更多的洞见，考察这样一个简化了的受限分支过程 $\{X'_n\}$，其中所有的变异点随机地分布在网络中，则有如下的条件数学期望公式

$$E(X'_{n+1} \mid X'_n) = \overline{m} X'_n (1 + \xi) \tag{3.5.13}$$

其中

$$\xi = \left(\overline{m}\,\frac{X'_n}{N}\right)^{-1}\left[1 - \left(1 - \frac{1}{k+1}\overline{m}\,\frac{X'_n}{N}\right)^{k+1} - \overline{m}\,\frac{X'_n}{N}\right] \qquad (3.5.14)$$

如果 $\xi \ll 1$ 且 $\overline{m} \approx 1$，此时受限过程近似于鞅，雪崩应该会呈现临界态。对于 $\overline{m} \ll 1$，此时分支过程可视为上鞅，雪崩应该会呈现亚临界态。当 $\overline{m} \gg 1$ 时，将进入超临界区域。对于高度连接的网络，有 $\langle k \rangle \gg 1$，此时修正项 ξ 抑制了大的雪崩。因此，临界现象一般只在稀疏连接的网络里才能见到。对于变异事件高度相关的网络将会是雪崩规模的亚临界或超临界分布。

本章结语

复杂网络或无标度网络的一个特征就是其度分布服从幂律分布。Barabási 和 Albert 认为无标度特性源于众多实际网络所共有的两种生成机制 —— 增长和偏好依附。这样的一个结果并不令人感到陌生，因为在第一章介绍城市人口 Zipf 律的形成机制中这两种机制也在起着关键的作用。

一般来说，无标度网络均具有高聚集性和小世界的特征。由于绝大多数节点的度很小而极少数的节点度很大，这使得无标度网络同时兼具面对随机攻击的鲁棒性和面对恶意攻击的脆弱性。不过，即使具有相同度分布的网络也会表现出很多不同的性质，因此除了度分布之外还需要研究更多的统计指标，如聚集系数、平均路径长度、介数和相邻节点之间的相关性等。研究表明，人类成员构成的社会网络与其他类型的网络往往会表现出不同的统计特征，这表明复杂网络的形成机制中还有更为复杂的微观因素在起作用。

利用分支过程的理论和方法可以对一大类随机或广义随机网络统计性质进行分析，并能得到一些解析结果。不过，这些结果充其量也只是现实网络的一种近似。

现实网络的边的权重是不一样的，因此本章也介绍关于加权网络的一些基本理论和研究成果。

自组织临界性理论是复杂性科学的重要内容，本章介绍了小世界网络和无标度网络上的 B-S 模型和 BTW 模型的一些研究成果。相对而言，在这些网络的雪崩动力学具有更为丰富的性质同时研究的难度也更大。

合作的问题贯穿于本书的始终。在前面丰富的研究成果的基础上，我们介绍了网络上的合作以及自组织临界性问题的一些研究成果。

接下来的问题是，人的行为与网络的构建与演化是以一种什么样的方式进行的？而要回答这一问题，首先要弄清人类行为的动力学问题。

下一章我们讨论人类行为动力学和人类行为的统计规律性。

第四章　　人类行为的复杂性与统计规律性

在日常生活中人们会经常遇到各种各样的服务系统。如上下班坐公共汽车,汽车与乘客就构成一个服务系统。在服务系统中,要求服务的"顾客"可以是人,也可以是某种物品。例如,在有自动机床的工厂里,因故障而停止运转的机器等待工人去修理,在此服务系统中,服务机构是修理工人,而要求服务的"顾客"就是待修的机器。这样的例子还有很多:在汽车保险理赔的情形中,服务机构是保险公司,要求服务的顾客就是车主;在有大量的电子邮件需要回复的情形中,此时服务机构是用户,而要求服务的"顾客"就是邮件。

由于顾客到来的时刻与进行服务的时间都随不同的时机与条件的变化而变化,因此服务系统的状况也是随机的,即随各种时机与条件而波动,这样的服务系统我们就称为随机服务系统。

一般而言,随机服务系统具有下列共同的组成部分。

(1)输入过程:就是各种类型的"顾客"按怎样的规律到来。

(2)排队规则:就是指到来的顾客按怎样的规定次序接受服务。例如,先到的先服务,或者重要性高的先服务。

(3)服务机构:就是指同一时刻有多少服务设备可接纳顾客,每一设备可接纳多少顾客,以及每一顾客服务多少时间。

我们先讨论随机服务系统的一些经典模型。

§4.1　随机服务系统的若干经典模型

4.1.1　泊松过程

定义 4.1.1　满足下列四个条件的输入称为最简单流 —— 泊松过程。

(1)平稳性:在区间$[a, a+t]$有 k 个顾客到达的概率与 a 无关,而只与 t, k 有关,记此概率为 $v_k(t)$。

（2）无后效性:不相交区间内到达的顾客数是相互独立的。

（3）普通性:令 $\varphi(h)$ 表示长为 h 的区间内至少到达两个顾客的概率,则当 $h \to 0$ 时 $\varphi(h)$ 是 h 的高阶无穷小,即有

$$\varphi(h) = o(h) \tag{4.1.1}$$

即在很短的时间内最多只能有一个顾客。

（4）有限性:任意有限区间内到达有限个顾客的概率为 1,因而

$$\sum_{k=0}^{\infty} v_k = 1 \tag{4.1.2}$$

最简单流的以上四个条件在实践中并不是经常能满足的,例如平稳性条件在下述情况下就得不到满足:白天要求理赔的顾客要比晚上的多;就餐时间到达餐馆的顾客会特别集中一些;等等。但是作为很多实际现象的某种程度上的近似,最简单流能帮助我们理解和解决很多实际的问题,而且这样的一个基本模型就像理想气体一样可以为我们处理更加复杂的问题提供一个起点。

普通性条件排除了短时间内到达顾客数的阵发（bursts）情形,即在很短的时间内有大量的顾客到达的情形。

可以证明,在上述假设下,在区间 $[a, a+t)$ 有 k 个顾客到达的概率为

$$v_k(t) = \frac{(\lambda t)^k}{k!} \mathrm{e}^{-\lambda t}, k = 0, 1, 2, \cdots \tag{4.1.3}$$

因为某一时段到达的顾客数只与该时段的时长有关,因此可以将其记为 $N(t)$。由（4.1.2）可知,输入过程 $N(t)$ 服从参数为 λt 的泊松分布,因此有

$$E(N(t)) = \lambda t \tag{4.1.4}$$

于是,单位时间内到达的顾客数的数学期望为 λ,这可以说是参数 λ 的物理意义。因此这样的一个计数过程常称为强度为 λ 的泊松过程或泊松流。

设顾客到达的时刻为 $\tau_1, \tau_2, \cdots, \tau_i, \cdots$,令 $t_i = \tau_i - \tau_{i-1}$ 为相继到达顾客的时间间隔,则有如下的一个充分必要条件。

定理 4.1.1（泊松流的充分必要条件）　一个输入过程 $N(t)$ 是强度为 λ 的泊松流的充分必要条件为:相继到达间隔 $t_i, i = 1, 2, \cdots$,相互独立,且均服从参数为 λ 的指数分布。

指数分布具有无记忆性,即若 T 服从指数分布,$s, t > 0$,则有

$$P\{T > s+t \mid T > s\} = P\{T > t\} \tag{4.1.5}$$

由无记忆性,若到达间隔服从参数为 λ 的指数分布,则不论取什么时间为起点,剩余的到达间隔仍然服从同一参数的指数分布。也就是说,如果经过一段时间后没有顾客到达,则剩余的等待时间仍然服从参数为 λ 的指数分布。

由于第 n 个顾客到达的时刻 $\tau_n = t_1 + t_2 + \cdots + t_n$，且 $t_1, t_2, \cdots, t_n$ 相互独立均服从参数为 λ 的指数分布，因此有下面的定理。

定理 4.1.2　　如果输入过程 $N(t)$ 是参数为 λ 的泊松流，则第 n 个顾客到达的时刻 τ_n 服从参数为 n, λ 的 Γ 分布 $\Gamma(n, \lambda)$，即其概率密度为

$$f(t) = \begin{cases} \dfrac{\lambda^n}{(n-1)!} t^{n-1} \mathrm{e}^{-\lambda t}, & t > 0 \\ 0, & t \leqslant 0 \end{cases} \tag{4.1.6}$$

以上都是从顾客到达的输入过程这一角度来阐释的，如果我们从服务机构的角度出发，那么在服务机构的繁忙期，有下列的结论。

（1）假设有一个服务台，顾客逐个接受服务，每个顾客的服务时间相互独立，均服从参数为 λ 的指数分布，则该服务台在忙期中的输出流是强度为 λ 的泊松流。

（2）假设有 k 个服务台进行服务，每个顾客服务时间相互独立，均服从参数为 λ 的指数分布，则整个服务系统的输出流是强度为 $k\lambda$ 的泊松流。

（3）若每位顾客的服务时间相互独立且均服从参数为 λ 的指数分布，则 n 个顾客所需的服务时间服从 $\Gamma(n, \lambda)$。

4.1.2　生灭过程

先给出生灭过程的定义。

定义 4.1.2　　假定有一个系统，该系统具有有限个状态 $0, 1, \cdots, K$，或可列为状态 $0, 1, 2, \cdots$。令 $M(t)$ 为系统在时刻 t 所处的状态。在任一时刻 t，若系统处于状态 i，则在 $(t, t + \Delta t)$ 内系统由状态 i 转移到状态 $i+1$ 的概率为 $\lambda_i \Delta t + o(\Delta t)$，$\lambda_i > 0$ 是一个常数；而由 i 转移到状态 $i-1$ 的概率为 $\mu_i \Delta t + o(\Delta t)$，$\mu_i > 0$ 是一个常数；并且在 $(t, t + \Delta t)$ 内发生距离不小于 2 的转移的概率为 $o(\Delta t)$。这样一个系统状态随时间变化的过程 $N(t)$ 就称为生灭过程。

先考虑系统状态为有限的情形。令 $P_i(t) = P\{N(t) = i\}$，则由全概率公式，当 $0 < i < K$ 时，有

$$P_i(t + \Delta t) = \sum_{j=i-1}^{i+1} P\{N(t + \Delta t) = i \mid N(t) = j\} P_j(t) + o(\Delta t)$$

$$= \lambda_{i-1} P_{i-1}(t) \Delta t + (1 - (\lambda_i + \mu_i) \Delta t) P_i(t) + \mu_{i+1} P_{i+1}(t) \Delta t + o(\Delta t) \tag{4.1.7}$$

移项整理后两边同时除以 Δt，再令 $\Delta t \to 0$，可得微分方程

$$\frac{\mathrm{d}P_i(t)}{\mathrm{d}t} = \lambda_{i-1}P_{i-1}(t) - (\lambda_i + \mu_i)P_i(t) + \mu_{i+1}P_{i+1}(t), 0 < i < K$$

$$(4.1.8a)$$

同理,当 $i = 0$ 时,可推得

$$\frac{\mathrm{d}P_0(t)}{\mathrm{d}t} = -\lambda_0 P_0(t) + \mu_1 P_1(t) \qquad (4.1.8b)$$

对 $i = K$,可推得

$$\frac{\mathrm{d}P_K(t)}{\mathrm{d}t} = \lambda_{K-1}P_{K-1}(t) - \mu_K P_K(t) \qquad (4.1.8c)$$

注:当状态为可列无穷时,只需将(4.1.8c)去掉,在(4.1.8a)中将 K 改为 ∞ 即可。

关于上述方程组的解,有如下的定理(徐光辉,1988)。

定理 4.1.3(存在唯一性定理)   对有限状态的生灭过程,或对满足条件

$$R \triangleq \sum_{n=1}^{\infty} \left(\frac{1}{\lambda_n} + \frac{\mu_n}{\lambda_n \lambda_{n-1}} + \cdots + \frac{\mu_n \mu_{n-1} \cdots \mu_2}{\lambda_n \lambda_{n-1} \cdots \lambda_1} \right) = \infty \qquad (4.1.9)$$

的可列状态的生灭过程,其状态概率微分方程组(4.1.8a)、(4.1.8b)和(4.1.8c)满足任给初始条件并满足条件

$$P_j(t) \geqslant 0, \quad \sum_j P_j(t) \leqslant 1, \quad t \geqslant 0 \qquad (4.1.10)$$

的解存在且唯一,而且此解还构成一概率分布。

定理 4.1.4(极限定理)   令

$$\theta_0 \equiv 1, \quad \theta_j = \frac{\lambda_0 \lambda_1 \cdots \lambda_{j-1}}{\mu_1 \mu_2 \cdots \mu_j}, \quad j \geqslant 1 \qquad (4.1.11)$$

则对有限状态的生灭过程或对满足条件

$$\sum_j \theta_j < \infty, \sum_j \frac{1}{\lambda_j \theta_j} = \infty \qquad (4.1.12)$$

(此时必满足(4.1.9))的可数状态的生灭过程,极限分布

$$\lim_{t \to \infty} P_j(t) = p_j > 0, j \geqslant 0 \qquad (4.1.13)$$

存在,且与初始条件无关。

对满足(4.1.9)但不满足(4.1.12)的可数状态的生灭过程,则极限

$$\lim_{t \to \infty} P_j(t) = 0, j \geqslant 0 \qquad (4.1.14)$$

因而不构成一概率分布。

可以证明,若定理 4.1.4 的条件(4.1.12)式得到满足,则必有 $\lim\limits_{t \to \infty} \dfrac{\mathrm{d}P_i(t)}{\mathrm{d}t} = 0$,因此对方程(4.1.8a — c)两边取极限,有

$$\begin{cases} -\lambda_0 p_0 + \mu_1 p_1 = 0 \\ \lambda_{i-1} p_{i-1} - (\lambda_i + \mu_i) p_i + \mu_{i+1} p_{i+1}, 1 \leqslant i < K \\ \lambda_{K-1} p_{K-1} - \mu_K p_K = 0 \end{cases} \quad (4.1.15)$$

当系统是可数状态时,只需将最后一个方程划去,而将第二个方程中的 K 改成 ∞ 即可。

通过(4.1.15)式可建立如下的递推公式

$$p_j = \frac{\lambda_{j-1}}{\mu_j} p_{j-1} = \frac{\lambda_{j-1} \lambda_{j-2} \cdots \lambda_0}{\mu_j \mu_{j-1} \cdots \mu_1} p_0 = \theta_j p_0, 1 \leqslant j \leqslant K \quad (4.1.16)$$

如果状态是可数的,则只需将 $1 \leqslant j \leqslant K$ 改成 $j \geqslant 1$ 即可。

由于 $\sum\limits_{j=0}^{K} p_j = 1$,故由上式,有

$$p_0 = \frac{1}{\sum\limits_{j=0}^{K} \theta_j} \quad (4.1.17)$$

最后可得,当系统状态有限时的极限解为

$$p_j = \frac{\theta_j}{\sum\limits_{i=0}^{K} \theta_i}, 0 \leqslant j \leqslant K \quad (4.1.18)$$

当系统状态可数的时候其极限解为

$$p_j = \frac{\theta_j}{\sum\limits_{i=0}^{\infty} \theta_i}, j \geqslant 0 \quad (4.1.19)$$

4.1.3　最简单随机服务系统的统计平衡理论

这一部分介绍几个基本模型。

4.1.3.1　泊松输入、指数服务分布、n 个服务台的损失制系统

假定参数为 λ 的最简单流到达 n 个服务台的系统,若顾客到达时有空闲的服务台则该顾客立即被接受服务,服务完毕后就离开系统,服务时间与到达时间相互独立,并服从参数为 μ 的指数分布;若顾客到达时所有的服务台都处于服务状态,则该顾客就被拒绝而遭到损失,以后不再回来。

我们说系统处于状态 j,若有 j 个台正在进行服务,而其他 $n-j$ 个台空着。令 $N(t)$ 为系统在时刻 t 所处的状态,即被占用的服务台的数量,则 $N(t)$ 的状态集合为 $\{0,1,2,\cdots,n\}$。

根据最简单流和指数分布的性质,可以得到如下的方程组

$$\begin{cases} P\{N(t+\Delta t)=j+1 \mid N(t)=j\} = \lambda \Delta t + o(\Delta t) \\ P\{N(t+\Delta t)=j-1 \mid N(t)=j\} = \lambda \mu \Delta t + o(\Delta t) \\ P\{N(t+\Delta t)=k \mid N(t)=j\} = o(\Delta t), \mid k-j \mid > 1 \end{cases} \tag{4.1.20}$$

由此可见，$N(t)$ 是一个具有有限状态的生灭过程，并且 $\lambda_j = \lambda, \mu_j = \lambda \mu$。由 (4.1.18) 式，有

$$p_j = \frac{\left(\frac{\lambda}{\mu}\right)^j \Big/ j!}{\sum\limits_{k=0}^{n} \left(\frac{\lambda}{\mu}\right)^k \Big/ k!}, j = 1, 2, \cdots, n \tag{4.1.21}$$

由此可得，被占用的服务台的平均数量为

$$E(N(t)) = \sum_{j=0}^{n} j p_j = \frac{\lambda}{\mu}(1 - p_n) \tag{4.1.22}$$

4.1.3.2　泊松输入、指数服务分布、无限个服务台的系统

本模型涉及的分布参数与模型 1 相同，所不同的是时刻 t 正在服务的服务台数 $N(t)$ 是一个可列状态的生灭过程，并且 $\lambda_j = \lambda, \mu_j = \lambda \mu$，故有

$$p_j = \frac{\left(\frac{\lambda}{\mu}\right)^j}{j!} e^{-\frac{\lambda}{\mu}}, j = 0, 1, 2, \cdots \tag{4.1.23}$$

并且

$$E(N(t)) = \frac{\lambda}{\mu} \tag{4.1.24}$$

4.1.3.3　泊松输入、指数服务分布、n 个服务台的等待制系统

本模型与模型 1 的各分布参数相同，所不同的是当顾客到达时如果所有服务台都在工作则排成一个队伍等待服务，服务次序任意。

系统状态仍然用 $N(t)$ 来表示，其中 $N(t) = j$ 表示：(1) 当 $j \leqslant n$ 时表示时刻 t 有 j 个台正在进行服务，而剩下的 $n-j$ 个台空着；(2) 当 $j > n$ 的表示时刻 t 所有 n 个服务台都在服务，并且有 $j-n$ 个顾客正在排队等待。因此，$N(t)$ 的状态集合为非负的整数 $\{0, 1, 2, \cdots\}$。

类似于前面的讨论，有

$$\lambda_j = \lambda, j = 0, 1, \cdots, \mu_j = \begin{cases} j\mu, j = 1, 2, \cdots, n-1 \\ n\mu, j = n, n+1, \cdots \end{cases} \tag{4.1.25}$$

可以证明定理 4.1.4 的条件成立当且仅当

$$\frac{\lambda}{n\mu} < 1 \tag{4.1.26}$$

令 $\rho = \lambda/n\mu$，则上式变为 $\rho < 1$。

由此可以建立如下的递推公式

$$p_j = \begin{cases} \dfrac{(n\rho)^j}{j!} p_0, j = 1,2,\cdots,n-1 \\ \dfrac{(n\rho)^j}{n! n^{j-n}} p_0, j = n,n+1,\cdots \end{cases} \tag{4.1.27}$$

以及

$$p_0 = \frac{1}{\displaystyle\sum_{j=0}^{n-1} \frac{(n\rho)^j}{j!} + \frac{(n\rho)^n}{n!} \cdot \frac{1}{1-\rho}} \tag{4.1.28}$$

将(4.1.28)带入(4.1.27),得

$$p_j = \begin{cases} \dfrac{\dfrac{(n\rho)^j}{j!}}{\displaystyle\sum_{j=0}^{n-1} \dfrac{(n\rho)^i}{j!} + \dfrac{(n\rho)^n}{n!} \cdot \dfrac{1}{1-\rho}}, j = 0,1,\cdots,n-1 \\[4ex] \dfrac{\dfrac{(n\rho)^j}{n! n^{j-n}}}{\displaystyle\sum_{j=0}^{n-1} \dfrac{(n\rho)^i}{j!} + \dfrac{(n\rho)^n}{n!} \cdot \dfrac{1}{1-\rho}}, j = n,n+1,\cdots \end{cases} \tag{4.1.29}$$

当只有一个服务台的时候,即 $n=1$ 时,结果相对简单,其中 $\rho = \lambda/\mu$,且

$$p_j = (1-\rho)\rho^j, j = 0,1,2,\cdots \tag{4.1.30}$$

服务台被占用需要等待的概率为

$$\sum_{j=1}^{n} p_j = 1 - p_0 = \rho \tag{4.1.31}$$

系统中顾客的平均数为

$$\overline{Q} = \sum_{j=0}^{\infty} j p_j = \sum_{j=1}^{\infty} j(1-\rho)\rho^j = \frac{\rho}{1-\rho} \tag{4.1.32}$$

在队伍中等待着的顾客的平均数为

$$\overline{Q}_w = \sum_{j=1}^{\infty} j p_{j+1} = \frac{\rho^2}{1-\rho} \tag{4.1.33}$$

4.1.3.4　泊松输入、指数服务分布、n 个服务台的等待制系统的等待时间

假设:(1) $\rho \equiv \dfrac{\lambda}{n\mu} < 1$;(2) 过程进行了相当长的时间后已处于平衡的状态,系统中顾客数的分布 $P_j(t)$ 的极限 p_j 是存在的,因此平稳状态时系统中的顾客的分布可以认为就是 $\{p_j\}$。

设排队规则是先到先服务,令 T 为任一时刻到达的顾客所需的等待时间,再令 $P_j\{T > t\}$ 表示到达的顾客遇到系统中有 j 个顾客的条件下,他的等待时间大

于 t 的条件概率,由于有 n 个服务台,因此到达的顾客需要等待的充要条件是系统内至少有 n 个顾客,因此有

$$P\{T>t\} = \sum_{j=n}^{\infty} p_j P_j\{T>t\} \tag{4.1.34}$$

上式中的 p_j 已由(4.1.29)给出,接下来计算 $P_j\{T>t\},j \geqslant n$。

当系统中有 j 个顾客时,其中 n 个正在接受服务,$j-n$ 个正在排队等候,所以新到的顾客需要在服务系统输出 $j-n+1$ 个顾客时才能接受服务。由于每位顾客的服务时间服从参数为 μ 的泊松分布,则由前面的讨论,n 个服务台的输出流服从参数为 $n\mu$ 的泊松过程,因此在时间 t 内服务台输出的顾客数 $m(t)$ 小于 $j-n+1$ 时,新到达的顾客需要等待的时间就会超过 t,因此有

$$P_j\{T>t\} = \sum_{i=1}^{j-n} P_j\{m(t)=i\} = \sum_{i=0}^{j-n} \frac{(n\mu t)^i}{i!} e^{-n\mu t} \tag{4.1.35}$$

将上式代入(4.1.34),经计算后可得

$$P\{T>t\} = \frac{p_0}{1-\rho} \frac{(n\rho)^n}{n!} e^{-(n\mu-\lambda)t} \tag{4.1.36}$$

其中 p_0 由(4.1.29)所给定,从而等待时间的分布函数为

$$F_T(t) = 1 - \frac{p_0}{1-\rho} \frac{(n\rho)^n}{n!} e^{-(n\mu-\lambda)t} \tag{4.1.37}$$

特别地,新到的顾客需要等待的概率为

$$P\{T>0\} = \frac{p_0}{1-\rho} \frac{(n\rho)^n}{n!} \tag{4.1.38}$$

上式与所有服务台被占用的概率相同。

由(4.1.36)可得平均等待时间为

$$\begin{aligned}
E(T) &= \int_0^{\infty} t \mathrm{d}F_T(t) \\
&= \frac{-p_0}{1-\rho} \frac{(\rho n)^n}{n!} \int_0^{\infty} t \mathrm{d}e^{-(n\mu-\lambda)t} \\
&= \frac{p_0}{(1-\rho)^2} \frac{\rho(\rho n)^n}{\lambda n!}
\end{aligned} \tag{4.1.39}$$

当只有一个服务台即 $n=1$ 时,注意到此时 $p_0 = \dfrac{\rho}{1-\rho}$ 以及 $\rho = \lambda/\mu$,有

$$P\{T>t\} = e^{-(\mu-\lambda)t} \tag{4.1.40}$$

即服从参数为 $\mu-\lambda$ 的泊松分布,平均等待时间为 $1/(\mu-\lambda)$。

§4.2 人类行为动力学的实证研究

在早期对于人类行为动力学的研究中,如风险评估、保险理赔和通信领域的

行为等,其通用模型都是假设人类活动在时间上是随机的,可以用最简单流或者泊松过程来近似。也就是说,在很短的时间 Δt 内,与行为相关的事件(如索赔)至少发生两次的概率是 Δt 的高阶无穷小,这就排除了事件阵发(bursts)的可能性。由于事件发生的时间间隔服从指数分布,因此其任意阶矩均存在,这就意味着事件的发生基本上是以相对均匀的间隔发生的。

然而,在之前的讨论中我们就已经发现,人类的适应性行为所呈现出来的统计规律性具有鲜明的非随机的特点。实证研究表明,众多的人类活动,包括通信、线上娱乐和工作模式都有非泊松流的特点。例如,Barabási(2005)发现与人类行为相关的事件发生的时间具有高度的非均匀性:长时间的静默过后会有密集的阵发,即具有明显的列维飞行的重尾特点 —— 时间间隔是服从幂律分布的。

本节介绍关于人类活动模式的一些经验结果,分别从通信、网络访问、日常社会经济活动和自身生理、心理特征等四个方面对人类动力学研究中发现的某些重要时间规律做一个简单的综述(樊超等,2011)。

4.2.1　通信模式

从数学角度可以将人类相继行为的发生看作计数随机过程,而每天要做的大量工作又可以看作源源不断地到达"服务台"的任务。例如,某个手机用户接收到短信,那么回复短信就是他需要完成的任务。在这里,间隔时间和等待时间是服务系统中的主要指标,前者决定了输入过程的类型和性质,后者反映了服务台的工作效率,它们取决于任务到达系统和接受服务的随机过程。

间隔时间是指连续两次相继行为发生的时间差,如连续两次发送电子邮件、借阅图书、网上购物等行为之间的时间间隔,反映了人类行为发生的密度和频率。而等待时间则指某项任务从到达系统直到开始接受服务所消耗的时间,如短信通信中从收到短消息到回复该条短消息所经过的时间;网上交易中从下订单到发货再到收货之间所经过的时间;等等,又称为回复时间。

如果排队规则是先到先服务,那么由(4.1.40)式,在随机服务系统中任意一个顾客的等待时间是服从指数分布的。现在假设需要服务的"顾客"是接收到的电子邮件或者邮件的某个潜在的接受者,而"服务"意味着回复邮件,那么在实际情况中其发送或回复电子邮件的时间间隔服从什么分布呢?

Barabási 研究了用户电子邮件发送、邮件回复等待以及邮件通信等人类行为的时间间隔分布。该研究的数据来源于某大学3188位用户收发的共129135封信件(以三个月为周期),研究发现所有人的电子邮件都不符合泊松过程的节奏,而是具有非泊松的阵发特征:在某个时间段用户会连续发送若干电子邮件,然后可能会在很长的时间保持静默。更进一步的定量分析表明，任给一个用户，电子信件发送和回复等待的时间分布均不服从指数分布，而是服从幂律 $P(\tau) \sim \tau^{-\alpha}$，其中 $\alpha \approx 1$，如图 4-1 所示（Barabási，2005）。

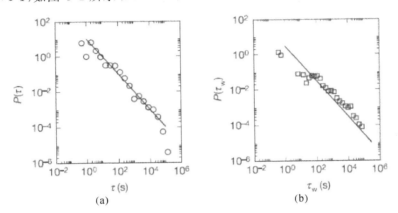

图 4-1　电子邮件通信中的重尾特征：（a）用户发送电子邮件的时间间隔 τ 的分布；（b）用户回复电子邮件的等待时间 τ_w 的分布。在双坐标系统两者均表现出明显的幂律特征，而且幂指数都接近于 1

　　现代的电子邮件发送时间间隔具有重尾的特征，那么传统的水陆信件会有什么样的特征呢？Oliveira 和 Barabási（2005）基于历史数据，对爱因斯坦（30801封）和达尔文（14121 封）一生收发的普通水陆信件的记录进行研究后发现，虽然其通信方式与电子邮件存在差异，但两者均服从幂律分布。对于水陆信件而言，回复等待时间的概率分布能够用幂指数为 1.5 的幂律函数进行很好的拟合，这与电子邮件标度指数 1 之间存在差异。具体结果见图 4-2。

　　Vázquez 等（2006）的研究表明，人类非泊松性的行为模式可划分为两大普适类：一类的分布指数为 1，包括 E-mail 使用、网页浏览和图书馆借阅等；另一类的分布指数为 1.5，如普通水陆信件的发送行为等。

　　虽然 Vázquez（2006）的模型较好地解释了之前所发现的规律，但是就此得出结论将人类行为划分为两大普适类则似乎言之过早。李楠楠等（2008）统计了钱学森和鲁迅先生的信件数据，发现回复时间依然近似服从幂律分布，并且鲁迅的分布幂指数是 1.5，与达尔文和爱因斯坦相同，但是，钱学森的分布指数却是2.1，明显不符合 Vázquez 等人提出的两大普适类中的任何一类，从而有效质疑了将人类动力学的行为模式划分为两大普适类的猜测。研究还发现，信件发送的时间间隔分布也服从幂律分布，且幂指数与回复时间对应的幂指数相同。此外，截取钱学森连续 10 年的信件后，其对应的等待时间分布、间隔时间分布与总体

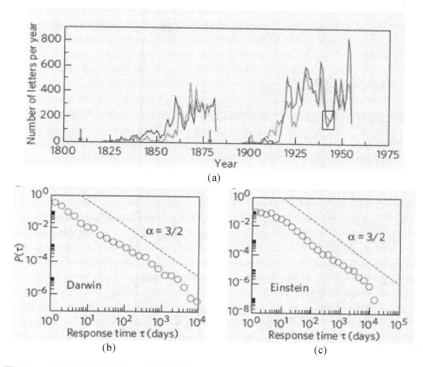

图 4-2 爱因斯坦与达尔文的通信模式对比：（a）两位科学家每年寄出和收到的信件数目的历史记录，小方框标明了"二战"时期爱因斯坦通信模式的反常下降，左右两个箭头指向达尔文和爱因斯坦的出生日期；（b）达尔文的信件回复等待时间分布；（c）爱因斯坦信件回复等待时间分布

基本相似，且幂指数也相同，这表明，通常情况下，人们处理事情的行为模式一般都较为固定，不易改变。

洪伟等（Hong et al.，2009）根据某些手机用户自愿提供的短消息记录所做的统计结果显示，在个体层面上短消息通信的间隔时间服从指数为1到3的幂律分布；当区分联系人后，发送短消息的间隔时间表现出了分段的形态特征，但仍然服从幂律形式。

Rybski et al.（2009）研究了短消息发送数量和短消息网络的增长规律，发现符合广义Gilbrat律——与经济增长模式相一致。作者计算了增长过程的波动指数，发现 Hurst 指数 H > 0.5，因此增长过程具有长期相关性，即人类行为具有分形特征，存在一种记忆效应使得过去的行为对将来的行为具有一定的影响。甚至可以由此预测具有特定活跃性的个体在未来某个时间发送一定数量短消息的概率，进而可以优化通信系统的资源配置。作者认为，通过对短消息网络增长机制的理解,将会有助于理解经济增长过程中所呈现出来的 Gilbrat 律,甚至有助于理解在其中通讯扮演着重要角色的社会系统的动力学机制,如经济市场和政治体制。

4.2.2 在线网络的行为

计算机网络的构建和普及极大地改变了人们的工作生活方式,探寻人们使用计算机网络的行为模式有助于设计更好的数据存储方式和网络拓扑结构,使其能更好为人类服务。

系列研究发现,Internet 上新闻网页的访问量随时间以幂律形式衰减。例如,Gonçalves et al.(2008)的研究表明同一用户连续访问同一网址的时间间隔分布很好地符合幂律分布,幂指数约为 1,而同一用户连续访问同一网站(Emory 大学网站)的时间间隔同样服从幂律分布,其幂指数约为 1.25,如图 4-3 所示。

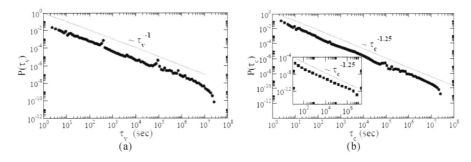

图 4-3 相继点击访问网站的时间间隔分布:(*a*)访问同一网址的时间间隔分布可用幂指数为 1 的幂律分布来拟合;(*b*)同一用户连续访问同一网站(**Emory 大学网站**)的时间间隔同样可用幂指数为 **1.25** 的幂律分布来拟合

Grabowskiet al.(2007,2008)对某"大型多人在线角色扮演游戏"(massive multiplayer online role playing game)的虚拟世界进行了实证研究。参与该在线游戏的玩家之间通过朋友关系(通过朋友列表中的姓名或昵称来确定)形成了一个社会网络。关于该网络的巨集丛(GC)、集聚系数(C)、平均最短距离($\langle l \rangle$)等指标见表 4-1。从表中可以看出,在总共由 28011 个玩家所构成的游戏网络中,巨集丛包含了其中 6065 个玩家。巨集丛和有相同数量节点和平均度构成的随机网络的平均最短距离均为 4.8,基于 BA 机制形成的无标度网络的平均最短距离为 4.0,都要小于 Strogatz(1998)构建的小世界网络(SW)的平均最短距离,也就是说都呈现出了小世界网络的特点。表中还可以看出,巨集丛的集聚系数 0.1 要显著高于随机网络的 0.006 和基于 BA 机制形成的无标度网络的 0.01。巨集丛度的最大值为 64 是因为受到了网站对朋友数的限制。虽然度的最大值受到了限制，但是其度分布仍然可以用幂律分布来拟合（$P(k) \sim (k_0 + k)^{-\gamma}$，其中 $k_0 = 6.2 \pm 0.9, \gamma = 2.9 \pm 0.1$），并且 R^2 判别系数达到 0.98。不过值得指出的是，正如我们在本卷第一章中所指出的那样，R^2 判别系数的大小并不能保证拟合的优度。事实上，在本案例中，如果用尾部按指数衰减的分布来拟合其判别系数仍然可以达到 0.98（$P(k) \sim k^{-\gamma_2} \exp(-\eta k)$，其中 $\gamma_2 = 1.1 \pm 0.1, \eta = 0.048 \pm 0.005$）

表 4-1　整个网络和巨集丛（GC）的平均性质以及与相同节点和平均度的随机网络（RG）、BA 网络和小世界网络（SW）的比较

	N	C	$\langle l \rangle$	k	$k_{\max}$
Network	28011	0.02	—	1.4	64
RG	28011	0.006	29	1.4	—
GC	6065	0.1	4.8	6.4	64
RG	6065	0.006	4.8	6.4	—
BA	6065	0.01	4.0	6.4	—
SW	6065	0.6	6.3	6.4	—

Grabowski et al.（2008）的研究还发现，玩家从首次到最后一次玩游戏的持续天数 T_L（在该游戏网络中的寿命）的概率分布可用幂律分布 $P_L(T_L) \sim T_L^{1.00 \pm 0.03}$ 来拟合，玩家对一个游戏的累计在线游戏时间 T_G（小时）的概率分布可用幂律分布 $P_G(T_G) \sim T_G^{1.10 \pm 0.03}$ 来拟合，而且两者的 R^2 系数均为 0.98. 如图 4-4 所示。两个幂指数都接近于 1，这一发现与 Barabási（2005）的发现很接近。这似乎暗示了人类活动规律内在的一致性。

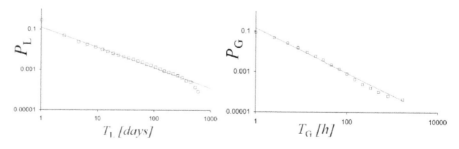

图 4-4　个体在虚拟世界里的活动持续天数的概率分布（左图）和对游戏的兴趣持续时间的概率分布（右图）

玩家的累积在线时间和寿命长度都服从幂律，说明大多数玩家对某一种活

动的兴趣只能持续一段有限时间,只有少数玩家能将其保持下来。

周涛等(Zhou et al.,2008)统计分析了全球最大的在线共享系统之一——Netflix网站的公开数据库中的部分数据,共包含17770部电影,447139个用户和将近1亿条的用户点播电影的记录。在群体水平上,所有用户间隔时间分布在超过两个数量级的范围内服从幂律函数分布,幂指数约为2.08,而且其幂指数和对应人群观看电影的活跃性之间存在单调的关系,即活跃性越高,幂指数越大,平均间隔时间就越短。所谓活跃性是指某用户的活跃性为点播电影的总数与所跨越的时间范围的比值。如图4-5所示。另外,在个体层次上,还观察到了具有胖尾特征的分布,以及分布宽度和活跃程度之间的负相关性。这些发现暗示了活跃程度在决定人类行为模式时的重要地位。

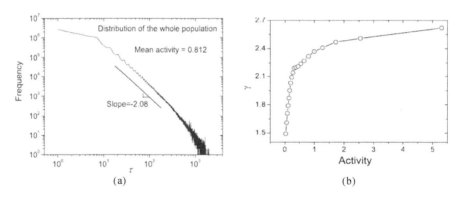

图4-5 (a)群体水平时间间隔的分布,数据波动性反映了人类行为微弱的周期性波动。(b)幂指数与活跃度的关系

此外,对图书借阅和音乐点播行为的研究也发现了类似的规律(樊超,2010;Hu et al,2008),说明个体活跃性在决定人类行为模式中扮演了重要的角色。由于活跃性体现的是单位时间内的访问量,显然较大的活跃程度必然导致较小的平均间隔时间和更强的非均匀性。而从理论上看,幂指数越大,双对数坐标下的图形就越陡,数据点更倾向于在图形左边即时间间隔数值较小的区域集中,时间间隔的均值(如果存在的话)必然越小。

从维基百科、大规模软件开发到软件开源活动,"在线协同工作"已经成为近年来重要的知识生产方式,其影响力逐年扩大。理解这类在线协同活动背后的机制和规律成了学术界广受关注的热点挑战。为此,Zha et al.(2016)分析了数百万条维基百科的编辑历史记录,发现了对于一个维基百科的页面,相邻的两次编辑之间的时间间隔服从一个双段幂律分布,即首、尾两部分都可以用幂函数刻画。进一步地,他们提出了一个机制模型来解释以上发现,该模型包括三个主要机制：

（1）每个编辑者在任何时间都以一定概率独立产生一次编辑，可以用一个泊松过程来刻画；

（2）每一次新的编辑行为，都以一定的概率引发新的相关的编辑（间隔时间是幂律的），可以用一个分支过程刻画；

（3）编辑者总人数随着时间增长（线性）。

论文给出了这一复杂混合过程的解析函数解，并与真实数据高度吻合。虽然解析形式非常复杂，但是渐进行为和中间的值都高度拟合。

4.2.3　经济活动中的标度行为

人们在金融市场的行为曾经被描述为纯粹的随机行为，因此有效市场理论最终所导致的统计理论是基于正态范式的。然而，统计物理学家对金融市场经验数据的实证研究发现了一些"程式化的事实"（Rickles，2007）。例如，研究表明由实际收益构成的时间序列分布的尾部具有幂律的"重尾"特征，而且价格变化的间隔时间也服从幂律分布，交易量具有长期的时间相关性，等等。因此，实际的收益将比正态分布所预测的具有更大的波动性，从而获得巨大的收益并不是罕见的事件。另外，对经验数据的研究也发现了"波动集丛"（Volatility Clusters）的现象，即在某些时期连续出现大波动序列而在另一时期则连续出现小波动序列，而这也与正态范式下价格波动的布朗运动描述大相径庭。收益分布的这种幂律特征以及"条件异方差性"（Conditional Heteroskedasticity）很自然地便使物理学家们联想到新的类比——自组织临界态和相变。这一类比为经济学的相互作用范式提供了物理学的基础[①]。例如，根据对伊辛（Ising）模型的研究，当个体之间不存在相互作用时是不存在相变的，因此很自然的，金融市场相变的存在意味着个体之间相互作用的存在。

如何对待这些程式化的事实，成了经济学家和物理学家的分水岭：经济学很清楚这些统计规律并试图为其建模，这些模型并没有理论和实证的基础，他们唯一的目的就是通过各种手段再现这些统计规律性，而物理学则根据他们的方法

---

① Christensen 和 Moloney 指出，临界状态涉及广延系统在相变时的行为，此时可观察量都是无标度的（服从幂律），也就是说这些可观测量都没有特征标度。相变时，很多组分的微观"部分"的作用所引起的宏观现象，是只考虑单一部分所满足的定律难以理解的。因此，临界状态是对由相互作用"部分"构成的系统重复应用微观定律后出现的一种合作效应。参见：Christensen K，Moloney N R. Complexity and Criticality. 英文影印本，复旦大学出版社，2006。

论原则,基于具有更多背景的模型重构这些统计性质,以物理行为或者一些更深的理论原则(如微观模型,伊辛模型,来自于合作的标度律,集体效应等)。这些统计性质的普适性,即大量不同的金融市场中反复出现的事实,告诉我们其背后一定隐藏着一个共同的机制并且均指向临界现象理论。许多物理学家将他们的任务视为寻找和阐释这共同的机制,

复杂系统的一个主要特征就在于其拥有大量的组元(component)或主体(agent),它们在微观层次的局部相互作用导致了系统宏观秩序的整体涌现。金融系统是如此 —— 如投机商、套利者和交易者的相互作用导致了宏观统计规律性的涌现,物理系统也是如此 —— 大量组员之间的相互作用导致了普适的标度律(scaling law)的涌现。正如我们上面所讨论的,这些宏观规律往往独立于微观相互作用的规则,而只与某些宏观的参数(如对称性和空间维数等)有关。于是物理学家很自然就产生这样的类比,即"标度理论"或许能够应用于金融市场。

除了金融市场以外,人们在日程生活和工作的行为也表现出"标度律"的特征,例如 Scalas et al.(2006)和 Harder et al.(2006)的研究表明,发送到打印机的任务的间隔时间、订单交易的间隔时间和等待时间也表现出了偏离泊松的重尾特征。

在涉及工作的人类行为模式的研究中,郭进利等(Fan et al.,2010;Wang et.al.,2010;Gao et.al,2013;郭进利,2013)以某物流企业的进境物流运作流程为研究对象,详细统计了完成整个运输过程中各个流程以及进出境供应链的关键三方主体相关业务行为的间隔时间和等待时间的分布规律,发现它们都表现出一种特殊的单峰形态特征。左半部分具有较小波峰且含有极大值,右半部分具有明显的重尾特征并可用幂律函数近似拟合,幂指数在 1.2 到 2.6 之间。这样分段形式的分布兼有泊松和幂律的特征,说明人类的工作行为不能由单一的规律刻画。这是因为人们的工作效率是有限度的,当任务的到达率不超过人们的能力范围时,人们可以轻松自如的处理任务,长时间的等待时间几乎不存在;而一旦超负荷工作,则必然会有一部分任务被长时间搁置而得不到处理。

人类行为的统计规律在群体或组织层面有着混合或者分段的分布形态,说明人类行为具有多重标度特征,不能由单一的模式刻画。

4.2.4　人类生理和认知模式

Nakamura et al.(2007)将视角对准了人体微观的生理行为的标度特征,希望能由此更深刻地理解人类的休息和活跃期在日常生活中是如何交织在一起的。他们给患抑郁症的 14 个病人安装了传感器,以记录身体的每个微小动作,并

与 11 个健康个体进行了对比。发现人体生理活动具有明显的周期性，休息期的累积时间分布都表现出重尾特征（时间跨度为 2 分钟到 200 分钟之间），均服从幂律分布且显著性水平 $p < 0.001$，其中对照组的幂指数（$\gamma = 0.92 \pm 0.06$）大于患病组的幂指数（$\gamma = 0.72 \pm 0.11$）。这说明人在患病状态下生理活动趋于平稳，需要更多的长时间休息。活跃期的累积时间分布则可用广延指数分布

$$P(x \geqslant a) = \exp(-\alpha a^{\beta}) \tag{4.2.1}$$

来拟合，其中对照组的各参数为：$\alpha = 0.41 \pm 0.08, \beta = 0.61 \pm 0.07$；患者组的个参数为：$\alpha = 0.53 \pm 0.11, \beta = 0.53 \pm 0.11$。

这种不论个体健康状态如何内在行为模式都表现出重尾的特征表明可能存在一种普适的规律控制着人类行为的组织。见图 4-6.

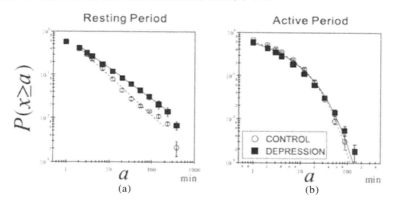

图 4-6　有运动能力的人休息与活跃期时长的累积分布函数：（a）对照组（空心圆）和抑郁症患者（实心方块）休息期时长的累积分布函数在双对数坐标系中的图形，在一条直线上意味着具有重尾的特征，误差线显示的是标准差；（b）对照组（空心圆）和抑郁症患者（实心方块）活跃期时长的累积分布函数，可用广延指数分布来拟合

我们在第一章中曾经指出，在未知的环境中，列维飞行是对目标随机搜索的最优策略，实证研究表明，这种策略被很多物种广泛采用。最近，科学家们开始研究人们行为和认知上所表现出来的类似于列维飞行的模式。

Rhodes et al.（2007）最早开展了关于人类认知中关于记忆检索的实验研究。他们让 9 位被试在 20 分钟之内尽可能多地回忆名词，并记录下相继两个名词之间的回忆时间间隔。他们发现，记忆检索过程常常会伴随着阵发的现象，检索间隔时间服从幂律分布，幂指数因人而异，在 1.37 至 1.98 之间。于是，他们将其发现与动物的觅食模式做了类比：特定的词汇被随机和稀疏地分布在事先未知的空间位置上。因此，Viswanathan（2008）认为，人类在认知能力上体现出来的列维飞行模式应该是具有进化优势的。

不过,Baronchelli et al.(2013)认为对于上述行为模式还可以有替代的解释。如果我们将词汇的搜索过程看作是语义网络中的搜索过程,那么实验中被试的任务就是经典的网络覆盖问题,所记录的时间间隔就可以认为是相继发现两个新节点的延迟时间。在这样的理解框架中,将会呈现出一个树状的拓扑结构,由此可以涌现出延迟时间的重尾特征(Baronchelli,2008)。

有一种拍卖机制被称为"唯一最低出价"(Lowest Unique Bids),在这样的一个博弈中,在所有参与人的报价中,如果你的报价是唯一的(没有其他人有相同的报价),而且在所有唯一的报价中你的是最低的,那么你将可以用你的报价购买到拍卖品。假如有四个人,有两个人的报价是 4 分,有一个人是 5 分,还有一个人是 6 分,那么 5 分的报价者获胜。

有很多网站都设有这种博弈,为赢得某个物品,大家参与报价,报价的最小增量单位是美分(cent)。网站的盈利来源是参与人缴纳的费用。参与人在缴费后就有机会只花几美分就可以竞拍到大奖(电视机甚至汽车)。

Radicchiet al.(2012)所关心的是参与人所采取的报价策略,即在竞拍过程中参与人相继两次报价之间的增量。他们的实证研究发现,只要报价的次数足够多,每个参与人的报价策略就都是服从幂指数 $\gamma \approx 1.4$ 的幂律分布的,并且这样的一个策略是纳什均衡,尽管是不理性的(无利可图)。更有意味的结果是,作者们运用种群演化动力学的模型进行了数值模拟[①],结果发现即使每一个个体一开始赋予的策略不是幂律分布,但是种群演化的结果依然会收敛于 $\gamma \approx 1.4$ 的幂律分布。这表明,该策略还是演化稳定策略。

以上的结果表明,不管是在人类自身的生理过程还是认知心理过程都会呈现出列维飞行的模式,而且这种模式还是演化稳定的。

4.2.5　人类行为特征

纵观以上的研究成果,可以总结出人类行为具有如下的普遍特征(樊超等,2011):

(1) 列维飞行特征

列维飞行的一个特点是"无标度"。大量实证结果表明,不论是通信、工作还是娱乐,甚至是微观的生理行为和认知行为,人类主动行为发生的间隔时间都具有列维飞行的特征分布,幂指数大多在 1 到 3 的"无标度"范围内。

---

① 该演化模型将会涉及 Moran 随机过程,我们将在稍后章节中予以讨论。

（2）级联特征

人类行为具有一种"要么不发生，若发生就是一系列"的级联阵发特征，这大大增加了较短间隔时间内至少出现两次行为的概率，同时也大大增加了静默期的时长，这样的阵发级联特征是泊松过程所不具有的，这也从另一个角度解释了等待时间和时间间隔分布的重尾特征。

（3）周期特征

人类的某种特定行为倾向于在每周中固定的某一天或每一天中固定的某一时刻进行，即行为发生的活跃期表现出周期特征，这往往是与人们的生活规律和作息时间紧密相关的。

（4）波动特征

尽管存在上述规律，人类行为在单位时间内发生的数量仍是难以预测的，这与不同个体的自身因素有关，并受到社会环境（如节假日）的强烈影响。

（5）兴趣特征

除了必须完成的工作，人类的很多行为（如玩游戏）更多的是一种兴趣行为。大多数人的兴趣都是随时间衰减的。个体之间和个体对不同的游戏之间会表现出极大的非均匀性：大多数人人对某一件事情的关注只能持续较短的时间。

（6）自相似特征

已有研究发现人类行为在宏观层面和微观层面表现出了自相似的特征，事件在各个时期的发生数量具有一定的长期相关性，说明人类行为的发生不是完全随机而是有规律可循的。

以上特征相互关联、相互制约，共同构成了人类适应性行为中的阵发和重尾特征。

接下来我们将为在实证研究中的发现寻找可能的解释机制和理论模型。

§4.3　人类行为动力学基市模型

4.3.1　排队规则

设想你有一系列的任务要完成，例如你有若干封信要回，那么这些要完成的任务就是服务系统中的"顾客"，而你就是"服务台"。你以什么样的顺序来完成这些任务实际上就决定了这些"顾客"的排队规则。一般而言，排队规则有以下三种。

（1）先到先服务而且不许插队

第一节我们讨论的模型 4 就是这样的一种排队规则。很多时候我们都是按照这种排队规则来完成任务的。例如，先回复先来的邮件。

（2）随机的方式决定服务顺序

第一节的模型 3 讨论的就是这样的一种排队规则。例如，互联网通讯中的数据包路由协议，车牌摇号，等等。

（3）具有优先级的排队规则

在人类活动中，所需要完成的任务其重要性是不一样的，一般人们都会要紧的事先办，即通常先处理在他的任务列表中优先级最高的项目。具有高优先级的任务在加进任务列表后能很快就被完成，而优先级靠后的任务则可能要等待较长的时间才能被执行。

需要回答的一个问题是：任选一个任务，它在被执行前所需要等待的时间服从什么分布？

对于第一种排队规则，由（4.1.40）式，任意的一个任务在被执行前的等待时间是服从指数分布的。

对于后面两种排队规则，我们可以建立如下的基本模型。

基本模型：设列表中有 L 个任务，第 i 个任务的优先度为 x_i，服从分布 $\rho(x)$。在每一时刻，都有一个任务从列表中被清除：以概率 p 清除具有最高优先度的任务，以概率 $1-p$ 随机清除一个其他的任务，然后加入一个新的任务，其优先度依然服从 $\rho(x)$。若 $p = 1/L$，则每一次都是纯随机地清除一个任务，即按照第二种规则执行任务。若 $p = 1$，则每次从列表中清除的都是最优先的任务，即按照第三种规则执行任务。

对于纯随机的情形，设任意一个任务被执行的等待时间为 τ，则由于该任务每次被选中的概率为 $1/L$，令 $r = 1/L$，此时 τ 服从参数为 r 的几何分布，即

$$p_k = P\{\tau = k\} = r(1-r)^{k-1}, k = 1, 2, \cdots \tag{4.3.1}$$

将上式改写为：

$$p_k = \mathrm{e}^{-\lambda(k-1)}, k = 1, 2, \cdots, \text{其中} \lambda = -\ln r(1-r) \tag{4.3.2}$$

即等待时间的分布具有指数分布的尾部特征。

因此，前面两种排队规则都会导致等待时间服从以指数方式衰减的分布。

对于第三种排队规则，我们先介绍 Barabási 模型，并分析其局限性，然后再对于 $p = 1$ 的情形给出一个精确的解析结果。

4.3.2　Barabási 模型

Barabási(2005) 假设一个优先度为 x_i 的任务被选择执行的概率与 x_i^γ 成正比,即有

$$\pi(x) = \frac{x_i^\gamma}{\sum\limits_{j=1}^{L} x_j^\gamma} \tag{4.3.3}$$

其中 γ 是参数。可以证明,$\pi(x)$ 关于 γ 是递增的,并且 $\gamma = 0$ 对应于纯随机($p = 1/L$) 的情形,$\gamma = \infty$ 对应于 $p = 1$ 的情形。

假设在种群的更新过程中,$\sum\limits_{i=1}^{L} x_i^\gamma$ 为一常数 C,再设 $\tau(x)$ 是优先度为 x 的任务的等待时间,则 $\tau(x)$ 服从参数为 $\pi(x)$ 的几何分布,即有

$$P\{\tau(x) = t\} = (1 - \pi(x))^{t-1} \pi(x), t = 1, 2, \cdots \tag{4.3.4}$$

于是

$$E(\tau(x)) = \frac{1}{\pi(x)} \sim \frac{1}{x^\gamma} \tag{4.3.5}$$

也就是说,一个任务的优先度越高,它的平均等待时间就越短。

在(4.3.5) 式的基础上,Barabási(2005) 进一步假设优先度为 x 的任务需要等待的时间 τ 与 x 的关系近似为:

$$\tau(x) = \frac{C}{x^\gamma} \sim \frac{1}{x^\gamma} \tag{4.3.6}$$

或 $x \sim \dfrac{1}{\tau^{\frac{1}{\gamma}}}$

设 τ 是任选的一个任务的等待时间,$p(\tau)$ 是 τ 的密度函数,考虑到 x 的概率密度为 $\rho(x)$,故有 $p(\tau)\mathrm{d}\tau = \rho(x)\mathrm{d}x$。由此可解得

$$p(\tau) \sim \frac{\rho(\tau^{-\frac{1}{\gamma}})}{\tau^{1+\frac{1}{\gamma}}} \tag{4.3.7}$$

于是当 $\gamma \to \infty (p = 1)$ 时,$p(\tau) \sim \dfrac{1}{\tau}$。这个结果与实证数据中得到的结果相一致。

不过,对于该模型仍然存在着如下的一些疑问:

(1) 当 L 的值较小,例如 $L = 2$ 时,假设 $\sum\limits_{i=1}^{L} x_i^\gamma$ 在更新的过程中保持为常数太勉强;

(2) 优先度为 x 的任务需要等待的时间 τ 是个随机变量,但是在推导的过程

中用其数学期望来近似是否合理;

(3) 从(4.3.7) 式中可以看出,当 γ 足够大时,$p(\tau)$ 尾部的幂指数虽然会非常接近于 1 但是却严格大于 1。若 $p(\tau) \sim \dfrac{1}{\tau}$,则 $\int_a^{+\infty} p(\tau)\mathrm{d}\tau = +\infty$,不构成分布,除非设定了最大截止时间和相应的标度函数。事实上,Vázquez(2005) 给出了标度函数,我们稍后将介绍这一结果;

(4) $p = 1$ 在本模型中对应于 $\gamma \to \infty$,$p = 1/L$ 对应于 $\gamma = 0$,均为本模型的奇点,需要用其他方法推导。

4.3.3   Vázquez 的精确解

Vázquez(2005) 给出了任务数 $L = 2$ 时 Barabási 模型的精确解。

一个任务被选中后会有一个新任务进入列表,设新任务的优先度为 x,其密度函数为 $\rho(x)$,分布函数为 $R(x)$。再设第 t 步旧任务的优先度的概率密度和分布函数分别为 $\rho_1(x,t)$ 和 $R_1(x,t)$。在 $t+1$ 步,列表上有两项任务,其分布函数分别为 $R(x)$ 和 $R_1(x,t)$。因此,如果旧任务的优先度为 x,则新任务的优先度大于 x 的概率为 $1 - R(x)$,因此由全概率公式,此时新任务被选中的概率为:

$$q(x) = p[1 - R(x)] + \frac{1}{2}(1 - p) \tag{4.3.8}$$

如果新任务的优先度为 x,则旧任务被选中的概率为:

$$q_1(x) = p[1 - R_1(x,t)] + \frac{1}{2}(1 - p) \tag{4.3.9}$$

于是,完成一项任务后,旧任务的分布函数为:

$$R_1(x,t+1) = \int_0^x \rho_1(y,t)q(y)\mathrm{d}y + \int_0^x \rho(y)q_1(y,t)\mathrm{d}y \tag{4.3.10}$$

如果 $\lim\limits_{t \to \infty} R_1(x,t) = R_1(x)$ 存在,则在稳定状态下有 $R_1(x,t+1) = R_1(x,t)$,则由(4.3.10) 式,有

$$R_1(x) = \frac{1+p}{2p}\left[1 - \frac{1}{1 + \dfrac{2p}{1-p}R(x)}\right] \tag{4.3.11}$$

当 $p \to 0$ 时,有 $\lim\limits_{p \to 0} R_1(x) = R(x)$。由于 $p = 0$ 时,对应于随机的排队规则,因此旧任务与新任务具有相同的优先度分布,这一点符合直观的理解。当 $p \to 1$ 时,由上式,有:

$$\lim\limits_{p \to 1} R_1(x) = \begin{cases} 0, & x = 0 \\ 1, & x > 0 \end{cases} \tag{4.3.12}$$

这退化为优先度只取 0 的单点分布。这意味着,假如每次都选择优先度高的任务,那么随着时间的推移,旧任务的优先度会越来越低,最终趋向于 0.

考虑优先度为 x 的一项任务刚刚加入列表,从某一步到下一步,这项任务的选择是相互独立的。因此它等待的时间 τ_x 恰好为 t 的概率等于前面 $t-1$ 步没有选中该任务而第 t 步选中的概率乘积。第一步没有被选中的概率为 $q_1(x)$(旧任务被选中的概率),其后的过程中每一步没有被选中的概率为 $q(x)$(新任务被选中的概率),因此:

$$P_t = P\{\tau = t\} = \int_0^\infty P\{\tau_x = t\}\rho(x)\mathrm{d}x$$

$$= \begin{cases} \int_0^\infty [1 - q_1(x)]\rho(x)\mathrm{d}x, & t = 1 \\ \int_0^\infty q_1(x)[1 - q(x)][q(x)]^{t-2}\rho(x)\mathrm{d}x, & t > 1 \end{cases} \tag{4.3.13}$$

利用(4.3.8)式,(4.3.9)式,(4.3.11)式,对上式积分,可得:

$$P\{\tau = t\} = \begin{cases} 1 - \dfrac{1 - p^2}{4p}\ln\dfrac{1 + p}{1 - p}, & t = 1 \\ \dfrac{1 - p^2}{4p}\left[\left(\dfrac{1 + p}{2}\right)^{t-1} - \left(\dfrac{1 - p}{2}\right)^{t-1}\right]\dfrac{1}{t - 1}, & t > 1 \end{cases}$$

$$\tag{4.3.14}$$

在极限状态,有:

$$\lim_{p \to 0} P_n = \left(\frac{1}{2}\right)^n \tag{4.3.15}$$

这实际上意味着,在随机的规则下,两个任务任选一个就像抛硬币,任意一面出现所需要的次数服从参数为 $1/2$ 的几何分布。

另一个极限,当 $p \to 1$ 时,有:

$$\lim_{p \to 1} P_t = \begin{cases} 1 + O\left(\dfrac{1 - p}{2}\ln(1 - p)\right), & t = 1 \\ O\left(\dfrac{1 - p}{2}\right)\dfrac{1}{t - 1}, & 1 < t \leqslant t_0 \end{cases} \tag{4.3.16}$$

其中等待时间的截断规模为

$$t_0 = \left(\ln\frac{2}{1 + p}\right)^{-1} \tag{4.3.17}$$

由(4.3.16)式,当最高优先级的任务被选择的概率充分接近于 1 时,大部分新任务的等待时间都是 1,但是如果新任务在第一步没有被选择而变成旧任务后,等待时间就服从幂指数为接近于 1 的幂律分布。

仍然需要指出的是,在本模型中 $p = 1$ 是奇点,(4.3.16)式并不意味着当 p

= 1 时等待时间服从幂指数为 1 的幂律分布,事实上,由(4.3.14),在 $p < 1$ 的情形,当 t 充分大的时候等待时间的分布有一个指数截断,即

$$P(t) \sim \frac{1-p^2}{4} \frac{1}{t} \exp\left(-\frac{t}{t_0}\right) \tag{4.3.18}$$

那么,当 $p = 1$ 时,等待时间到底服从什么分布呢?

我们将通过以下的模型给出精确解。出人意料的是,此时幂指数不是 1 而是 2。

4.3.4 Barabási 模型奇点处的精确解

Barabási(2005) 和 Vázquez(2005) 的模型始终无法回避的一个问题就是,当最高优先度的任务被选择的概率为 $p = 1$ 时,他们的模型是不适用的。因此需要另外建立模型加以讨论。

假设优先度服从 $[0,1]$ 上的均匀分布 $U(0,1)$,我们以如下的方式提出本模型:

(1)初始时刻 $t = 0$:种群 $X_0 = (x_1^0, x_2^0, \cdots, x_L^0)$ 独立同分布,均服从 $U[0,1]$,$x_{(L)}^0 = \max\{x_1^0, \cdots, x_L^0\}$;

(2)用一个服从 $U[0,1]$ 的随机数替换掉 $x_{(L)}^t$,构成新的种群 $X_{t+1} = (x_1^{t+1}, x_2^{t+1}, \cdots, x_L^{t+1})$,记 $x_{(L)}^{t+1} = \max\{x_1^{t+1}, \cdots, x_L^{t+1}\}$;

(3)$t = t + 1$,回到步骤(2)。

关于本模型的说明:步骤(1)表明在初始时刻列表中的 L 个任务的优先度是 L 维的随机变量,其中 L 个分量相互独立且均服从 $[0,1]$ 上的均匀分布,因此任选一个任务的优先度的密度函数 $\rho(x) = 1, (0 \leqslant x \leqslant 1)$;(2)步骤(2)意味着每一步都将优先度最高的任务完成并用一个新任务替换,其中新任务的优先度服从 $U[0,1]$。

有意思的是,这个模型恰好是第二章中简单模型的对称翻版,所不同的是在那里每次替换的是最小适应度的物种,因此很多结果利用对称性马上得到。

由定理 2.4.1 和定理 2.4.3,可以得到如下两个结论。

引理 4.3.1 记 $t_1 = \min\{t: x_{(L)}^t < x_{(L)}^0\}, t_2 = \min\{t: x_{(L)}^t < x_{(L)}^{t_1}\} - t_1, \cdots,$ $t_n = \min\{t: x_{(L)}^t < x_{(L)}^{t_{n-1}}\} - t_{n-1}$,则

$$E(t_n) = \left(\frac{L}{L-1}\right)^n \tag{4.3.19}$$

引理 4.3.2 设 $T_n = \sum_{i=1}^{n} t_i$,则 $x_{(L)}^{T_n} \xrightarrow{a.s} 0, n \to \infty$。

引理 4.3.1 告诉我们,$x_{(L)}^{T_n}$ 是有意义的,引理 4.3.2 告诉我们,任何一个任务

都迟早会完成。

接下来我们要回答两个问题。

问题 1：给定$[0,1]$上的一个常数x，记$\tau_x = \min\{t : x^t_{(L)} \leqslant x\}$，则$\tau_x$服从什么分布？

任选一个任务，设其优先度为x，设K_x为$x_1, x_2, \cdots, x_L$中大于x的个数，则K_x服从二项分布$B(L-1, 1-x)$，即

$$P\{K_x = r\} = C_{L-1}^r (1-x)^r x^{L-r-1}, r = 0, 1, \cdots, L-1 \qquad (4.3.20)$$

当$K_x = r(r > 0)$时，事件$\{\tau_x = n\}$意味着在前面的$n-1$步中，有$r-1$步进入的新任务其优先度小于x，并且在第n步加入的新任务的优先度小于x，故τ_x条件分布律为：

$$P\{\tau_x = n \mid K_x = r\} = C_{n-1}^{r-1} x^r (1-x)^{n-r}, n = r, r+1, \cdots \qquad (4.3.21)$$

显然有

$$P\{\tau_x = 0 \mid K_x = 0\} = 1 \qquad (4.3.22)$$

并且，有

$$P\{K_x = 0\} = x^{L-1} \qquad (4.3.23)$$

于是，由乘法公式和全概率公式，有

$$P\{\tau_x = 0\} = x^{L-1} \qquad (4.3.24)$$

和

$$\begin{aligned}
P\{\tau_x = n\} &= \sum_{r=0}^{L-1} P\{\tau_x = n \mid K = r\} P\{K = r\} \\
&= \sum_{r=1}^{L-1} C_{n-1}^{r-1} C_L^r x^{L-1} (1-x)^n \\
&= x^{L-1} (1-x)^n \sum_{r=1}^{L-1} C_{n-1}^{r-1} C_{L-1}^r, n \geqslant 1
\end{aligned} \qquad (4.3.25)$$

这样就解决了问题 1。

问题 2：任选一个任务，等待时间τ服从什么分布？

首先等待时间为 0 的概率就是任选的一个任务恰好是优先度最高的概率，由对称性可知，这个概率应该是$1/L$。事实上，我们有

$$P\{\tau = 0\} = \int_0^1 P\{\tau_x = 0\} \rho(x) \mathrm{d}x = \int_0^1 x^{L-1} \mathrm{d}x = \frac{1}{L} \qquad (4.3.26)$$

进一步地，利用全概率公式，有

$$\begin{aligned}
P\{\tau = n\} &= \int_0^1 P\{\tau_x = n\} \rho(x) \mathrm{d}x \\
&= \sum_{r=1}^{L-1} C_{n-1}^{r-1} C_{L-1}^r \int_0^1 x^{L-1} (1-x)^n \mathrm{d}x
\end{aligned}$$

$$= B(L, n+1) \sum_{r=1}^{L-1} C_{n-1}^{r-1} C_{L-1}^{r}$$

$$= \frac{1}{L} \sum_{r=1}^{L-1} \frac{C_{n-1}^{r-1} C_{L-1}^{r}}{C_{L+n}^{n}}, n \geqslant 1 \qquad (4.3.27)$$

由于

$$\lim_{n \to \infty} \frac{n!}{\sqrt{2\pi n} \left(\dfrac{n}{e}\right)^n} = 1 \qquad (4.3.28)$$

因此,当 n 足够大时,有斯特林公式

$$n! \approx \sqrt{2\pi n} \left(\frac{n}{e}\right)^n \qquad (4.3.29)$$

利用(4.3.29)式,可得当 n 足够大时,有

$$\frac{C_{n-1}^{r-1} C_{L-1}^{r}}{C_{L+n}^{n}} \sim \frac{1}{n^{L-r+1}} \qquad (4.3.30)$$

由于在(4.3.27)式右端和式中 r 的最大值为 $L-1$,此时对应于(4.3.30)式右端的幂指数为 2,故有如下重要的结果

$$P\{\tau = n\} = \frac{1}{L} \sum_{r=1}^{L-1} \frac{C_{n-1}^{r-1} C_{L-1}^{r}}{C_{L+n}^{n}} \sim \frac{1}{n^2}, n \gg 1 \qquad (4.3.31)$$

于是有下面的定理。

定理 4.3.1　设 $x_1, x_2, \cdots, x_L$ 为相互独立的随机变量,均服从 $[0,1]$ 上的均匀分布,假如在每一个回合都用一个服从 $U[0,1]$ 的随机数替换 $x_1, x_2, \cdots, x_L$ 中的最大者,则任选一个数 x_i,它直到被替换所需要的回合数渐近服从幂指数为 2 的幂律分布。

这就意味着,在 Barabási 模型的奇点处,即当概率为 1 地执行最高优先度的任务时,任选一个任务的等待时间渐近服从幂指数为 2 的幂律分布。

作为验证,当 $L = 2$ 时,有

$$P\{\tau = n\} = \frac{1}{(n+1)(n+2)} \sim \frac{1}{n^2}, n \geqslant 1 \qquad (4.3.32)$$

当 $L = 3$ 时,有

$$P\{\tau = n+1\} = \frac{n+5}{(n+1)(n+2)(n+3)} \sim \frac{1}{n^2}, n \geqslant 1 \qquad (4.3.33)$$

以上的证明表明,即使在 $p \to 1$ 时等待时间的幂指数会趋近于 1,这也并不意味着当 $p = 1$ 时幂指数就会等于 1。因为任何模型都有奇点,对于奇点处的解,需要单独建立另外一个模型加以分析。

上述模型还可以应用到自组织临界性理论中。试想有 n 个物种,假如它们的

适应度相互独立且均服从区间 $[0,1]$ 上的均匀分布,并且在每一回合适应度最低的物种都会被一个新物种替代,其中新物种的适应度服从 $[0,1]$ 上的均匀分布,则根据定理 4.3.1 以及对称性,任选一个物种,它被替代时所需要的回合数渐近服从幂指数为 2 的幂律分布。

问题:假设 L 个物种位于一个圆环内,其适应度为 L 个相互独立且均服从区间 $[0,1]$ 上的均匀分布,假设每次适应度最低的物种以及两个邻居被替换掉,则在初始阶段任选一个物种,它被替换掉所需的时间是多少?

§4.4　人类行为动力学扩展模型

为什么电子邮件发送和回复的时间间隔服从幂指数近似于 1 的幂律分布,而爱因斯坦和达尔文水陆信件的发送与等待时间却又服从幂指数约为 1.5 的幂律分布?这背后是否有可理解的机制或者通过建立一个数学模型来加以解释?

人类行为的多样性导致了其统计规律性以及标度行为的多样性。科学研究的一个任务就是试图给出现象背后可理解的机制。因此,上面提出来的问题得到了越来越多学者的关注。Barabási 模型通过设定任务的优先级对于幂指数 1 给出较为令人信服的解释,那么该如何解释水陆信件中的 1.5 这个幂指数呢?

另外,Barabási 模型中有一个重要的假设,就是每个任务的服务时间都是固定的,均为一个时间单位。然而现实的情况并不完全是这样的,人们在每个任务中所花费的时间是不一样的,因此假设服务时间是随机变量应该是更加合理的。

本节分为两部分:第一部分给出若干模型以解释现实中观察到的标度指数的多样性;第二部分讨论服务时间服从指数分布时的行为动力学模型。

4.4.1　标度指数的多样性和相应的模型

Vázquez et al.(2006) 给出了如下的模型。

设任务到达的计数过程是参数为 λ 的泊松过程,完成任务所需的时间服从参数为 μ 的指数分布。每一个任务都被赋予了一个优先度 x,其取值范围为 $1,2,\cdots,r$。每一次都从等待着的任务中选择最高优先级的任务加以执行,因此最低优先级的任务将需要等待最长的时间。排队论已经证明,最低优先度的任务在执行前所需等待的时间服从如下的分布

$$P(\tau_w) \sim A\tau_w^{-3/2}\,\mathrm{e}^{-\tau_w/\tau_0} \tag{4.4.1}$$

其中 A 和 τ_0 是模型参数的函数,特征等待时间 τ_0 由下式给定

$$\tau_0 = \frac{1}{\mu(1-\sqrt{\rho})^2} \tag{4.4.2}$$

其中 $\rho = \lambda / \mu$ 表示交通荷载强度。因此,等待时间的分布可以用拥有一个指数截断的幂指数为 $3/2$ 幂律分布来表征。

本模型可推广到优先度是具有概率密度 $\eta(x)(x > 0)$ 的连续型变量的情形,此时可以建立等待时间分布的拉普拉斯变换方程,但很难转换回概率密度的情形,因此 Vázquez et al.(2006)分以下三种情形做了数值计算模拟。

(1)$\rho < 1$ 的亚临界区

此时由于单位时间内任务到达数 λ 低于单位时间完成的任务数 μ,这显著地限制了等待时间,大多数的任务一到达就被执行而无须等待。模拟的结果表明等待时间分布表现出与方程(4.3.32)相符的渐近标度行为。当 $\rho \to 0$ 时可观察到指数衰减,而当 $\rho \to 1$ 时可观察到具有指数截断的 $\tau_w \approx 3/2$ 的幂律衰减。见图 4-7。

(2)$\rho = 1$ 的临界状态

此时任务到达率 λ 和任务完成率 μ 相等,由(4.4.1)和(4.4.2)式,我们可以观察到严格的幂指数为 $3/2$ 幂律分布。此时任务的排队长度可视为一个一维随机游动模型,一个任务最多需要等待的时间等于随机游动回到状态 $l = 0$ 所需的时间。而对于这个问题,随机游动理论已经解决,其所需时间的分布确实服从幂指数为 $3/2$ 的幂律分布。

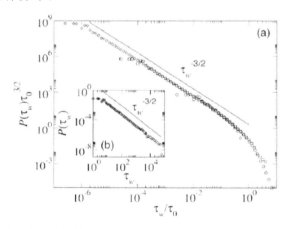

图 4-7　基于连续优先度的等待时间分布,其中圆圈 ○ 对应于 $\rho = 0.9$,方框 □ 对应于 $\rho = 0.99$,菱形 ◇ 对应于 $\rho = 0.999$,图中可以看出,在重新标度(横坐标为 τ_w/τ,纵坐标为 $P(\tau_w)\tau_w^{3/2}$)后,可观察到数据塌缩现象,即对应于三种情形的所有散点几乎都在一条曲线上,中间小方框的图形对应于 $\rho = 1.1$

（3）$\rho > 1$ 的超临界状态

此时到达率大于完成率，因此排队的平均长度会有一个随时间的线性增长

$$\langle l \rangle = (\lambda - \mu)t \tag{4.4.3}$$

因此，会有$(\lambda - \mu)/\lambda$ 比例的任务将永远不会完成。不过，这个比例因人而异，达尔文是 0.32，爱因斯坦是 0.24，弗洛伊德是 0.31。此时对于已完成的任务而言，数值模拟显示（图 4-7 小方框中对应于 $\rho = 1.1$ 的分布曲线），等待时间的分布可用幂指数为 3/2 的幂律分布拟合。那些永远不可能完成的任务其等待时间是 ∞。

虽然解释幂指数为 1 的 Barabási 模型和解释幂指数为 1.5 的 Vázquez 模型在细节上有诸多不同，但是本质上的不同在于，前者的任务数 L 是给定的，而后者的任务数是没有限制的。Vázquez 等人正是利用了这两个模型将人类非泊松性的行为模式划分为了两大普适类：一类幂指数为 1 而另一类幂指数为 1.5。不过，这一结论被之后更多的经验证据所质疑。

事实上，人类行为的计数过程的标度指数并不仅仅局限在 1 或者 1.5，而是同样具有多样性。例如，由图 4-3，同一用户连续访问同一网站（Emory 大学网站）的时间间隔可用幂指数为 1.25 的幂律分布来拟合。针对这种现象，Gonçalves et al.（2008）认为，人们在执行任务时往往并不是一个一个任务去完成的，而是在每一时刻都会选择一组任务。他们根据这个假设建立了如下的一个模型：在每一时刻，按照优先度以概率 p 选择包含 v 个任务的一组任务，然后以概率 $1-p$ 随机选择一组。数值模拟的结果见图 4-3(b) 中的小方框，其中的幂指数恰好就是 1.25（其中的各个参数为 $v = 3$，$p = 0.9999$，任务数 $L = 100$）。

4.4.2 具有服务时间的人类行为动力学模型

假设列表中有 L 个任务，每个任务的优先度均服从 $[0,1]$ 上的均匀分布，每个任务的服务时间服从参数为 μ 的指数分布。

（1）迭代起始步 $n = 0$：任务列表 $X_0 = (x_1^0, x_2^0, \cdots, x_L^0)$ 独立同分布，均服从 $U[0,1]$，$x_{(L)}^0 = \max\{x_1^0, \cdots, x_L^0\}$；

（2）用一个服从 $U[0,1]$ 的随机数替换掉 $x_{(L)}^n$，构成新的种群 $X_n = (x_1^n, x_2^n, \cdots, x_L^n)$，记 $x_{(L)}^n = \max\{x_1^n, \cdots, x_L^n\}$；

（3）$n = n+1$，并生成一个服从参数为 μ 的指数分布的随机数 T_n，回到步骤（2）。

关于本模型的说明：步骤（1）表明在初始时刻列表中的 L 个任务的优先度是 L 维的随机变量，其中 L 个分量相互独立且均服从 $[0,1]$ 上的均匀分布，因此任

选一个任务的优先度的密度函数 $\rho(x)=1,(0\leqslant x\leqslant 1)$；步骤(2)意味着每一步都执行优先度最高的任务，并用一个新任务替换，其中新任务的优先度服从 $U[0,1]$；由于完成任务所需的时间是服从参数为 μ 的指数分布的随机变量 T_n，因此由步骤(3)，一个任务在第 τ 步迭代时被执行意味着该任务的等待时间为

$$T = \sum_{i=1}^{\tau} T_i \tag{4.4.4}$$

由定理 4.1.2，当 $\tau=n$ 时，等待时间 T 的条件概率密度为

$$f(t \mid \tau = n) = \begin{cases} \dfrac{\mu^n}{(n-1)!} t^{n-1} \mathrm{e}^{-\mu t}, & t > 0 \\ 0, & t \leqslant 0 \end{cases}, n \geqslant 1 \tag{4.4.5}$$

而当 $\tau=0$ 时，$T=0$。

在这样的一个框架中，由(4.3.29)，此时任选一个任务被执行时所需要迭代的步数 τ 的分布律为

$$P\{\tau = n\} = \frac{1}{L} \sum_{r=1}^{L-1} \frac{C_{n-1}^{r-1} C_{L-1}^{r}}{C_{L+n}^{n}} \tag{4.4.6}$$

为了讨论的方便，不失一般性，取任务数 $L=2$，则有

$$P\{\tau = n\} = \frac{1}{(n+1)(n+2)}, n \geqslant 0 \tag{4.4.7}$$

于是，等待时间 T 有 50% 的概率取值为 0，这对应于任选的任务恰好是优先度最高的，而当迭代的步数 $\tau>0$ 时有 $T>0$，此时等待时间 T 的条件概率密度为

$$\begin{aligned} f(t \mid \tau > 0) &= \sum_{n=1}^{\infty} f(t \mid \tau = n) P(\tau = n) \\ &= \sum_{n=1}^{\infty} \frac{\mu^n}{(n-1)!} t^{n-1} \mathrm{e}^{-\mu t} \frac{1}{(n+1)(n+2)} \\ &= \mu \mathrm{e}^{-\mu t} \sum_{n=1}^{\infty} \frac{n(\mu t)^{n-1}}{(n+2)!} \\ &\overset{x=\mu t}{=} \mu \mathrm{e}^{-x} \frac{\mathrm{d}}{\mathrm{d}x} \left(\sum_{n=1}^{\infty} \frac{x^n}{(n+2)!} \right) \end{aligned} \tag{4.4.8}$$

由于

$$\begin{aligned} g(x) &= \sum_{n=1}^{\infty} \frac{x^n}{(n+2)!} = \frac{1}{x^2} \sum_{n=1}^{\infty} \frac{x^{n+2}}{(n+2)!} \\ &= \frac{1}{x^2} \left(\mathrm{e}^x - 1 - x - \frac{x^2}{2} \right) \end{aligned} \tag{4.4.9}$$

故有

$$g'(x) = \left(\frac{1}{x^2} - \frac{2}{x^3}\right)e^x + \frac{2}{x^3} + \frac{1}{x^2} \tag{4.4.10}$$

于是,由(4.4.8),有

$$f(t \mid \tau > 0) = \mu e^{-x} g'(x)$$
$$= \mu\left(\frac{1}{x^2} - \frac{2}{x^3}\right) + \left(\frac{2}{x^3} + \frac{1}{x^2}\right)e^{-x} \tag{4.4.11}$$

由于 $x = \mu t$,故有

$$f(t \mid \tau > 0) = \frac{1}{\mu^2}\left(\frac{\mu}{t^2} - \frac{2}{t^3}\right) + \frac{1}{\mu^3}\left(\frac{2}{t^3} + \frac{\mu}{t^2}\right)e^{-\mu t}, t > 0 \tag{4.4.12}$$

因此,有

$$\lim_{t \to \infty} t^2 f(t \mid \tau > 0) = \frac{1}{\mu} \tag{4.4.13}$$

从而当 $t \gg 1$ 时,有

$$f(t \mid \tau > 0) \sim t^{-2} \tag{4.4.14}$$

也就是说,任选的一个任务如果不是优先度最高的那么其等待时间的概率密度以幂指数为 2 的幂函数形式衰减。

接下来讨论具有服务时间的 Barabási 模型。

假设列表中有 L 个任务,每个任务的优先度均服从$[0,1]$上的均匀分布,每个任务的服务时间服从参数为 μ 的指数分布。在每一步,以概率 p 执行最高优先度的任务,以概率 $1 - p$ 随机执行列表中的任一项任务。

假设第一个被执行的任务的等待时间是 0,那么任选的一个任务,它在被执行之前恰好完成了 n 个任务的概率,由(4.3.14)式,有

$$P\{\tau = n\} = \begin{cases} 1 - \dfrac{1-p^2}{4p}\ln\dfrac{1+p}{1-p}, & n = 0 \\ \dfrac{1-p^2}{4p}\left[\left(\dfrac{1+p}{2}\right)^n - \left(\dfrac{1-p}{2}\right)^n\right]\dfrac{1}{n}, & n \geqslant 1 \end{cases} \tag{4.4.15}$$

当 $\tau = n$ 时,任务的等待时间为 $T = \sum_{i=1}^{n} T_i$,其中 $T_1, T_2, \cdots, T_n$ 分别表示前面 n 个任务的服务时间,它们相互独立且均服从参数为 μ 的指数分布,从而等待时间的条件概率密度同样具有(4.4.5)式的形式。

于是,有

$$f(t \mid \tau > 0) = \sum_{n=1}^{\infty} f(t \mid \tau = n) P(\tau = n)$$

$$= \frac{1-p^2}{4p} \sum_{n=1}^{\infty} \frac{\mu^n}{(n-1)!} t^{n-1} e^{-\mu t} \left[\left(\frac{1+p}{2} \right)^n - \left(\frac{1-p}{2} \right)^n \right] \frac{1}{n}$$

$$= \frac{1-p^2}{4p} \frac{e^{-\mu t}}{t} \sum_{n=1}^{\infty} \frac{(\mu t)^n}{n!} \left[\left(\frac{1+p}{2} \right)^n - \left(\frac{1-p}{2} \right)^n \right]$$

$$= \frac{1-p^2}{4p} \frac{1}{t} \left(e^{-\left(\frac{1-p}{2} \right)\mu t} - e^{-\left(\frac{1+p}{2} \right)\mu t} \right)$$

$$= \frac{1-p^2}{4p} t^{-1} e^{-\left(\frac{1-p}{2} \right)\mu t} (1 - e^{-p\mu t})$$

$$(4.4.16)$$

当 $p \to 0$ 时,有

$$f(t \mid \tau > 0) = \mu e^{-\mu t} \qquad (4.4.17)$$

而当 p 充分接近于 1 时,有

$$f(t \mid \tau > 0) \sim \frac{1-p^2}{4} t^{-1} \exp\left(-\frac{t}{t_0} \right) \qquad (4.4.18)$$

其中 $t_0 = \left(\frac{\mu(1-p)}{2} \right)^{-1}$。

注意,在本模型中,$p = 1$ 仍然是奇点,(4.4.18)式只有在 $p < 1$ 时才有意义。当 $p = 1$ 时,精确解由(4.4.12)式确定。

4.4.3　记忆的影响

Vázquez(2007)考察了记忆对于人类活动的影响。

设想某个体经常要执行某项特定的任务,如发送电子邮件。假设在某给定的时刻个体是否会执行任务依赖于以往的活动历史,具体地说,就是:(1)行为主体具有对他们以往活动率的感知;(2)基于以上感知确定是否要给活动率加速或减速。虽然我们能记住之前做了什么,但是要给记忆量化却是非常困难的。作为一个简单的近似,假设对于过去活动的感知可以用一个平均活动率来表征,并且根据这一感知来决定是加速还是减速。

记 $\lambda(t)$ 是时刻 t 执行任务的强度,即单位时间内执行的任务数,以此表征行为主体的活动率,则在 $[0, t]$ 内的平均活动率为

$$\bar{\lambda}(t) = \frac{1}{t} \int_0^t \lambda(s) \mathrm{d}s \qquad (4.4.19)$$

如果在任一时刻 t,行为主体总能感知到 $[0, t]$ 内的平均活动率,并按照

$$\lambda(t) = a\bar{\lambda}(t) \tag{4.4.20}$$

来确定当下的活动率,其中常数 $a > 0$ 是一个控制参数:当 $a = 1$ 时,可得 $\lambda(t) = \lambda(0)$,此时过程是平稳的;当 $a \neq 1$ 时,过程是非平稳的,并且 $a > 1$ 时活动将加速,$a < 1$ 时活动将减速。

方程(4.4.20)的解为

$$\lambda(t) = \lambda_0 a \left(\frac{t}{T}\right)^{a-1} \tag{4.4.21}$$

其中 λ_0 是在所考虑的长为 T 的时段内所执行的任务的平均数。设两个相继被执行的任务的间隔时间为 X,假设当 $\mathrm{d}t$ 很小时,在区间 $[t, t + \mathrm{d}t]$ 内的活动率可以视为常数 $\lambda(t)$,则在该时段的任务执行率可以看作是一个强度为 $\lambda(t)$ 的泊松流,利用指数分布的无记忆性,有

$$F(\tau, \lambda(t)) = P\{X \leqslant \tau \mid \lambda(t)\} = 1 - \mathrm{e}^{-\lambda(t)\tau} \tag{4.4.22}$$

由于在 $[t, t + \mathrm{d}t]$ 执行任务的平均次数为 $\dfrac{\lambda(t)\mathrm{d}t}{\lambda_0 T}$,从而在整个时段 $[0, T]$ 内,有

$$F(\tau) = \int_0^T (1 - \mathrm{e}^{-\lambda(t)\tau}) \frac{\lambda(t)}{\lambda_0 T} \mathrm{d}t \tag{4.4.23}$$

对于平稳过程($a = 1$),$\lambda(t) = \lambda_0$,可知两次执行任务的时间间隔服从参数为 λ_0 的指数分布。一般地,有

$$F(\tau) = \begin{cases} 1 - \exp\left(-\dfrac{\tau}{\tau_0}\right) + \left(\dfrac{\tau}{\tau_0}\right)^{a/(1-a)} \Gamma\left(\dfrac{1-2a}{1-a}, \dfrac{\tau}{\tau_0}\right), & a < 1 \\[3mm] 1 - \exp\left(-\dfrac{\tau}{\tau_0}\right), & a = 1 \\[3mm] 1 - \exp\left(-\dfrac{\tau}{\tau_0}\right) + \left(\dfrac{\tau}{\tau_0}\right)^{-a/(a-1)} \left[\Gamma\left(\dfrac{2a-1}{a-1}\right) - \Gamma\left(\dfrac{2a-1}{a-1}, \dfrac{\tau}{\tau_0}\right)\right], & a > 1 \end{cases} \tag{4.4.24}$$

其中 $0 \leqslant \tau \leqslant T$,$\Gamma(\beta, y) = \int_y^\infty \mathrm{e}^{-x} x^{\beta-1} \mathrm{d}x$ 是不完全 Γ 函数,并且 $\tau_0 = (a\lambda_0)^{-1}$。

当 $a > 1$ 时,加速机制会导致概率密度 $f(\tau) = F'(\tau)$ 出现重尾特征,即

$$f(\tau) = \frac{1}{\tau_0} \frac{a}{a-1} \Gamma\left(\frac{2a-1}{a-1}\right) \left(\frac{\tau}{\tau_0}\right)^{-\alpha} \tag{4.4.25}$$

对于 $\tau_0 \ll \tau < T$,有

$$\alpha = 2 + \frac{1}{a-1} \tag{4.4.26}$$

当 $\tau_0 \ll T$ 时,即在长为 T 的时段内执行了大量的事件时,上式能提供一个有效的近似。

当 $\frac{1}{2} < a < 1$ 时，$f(\tau)$ 没有重尾特征，即不是幂律分布。

当 $0 < a < \frac{1}{2}$ 时，在减速机制下这个概率密度会表现出幂律特征，即

$$f(\tau) = \frac{1}{\tau_0} \frac{a}{1-a} \Gamma\left(\frac{1-2a}{1-a}\right) \left(\frac{\tau}{\tau_0}\right)^{-a} \qquad (4.4.27)$$

不过，此时幂律的成立范围为 $\tau \ll \tau_0$，幂律指数为

$$\alpha = 1 - \frac{a}{1-a} \qquad (4.4.28)$$

当 $\tau_0 \gg T$，即在所考虑的时段内出现的事件数非常少时，这样的一个近似非常好。

对于以上的解析结果，Vázquez(2007) 做了实证研究。作者对达尔文和爱因斯坦的水陆信件和某大学 3188 位用户 81 天内的电子邮件做了分析并与上述解析结果进行了比较。

关于水陆信件的实证结果与解析结果的比较见图 4-8。

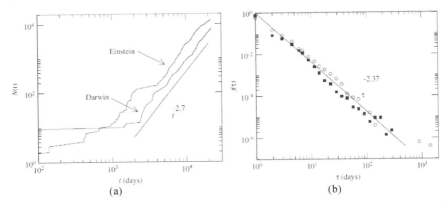

图 4-8　水陆信件：达尔文和爱因斯坦回复邮件的统计性质。(a)达尔文和爱因斯坦发送邮件的累积数 $N(t)$，右下直线表示幂律增长：$N(t) \sim t^a$。其中 $a = 2.7$。(b)时间间隔的分布，空圆圈表示达尔文，实方块表示爱因斯坦，实线表示解析结果 $f(\tau) \sim \tau^{-a}$，其中 α 由公式(4.4.26)确定，a 由上一步骤得到

从图 4-8 中可以看出，达尔文和爱因斯坦的信件发送频率的增长趋势确实要高于线性函数，可以被函数 $N(t) \sim t^{2.7}$ 很好地拟合。由于在所考虑的阶段，达尔文和爱因斯坦发送了超过 6000 封信件，因此符合 $a > 1$，$\tau_0 \ll T$ 的条件，因此由公式(4.4.26)，可以预测相继事件时间间隔的分布服从幂指数为 $\alpha \approx 2.4 \pm 0.1$ 的幂律分布。图 4-8(b) 显示，预测结果与经验结果吻合得很好。

关于电子邮件的比较,见图 4-9。

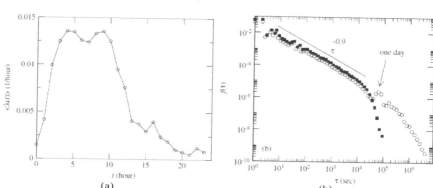

图 4-9　某大学电子邮件活动模式的统计性质:(a)**3188 个用户在 81 天内的发送率关于时间的函数**,时间变量做了适当的处理以保证工作日的开始近似于零点,可以看到有两个活动高峰,分别对应于早上和下午,更重要的是,高峰过后是下降的趋势,(b) 所有用户的时间间隔分布,空圆圈既考虑了日内又考虑了异日间的事件时间间隔,可以观察到 **1 天处有一个局部最大**,实线表示幂律衰减曲线 $f(\tau) \sim \tau^{-\alpha}$,其中 $\alpha = 0.9$。实方块考虑了日内事件时间间隔

　　Vázquez(2007) 通过对经验数据的分析后认为,电子邮件的发送率符合减速机制($a < 1$),更进一步地,每个用户平均两天发一封电子邮件,也就是说此时属于 $a < 1, \tau_0 < T$ 的情形,因此可以预测事件时间间隔分布应该具有(4.4.27)式和(4.4.28)的形式。从图 4-9(b) 中可以看出,这一预测被经验数据所证实,其中幂指数为 $\alpha = 0.9 \pm 0.1$。

　　以上的结果表明对于过去活动率的感知可以产生幂律(相继事件发生的时间间隔分布)。对于像达尔文和爱因斯坦等著名的科学家来说,随着他们名望的提升,需要处理的信件越来越多,因此其回复信件的活动率有加速的趋势。而对于电子邮件而言,所考虑的时间标度要短得多。Vázquez 认为,电子邮件活动率的减速现象或许源于以下两个原因:(1) 我们不再查收邮件是因为可能还有别的事情要做;(2) 当我们查收了新邮件后在短时间内再查收的可能性会下降,这可能源于我们的心理预期,即短时间一般不会再有新邮件到达。实际上,减速率很有可能是这两个原因综合作用的结果。

§4.5　加权网络与人类行为的协同演化

　　人类在相互交往的过程中留下的"足迹"形成了所谓的大数据。运用复杂网络的概念和方法研究大数据并揭示出人类交往的结构,已成为当今跨学科研究中的"显学"。以行为主体为节点,以相互作用为边,这样的处理方式对于理解社会网络的结构和功能提供了极大的方便。然而,在复杂网络中,边与边的强度是不一样的。例如,在手机用户网络中,不同用户之间的通话次数是不一样的,通话的次数越多表明用户之间的连接越重要,因此他们之间连接的强度可以用相互通话的次数来衡量。这样的一种强度称之为权重,考虑了边的权重的网络就是所谓的加权网络。事实上,我们在本卷的第三章里已经介绍了加权网络的概念、性质和应用。

实证研究发现社会网络大多都是非均匀的,具有模块化或社团结构的特点,而模块之间由"桥"相连。社团内部的连接强度比起社团之间的连接强度要大得多。这样的网络被社会学家称为 Granovetter 型加权网络 —— 符合 Granovetter 著名的"弱连接的强度"之假设的社会网络(Granovetter,1973)。于是一个很自然的问题是:Granovetter 型加权网络是如何生成的?

在本章之前的讨论中,我们发现人们基于优先度的行为具有阵发(bursts)的特点 —— 长时间的静默之后是行为的爆发。但是之前的讨论都没有考虑人们之间的相互作用。所谓的相互作用,在这里是指很多任务是需要多人共同完成的,例如手机通讯等。那么在考虑了相互作用以后,排队时间所服从的分布会有什么变化呢?

如果说 Granovetter 型加权网络体现的是空间的不均匀性,那么人类动力学则揭示了人类行为在时间上的不均匀性。一个更进一步的问题是:如何在演化加权网络和人类动力学的语境中来讨论社团和阵发行为的涌现?

本节将就以上问题展开讨论。

4.5.1 Granovetter 型网络的涌现

社团模块(community and modular)现象广泛存在于各种自然和社会系统之中。社团模块内部往往表现出一定的共性,而社团与社团之间的差异则非常明显。例如,互联网用户组成的社团、各种社会团体和组织,以及蛋白质相互作用模块等。社团模块被认为对于实现各种系统的功能起关键性的作用,目前已有大量识别社团模块结构的算法。然而,社团模块如何产生和流行及其内在机理是什么等仍然是有待回答的一个基本问题。

社会系统、社团结构和个体互动分别代表了社会网络的宏观、中观和微观的层面。理解微观层面个体之间的互动机制是理解中观和宏观结构涌现的关键。大规模的社会网络一般都满足弱连接假设,即社团之间的弱连接保持网络的连通性,而社团内部则是强连接。由于弱连接的概念是 Granovetter(1973)首先提出来的,因此符合弱连接假设的网络一般称之为 Granovetter 型网络。Kossinets et al.(2006) 认为,这样的一种加权拓扑结构来源于如下两个机制的耦合作用。

(1) 环状连接(cyclic closure)

环状连接一般表现为三方连接,即与邻居的邻居连接,由此形成一个封闭的三角形。实证数据表明,一个节点与其 n 级邻居连接的概率是 n 的递减函数,即环状连接的概率是节点之间距离的递减函数。因此,环状连接本质上属于局域连接机制(local attachment,简记为 LA)。

(2) 聚焦连接(focal closure)

聚焦连接一般表现为会根据某种共享的特性(如爱好等)来选择连接的节点,而与节点之间的距离无关。因此,聚焦连接是全局连接机制(global attachment,简记为 GA)。

以下的模型来自于 Kumpula et al.(2007)。

设网络共有 N 个节点,任意两个节点之间或者存在边或者不存在边,一旦两个节点之间发生了相互作用,则它们之间就有边相连并且它们之间每一次的相互作用都会增加边的强度或权重。

本模型的网络微观更新机制包括以下三条规则。

(1) 局域连接

在一个单位的时间间隔内,每一个至少有一个邻居的节点开始根据权重在附近搜索新的交往对象(目标节点)。特别地,节点 i 选择邻居 j 作为交往对象的概率为 w_{ij}/s_i,记为

$$P(i \to j) = w_{ij}/s_i \tag{4.5.1}$$

其中 w_{ij} 是节点 i 与 j 之间的权重,$s_i = \sum_j w_{ij}$ 称为节点 i 的强度。如果节点 j 除了 i 以外还有其他邻居,例如 k,则有

$$P(j \to k) = w_{jk}/(s_j - w_{ij}) \tag{4.5.2}$$

上面两式意味着,邻居中交往对象的搜索有利于权重大的边。一旦前面的选择实现了,则相应边的权重各增加 δ,即有

$$w_{ij} \to w_{ij} + \delta, w_{jk} \to w_{jk} + \delta \tag{4.5.3}$$

上式意味着,每一次的交往都会使边的权重增加 δ。如果 i 与 k 之间原本没有连接,则 i 与 k 之间产生连接从而使得 i,j,k 之间形成三角形的概率为 $p_\triangle$,同时一旦形成连接就有一个初始权重 $w_{ik} = w_0 = 1$。如果 i 与 k 之间原本就有连接,则 $w_{ik} \to w_{ik} + \delta$。

以上过程称为局域连接,属于环状连接的一种,如图 4-10 所示。

（2）全局（随机）连接

节点 i 在邻居以外的节点中随机选择一个节点 l，记 l 的度为 k_l，则

$$P(i \rightarrow l) = \begin{cases} 1, & k_l = 0 \\ p_r, & k_l > 0 \end{cases} \tag{4.5.4}$$

并且在生成新的连接后赋予初始权重 $w_{il} = w_0$。如图 4.5.1(c) 所示。

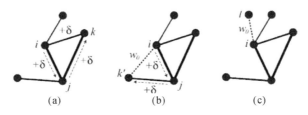

$$(a) \qquad\qquad (b) \qquad\qquad (c)$$

图 4-10　（a）从 i 开始的加权局域搜索先到达 j 再到达 k，而 k 原本就是 i 的邻居；（b）从 i 开始的加权局域搜索先到达 j 再到达 k'，且 k' 原本就不是 i 的邻居；（c）i 与一个随机选择的节点 l 以概率 p_r 相连。在（a）和（b）中，实际发生相互作用的边的权重都增加 δ。

（3）节点删除（node deletion，简记为 ND）

每个非孤立的节点都有一定的概率 p_d 变成孤立节点，即若 $k_i > 0$，则在下一时刻 $k_i = 0$ 的概率为 p_d。这个过程相当于删除一个非孤立节点然后再增加一个新的孤立节点，因此每个非孤立节点的平均寿命为 $\langle \tau \rangle = p_d^{-1}$，而每条边的平均寿命则为 $\langle \tau_w \rangle = (2p_d)^{-1}$。ND 相当于一个节点"忘记"了自己所有的邻居，所以这一更新规则也称为"记忆丧失"。

前面的两条规则都会导致边和权重的增加，而第三条则会导致边的减少。

更新机制确立之后，接下来是数值模拟计算。

作为模拟的起点是 N 个孤立的节点，然后是 LA 和 GA 机制的并行更新，接着是 ND。边的初始权重为 $w_0 = 1$，取 $p_d = 10^{-3}$，$p_r = 5 \times 10^{-4}$，这可使得节点存活的平均时间（$\langle \tau \rangle = 10^3$）与增加一条随机边所需的平均时间在标度上具有一致性。

计算表明，在运行的时间达到节点平均寿命的 10 至 20 倍后，网络将会达到定态，其中各个特征量都处于平稳的状态。以下的结果是在运行了 25×10^3 个时间单位后得到的。

在上述各参数确定后，网络边的权重分布将取决于参数 δ，即每对节点在每次相互作用之后连接它们之间的边的权重的增量。分析本模型的算法可以看出，节点之间的相互作用、边的产生和边的权重会有一个相互强化的过程，并且 δ 越大，这个强化的过程将会越明显，因此更有可能导致 Granovetter 型网络结构的

出现。

　　为了比较不同的 δ 所导致的网络之间的差异,模拟的过程中始终保持网络的平均度 $\langle k \rangle = 10$。这样在所有的网络中边的数量大致保持一致,因此结构的变化主要是由边的重组引致的。为了保持 $\langle k \rangle$ 为常数,需要根据 δ 来调整 $p_\triangle$。

　　模拟计算的结果如图 4-11 所示。

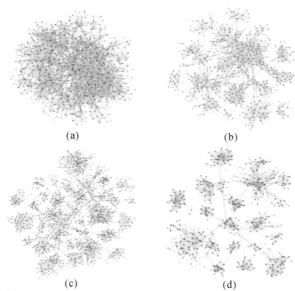

图 4-11　(a)$\delta = 0$;(b)$\delta = 0.1$;(c)$\delta = 0.5$;(d)$\delta = 1$,边的权重的强弱用边的颜色表示,绿、黄和红分别表示弱、中等和强[①]

　　图 4-11 中,边的权重用颜色来表示,绿、黄和红分别表示弱、中等和强。可以看出,随着 δ 的增大,社团的结构越来越明显。当 $\delta \geqslant 0.5$ 时,社团内部的连接都较强(边的颜色绝大多数都是红的或黄的),而社团之间的连接则较弱(绝大多数的边都是绿色的),而这正是 Granovetter 型网络的特征。

　　进一步的计算和分析表明,上述模型所形成的网络具有实际社会网络的一般特性,例如:(1)度分布是偏态的;(2)网络是正向匹配的,即高连接度的节点倾向于和高连接度的节点相连;(3)高聚集性;(4)小世界;(5)符合弱连接假设:两个节点的连接越强,它们各自朋友圈的重叠度就越高。

　　最近,北京师范大学王文旭团队通过最后通牒网络博弈实验揭示了社会网络中广泛存在的社团模块涌现的机理、社会规范形成的原因、社交关系结构的作

---

　　①　详见书后彩图。

用和群体多样性的产生等（Han et al.，2017）。他们在类型不同结构固定的网络实验中同时发现了社团模块自发产生和稳定存在的现象。每个社团内部形成了行为的一致性，而社团之间的多样性和差异明显。这一发现与对照组实验中无社团模块的结果形成显著差异。对于个体演化行为和策略的微观分析揭示了社团涌现的内在机理：具有内在异质性需求的响应者与理性的提议者，由于局部相互作用形成了多样性和稳定的社团以及社会规范，其中极端的响应者最终成了社团的领导者（leader）。研究结论揭示了局域相互作用结构对于社团集群和社会规范的重要性，并为理解、预测和管控社会、经济、金融等系统中的自组织现象和群体行为提供了科学依据。

4.5.2　相互作用对人类动力学的影响

在之前讨论的诸人类动力学的模型中，忽略了人类行为的一个重要特征，即人类成员之间的相互作用。事实上，有相当多的任务是需要人类成员之间的合作来共同完成的。例如，打电话是需要呼叫方和被呼叫方一起完成的。

为了考察相互作用对于人类行为计数过程的影响，Oliveira et al.（2008）给出了一个包括两个主体 A 和 B 的模型。每个主体的任务列表中包含两类任务，一类任务是需要两个主体互动才能完成的，另一类任务则可由每个主体独立完成。互动类任务是某个特定的任务，用 I 表示，而非互动类任务一般包含若干个任务，记为 O。对于每个任务，都赋予一个优先度 $x_{ij}(i=I,O;j=A,B)$，其概率密度为 $f_{ij}(x)$。

模型描述如下：

（1）初始条件：依据概率密度随机选取 x_{ij}。

（2）更新规则：执行列表中优先度最高的任务。如果双方都选择了互动任务，则互动任务被执行，否则执行非互动类任务 O。

问题：任务 I 相继两次执行之间的间隔时间服从什么分布？

为了简单起见，假设优先度 x_{ij} 服从区间[0,1]上的均匀分布。每个主体的任务列表中有 $L_j(j=A,B)$ 个任务，其中一个是双方互动任务，剩余的 L_j-1 个任务为非互动任务。L_j-1 个非互动任务中优先度最大值的概率密度为 $(L_j-1)x^{L_j-2}$，即有

$$f_{ij}(x) = \begin{cases} 1, & i=I \\ (L_j-1)x^{L_j-2}, & i=O \end{cases} \tag{4.5.5}$$

由此可知，互动任务与非互动任务之间的概率密度是不同的。随着 L_j 的增大，$f_{O_j}(x)$ 将更加集中于 1 的右侧附近，而 f_{I_j} 则依然服从[0,1]上的均匀分布，

因此互动任务 I 被执行的可能性将越来越小,其结果是其被执行的间隔时间越来越大。因此,在数值模拟计算中,要想获得任务 I 的执行间隔时间的样本观察值将需要大量的运行步骤,这会导致在给定的时间内样本观察值的稀少,从而使得很难得到间隔时间分布的准确估计。

为了解决这个难题,可以采用粗粒化的处理手段,其要点在于连续执行任务 O 的时间看作是一个随机变量,这样就不需要对非互动任务的执行进行逐次计数。因此如果能确定连续执行任务 O 的时间所服从的分布,那么就可以大大缩短数值模拟所需要的时间。

下面的数学推导严格来说要用到全数学期望公式,不过不失精确性仍然采用物理学直观的方法。

假设两个主体互动任务的优先度组合为 (x_{IA},x_{IB}),则此时互动任务被执行意味着两个主体各自非互动类任务优先度的最大值均小于互动类任务的优先度,因此任务 O 被执行后任务 I 随即被执行的概率为

$$q(x_{IA},x_{IB}) = \int_0^{x_{IA}} f_{OA}(x)\mathrm{d}x \cdot \int_0^{x_{IB}} f_{OB}(x)\mathrm{d}x \qquad (4.5.6)$$

两个主体继续执行非互动任务 O 的概率则为 $1-q(x_{IA},x_{IB})$。互动任务被执行后有可能继续被执行,此时的等待时间就是 $\tau=1$,如果互动任务被执行后就转到非互动任务 O,则等待时间为 $\tau>1$ 的概率为,已知转到了任务 O 的条件下又连续执行了 $\tau-2$ 次任务 O 后才转到了任务 I 的条件概率,因此有

$$Q_\tau(x_{IA},x_{IB}) = q(x_{IA},x_{IB})[1-q(x_{IA},x_{IB})]^{\tau-2},\tau>1 \qquad (4.5.7)$$

考虑到 (x_{IA},x_{IB}) 是随机变量,因此还必须对其做平均(这相当于全数学期望公式),因此等待时间的分布为

$$P_\tau = \begin{cases} P_1, & \tau=1 \\ (1-P_1)\langle Q_\tau(x_{IA},x_{IB})\rangle, & \tau>1 \end{cases} \qquad (4.5.8)$$

其中

$$P_1 = \frac{S_1}{1+S_1} \qquad (4.5.9)$$

S_1 为连续执行任务 I 的平均次数,$\langle Q_\tau(x_{IA},x_{IB})\rangle$ 是在任务 I 转到任务 O 之后关于随机变量 (x_{IA},x_{IB}) 所取的平均值。

从任务 O 转移到 I 意味着,每个主体的非互动任务的优先度均小于自己的互动任务的优先度,因此从任务 O 转移到 I 后 x_{Oj} 其概率密度为

$$f_{Oj}^*(x \mid x_{Ij}) = \frac{f_{Oj}(x)}{\int_0^{x_{Ij}} f_{Oj}(x)\mathrm{d}x}, 0<x<x_{Ij} \qquad (4.5.10)$$

以上模型之所以被称为粗粒化模型是因为我们可以把执行非互动任务作为

一个事件,而不需要在数值模拟中分别对每一个非互动任务进行计数,这样就大大节省了数值模拟的时间。

模型的执行步骤如下:

(1)初始条件:根据概率密度 $f_{ij}(x)$ 生成优先度;

(2)更新规则:如果两个主体互动任务 I 的优先度都要大于非互动任务 O 的优先度,则执行互动任务,然后根据 $f_{Ij}(j=A,B)$ 更新互动任务的优先度;否则由(4.5.8)式所确定的分布生成一个随机时间 τ,然后根据概率密度(4.5.10)生成一个非互动任务 O 的优先度。

上述模型避免了对于非互动任务的累计的计数过程,由此可以大大减少模拟的时间,其优点通过图 4-12 中的子图可以看得很清楚。

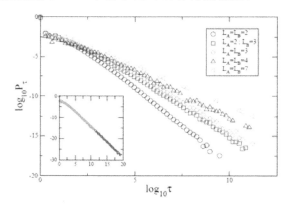

图 4-12　执行互动任务 I 的间隔时间的概率分布。每一个实现都经历 10^{11} 个步骤。随着 L_A 和 L_B 的增长,为获得更为精确的估计所需要的模拟步数大大增加。子图中的绿色散点经过了 10^{12} 次迭代,而在采用粗粒化模型之后,只需 10^9 次迭代就可以得到很好的结果(红色散点),并且对于指数有一个更为可靠的估计

图 4-13 显示了粗粒化模型的数值计算结果,其中互动任务 I 的间隔时间分布均服从幂律分布,标度指数介于 1 与 2 之间。从图 4-13(a)中可以看出,当 $L_A=L_B=2$ 时,标度指数为 $\alpha=2$. 随着 L 的增大,α 趋向于 1,大致具有如下的关系

$$\alpha = 1 + \frac{1}{\max(L_j - 1)} \tag{4.5.11}$$

有趣的是,第二大的标度指数是 $\alpha \approx 3/2$($L_A=2$ 和 $L_B=3$ 时达到),这意味着不存在标度指数介于 2 与 3/2 之间的普适类分布。不过,标度指数介于 1 与 2/3 之间的普适类却发现了很多。

图 4-13(b)中,T 为时间窗口,定义为

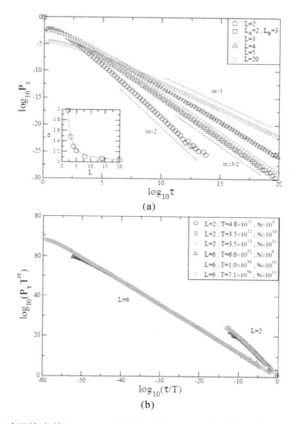

图 4-13　（a）对于给定的(L_A, L_B)，执行互动类任务 I 的时间间隔的概率分布，除了 $L_A = 2$ 和 $L_B = 3$ 的情形之外，其他都选择了 $L_A = L_B = L$。子图显示的是 α 与 L 的关系。（b）时间间隔分布在关于时间窗口 T 重标之后呈现出"数据塌缩"的特点

$$T = \sum_{i=1}^{N} \tau_i \qquad (4.5.12)$$

其中 N 是任务 I 的执行次数，τ_i 是相继的时间间隔序列。数值计算表明，时间间隔的分布具有如下的标度形式

$$P(\tau) \sim \tau^{-\alpha} g\left(\frac{\tau}{T}\right) \qquad (4.5.13)$$

其中 $g(x)$ 是标度函数，当 $x \ll 1$ 时 $g(x) \approx 1$，当 $x \gg 1$ 时 $g(x) \ll 1$。因此 $P(\tau)\tau^\alpha$ 是关于 τ/T 的函数，见图 4-13(b)。图 4-13 中可以看出，当 L 给定后，在重新标度的坐标系里发生了数据塌缩。

以上的讨论表明，在考虑了行为主体之间的相互作用后，时间间隔分布的标

度行为有了更为丰富的多样性,发现了更多的普适类分布。

4.5.3 加权网络中社区与阵发行为的涌现

前面的讨论我们已知,人类的行为会导致两方面的不均匀性:(1) 空间上表现为"局部同质,全局异质"的特点,即在社团内部个体之间具有强连接并具有高度的相似性,而社团与社团之间则有相当大的差异性并且社团之间具有弱连接;(2) 时间上体现为行为的级联阵发特点,既会有长时间的静默也会有短时间内密集的爆发。

接下来我们来思考这么一个问题:受到网络结构约束的人类,他们执行任务的过程是如何与网络结构协同演化的?

这是人类行为与网路结构的协同演化问题,这其中还涉及网络演化的时间标度和网络中人类动力学过程的时间标度之间的竞争问题。例如,在社会动力学系统中社会关系更新的时间标度(以星期或月为单位)比起通讯关系的时间标度(以小时或日为单位)要大得多。不过,这两个时间标度不应该由建立模型时从外面加以设定而应该是从模型本身依据一些简单和直观的规则内生地涌现的。

以下的模型来自于 Jo et al.(2011)。该模型表明,只需要若干控制参数就可以得到 Granovetter 型网络并且还能观察到以事件间隔时间重尾分布为特征的阵发行为的涌现。

在该模型中,网络演化的机制包括三种:边的生成、边的维持和边的删除。一旦两个陌生人之间的连接通过局部连接或全局连接机制生成了,那么他们的连接就会:(1) 被一系列的事件所维持,这些事件称之为邻近相互作用(neighboring interaction,简记为 NI);(2) 因为记忆丧失而被删除。

前面提到,环状连接是与邻居的邻居相连,聚焦连接则以随机配对的方式进行,前者属于局域连接机制(LA 机制)而后者属于全局连接机制(GA 机制)。如果说 GA 机制涉及的是双方互动,那么 LA 机制则涉及的是第三方节点,属于三方互动。节点之间的 NI 过程可以是直接发生的,即属于双方互动,也可以通过第三个结点作为媒介而发生,即属于三方互动。

考虑一个有 N 个节点的无向加权网络,节点 i,j 之间的权重记为 w_{ij},它可以解释为节点 i,j 之间事件发生的次数,节点 i 的度记为 k_i,节点 i,j 之间最近一次事件发生的时间记为 t_{ij}。假设网络的初始状态是所有的节点都是孤立的。

以下的两个模型来自于 Jo et al.(2011)。

模型 1:三方交往强化模型(Triad-Interaction-enhanced model,简记为 TI)

在第 t 个回合,TI 模型包含以下三个阶段:

（1）三方交往（LA 和三方 NI）

对于与某第三方节点 k 满足 $\{t_{ik},t_{jk}\}=\{t-2,t-1\}$ 的每一对节点 i 和 j（即它们在最近的两个回合与 k 有交往），首先检查它们之间是否已有连接，如果是，则在它们之间随即有一个事件发生，即有 $w_{ij}\rightarrow w_{ij}+1$。这一过程称为三方 NI 过程。否则，如果它们之间没有连接，那么在它们之间以概率 p_{LA} 发生事件并且有 $w_{ij}=1$，此过程意味着通过 LA 过程生成了新的边。

根据前面的讨论可知，这一阶段应该是形成社区团块（通过 LA 过程）和权重强化（通过三方 NI 过程）的原因。

（2）双方交往（GA 和双方 NI）

每一个在前一阶段没有发生事件的节点选择一个目标节点并与之发生事件。如果是孤立节点，就在整个种群中随机地选择一个节点。如果是非孤立节点，则或者以概率 p_{GA} 在整个种群中随机选择一个目标节点，或者以概率 $1-p_{GA}$ 在邻居中选择一个目标节点。也就是说，所有的节点都可以寻找新的邻居但非孤立节点还需要负责维持与已有邻居之间的关系，其中的控制参数为 p_{GA}。非孤立节点在邻居中选择目标节点时的概率是正比于权重的。节点 i 选择节点 j 作为目标节点这一过程记为 $i\rightarrow j$。

节点与目标节点之间以随机的顺序发生事件，前提是它们两者都在这一回合未曾涉及任何其他的事件。如果节点 i 与目标节点 j 没有边相连，那么事件发生意味着新边的生成，如果有边相连，则事件的发生意味着权重的增加：$w_{ij}\rightarrow w_{ij}+1$。这是双方 NI 过程。

（3）记忆丧失

每一个节点以概率 p_{ML} 变成孤立节点。

以上三个阶段都假设了如果 $i\rightarrow j$，则节点 j 没有拒绝与 i 发生事件的选项。这意味着 OR（或）协议，意为两个节点之间是否会发生事件只需其中有一个节点启动这一事件就足够了。因此，我们记该模型为 TI-OR 模型。

当然还有一种情形，就是双方是否会发生事件需要双方都同意，即只有 $i\rightarrow j$ 和 $j\rightarrow i$ 时，i 与 j 之间才会发生事件。例如，电话通讯中被呼叫方可以拒绝接电话。这意味着 AND（与）协议。考虑了 AND 协议的模型可记为 TI-AND 模型。在后面的讨论中 AND 协议将之应用到双方 NI 互动的情形。

模型 2：过程平等模型（Process-Equalized model，简记 PE）

在 TI 模型中是先考虑三方交往然后才考虑双方交往，而在 PE 模型中，不论是三方互动还是双方互动都具有相同的地位，即 LA，GA 和 NI 过程被平等地考虑。前述所谓的"发生事件"被理解为"执行任务",于是就涉及了人类行为动力学的问题。

假设每一个节点都有一个任务列表,其中包含互动任务 I 和非互动任务 O,每一个任务的优先度都服从均匀分布。

在每一回合 t,每一个节点以随机的顺序被选择,然后按以下步骤操作:

(1) 任务和目标节点的选择

节点选择优先度高的任务,如果该任务属于互动任务 I,则我们就称该节点为根节点。根节点以下面的方式选择目标节点:以概率 p_{GA} 在整个种群中随机选择(GA过程);以概率 p_{LA} 选择一个次级邻居,即邻居的邻居(LA过程);以概率 $1 - p_{GA} - p_{LA}$ 从邻居中选择一个节点(NI过程)。

以上GA过程、LA过程和NI过程的选择方式与TI模型同。例如次级邻居只涉及 $\{t_{ik}, t_{jk}\} = \{t-2, t-1\}$ 的第三方节点 k。

(2) 执行任务

如果目标节点没有在这一回合涉及其他事件[①],则根节点与目标节点发生事件,即根节点的互动任务 I 被执行,同时该任务依均匀分布被赋予一个新的优先度,而目标节点的任务没有更新。这意味着目标节点没有执行互动任务,而只是被动地响应根节点。

(3) 记忆丧失

每一个节点以概率 p_{ML} 变成孤立节点。

在讨论具体的数值计算结果之前先给出几个网络的统计量。

记网络中边的权重的分布密度为 $P(w)$,其累积分布函数为 $P_c(w)$。对于每一个非孤立节点 i,以 N_i 表示其一级近邻组成的集合,e_i 表示节点 i 的所有邻居之间存在的边的数量,定义节点 i 的次级近邻的数量、集聚系数和强度如下:

$$k_{nn,i} = \frac{1}{k_i} \sum_{j \in N_i} k_j \tag{4.5.14}$$

$$c_i = \frac{2e_i}{k_i(k_i - 1)} \tag{4.5.15}$$

$$s_i = \sum_{j \in N_i} w_{ij} \tag{4.5.16}$$

---

① 因为根节点是以随机的顺序被选择的,因此当考虑的根节点不是第一个被选中时,被此根节点选中的目标节点可能被之前其他根节点选为目标节点。如果目标节点之前没有被选为目标节点,则我们说在这一回合未曾涉及其他事件。

　　所有度为 k 的节点的平均次级近邻数量、平均集聚系数和平均强度分别记为 $k_{nn}(k), c(k)$ 和 $s(k)$。为了检验 Granovetter 型网络的结构,定义重叠度 O_{ij} 为两个相连的节点 i 与 j 共同的邻居占它们所有邻居的比例,则有

$$O_{ij} = \frac{|N_i \bigcap N_j|}{|N_i \bigcup N_j|} \qquad (4.5.17)$$

权重为 w 的所有边的平均重叠度记为 $O(w)$。

　　先给出 Onnela et al.(2007) 和 Karsai et al.(2011) 的实证分析结果。

　　对欧洲某国 2007 年 1 月的手机呼叫数据所做的实证分析表明,$c(k) \sim k^{-\delta_c}(\delta_c \approx 1), s(k) \sim k^{\delta_s}(\delta_s \approx 1)$,另外,$k_{nn}(k)$ 表现出递增行为,表明网络具有分类聚块性(assortativity),$O(w)$ 也表现出递增性但对于大的 w 值会有微小的递减,其中递增的部分意味着 Granovetter 型网络。值得关注的是,事件发生的间隔时间 $P(\tau) \sim \tau^{-\alpha}(\alpha \approx 0.7)$。

　　下面是两个模型的数值模拟结果。

　　设网络的规模为 $N = 5 \times 10^4$,每个节点称为孤立节点的概率 $p_{ML} = 10^{-3}$。数值计算结果显示当回合数 $t = 3 \times 10^3$ 时达到稳态,不过以下的结果是在运行了 5×10^4 个回合后得到的。

　　先看模型 1(三方交往增强模型) 的计算结果,见图 4-14。

　　从图 4-14 中可以看出,在 TI-OR 模型中,与经验实证分析的结果相似,对于诸 p_{LA} 和 p_{GA} 值,权重的累积分布函数 $P_c(w)$ 都呈现出宽带分布的形式,从而不具有幂律分布的重尾特征。节点度和强度也有类似的行为(图中未显示)。$k_{nn}(k)(k \geqslant 2)$ 和 $O(w)$ 的递增行为表明网络具有分类聚块和 Granovetter 型社团结构的特征。当 $p_{LA} = 0.1$ 时还可以观察到,当 w 取值较大时,$O(w)$ 有微弱递减的趋势,这意味着存在规模小而但连接强的社区 —— 与实证中被观察到的情形相符。

　　TI-AND 模型的数值计算结果与 TI-OR 模型的结果类似,见图 4-15。

　　以上的观察似乎表明,一个节点常常是若干个强三角形的成员同时也与外在于自己所属的三角形的某些节点相连,这似乎解释了 $\delta_c \approx 2$ 的这一与实证经验结果($\delta_c \approx 1$) 不同的模型计算结果(见图 4-14(d) 和图 4-15(d))。因为当一个节点度的增加主要是靠 GA 过程时,那么邻居之间的度保持不变,而邻居之间所有可能的边则与 k^2 同阶,从而导致 $c(k) \sim k^{-2}$。从图中 4-14(f) 和图 4-15(f) 中可以看出 $\delta_s \approx 0$,这一结果也与实证结果($\delta_s \approx 1$) 有出入。

　　为了确认网络是否具有 Granovetter 型社团结构,Jo et al.(2011) 采用了键渗流的分析方法[①]。基本的思路是这样的:如果网络具有 Granovetter 型的结构,

---

①　关于渗流理论,可参见 Christensen et al.(2006) 的著作。

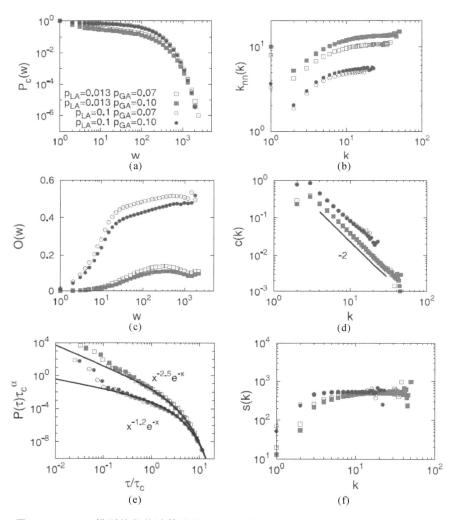

图4-14 TI-OR模型的数值计算结果。(a) 权重的累积分布函数 $P_c(w)$;(b) 次级近邻的平均数量 $k_{nn}(k)$;(c) 平均重叠度 $O(w)$;(d) 聚集系数 $c(k)$;(e) 间隔时间分布 $P(\tau)$;(f) 平均强度 $s(k)$ 。图中的结果是 50 个样本现实的平均,其中 $N = 5 \times 10^4$, $p_{ML} = 10^{-3}$ 。可以得到,当 $p_{LA} = 0.013$ 和 $p_{GA} = 0.1$ 时 $\langle k \rangle \approx 10.1$, $\langle c \rangle = 0.08$ 。当 $p_{LA} = 0.1$ 和 / 或 $p_{GA} = 0.07$ 时对应的各种情形也显示在图中以做比较

即社团内部是强连接而社团之间是弱连接,则如果按权重的升序删除边(即先删除权重弱的边)那么网络解体的速度就会快于按权重的降序删除边的情形。这是因为,弱连接常常是连接社团之间的桥梁,一旦被移除,社团之间的联系就会

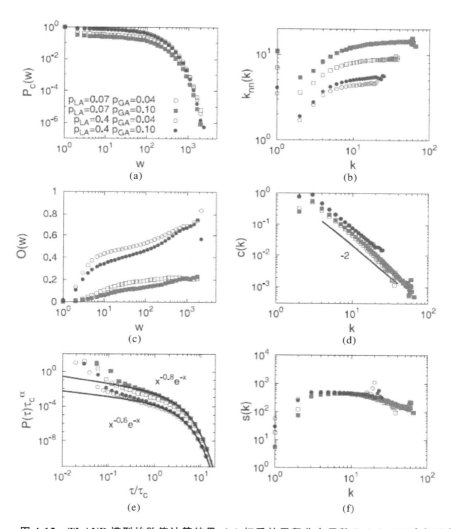

图 4-15 TI-AND 模型的数值计算结果。（a）权重的累积分布函数 $P_c(w)$；（b）次级近邻的平均数量 $k_{nn}(k)$；（c）平均重叠度 $O(w)$；（d）聚集系数 $c(k)$；（e）间隔时间分布 $P(\tau)$；（f）平均强度 $s(k)$。图中的结果是 50 个样本现实的平均，其中 $N = 5 \times 10^4$，$p_{ML} = 10^{-3}$。可以得到，当 $p_{LA} = 0.07$ 和 $p_{GA} = 0.1$ 时 $\langle k \rangle \approx 9.6$，$\langle c \rangle = 0.13$。当 $p_{LA} = 0.4$ 和／或 $p_{GA} = 0.04$ 时对应的各种情形也显示在图中以做比较

中断,从而更易成为孤立的社团,从而破坏了网络的渗流发生相变,即巨集丛解体。强连接是社团内部的连接,而社团内部具有较高的集聚系数,因此删除部分连接将不会导致网络解体。也就是说,对于网络集丛的渗流起重要作用的不是强

连接而是弱连接,这正是 Granovetter 所说的"弱连接的强度"的含义所在。

设 f 为被移除的边所占的比例,则不管是升序移除还是降序移除边,当 f 达到临界值 f_c 时,巨集丛都会解体。根据上面的分析,如果是 Granovetter 型网络,升序移除时的临界值应该小于降序移除时的临界值。事实上,升序移除时 TI-OR 模型(TI-AND 模型)的临界值为 $f_c = 0.62(0.21)$,而降序移除时 TI-OR 模型(TI-AND 模型)的临界值为 $f_c = 0.87(0.81)$,后者显著大于前者,且对于 TI-AND 模型更为显著。

从图 4-14e 和图 4-15e 中可以看出,事件间隔时间的分布具有指数截断的幂律形式,即

$$P(\tau) \sim \tau^{-\alpha} e^{-\tau/\tau_c} \tag{4.5.18}$$

在 TI-OR 模型的情形,对于图 4-14 中显示的 p_{LA} 和 p_{GA} 值,有 $\alpha \approx 2$ 或 1.2。在 TI-AND 模型的情形,对于图 4-15 中显示的 p_{LA} 和 p_{GA} 值,有 $\alpha \approx 0.8$ 或 0.6,这一结果与手机通讯的实证结果 $\alpha \approx 0.7$ 相当接近。但不论哪个模型,α 的值会受到 p_{LA} 取值的影响,当 p_{LA} 取值较大时,α 的值会较小,不过 α 的值很少受 p_{GA} 的影响。当 p_{LA} 取值较大而 p_{GA} 较小时,规模截断值 τ_c 的取值会比较大,其最大值在 50 左右。

对于以上事件发生间隔时间的重尾特征以及事件发生的阵发特征,Jo et al. (2011)的解释是,邻居互动 NI 过程可以理解为这样的一个人类动力学过程,即节点 i 的任务列表中有 k_i 个任务,每次执行任务时都需要根据优先度(即边的权重)选择邻居 j 来触发事件。由于不断有边的形成和移除,因此 k_i 是在变化的,即任务数是在变化的。一个节点从孤立节点经过 GA 过程变成非孤立节点,然后再经过 LA 过程增加邻居,最后又因为记忆丧失而重新回到孤立节点,这一"轮回"一般可以分为两个时期,一个是任务数固定(即 k_i 固定)的时期,另一个是任务数变化的时期。在 k_i 固定的时期,时长可达数百个个回合,远远大于 τ_c 的值。这意味着网络结构的变化与网络上的行为动力学的时间标度之间有一个自然的分离,这符合我们的经验直观。由于时间标度的分离,整个时期事件间隔时间的分布应该是前述两个时期叠加的结果。

上述从人类动力学的角度解释阵发行为的模型与 Barabási 模型(2005)的不同之处在于,在 Barabási 模型中任务数是给定的而且任务的执行顺序是依据优先度的大小的,而在此处任务数时而固定时而变化并且任务的执行顺序并不是先执行优先度最大的而只是执行的概率与优先度成正比。Vázquez(2006)曾考虑任务数变化的人类动力学模型,给出了标度指数为 1.5 的普适类。这意味着之前的模型都没有很好地解释 TI-OR 和 TI-AND 模型中的标度指数。

图 4-14(f)中可以看出,$s(k)$ 当 k 值较大时斜率接近于 0,即与 k 值无关。这

可以解释为，一旦某个节点成为某个三角形的成员，则由于三角形的排他性质就使得节点的活动与度无关了。图 4-15(f) 中的情况略有不同，$s(k)$ 当 k 值较大时斜率为负，即有下降的趋势。这是因为，对于 TI-AND 模型而言，基于太多邻居之间相互作用的 AND 协议可能会导致节点无法与任何邻居发生相互作用。

TI 模型显示了网络的 Granovetter 型社团结构和事件间隔时间分布的重尾特征，这符合我们基于实证经验的预期。但是，该模型并没有带来聚集系数 $c(k)$ 和节点强度 $s(k)$ 与实证数据相符的结果。这部分的原因或许要归因于在 TI 模型中三方交往过程的重要性被过分强调了。

下面来讨论过程平等化的模型 PE，看能否得出更符合实际的结果。

图 4-16 显示了模型 2(过程平等模型) 的数值计算结果。

图 4-16 中可看出，权重的累积分布函数 $P_c(w)$ 仍然具有宽带的特点。重叠度 $O(w)$ 随着 w 递增，表明了 Granovetter 型的社团结构。$k_{nn}(k)$ 随着 k 递增，这意味着网络具有分类聚块的性质。图 4-16(d) 和(f) 中可以看出，$c(k) \sim k^{-\delta_c}(\delta_c \approx 1)$，$s(k) \sim k^{\delta_s}(\delta_s \approx 1)$。所有的这些计算结果都与之前的实证经验结果高度吻合。通过对网络样本图的分析，相比于 TI 模型，三角形的强度变弱并且排外性也降低了，这使得随着节点度的增加，节点的邻居之间相互作用的机会也会增加，从而导致 $c(k) \sim k^{-1}$。

如果采用键渗流分析方法，那么导致渗流相变或巨集丛解体的临界值 f_c，当降序移除时为 0.86，而升序移除时为 0.91。

这里仍然观察到了事件间隔时间分布的重尾特征，即有 $P(\tau) \sim \tau^{-1.1} e^{-\tau/\tau_c}$。标度指数 $\alpha \approx 1.1$ 与 Barabási 模型中 $\alpha \approx 1$ 略有差异。如果只关心互动任务 I，并且每次由根节点触发的互动任务都能得到目标节点的回应，那么此时就是 Barabási 模型，此时互动任务执行的时间间隔分布的标度指数就是 $\alpha \approx 1$。在 PE 模型中，节点之间是相互作用的，一方面由根节点触发的互动任务会中断目标节点的静默期，这一般会缩短事件间隔时间，另一方面如果目标节点已经涉及其他事件那么根节点将无法启动事件，由此又会延长事件间隔时间。这两方面互相抵消，使得 PE 模型的标度指数与 Barabási 模型的标度指数虽有差异但相差不大。等待时间的截断值 τ_c 受到 p_{GA} 的影响较大而很少受到 p_{LA} 的影响。τ_c 的最大值在 270 左右。

$s(k)$ 的递增行为可以解释为，拥有边的数量越多的节点就会接收到更多的来自邻居的"呼叫"。

综上所述，通过将人类动力学中一个简单且直观的任务执行模型与加权网络演化模型的结合，我们观察到了与移动呼叫数据所揭示的结果同样的行为模

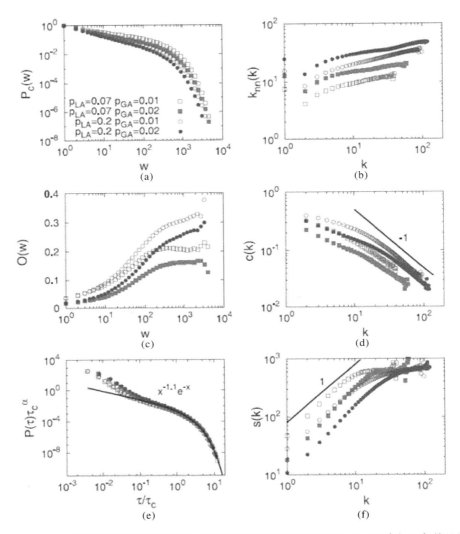

图 4-16 PE 模型的数值计算结果。(a) 权重的累积分布函数 $P_c(w)$；(b) 次级近邻的平均数量 $k_{nn}(k)$；(c) 平均重叠度 $O(w)$；(d) 聚集系数 $c(k)$；(e) 间隔时间分布 $P(\tau)$；(f) 平均强度 $s(k)$。图中的结果是 50 个样本现实的平均，其中 $N = 5 \times 10^4$，$p_{ML} = 10^{-3}$。可以得到，当 $p_{LA} = 0.07$ 和 $p_{GA} = 0.02$ 时 $\langle k \rangle \approx 9.9$，$\langle c \rangle = 0.11$。当 $p_{LA} = 0.2$ 和／或 $p_{GA} = 0.11$ 时对应的各种情形也显示在图中以做比较

式，包括 Granovetter 型网络的社团结构和行为的阵发特征。在 TI 模型中，排外性的三角形链互动模式在社团结构的形成和阵发动力学中起着中心的作用。通过与经验数据的对照，似乎 TI-AND 模型更适合于描述手机移动呼叫网络。另

外，在 PE 模型，通过适当的放松三角形的排外性可以得到与现实情况更加吻合的网络结构。事件发生间隔时间的分布似乎主要受到互动任务和非互动任务的共同影响。

总之，结合环状连接机制、焦点连接机制和人类基于优先度的任务排队模式有助于我们理解现实网络的协同演化机制。

本章结语

对于人类行为的研究始终存在着两种范式，即随机范式和演化范式，后者与前者的根本区别在于多了一个自然选择机制。因为自然选择机制的存在，使得随机变异的方向指向了"适者生存"的方向。在诸多可能的变异中，不会被自然选择淘汰的"适者"并不是唯一的，这使得演化的方向既有确定性的一面也有随机性的一面。正如我们在第一章中所指出的那样，纯随机状态是熵最大的状态，而确定性的状态则是熵最小的状态。这两种状态的复杂度均为零。作为自然选择的结果，生物的适应性行为应该表现出较大复杂度的特点，因此其统计规律性应该具有幂律分布的特点。

这一章的重点放在了随机服务系统中当服务器是具有自由选择能力的人类成员的问题。不论是在通信模式、在线网络的娱乐活动、经济活动和金融交易活动，还是人类生理活动和认知模式等，都表现出了与幂律分布有关的阵发行为的特征。

为了探究根源于这些现象背后的机制，我们介绍了若干个数学模型，试图对经验数据中标度的多样性有一个较为全面和深入的理解。这些数学模型，包括第二章中的 B-A 模型，实质上均反映了人类选择行为的适应性的一面，例如选择优先度最高的任务作为首先处理的对象、对于过去活动率的感知和偏好依附等，这些都表明人们的行为是不能用纯随机性来解释的。

人类成员选择交往的对象不是纯随机的，这意味着人类成员构成的社会网络不是随机网络。人类成员组成社会网络的一个主要目的就是共同完成任务，于是组成什么样的网络有助于共同完成任务变成了一个值得研究的问题。研究表明，Granovetter 型网络是大量存在的。因此，我们在最后一节介绍了一个加权网络与人类行为协同演化的模型，将人类成员之间的相互作用与阵发行为相结合，揭示了 Granovetter 型网络涌现的一种可能的途径。

前面四章我们都在与幂律分布打交道。不论是像沙堆模型这样的物理系统，万维网、生物网和社会网络等这样的复杂系统，还是像人类行为相关的服务系统，都能表现出幂律分布的特征。幂律分布在复杂性科学中的普适性，使得它无愧于复杂系统"指纹"的这一称号。

合作问题始终是一个贯穿本书的主题。在第一卷中我们曾经讨论了演化博弈的经典理论,其中涉及两个非常重要的假设,即无限种群和随机配对。接下来,我们保留第二个假设,而改变第一个假设,即假设种群的规模是有限的,看看会涌现出什么样的新发现。

下一章我们讨论有限种群的合作和演化博弈。

第五章　有限种群的演化博弈

　　当种群规模很大时，多一个或者少一个个体对种群中不同类型个体的分布不会产生影响。例如我们之前在讨论演化稳定均衡的概念时，针对的就是无限群。然而，现实的种群规模不可能是无限的。如果种群的规模有限，例如，只有两个个体，分别属于两种类型，那么虽然每种类型在种群中的比例均为 50%，但每一种类型的个体遇见其他类型个体的概率却为 100%，而遇见同类型个体的概率则为 0。因此，与无限种群动力学方程的确定性不同，有限种群的演化过程将只能描述为一个随机过程，其演化动力学性质将具有与无限种群截然不同的特点。

　　本章我们讨论有限种群演化理论以及有限种群中的合作问题的研究成果（Nowak，2006）。

§5.1　中性漂变

　　对于演化过程中规模始终保持常数的种群，一个值得关注的问题是，在全部由某种类型的个体组成的种群中，如果某个体在繁殖的过程中发生变异，那么作为新类型的变异者在种群中的演化轨迹是什么？它能否驱逐种群中原来类型的个体？如果能，概率是多少？

　　先讨论一个与这些问题相关的随机过程。

5.1.1　Moran 过程

　　设种群的规模为 N，其中包含两种类型的个体 A 和 B，它们以相同的速率繁殖或复制（适应度相同）。因此，在自然选择面前，它们互为中性的变异。在任一时刻，随机选取一个个体进行繁殖，同时随机去除一个个体。在繁殖的过程中不考虑变异，即 A 只复制 A，B 只复制 B。

　　该模型是由澳大利亚种群遗传学家 Moran(1953) 引进的。在任一时刻都有一个个体死亡和一个个体诞生的假设保证了种群的规模始终是常数。因此,该过程唯一的随机变量是类型 A 的数量 i,而类型 B 的数量则可表示为 $N-i$。

　　Moran 过程的状态空间为 $i=0,1,2,\cdots,N$。类型 A 的个体被选择(复制或死亡)的概率为 i/N,类型 B 的个体被选择的概率则为 $(N-i)/N$。在任意时刻,可能发生的事件有四种。

　　(1) 复制和死亡的个体均属于类型 A,该类事件发生的概率为 $(i/N)^2$,此时类型 A 的数量 i 没有发生改变。

　　(2) 复制和死亡的个体均属于类型 B,该种事件的概率为 $((N-i)/N)^2$,此时类型 A 的数量 i 同样没有发生改变。

　　(3) 复制的个体属于类型 A 而死亡的个体属于类型 B,该种事件发生的概率为 $i(N-i)/N^2$,此时类型 A 的数量从 i 变到 $i+1$。

　　(4) 死亡的个体属于类型 A 而复制的个体属于类型 B,该种事件发生的概率为 $i(N-i)/N^2$,此时类型 A 的数量从 i 变到 $i-1$。

　　设 Moran 过程的一步转移矩阵为 $P=(p_{ij})$,则它是一个 $(N+1)\times(N+1)$ 的随机矩阵。根据上面的讨论,元素 p_{ij} 由下列方程所确定

$$p_{i,i-1}=p_{i,i+1}=i(N-i)/N^2$$
$$p_{ii}=1-p_{i,i+1}-p_{i,i-1}=1-2p_{i,i+1} \tag{5.1.1}$$

边界条件为

$$p_{0,0}=1,p_{N,N}=1 \tag{5.1.2}$$

　　(5.1.2) 式表明,状态 $i=0$ 或 $i=N$ 是吸收壁。由于在任何一个时刻到达吸收壁的概率均大于 0,因此系统最终会达到其中的某一个吸收壁。这就意味着,最终只能有一个类型的物种存活,共存不是一个平稳态。

　　现在问题是,从状态 i 出发,到达每一个吸收壁的概率分别是多少?

　　设 x_i 为从状态 i 出发最终到达吸收壁 $i=N$ 的概率,则最终到达吸收壁 $i=0$ 的概率为 $1-x_i$,并且

$$\begin{cases} x_0=0 \\ x_i=p_{i,i-1}x_{i-1}+p_{i,i}x_i+p_{i,i+1}x_{i+1},i=1,2,\cdots,N-1 \\ x_N=1 \end{cases} \tag{5.1.3}$$

方程(5.1.3)的解很简单,为

$$x_i=\frac{i}{N},i=0,1,2,\cdots,N \tag{5.1.4}$$

于是,最终到达吸收壁 $i=0$ 的概率为 $(N-i)/N$。

5.1.2　生灭过程

Moran 过程实质上是一个生灭过程。

记 $\alpha_i = p_{i,i+1}, \beta_i = p_{i,i-1}, \alpha_i + \beta_i \leqslant 1$,于是,$p_{ii} = 1 - \alpha_i - \beta_i, i = 0$ 和 $i = N$ 依然为吸收壁。对于这样的一个生灭过程,方程(5.1.3)变为

$$\begin{cases} x_0 = 0 \\ x_i = \beta_i x_{i-1} + (1 - \alpha_i - \beta_i)x_i + \alpha_i x_{i+1}, i = 1, 2, \cdots, N-1 \\ x_N = 1 \end{cases} \quad (5.1.5)$$

方程(5.1.5)的稳态解为

$$X = PX \quad (5.1.6)$$

其中 P 为 Moran 过程一步转移矩阵,$X = (x_0, x_1, \cdots, x_N)^T$ 为与 P 的最大特征值 $\lambda = 1$ 对应的特征向量。

引入变量 $y_i = x_i - x_{i-1}, i = 1, 2, \cdots, N$,则 $\sum_{i=1}^{N} y_i = x_N - x_0 = 1$,再记 $\gamma_i = \beta_i / \alpha_i$,则由方程(5.1.5),有 $y_1 = x_1$,且

$$y_{i+1} = \gamma_i y_i = \gamma_i \gamma_{i-1} y_{i-1} = \cdots = \gamma_1 \gamma_2 \cdots \gamma_i y_1 = \gamma_1 \gamma_2 \cdots \gamma_i x_1 \quad (5.1.7)$$

由于 $\sum_{i=1}^{N} y_i = y_1 + \sum_{i=1}^{N-1} y_{i+1} = x_1 + \sum_{i=1}^{N-1} \gamma_1 \cdots \gamma_i x_1 = 1$,因此有

$$x_1 = \frac{1}{1 + \sum_{i=1}^{N-1} \gamma_1 \cdots \gamma_i} \quad (5.1.8)$$

又 $x_j = x_j - x_0 = \sum_{i=1}^{j} y_i = (1 + \sum_{i=1}^{j-1} \gamma_1 \cdots \gamma_i)x_1$,得

$$x_j = \frac{1 + \sum_{i=1}^{j-1} \gamma_1 \cdots \gamma_i}{1 + \sum_{i=1}^{N-1} \gamma_1 \cdots \gamma_i} \quad (5.1.9)$$

考虑由一个 A 和 $N-1$ 个 B 构成的种群,这个 A 个体可以视为是 B 种群中的一个变异者或入侵者。记 ρ_A 为单个 A 入侵 B 种群并最终将 B 驱逐出种群的概率,称为 A 的固定概率(fixation probability)。同样,记 ρ_B 为包含一个 B 和 $N-1$ 个 A 的种群最终完全被类型 B 取代的概率,即 B 的固定概率。根据之前的记号,有 $\rho_A = x_1, \rho_B = 1 - x_{N-1}$,并且由(5.1.8)式,得

$$\rho_A = \frac{1}{1 + \sum_{i=1}^{N-1} \gamma_1 \cdots \gamma_i}, \rho_B = \frac{\gamma_1 \cdots \gamma_{N-1}}{1 + \sum_{i=1}^{N-1} \gamma_1 \cdots \gamma_i} \quad (5.1.10)$$

于是,有

$$\frac{\rho_B}{\rho_A} = \gamma_1 \gamma_2 \cdots \gamma_{N-1} \tag{5.1.11}$$

如果 $\rho_B/\rho_A > 1$，即 B 的固定概率大于 A 的固定概率，则事件"单个类型 B 的变异者入侵类型 A 种群"比起事件"单个类型 A 的变异者入侵 B 种群"更有可能成功，这个时候我们说类型 B 相对于类型 A 来说拥有演化优势。

如果 $\gamma_i < 1$，即 $\alpha_i > \beta_i$，这意味着类型 A 增加一个个体的概率要大于减少一个个体的概率，因此演化应该有利于类型 A。事实上，此时由（5.1.10）式，由于分母小于 N，故有 $\rho_A > 1/N$。相比于（5.1.4）式所描述的中性漂变时 $\rho_A = 1/N$ 的情形，显然是增加了固定概率。另外，此时由（5.1.10）式还可以得出 $\rho_B < 1/N$。因此，我们可以某种类型的固定概率是否大于 $1/N$ 来判断该种类型的物种是否相对于另一种类型的物种具有演化优势。

5.1.3　常数选择压力的随机漂变

与刚才的中性漂变不同，下面我们讨论存在着适应度差异的变异。假设类型 A 具有适应度 r，类型 B 的适应度为 1，若 $r > 1$，则选择有利于 A，若 $r < 1$，则选择有利于 B，若 $r = 1$，则回到刚才的随机漂变。

在这里，适应度的差异体现在被选择用来复制的个体是属于 A 还是属于 B 的概率差异。

选择类型 A 个体进行复制的概率为 $ri/(ri + N - i)$，选择类型 B 个体进行复制的概率为 $(N - i)/(ri + N - i)$。类型 A 个体死亡的概率为 i/N，类型 B 个体死亡的概率为 $(N - i)/N$。

于是，有

$$\begin{cases} \alpha_i = p_{i,i+1} = \dfrac{ri}{ri + N - i} \dfrac{N - i}{N} \\[2mm] \beta_i = p_{i,i-1} = \dfrac{N - i}{ri + N - i} \dfrac{i}{N} \\[2mm] \gamma_i = \dfrac{\beta_i}{\alpha_i} = \dfrac{1}{r} \end{cases} \tag{5.1.12}$$

从而由式（5.1.9）（5.1.10）和（5.1.11），有

$$x_i = \frac{1 - 1/r^i}{1 - 1/r^N} \tag{5.1.13}$$

$$\rho_A = x_1 = \frac{1 - 1/r}{1 - 1/r^N} \tag{5.1.14}$$

$$\rho_B = 1 - x_{N-1} = \frac{1 - r}{1 - r^N} \tag{5.1.15}$$

$$\frac{\varrho_B}{\varrho_A} = r^{1-N} \qquad\qquad (5.1.16)$$

因此,当种群规模 $N \gg 1$ 时,对于 $r > 1$,有如下的近似式

$$\rho_A \approx 1 - \frac{1}{r} \qquad\qquad (5.1.17)$$

由上式可以看出,即使对于 $N \to \infty$,有利的变异($r > 1$)也不能绝对保证该变异就一定会在种群中固定。

下面列出 $N = 100$ 时相应于不同适应度的固定概率:

对于 100% 的选择优势:$r = 2$,有 $\rho = 0.5$;

对于 10% 的选择优势:$r = 1.1$,有 $\rho = 0.09$;

对 1% 的选择优势:$r = 1.01$,有 $\rho = 0.016$;

对于中性漂变:$r = 1$,有 $\rho = 1/N = 0.01$;

对于 1% 的选择劣势:$r = 0.99$,有 $\rho = 0.0058$;

对于 10% 的选择劣势:$r = 0.9$,有 $\rho = 0.0000003$。

接下来的问题是:对于给定的适应度 r,要做多少次试验才能保证一个变异者最终统治整个种群的概率不低于 $1/2$?

设所需的试验次数为 m,则 m 必须满足 $1 - (1 - \rho)^m \geqslant 1/2$,由此可得

$$m \geqslant \frac{-\ln 2}{\ln(1 - \rho)} \qquad\qquad (5.1.18)$$

考虑规模为 $N = 100$ 的种群,有下列结论:

若 $r = 2$,则 $m \geqslant 1$;

若 $r = 1.1$,则 $m \geqslant 7$;

若 $r = 1.01$,则 $m \geqslant 44$;

若 $r = 1$,则 $m \geqslant 69$;

若 $r = 0.99$ 或 $r = 0.9$,则 $m \geqslant 119$ 或 $m \geqslant 234861$。

由上面的数据,假如某个由类型 B 个体组成的种群每年初都会产生一个适应度为 $r = 0.9$ 的类型为 A 的变异者,并且在一年之内就能决定种群的稳态结构,即全部由类型 B 的个体组成,或者全部由变异者组成,则至少要经过 234861 年,才能有 $1/2$ 的概率保证某一个变异者最终取代本地者。

§5.2　有限种群中的演化博弈

有限种群中的演化博弈具有与无限种群演化博弈不同的动力学方程,从而呈现出不同的演化规律。

5.2.1　基本模型和 1/3 法则

考虑两个策略 A 和 B 之间的博弈,支付矩阵为

$$
\begin{array}{cc}
 & \text{A} \quad \text{B} \\
\begin{array}{c} \text{A} \\ \text{B} \end{array} &
\begin{pmatrix} a & b \\ c & d \end{pmatrix}
\end{array}
\tag{5.2.1}
$$

设种群的规模为 N,使用策略 A 的个体数为 i,使用策略 B 的个体数为 $N-i$,采用随机配对的方式博弈,则 A 和 B 的期望支付分别为

$$
\pi_i^A = \frac{a(i-1) + b(N-i)}{N-1}, \pi_i^B = \frac{ci + d(N-i-1)}{N-1}
\tag{5.2.2}
$$

在传统的演化博弈动力学中,支付常常被理解为适应度,但 Nowak 在此处引入了选择强度参数 w,而策略 A 和 B 的适应度由下式给出(Nowak et al.,2004):

$$
f_i^A = 1 - w + w\pi_i^A, f_i^B = 1 - w + w\pi_i^B
\tag{5.2.3}
$$

选择强度 w 的取值在 0 到 1 之间。如果 $w = 0$,则博弈支付对适应度没有贡献,A 与 B 互为中性变异。如果 $w = 1$,则适应度完全由期望支付所确定。称 w 充分接近 0 的情形为弱选择,此时期望支付对适应度的贡献很小。

(5.2.3)式实际上是把适应度分成了两部分,一部分是由遗传决定的,它衡量了种群相对于所处环境的适应性,另一部分是由博弈的支付决定的,它衡量种群内不同策略在相互作用过程中的适应性。

继续考虑 Moran 过程。此时,选择类型 A 个体进行复制的概率为 $\frac{if_i^A}{if_i^A + (N-i)f_i^B}$,选择类型 B 个体进行复制的概率为 $\frac{(N-i)f_i^B}{if_i^A + (N-i)f_i^B}$。类型 A 个体死亡的概率为 i/N,类型 B 个体死亡的概率为 $(N-i)/N$。因此,该过程的一步转移概率为

$$
\begin{cases}
\alpha_i = p_{i,i+1} = \dfrac{if_i^A}{if_i^A + (N-i)f_i^B} \dfrac{N-i}{N} \\[3mm]
\beta_i = p_{i,i-1} = \dfrac{(N-i)f_i^B}{if_i^A + (N-i)f_i^B} \dfrac{i}{N}
\end{cases}
\tag{5.2.4}
$$

于是,由式(5.1.10)(5.1.11),A 的固定概率为

$$
\rho_A = \frac{1}{\left(1 + \sum\limits_{k=1}^{N-1} \left(\dfrac{f_1^B}{f_1^A} \cdots \dfrac{f_k^B}{f_k^A}\right)\right)}
\tag{5.2.5}
$$

两个策略固定概率之比为:

$$\frac{\varrho_B}{\rho_A} = \frac{f_1^B}{f_1^A} \cdots \frac{f_{N-1}^B}{f_{N-1}^A} \tag{5.2.6}$$

如果支付矩阵为

$$\begin{array}{cc} & \begin{array}{cc} A & B \end{array} \\ \begin{array}{c} A \\ B \end{array} & \begin{pmatrix} r & r \\ 1 & 1 \end{pmatrix} \end{array} \tag{5.2.7}$$

则 A 和 B 的适应度是与种群规模和频率无关的,分别为 r 和 1,当 $w = 1$ 时,有

$$\rho_A = \frac{1 - 1/r}{1 - 1/r^N}, \rho_B = \frac{1 - r}{1 - r^N} \tag{5.2.8}$$

此即常数选择压力下的(5.1.13)和(5.1.14)。

如果支付矩阵为

$$\begin{array}{cc} & \begin{array}{cc} A & B \end{array} \\ \begin{array}{c} A \\ B \end{array} & \begin{pmatrix} 1 & 1 \\ 1 & 1 \end{pmatrix} \end{array} \tag{5.2.9}$$

则策略 A 和 B 互为中性的随机漂变。当 $w = 1$ 时,由(5.1.4)式,有 $\rho_A = \rho_B = 1/N$。

假设选择参数 w 充分小,满足 $Nw \ll 1$,将式(5.2.5)作泰勒展开,有

$$\rho_A \approx \frac{1}{N} \frac{1}{1 - (\alpha N - \beta)w/6} \tag{5.2.10}$$

其中 $\alpha = a + 2b - c - 2d, \beta = 2a + b + c - 4d$。

由于在随机漂变的情形,有 $\rho_A = 1/N$,因此,若 $\rho_A > 1/N$ 或 $\alpha N > \beta$,我们称自然选择有利于入侵者 A 在类型 B 种群中的固定。该条件可以写为

$$a(N-2) + b(2N-1) > c(N+1) + d(2N-4) \tag{5.2.11}$$

对于不同的 N,上式可分别写为

$$\begin{aligned} & N = 2: b > c; \\ & N = 3: a + 5b > 4c + 2d; \\ & N = 4: 2a + 7b > 5c + 4d \\ & N = 5: 3a + 9b > 6c + 6d \\ & \qquad\qquad \vdots \\ & N \gg 1: a + 2b > c + 2d \end{aligned} \tag{5.2.12}$$

在 $a > c$ 和 $b < d$ 的情形,不论 A 和 B 都是它们自己的最优反应。在无限种群里,可以得到内点均衡处 A 的频率为

$$x^* = \frac{d - b}{a - b - c + d} \tag{5.2.13}$$

不过,由(5.2.13)式描述的这个无限种群的均衡点是不稳定的。

由不等式(5.2.12)和(5.2.13),当 $N \gg 1$ 且选择压力很弱时,有利于单个入侵者 A 取代种群 B 的条件为

$$x^* < \frac{1}{3} \tag{5.2.14}$$

这就意味着,如果在无限种群不稳定的均衡解处,A 的频率小于 $1/3$,则对于大规模的有限种群,A 的固定概率就会大于 $1/N$。此时,自然选择就会有利于 A 在 B 种群中固定。

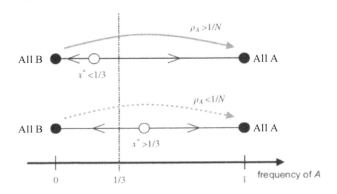

图 5-1   弱选择强度下有限种群的 1/3 法则(Ohtsuki et al.,2007)

图 5-1 显示了上述的 1/3 法则,其背后的含义是:如果在无限种群中策略 A 的入侵障碍小于 1/3(当然也是风险占优的),那么对于规模充分大的种群,事件"单个类型个体 A 入侵由类型 B 组成的种群并在其中固定"比事件"单个类型 B 个体入侵由类型 A 组成的种群并在其中固定"发生的概率要大。也就是说,相比于类型 B,自然选择更青睐于类型 A。

如果 A 相对于 B 是占优的策略,即 $a > c$ 且 $b > d$,则 $x^* < 0$,不等式 (5.2.14) 总是成立的。因此,如果 A 优于 B,则在一个大的种群中,选择有利于 A 在 B 种群中的固定。不过,即使如此,只要 $b < c$,在一个小规模的种群里,选择仍然有可能有利于 B。因此,存在一个临界的种群规模 N_c,使得当 $N < N_c$ 时,选择仍然会有利于劣策略 B,而当 $N > N_c$ 时选择则有利于占优策略 B。

在弱的选择压力下,有限种群中策略 A 能否占优势取决于无限种群中的不稳定均衡点 x^* 是否小于 1/3。也就是说,如果在无限种群中,策略 B 的吸引盆小于 1/3,则在有限种群中选择将有利于策略 A,否则就有利于 B。这是一个令人惊讶却又是合理的结果。

5.2.2 有限种群的选择动力学

在有限种群演化理论中,我们常常把中性漂变的固定概率 $\rho = 1/N$ 作为一个基准。如果单个 A 入侵种群 B 并最终将 B 驱逐出种群的固定概率 $\rho_A > 1/N$,我们就称"自然选择有利于 A 取代 B",否则,如果 $\rho_A < 1/N$,则称"自然选择不利于 A 取代 B"。

然而,通过(5.2.5)式来确定 ρ_A 与 N 的关系比较麻烦。为此,Taylor et al.(2004) 换了一个视角,以一种更直观更富启发性的方式来讨论有限种群的演化博弈。具体阐述如下。

设种群的规模为 N,使用策略 A 的个体数为 i,使用策略 B 的个体数为 $N-i$,采用随机配对的方式博弈。策略 A 和策略 B 的适应度分别为:
$$F_i = a(i-1) + b(N-i), G_i = ci + d(N-i-1) \tag{5.2.15}$$
注意,(5.2.15) 式定义的适应度与(5.2.2)只差一个常数因子。不管采取哪一种表达式都不会影响讨论的结果,但采用(5.2.15)式能简化计算过程。

当策略 A 的数量为 i 时,经过适当的变换和计算,可得两个策略的适应度之差为:
$$h_i = F_i - G_i = xi - y(N-i) \tag{5.2.16}$$
其中

$$\begin{cases} x = X - \dfrac{a-d}{N} \\ y = Y + \dfrac{a-d}{N} \end{cases} \tag{5.2.17}$$

而

$$\begin{cases} X = a - c \\ Y = d - b \end{cases} \tag{5.2.18}$$

如果考虑的是无限种群,那么由第一章的讨论,种群的演化轨迹可以由 (X, Y) 在 XY 坐标系中的所处的位置所决定,具体结果参见图 5-2。

但对于有限种群,其演化轨迹则要复杂得多,它不但取决于博弈的支付矩阵中 a, b, c, d 的数值,还要取决于种群的规模 N。具体讨论如下。

若 $h_1 > 0$,即单个 A 与 $N-1$ 个 B 相处时,A 的适应度要大一些,故此时称"自然选择支持 A 入侵 B"。当 $h_1 < 0$ 时,称"自然选择抵制 A 入侵 B"。

若 $h_{N-1} < 0$,即单个 B 与 $N-1$ 个 A 相处时,B 的适应度要大一些,故此时称"自然选择支持 B 入侵 A"。

一般地,若 $h_i > 0$,则当有 i 个 A 与 $N-i$ 个 B 相处时,自然选择支持 A 进一

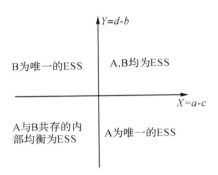

图 5-2　无限种群的演化稳定。当(X,Y)处于不同的象限时,种群的演化轨迹是不一样的;在第二和第四象限,只有一个策略是 ESS;在第一象限,内部均衡是不稳定的,两个策略均为 ESS;在第三象限,内部均衡是 ESS

步入侵,若 $h_i < 0$,则当有 i 个 A 与 $N-i$ 个 B 相处时,自然选择抵制 A 的进一步入侵。

令 $h_i = 0$,可得处于平衡状态的 A 的数量为:

$$i^* = \frac{yN}{x+y} \tag{5.2.19}$$

为了下面讨论的方便,我们把(5.2.16)式写成下面的形式:

$$h_i = (x+y)i - yN \tag{5.2.20}$$

不妨设 i^* 是整数(否则可取其最大整数部分),以下以(x,y)位于 xy 平面不同的象限分四种情形加以讨论。

(1)(x,y)位于第一象限,即 x,y 均大于 0 的情形。

由于当 $i < i^*$ 时,$h_i < 0$,即自然选择抵制 A 的入侵,而当 $i > i^*$ 时,$h_i > 0$,即自然选择支持 A 的入侵,故 i^* 是不稳定的内部均衡解,而 $i = 0$ 和 $i = N$ 则为占优的均衡[①]。

(2)(x,y)位于第二象限,即 $x < 0, y > 0$ 的情形。

当 $x + y > 0$ 时,$i^* > N$,此时没有内部的均衡,但由于此时 $x + y < y$,故由(5.2.20),有 $h_i < 0$,因此只有 $i = 0$ 是占优均衡。

当 $x + y < 0$ 时,$i^* < 0$,此时也没有内部的均衡,但由于 $h_i < 0$,故只有 $i = 0$ 是占优均衡。

---

① 占优的策略是指相较于其他策略自然选择更有利于该策略。这里我们没有使用"占优"来替代"稳定",是因为在有限种群中,即使是适应度变小了的不利变异也有正的固定概率。

（3）(x,y) 位于第三象限，即 $x<0,y<0$ 的情形。

由于当 $i<i^*$ 时，$h_i>0$，而当 $i>i^*$ 时，$h_i<0$，故 i^* 是占优的内部均衡解。

（4）(x,y) 位于第四象限，即 $x>0,y<0$ 的情形。

当 $x+y>0$ 时，$i^*<0$，此时没有内部的均衡，但由于对任给的 i 均有 $h_i>0$，因此只有 $i=N$ 是占优均衡。

当 $x+y<0$ 时，$i^*>N$，此时没有内部的均衡，但由于此时 $|x+y|<|y|$，故 $h_i=|y|N-|x+y|i>0$，因此只有 $i=N$ 是占优均衡。

综上所述，我们有下面的结论。

（1）当 (x,y) 属于第一象限时，策略 A 和 B 均为占优的均衡，称种群是双稳态的（bi-stable）；

（2）当 (x,y) 属于第二象限时，B 是唯一的占优均衡，称种群是 B-占优的（B-dominant）；

（3）当 (x,y) 属于第三象限时，A 和 B 共存的内部均衡 i^* 是占优的，称种群是多态的（polymorphic）；

（4）当 (x,y) 属于第四象限时，A 是唯一的占优均衡，称种群是 A-占优的（A-dominant）。

图 5-3 对以上结论给出了更直观的说明。

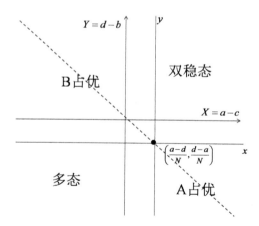

图 5-3　有限种群的演化趋势。其中 $a>d$，虚线为 $X+Y=0$，黑点的坐标为 $((a-d)/N,(d-a)/N)$，它是 xy 坐标系的原点

图 5-3 中有两个坐标系，一个是 XY 坐标系，另一个是 xy 坐标系，后者相当于对前者做了一个平移。图中的虚线为 $X+Y=0$，黑点在 XY 坐标系中的坐标为 $((a-d)/N,(d-a)/N)$，它是 xy 坐标系的原点。

假设 $a > d, Y < 0, X + Y > 0$,记

$$N_1 = \frac{a-d}{X}, N_2 = \left| \frac{a-d}{Y} \right| \quad (N_1 < N_2) \tag{5.2.21}$$

则当 $N > N_2$ 时,(x, y) 落入 xy 坐标系的第四象限,即 A 占优的区域;当 $N < N_1$ 时,(x, y) 落入 xy 坐标系的第一象限,即双稳态区域;当 $N_1 < N < N_2$ 时,(x, y) 落入 xy 坐标系的第二象限,即 B 占优区域。

如果 $X > 0, Y > 0$ 且 $a > d$,则只有一个临界点 N_1,当 $N > N_1$ 时是双稳态的,而当 $N < N_1$ 时为 B 占优的。

例如,对于如下的信任博弈:

$$\begin{array}{cc} & \begin{array}{cc} C & D \end{array} \\ \begin{array}{c} C \\ D \end{array} & \begin{pmatrix} 10 & 0 \\ 4 & 4 \end{pmatrix} \end{array} \tag{5.2.22}$$

由于 $X = 6, Y = 4$ 均大于 0,故种群规模的唯一临界点为 $N_1 = 1$。于是只要 $N \geqslant 2$,种群的演化就是双稳态的,当合作的个体数 $i < i^* = 0.4N$ 时,合作是演化占优的,当 $i > i^*$ 时,背叛是演化占优的。

一旦支付之间的大小关系颠倒,那么种群演化的过程就会大相径庭。如果 $X > 0, Y > 0$ 但 $a < d$,则种群规模的唯一临界点为 N_2,当 $N < N_2$ 时,种群是 A 占优的,当 $N > N_2$ 时,种群是双稳态的。

对于无限种群来说,如果 $a > c, b > d$,则 A 是唯一的 ESS,此时无需考虑 b 和 c 的相对大小关系。然而,当种群规模有限时,情况就会有所变化。

Taylor et al.(2004)证明如下的定理。

定理 5.2.1 如果 $b > c$,则存在 $N_0 \geqslant 2$,使得当 $N < N_0$ 时,有 $\rho_B < \frac{1}{N} < \rho_A$。

下面的定理描述了"抵制"或"支持"与"不利于"或"有利于"之间的关系。

定理 5.2.2 如果 $h_1 > 0$ 和 $h_{N-1} > 0$,则 $\rho_B < \frac{1}{N} < \rho_A$。

该定理是说,如果自然选择支持 A 入侵 B($h_1 > 0$),而且自然选择抵制 B 入侵 A($h_{N-1} > 0$),则自然选择有利于 A 取代 B 而不利于 B 取代 A。

定理 5.2.3 如果 $\rho_A < 1/N$ 且 $\rho_B < 1/N$,则 $h_1 < 0$ 且 $h_{N-1} > 0$。

该定理是说,如果自然选择既不利于 A 取代 B 又不利于 B 取代 A,则自然选择既抵制 A 入侵 B 又抵制 B 入侵 A。

定理 5.2.4 如果 $\rho_A > 1/N$ 且 $\rho_B > 1/N$,则 $h_1 > 0$ 且 $h_{N-1} < 0$。

该定理是说,如果自然选择既有利于 A 取代 B 又有利于 B 取代 A,则自然选

择既支持 A 入侵 B 又支持 B 入侵 A。

5.2.3　有限种群的演化稳定

对于由（5.2.1）式给出的支付矩阵以及无限规模的种群，策略 B 是演化稳定策略 ESS 的充分必要条件为：（1）$d > b$；或者（2）当 $d = b$ 时，有 $a < c$。这些条件意味着由策略 B 组成的无限种群能够成功地阻止小规模策略 A 的入侵。

对于规模为 N 的有限种群，策略 B 称为演化稳定的，记为 ESS_N，如果满足下列两个条件：（1）自然选择抵制策略 A 入侵策略 B，即在 B 种群中单个的 A 具有较低的适应度；（2）自然选择不利于 A 取代 B，这意味着 $\forall w > 0$，有 $\rho_A < 1/N$。

第一个条件要求 $h_1 < 0$，即

$$b(N-1) < c + d(N-2) \tag{5.2.23}$$

当 w 取很小的值时，第二个条件为

$$a(N-2) + b(2N-1) < c(N+1) + d(2N-4) \tag{5.2.24}$$

当 $N = 2$ 时，上面两个式子都导致了 $b < c$。对于 $N \gg 1$ 的情形，得到 $b < d$，$x^* > 1/3$。因此，对于小规模的种群，ESS 的两个条件对于 ESS_N 而言既非充分也非必要；对于大规模的种群，ESS 的条件对于 ESS_N 而言则是必要而非充分的。如果我们考虑的博弈有许多不同的策略，则对于每一个与其他策略配对的组合，这两个条件都必须成立。

引入 ESS_N 概念的动机如下。如果一个策略是 ESS_N 的，则单个其他策略的变异者必须具有较低的适应度，这样自然选择就能阻止变异者的扩散。但是在一个有限种群里，即使具有较低的适应度，一个变异者也有可能会完全取代原策略。因此，第二个条件就要求变异者的固定概率要小于中性变异者的阈值 $1/N$。简单地说，就是要求一个 ESS_N 种群必须受到自然选择的保护，既防止入侵也防止取代。

如果 $d > b$，则策略 B 是严格纳什均衡，当然相对于 A 是演化稳定的。一个严格的纳什均衡在如下的意义上可以认为能够阻止被取代：$d > b$ 并且对于任意的选择参数 $0 < w \leqslant 1$，有 $\rho_A \to 0$（当 $N \to \infty$）。然而，如果种群的规模有限，则选择也是可能会有利于 A 的固定的。

下面看两个例子。

考虑如下形式的博弈：

$$\begin{array}{cc} & \begin{array}{cc} A & B \end{array} \\ \begin{array}{c} A \\ B \end{array} & \begin{pmatrix} 20 & 0 \\ 17 & 1 \end{pmatrix} \end{array} \tag{5.2.25}$$

在该博弈中，A 和 B 均为严格纳什均衡。由式(5.2.23)和(5.2.24)可知，当 $N < 53$ 时，B 是 ESS_N；当 $N > 12$ 时，A 是 ESS_N。这意味着，当 $N \leqslant 12$ 时，B 是唯一的 ESS_N；当 $N \geqslant 53$ 时，A 是唯一的 ESS_N；当 $12 < N < 53$ 时，A 与 B 均为 ESS_N。

再看下面的博弈：

$$
\begin{array}{cc}
 & \begin{array}{cc} \mathrm{A} & \mathrm{B} \end{array} \\
\begin{array}{c} \mathrm{A} \\ \mathrm{B} \end{array} & \begin{pmatrix} 1 & 28 \\ 2 & 30 \end{pmatrix}
\end{array}
\tag{5.2.26}
$$

在本例中，B 是占优均衡策略。在有限种群中，当 $2 \leqslant N \leqslant 17$ 时，A 是唯一的 ESS_N；当 $18 \leqslant N \leqslant 21$ 时，A 和 B 都是 ESS_N；当 $N \geqslant 22$ 时，B 是唯一的 ESS_N。

在无限种群中，占优策略均衡肯定是演化稳定均衡，但是在有限种群中，如果种群的规模不是很大，那么被占优的策略仍然有可能是演化稳定的。

5.2.4　风险占优

有一个有趣的问题，即 A 与 B 哪个更有可能取代另一个而在种群中固定？假设 A 与 B 均为它们自己的最优反应，即均为严格纳什均衡，则在 $w \ll 1$ 和 $N \gg 1$ 的情形，$\rho_A > \rho_B$ 等价于

$$
a + b > c + d
\tag{5.2.27}
$$

这意味着相比于策略 B，A 是风险占优的。若 A 与 B 均为它们自己的最优反应，即 $a > c, b < d$，则风险占优的策略具有更大的吸引盆，即 $x^* < 1/2$。

(5.2.27)式的证明。

在 $w \ll 1$ 时，有

$$
\rho_B \approx \frac{1}{N} \frac{1}{1 - (\alpha'N - \beta')w/6}
\tag{5.2.28}
$$

其中 $\alpha' = -2a - b + 2c + d$，$\beta' = -4a + b + c + 2d$。由(5.2.10)式可知，$\rho_A > \rho_B$ 等价于

$$
(N - 2)(a - d) > N(c - b)
\tag{5.2.29}
$$

对充分大的 N，即意味着 $a + b > c + d$。因此，若 A 和 B 均为严格纳什均衡，则风险占优的策略具有更高的固定概率。但是，对于一般的 w 和 N，风险占优则并不一定意味着 $\rho_A > \rho_B$。图 5-4 解释了风险占优和 1/3 准则之间的关系。

图 5-4 中的圆圈表示不稳定均衡点 x^*。如果 $x^* < 1/3$，则 $N\rho_A > 1 > N\rho_B$，选择有利于 A 取代 B；如果 $x^* > 2/3$，则 $N\rho_B > 1 > N\rho_A$，选择有利于 B 取代 A；如果 $1/3 < x^* < 2/3$，那么 $N\rho_A$ 和 $N\rho_B$ 均小于 1，选择均不利于两类策略的固

定。此时风险占优取决于 x^* 是否大于 $1/2$；如果 $x^* < 1/2$，则 A 是风险占优的；如果 $x^* > 1/2$，则 B 是风险占优的。

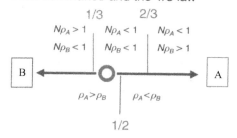

Risk dominance and the 1/3 law

图 5-4　风险占优策略和 1/3 定律

对于有限种群演化博弈，$x^* < 1/2$ 等价于 $\rho_A > \rho_B$；$x^* > 1/2$ 等价于 $\rho_A < \rho_B$。

5.2.5　协同演化动力学

有限种群演化的 Moran 过程模型需要个体具有完美的全局信息，这是一个较强的要求。下面我们介绍一个基于微观视野的局部更新模型(Traulsen et al.，2005)，其具体步骤为：在每一步，随机选择个体 b，然后与另一个随机选择的个体 a 比较支付的大小，个体 b 有一定的概率转换为个体 a 的策略，其概率为

$$p = \frac{1}{2} + \frac{w}{2} \frac{\pi_a - \pi_b}{\Delta\pi_{\max}} \tag{5.2.30}$$

其中 π_a，π_b 分别表示个体 a 和 b 的支付，$\Delta\pi_{\max}$ 为任意一对个体支付差可能的最大值。

仍然采用由(5.2.1)式所描述的博弈模型，并用(5.2.3)式确定适应度，其中 $0 < w \leqslant 1$ 表示选择的强度。值得指出的是，(5.2.30)式所确定的策略转换概率关于支付矩阵的线性变换是不变的。于是，设 i 为某一时刻类型 A 的个体数，则由(5.2.30)式调整后的随机过程的一步转移概率为

$$\begin{cases} \alpha_i = p_{i,i+1} = \left(\dfrac{1}{2} + \dfrac{w}{2} \dfrac{\pi_i^A - \pi_i^B}{\Delta\pi_{\max}}\right) \dfrac{i}{N} \dfrac{N-i}{N} \\ \beta_i = p_{i,i-1} = \left(\dfrac{1}{2} + \dfrac{w}{2} \dfrac{\pi_i^B - \pi_i^A}{\Delta\pi_{\max}}\right) \dfrac{i}{N} \dfrac{N-i}{N} \end{cases} \tag{5.2.31}$$

其中 $i = 0$ 和 $i = N$ 均为吸收壁。

于是策略 A 的固定概率为

$$\rho_A = \cfrac{1}{1 + \sum_{i=1}^{N-1} \cfrac{\beta_1 \cdots \beta_i}{\alpha_1 \ \alpha_i}} \tag{5.2.32}$$

对于弱选择的情形,$w \ll 1$,由(5.2.10)式,仍然有如下形式

$$\rho_A \approx \frac{1}{N} \frac{1}{1 - (\alpha N - \beta)w/6} \tag{5.2.33}$$

不过,其中的参数 α 和 β 不同于 Moran 过程,而是分别要在其基础上乘以一个因子 $2/\Delta\pi_{\max}$,即 $\alpha = 2(a + 2b - c - 2d)/\Delta\pi_{\max}$,$\beta = 2(2a + b + c - 4d)/\Delta\pi_{\max}$。

设 $P_i(\tau)$ 为在时刻 τ 系统处于状态 i 的概率,则有

$$P_i(\tau + 1) - P_i(\tau) = P_{i-1}(\tau)\alpha_{i-1} + P_{i+1}(\tau)\beta_{i+1} - P_i(\tau)(\alpha_i + \beta_i) \tag{5.2.34}$$

对于时间和状态予以重新标度,为此令 $t = \tau/N$,$x = i/N$,则概率密度 $\rho(x, t) = NP_i(\tau)$ 满足

$$\begin{aligned}\rho(x, t + N^{-1}) - \rho(x, t) &= \rho(x - N^{-1}, t)\alpha_{x-N^{-1}} \\ &+ \rho(x + N^{-1}, t)\beta_{x+N^{-1}} - \rho(x, t)(\alpha_x + \beta_x)\end{aligned} \tag{5.2.35}$$

对于 $N \gg 1$,概率密度和转移概率可以展开为关于 x, t 的泰勒级数,然后忽略掉 N^{-1} 高阶项,可得如下的方程

$$\frac{\partial}{\partial t}\rho(x, t) = -\frac{\partial}{\partial x}[a(x)\rho(x, t)] + \frac{1}{2}\frac{\partial^2}{\partial x^2}[b^2(x)\rho(x, t)] \tag{5.2.36}$$

其中 $a(x) = \alpha_x - \beta_x$,$b(x) = \sqrt{\dfrac{1}{N}(\alpha_x + \beta_x)}$。对于充分大的 N,这个方程具有 Fokker-Planck 方程的形式。方程(5.2.36)所对应的随机微分方程是如下形式的郎之万(Langevin)方程:

$$\frac{\mathrm{d}x}{\mathrm{d}t} = a(x) + b(x)\xi(t) \tag{5.2.37}$$

其中 $\xi(t)$ 是高斯白噪声。这是一个伊藤型随机微分方程。

当 $N \to \infty$ 时,$b(x) \to 0$,则对于 Moran 过程,有

$$\begin{aligned}\frac{\mathrm{d}x}{\mathrm{d}t} &= \lim_{N \to \infty}\left(\frac{\pi_i^A - \pi_i^B}{\Gamma + \langle\pi(x)\rangle}\frac{i}{N}\frac{N-i}{N}\right) \\ &= x(\pi^A(x) - \langle\pi(x)\rangle)\frac{1}{\Gamma + \langle\pi(x)\rangle}\end{aligned} \tag{5.2.38}$$

其中 $\pi^A(x) = xa + (1-x)b$,$\pi^B(x) = xc + (1-x)d$,$\langle\pi(x)\rangle = x\pi^A(x) + (1-x)\pi^B(x)$,$\Gamma = (1-w)/w$。方程(5.2.38)被称为调整复制者动态方程,由 Smith(1982) 最先提出。

对于局部更新机制,有

$$\frac{\mathrm{d}x}{\mathrm{d}t} = \lim_{N\to\infty}\left(w\,\frac{\pi_i^A - \pi_i^B}{\Delta\pi_{\max}}\,\frac{i}{N}\,\frac{N-i}{N}\right)$$
$$= \kappa x\,(\pi^A(x) - \langle\pi(x)\rangle) \tag{5.2.39}$$

其中 $\kappa = w/\Delta\pi_{\max}$ 是常数，只影响时间标度。

方程 (5.2.39) 是无限种群的标准的复制者动态方程，它与 Moran 过程所导致的方程 (5.2.38) 之间的差异在于时间的标度，但是不动点是不变的。不过，微观更新机制的差异也有可能会导致宏观行为的本质差异。

考虑如下形式的囚徒困境博弈

$$\begin{array}{cc} & \begin{array}{cc} C & D \end{array} \\ \begin{array}{c} C \\ D \end{array} & \begin{pmatrix} b & 0 \\ b+c & c \end{pmatrix} \end{array} \tag{5.2.40}$$

其中 b 表示合作者给予对方的利益，c 表示成本。这个模型与前面讨论的囚徒困境模型的差异就在于给每一个支付加了 c，目的是避免支付为负的情形。

将方程 (5.2.39) 运用于囚徒困境，可得

$$\frac{\mathrm{d}x}{\mathrm{d}t} = w\,\frac{c}{b+c}\,x(1-x) \tag{5.2.41}$$

其中 x 是背叛者的比例。方程 (5.2.41) 的解为

$$x(t) = x_0\left[x_0 + (1-x_0)\mathrm{e}^{-wtc/(b+c)}\right]^{-1} \tag{5.2.42}$$

其中 $x(0) = x_0$，$\lim_{t\to\infty}x(t) = x^* = 1$。

此时的调整复制者动态方程 (5.2.38) 只能采用数值解的方式。从图 5-5 中可以看出，背叛者的比例 $x(t)$ 趋向于 $x^* = 1$ 的速度要快于局部更新机制下的标准复制者动态方程。

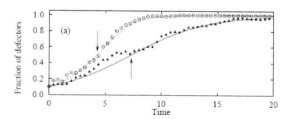

图 5-5　从背叛者的初始比例为 10% 趋向于纳什均衡，空圆圈表示 Moran 过程，实三角表示局部更新机制，$N = 200$，可以看出，基于 Moran 过程的模型要比局部更新机制更快地收敛于均衡 $x^* = 1$

上面的讨论意味着对于囚徒困境而言，Moran 过程与局部更新机制所描述的演化过程并没有定性的差异——都会收敛于所有个体都选择背叛的均衡，所

谓的差异只是定量方面的 —— 收敛于均衡的速度有差异。这或许是因为在囚徒困境中，背叛是占优策略且相互背叛是唯一的纳什均衡。

对于具有没有纯策略均衡的博弈，两种机制的动力学模型可能会导致不同的定性结果。为了验证这个猜测，Traulsen et al.（2005）讨论了 Dawkins 性别战博弈（也称为硬币配对博弈）模型（该模型有一个中性稳定的混合策略均衡）。结果发现，对于 Moran 过程，混合策略的演化稳定性取决于种群的规模。一旦种群规模低于临界值，混合策略均衡就不再是稳定的了。

Traulsen et al.（2006）从两个方面对上述模型做了推广。首先，他们将策略不再局限于两个而是可以任意有限个；其次，他们允许在复制的过程中发生变异。当规模趋向于无限时，Moran 过程会导致调整的复制 —— 变异动力学方程，它描述了变异和自然选择的共同作用结果。对于有限种群，他们将模型扩展到了具有随机漂变的情形。在中性选择的极限情况，即过程只受到随机漂变和变异的影响，他们得到了稳定的策略分布。特别地，存在某个临界变异值 u_c，当变异值低于临界值时，种群会趋向于同质的状态，而当高于临界值时种群则会出现多个策略混合共存占主导地位的情况。作为应用他们讨论了两个与合作有关的博弈 —— 囚徒困境和铲雪博弈。具体结果见图 5-6 和图 5-7。

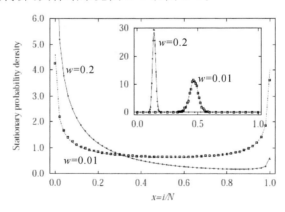

图 5-6　在选择和变异影响下有限种群中囚徒困境合作者比例的平稳分布

图 5-6 中显示的是由（5.2.43）式给出的囚徒困境的合作者比例的平稳分布，其中参数为 $u = 0.01, b = 1, c = 0.25$，根据 10^8 个样本的平均结果。可以看出，随着种群规模的增大，平稳分布会发生性质上的变化。在主图中，种群规模 $N = 50$，选择参数 $w = 0.2$ 时的平稳分布在纳什均衡 $x = 0$（x 表示种群中合作者的数量）附近取最大值，其中变异率低于临界值 $u_c = 0.02$；当选择参数 $w = 0.01$ 时，此时选择压力较小，种群的演化有点类似于中性选择的情形。子图中，种群规

模为 $N = 10000$,变异率高于临界值 $u_c \approx 10^{-4}$,平稳分布当 $w = 0.2$ 时在 $x^* \approx$ 0.14 时达到最大,而在 $w = 0.01$(弱选择)时,平稳分布在 $x^* \approx 0.47$ 处达到最大值。在所有的情形中,基于 Moran 过程的数值模拟结果(散点)与理论结果(实线)都高度吻合。

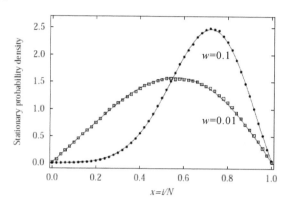

图 5-7　铲雪博弈的平稳分布:内点均衡和多策略共存

图 5-7 中显示的是由(5.2.44)式给出的铲雪博弈合作者比例的平稳分布。其中的基本参数为 $N = 200, u = 0.01, b = 1, c = 0.25$,根据 10^8 个样本的平均结果。在小的变异率($u = 0.01$)和弱选择($w = 0.01$)的情形,平稳分布的最大值接近于 $x = 0.5$,而在较强选择($w = 0.1$)时平稳分布在 $x^* = 0.856$ 附近达到最大值。数值模拟的结果(散点)和解析结果(实线)拟合得很好。

图 5-6 中的囚徒困境的形式为

$$
\begin{array}{cc}
 & \begin{array}{cc} C & \quad D \end{array} \\
\begin{array}{c} C \\ D \end{array} & \begin{pmatrix} b-c & -c \\ b & 0 \end{pmatrix}
\end{array}
\tag{5.2.43}
$$

图 5-7 中的铲雪博弈的形式为

$$
\begin{array}{cc}
 & \begin{array}{cc} C & \quad D \end{array} \\
\begin{array}{c} C \\ D \end{array} & \begin{pmatrix} b-\dfrac{c}{2} & b-c \\ b & 0 \end{pmatrix}
\end{array}
\tag{5.2.44}
$$

5.2.6 “一报还一报”的入侵

考虑如下形式的囚徒困境博弈

$$
\begin{array}{cc}
& \begin{array}{cc} C & D \end{array} \\
\begin{array}{c} C \\ D \end{array} &
\begin{pmatrix} R & S \\ T & P \end{pmatrix}
\end{array} \tag{5.2.45}
$$

其中 $T > R > P > S$。

对于重复囚徒困境博弈,只要博弈的平均次数超过了某一临界值,则"总是背叛"(ALLD)和"一报还一报"(TFT)都不能侵入对方。在 ALLD 数量占优势的种群里,TFT 的适应度较低,而在 TFT 数量占优势的种群里,ALLD 的适应度较低。因此,ALLD 能保持背叛,而 TFT 则能保持合作。现在的问题是,合作如何才能建立?

这之前的结论都是在无限种群中得到的,即在一个所有成员使用 ALLD 的无限种群里,小规模的 TFT 将不能成功入侵,都会被自然选择所淘汰。现在我们讨论有限种群的情形,看看会得出什么样的有趣结论。

设贴现因子为 δ,则一报还一报 TFT 和总是背叛 ALLD 博弈的支付矩阵为

$$
\begin{array}{cc}
& \begin{array}{cc} \text{TFT} & \qquad \text{ALLD} \end{array} \\
\begin{array}{c} \text{TFT} \\ \text{ALLD} \end{array} &
\begin{pmatrix} \overline{m}R & \overline{m}P + S - P \\ \overline{m}P + T - P & \overline{m}P \end{pmatrix}
\end{array} \tag{5.2.46}
$$

其中 $\overline{m} = \dfrac{1}{1-\delta}$。假如把 δ 视为再次相遇的概率,那么 $\overline{m}$ 就是博弈回合数的数学期望。由式(5.2.46)可以看出,如果

$$
\overline{m} > \frac{T-P}{R-P} \tag{5.2.47}
$$

则 ALLD 就不是占优策略,此时每一个策略相对于其他策略的入侵来说都是稳定的。

下面在有限种群中研究 TFT 和 ALLD 的演化动力学。

记 ρ_{TFT} 为单一的 TFT 在 ALLD 种群中固定的概率。图 5-8 显示的是演化速率 $N\rho_{\text{TFT}}$ 关于 N 的一个单峰函数。在选择强度 w 的一个很大的取值范围内,存在一个中等规模的种群,使得 $N\rho_{\text{TFT}} > 1$,从而使选择有利于 TFT。所以,单个 TFT 入侵并取代 ALLD 种群可以被自然选择支持。有趣的是,存在一个在自然选择中有利于 TFT 的最大和最小的种群规模。在一个很小的种群中,帮助别人会明显不利于自己,如在 $N = 2$ 时,TFT 的适应度比 ALLD 要小。在一个大的种群里,从单个 TFT 出发,TFT 要达到入侵的临界值 x^* 显得不太可能。这样,只有中等规模的种群才是启动合作的最佳种群。

由式(5.2.44)和(5.2.11),得到

$$
\overline{m} > \frac{T(N+1) + P(N-2) - S(2N-1)}{(R-P)(N-2)} \tag{5.2.48}
$$

上述不等式确定了在给定 N 的情况下，TFT 取代 ALLD 所需要的最小博弈次数。从式中可以看出，必须要求 $N \geqslant 3$。对于大规模的种群，有

$$\overline{m} > \frac{T+P-S}{R-P} \tag{5.2.49}$$

该不等式保证了 ALLD 的吸引盆要小于 $1/3$。

取 $R = 3, T = 5, P = 1, S = 0$，则由（5.3.3）式，当 $N = 3$ 时，只需 $\overline{m} > 10.5$，当 $N = 4$ 时，只需 $m = 6.75$。对大的 N，只需要求 $m > 3$。

因此，在有限种群中，有利于 TFT 取代 ALLD 的条件极易满足。

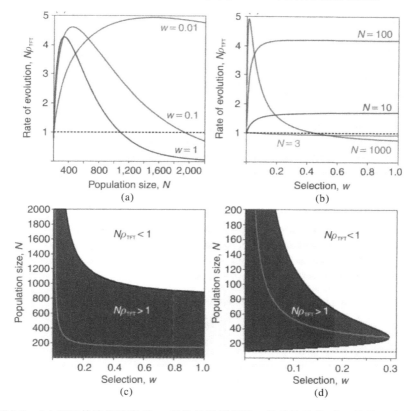

图 5-8　（a）TFT 的演化速率 $N\rho_{TFT}$ 是关于种群规模 N 的单峰函数。当 N 取值适中的时候，TFT 会受到正向选择（positive selection）。（b）$N\rho_{TFT}$ 是选择强度 w 的函数当 N 较小时，对任意 $w, N\rho_{TFT} < 1$ 成立；当 N 较大时，对任意 $w, N\rho_{TFT} > 1$ 成立。对更大的 N，只要 w 小于一定的值，$N\rho_{TFT} > 1$ 仍成立。（c）和（d）中，当 N 和 w 处于蓝色阴影区域时，$N\rho_{TFT} > 1$；浅蓝色的线表示在给定 w 的前提下，$N\rho_{TFT}$ 取最大值时所对应的 N 值。从红色虚线中可以看出，在极弱的选择下，TFT 受到正向选择所需的最小种群数量为 N_{min}。图中的参数值为 $R = 3, T = 5, P = 1, S = 0$，（a）—（c）中的回合数为 $n = 10$，（d）中的回合数为 $n = 4$

§5.3　成对比较过程

由(5.2.45)式描述的博弈，当 $T>R>P>S$ 时描述的是囚徒困境，当 $R>T>P>S$ 时描述的是猎鹿博弈，当 $T>R>S>P$ 时描述的则是铲雪博弈。

下面介绍成对比较过程(the pairwise comparison process)的随机动力学模型(Traulsen et al.，2006)。

设种群中有 N 个参与人，假设某一时刻有 i 个合作者 C 和 $N-i$ 个背叛者 D，则任选一个合作者的期望支付为

$$\bar{\pi}_C = \frac{1}{N}\big[(i-1)R + (n-i)S\big] \tag{5.3.1}$$

而任选的一个背叛者的期望支付为

$$\bar{\pi}_D = \frac{1}{N}\big[iT + (n-i-1)P\big] \tag{5.3.2}$$

记 $\pi_C = N\bar{\pi}_C, \pi_D = N\bar{\pi}_D$，则 π_C（或 π_D）可分别视为一个合作者（或背叛者）与其他所有个体各做了一回合的博弈后所得到支付总和。

当合作者 C 与背叛者 D 相遇时，设合作者 C 替代背叛者 D 的概率由 Femi 函数所描述

$$p = \big[1 + e^{-\beta(\pi_C - \pi_D)}\big]^{-1} \tag{5.3.3}$$

而 D 替代 C 的概率则为 $1-p = \big[1 + e^{-\beta(\pi_D - \pi_C)}\big]^{-1}$。参数 β 衡量了选择的压力，当 $\beta \to \infty$ 时，较低支付的个体将必然会接受另一类型较高支付的个体的策略。当 $\beta \ll 1$ 时，则回到频率依赖的 Moran 过程的弱选择的情形。

设该过程的状态为合作者的数量 $i(i=0,1,2,\cdots,N)$，其中状态 0 和 N 是吸收壁，其一步转移矩阵为 $P = (p_{ij})$，则有

$$\alpha_i = p_{i,i+1} = \frac{i}{N}\frac{N-i}{N}\frac{1}{1+e^{-\beta(\pi_C-\pi_D)}} \tag{5.3.4}$$

$$\beta_i = p_{i,i-1} = \frac{i}{N}\frac{N-i}{N}\frac{1}{1+e^{-\beta(\pi_D-\pi_C)}} \tag{5.3.5}$$

记 $\gamma_i = \beta_i/\alpha_i$，则有

$$\gamma_i = e^{-\beta(\pi_C-\pi_D)} \tag{5.3.6}$$

将支付差写成

$$\pi_C - \pi_D = 2ui + 2v \tag{5.3.7}$$

其中 $2u = R-S-T+P, 2v = -R+SN-PN+P$，则由(5.1.10)式，当初始时刻有 k 个合作者时，其固定概率为

$$\rho_C(k) = \frac{\sum_{i=0}^{k-1} \exp\left[-\beta i(i+1)u - 2\beta i v\right]}{\sum_{i=0}^{N-1} \exp\left[-\beta i(i+1)u - 2\beta i v\right]} \tag{5.3.8}$$

当 N 足够大时，可得下面精度为 N^{-2} 的近似公式

$$\rho_C(k) = \frac{\text{erf}[\xi_k] - erf[\xi_0]}{\text{erf}[\xi_N] - erf[\xi_0]} \tag{5.3.9}$$

其中 $\xi_k = \sqrt{\beta/u}(ku + v)$，$\text{erf}[x]$ 表示误差函数，即

$$\text{erf}[x] = \frac{2}{\sqrt{\pi}} \int_0^x e^{-y^2} \mathrm{d}y \tag{5.3.10}$$

对于 $u = 0$ 的情形，有

$$\rho_C(k) = \frac{e^{-2\beta v k} - 1}{e^{-2\beta v N} - 1} \tag{5.3.11}$$

由（5.1.12）可以看出，上式表示当 $r = e^{2\beta v}$ 时的固定概率。当 $\beta \to 0$ 时，$\rho_C(k)$ $\to k/N$，此即为中性漂变时的固定概率。

以上的理论结果与数值模拟的结果非常吻合，见图 5-9。

对于囚徒困境而言，背叛是占优均衡，因此只有当种群规模较小而且选择压力不是很大时才有一定的机会在种群中固定。

对于猎鹿博弈，有一个不稳定的内点均衡

$$x^* = \frac{S - P}{T + S - R - P} \tag{5.3.12}$$

在有限的种群中，这个不稳定的均衡点为

$$k^* = Nx^* + (P - R)/(T + S - R - P) \tag{5.3.13}$$

在 k^* 处会发生相变，即选择优势的转化，因此在有限种群中固定概率曲线在这一点的斜率将会敏感依赖于选择强度 β，选择压力越大，在均衡点附近的固定概率的曲线越陡。

对于铲雪博弈，均衡点 k^* 是稳定的。在无限种群中，不管初始状态如何，最终都会收敛于均衡点。不过在有限种群中，情况则有所不同，固定概率（即迟早会走向边界的概率）都是大于零的。图 5-9 中可以看出，在相当大的范围内固定概率取一个常数，似乎与种群的初始状态无关，选择压力越大，这个范围越宽，并且选择压力越大，在这个范围内的固定概率越小，这符合我们的直觉。

本章结语

在无限种群中，具有适应度优势的变异迟早会占领整个种群。然而在有限种

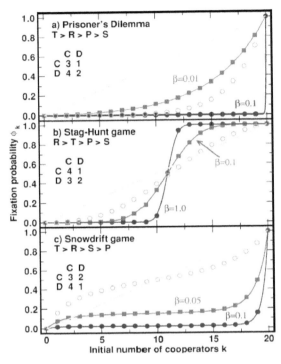

图 5-9　　三种不同的合作困境博弈在成对比较过程中合作者的固定概率，横轴表示初始的合作者数量，纵轴为相应的固定概率，其中种群规模为 $N = 20$，每一个模拟结果都是 10^4 次独立样本的平均。可以看出，数值模拟的结果（实心符号）与由（5.3.9）和（5.3.11）式给出的理论解拟合得很好。作为比较，也给出了选择强度 $w = 1$ 时 Moran 过程（空心圆）以及中性漂变的理论结果（对角线）。（a）在囚徒困境中，背叛是占优的，因此只有当选择压力很小时（$\beta = 0.01$），合作策略才会有较为显著的固定概率；（b）在猎鹿博弈中，有一个不稳定的内点均衡 $k^* = (N + 2)/2$，当经过该点时，固定概率具有较大的斜率，并且斜率的大小对于选择强度的大小相当敏感；（c）铲雪博弈有一个稳定的内点均衡 $(N - 2)/2$，它是理论曲线的拐点

群中，即使是处于适应度劣势的变异也有正的概率占领整个种群。这使得有限种群的演化动力学与无限种群相比有着本质的不同。

对于有两种类型 A 和 B 的共 N 个个体的有限种群而言，其演化动力学过程可以模拟为一个有 $N + 1$ 状态（$0, 1, 2, \cdots, N$）的随机游动模型，其中状态 0 和 N 均为吸收壁。在中性漂变的情形，单个 A 或单个 B 最终占据种群的概率即固定概率 ρ_A 或 ρ_B 均为 $1/N$。因此，如果在某种选择压力下，有 $\rho_A > \rho_B$，则自然选择是有利于类型 A 的。

在无限种群中自然选择肯定是有利于占优策略的，但是在有限种群中，当种

群规模小于某个临界值时，劣策略也可以是演化占优的。在无限种群中，占优策略均衡肯定是演化稳定均衡，但是在有限种群中，如果种群的规模不是很大，那么被占优的策略仍然有可能是演化稳定的。这些结果体现了有限种群与无限种群之间的一个本质差异。

另外，在无限种群中，如果策略 A 的入侵障碍 $x^* < 1/3$，则 $\rho_A > 1/N$；$x^* > 2/3$，则 $\rho_B > 1/N$；如果 $1/3 < x^* < 2/3$，则 ρ_A 和 ρ_B 均小于 $1/N$，其中当 $1/3 < x^* < 1/2$ 时 $\rho_A > \rho_B$ 而当 $1/2 < x^* < 2/3$ 时 $\rho_A < \rho_B$。

有限种群的选择动力学问题考虑的是，在种群的任何一个状态策略 A 的状态 i，向左与向右的一步转移概率哪个更大的问题。向右的概率更大，则表明自然选择支持 A 进一步入侵。最终演化的结果则取决于博弈的支付矩阵和种群的规模。

如果在原来模型的基础上引入策略更新机制，那么对于充分大的种群规模，Moran 过程与策略更新所构成的协同演化机制会呈现出更为复杂的形态。

通过对"一报还一报"和"总是背叛"策略的演化动力学分析，发现在有限种群里 $\rho_{TFT} > 1/N$ 的条件极易满足，即使选择强度较强的时候也是如此。

本章的讨论表明种群的规模对于演化的结果是有实质性影响的。接下来我们将考虑种群的空间结构对合作的演化以及博弈演化均衡的影响。

第六章　　网络上的博弈与演化

Kirman(1997)认为,现代经济系统的一个基本特征就是个体之间直接和间接的相互作用,并且经济系统中的相互作用有以下三个重要的方面:(1)个体之间以不同的方式发生相互作用;(2)个体能够不断地从与其他个体相互作用的经验中学习;(3)个体之间以网络为平台发生相互作用。由此,Kirman进一步认为,经济组织可以视为一个网络或网络的集合体,并且网络的结构与经济过程相互影响,即网络的结构会影响经济过程的结果,同时更为重要的一点是经济过程本身又会进一步修正网络的结构。个体在与其他个体相互作用的过程中不断地学习和积累经验,以决定自己下一步该做什么以及该与哪些个体发生相互作用。这个不断学习的过程使得个体的行为方式和网络的结构相互反馈和协同演化。

由于个体在网络整体结构中所扮演角色的重要性是不一样的,因此他们在经济活动中的收益也会呈现出显著的差异性。Granovetter(2005)将个体的经济绩效与其所的社会网络以及在网络中的地位联系在一起来考察。他发现,经济网络与非经济网络是相互渗透的,经济网络中的节点同时也可能是其他非经济网络的节点。人们在经济活动中常常会通过非经济网络的资源来降低成本或提高支付,如通过亲戚朋友网络来寻找工作。他把这种现象称之为社会镶嵌(social embeddedness)。镶嵌的观点避免了个体行为低度或者过度社会化导致的孤立问题。个体的行为既是自主的,也镶嵌在互动网络中,受到社会脉络的制约。由于个体拥有的社会网络及其所处的地位是不一样的,因此个体在经济活动中所拥有的社会资本(social capital)也是不一样的,从而导致个体之间在经济活动中的绩效呈现出一定的差异性。

社会资本可以定义为在行动者的一组社会联结中所内含的潜在资源(Kilduff,2007)。它与货币资本以及其他类型的资本的区别就在于,社会资本蕴含于人们的关系之中。行动者不能像控制他们的货币资本那样控制他们的社会资本。要利用社会资本,就必须仰赖于其他行动者的合作。比如,征求他人的建议或者获得工作中的帮助等。

这就意味着,社会资本一方面依赖于行动者所处的网络的拓扑结构以及自己在网络中所处节点的拓扑量或统计特征,如度、介数、集聚系数等,另一方面也依赖于网络所有的行动者类型(如背叛者或合作者)以及相邻两个行动者之间的博弈结构。

在第一卷我们讨论内含适应性理论时曾经提到了 Hamilton 的观点。他认为内含适应性理论就其本身而言并不能预测利他行为是否必然能成功演化,这是因为个体之间相互交往的机会和境遇对于社会交往来说是更为基本和必需的条件。Hamilton 认为,使基于内含适应性的亲缘选择能够发挥作用的机制有两个,即亲缘认知和黏性群体。

在第三章中我们知道,自然和社会中自发形成的大多数网络都是无标度网络,而无标度网络都具有"高集聚性"和"小世界"的特点,即具有"黏性群体"的特征。我们也曾提到,绝大多数的社会网络都具有正向匹配的特点,这表明相似的人们会互相吸引。

因此,从更广义的角度上来说,理解内含适应性的关键还在于理解网络对于合作策略的扩散和演化所起的作用。

本章我们将在网络的框架中来分析种群的结构对博弈的影响,并在此基础上探讨网络结构对合作策略涌现的影响。

§6.1　网络上博弈的一般模型

网络博弈的研究需要回答以下问题:

(1) 网络位置对于个体行为和状态的效应是什么?比如,社会关系更好的个体是否会赚得更大的收益?

(2) 个体行为和状态对于网络的变化 —— 连接的增加或者重新分布 —— 如何回应?

(3) 某些网络是否更有助于合作的涌现,而且如果确实如此,我们能否描述出这些网络的特征?

本节的内容参考了 Goyal(2007) 的专著。

6.1.1　基本概念

网络博弈包括以下几个要素:

(1) 一组参与者;

(2) 每个参与者能够选择的行动或策略;

（3）关于这些参与者之间关系的网络描述；

（4）所有其他参与者的行动和整个网络对于每个参与者收益的确切影响。

假设下面的一切均为参与者的共同知识：参与者是谁；它们各自在网络中的位置；每个参与者的支付函数。

设共有 N 个参与人，每个参与者占据一个节点，它们构成的网络为 g，再设行动集合 S 是 $[0,1]$ 的一个紧子集，且 $0,1 \in S$，S 既可以是离散的也可以是连续的。每个参与者 i 从 S 里面选择一个行动 s_i，在一些场合这样的一个行动可以理解为是参与人的努力水平。当所有人的行动组合为 $s = (s_1, s_2, \cdots, s_n)$ 时，参与者 i 的支付函数为

$$u_i = u_i(s_i, s_{-i} \mid g)，其中 s_{-i} = (s_1, \cdots, s_{i-1}, s_i, s_{i+1}, \cdots, s_n) \quad (6.1.1)$$

对于网络 g 上给定的一个参与人 i，我们把所有其他的参与人分为两类：邻居（一级近邻 $N_i(g)$）和非邻居。如果只有邻居的行动才影响参与人 i 的支付，那么当策略组合为 s 时参与者 i 的支付为

$$u_i = u_i(s \mid g) = \Phi_{k_i}(s_i, s_{N_i(g)}) \quad (6.1.2)$$

其中 $s_{N_i(g)}$ 为参与者 i 的邻居所采用的策略组合，k_i 则为参与者 i 的度。由 (6.1.2) 式所定义的模型是**纯局部效应模型**的一个特殊情形。

纯局部效应模型的应用实例包括宝贵信息的社会分享、协调博弈以及局部互动的囚徒困境博弈。

由于每个参与者的行动集均为 S，因此上述模型隐含着以下两个重要的思维。

（1）度相同的两个参与者的支付函数相同。这样的一个假设对于兴趣局限在网络效应而不是个体的异质性来说是合理的。

（2）支付函数与行动的选择没有关联，这意味着如果 s'_k 是 s_k 里行动的排列置换，那么就有 $\Phi_{k_i}(s_i, s'_k) = \Phi_{k_i}(s_i, s_k)$。

如果网络中所有参与者的行动对某个体的支付都有相同程度的影响，那么该模型就称为**整体效应模型**，这相当于是一个完全连接的网络，此时每个节点的度均为 n。此时，当策略组合为 s 时的参与者 i 的支付为

$$u_i = u_i(s \mid g) = \Phi_{n-1}(s_i, s_{-i}) \quad (6.1.3)$$

下面介绍一个把局部和整体效应结合起来的模型。

参与者 i 一级近邻的行动通过一个函数 $f_{k_i}: S^{k_i} \to R$ 的形式出现，而其他参与者的行动则通过函数 $h_{k_i}: S^{n-k_i-1} \to R$ 的形式出现，于是支付函数就是一个定义在 $S \times R^2$ 的函数，即参与者 i 的支付函数为

$$u_i = u_i(s \mid g) = \Phi(s_i, f_{k_i}(s_{N_i(g)}), h_{k_i}(s_{k \notin N_i(g) \cup \{i\}})) \quad (6.1.4)$$

当收益只取决于邻居行动之和与非邻居行动之和时，支付函数可写为

$$u_i = u_i(s \mid g) = \Phi\left(s_i, \sum_{j \in \mathbf{N}_i(g)} s_j, \sum_{k \notin \mathbf{N}_i(g) \cup (i)} s_k\right) \tag{6.1.5}$$

事实上，其他参与者能够通过网络以更为丰富的手段来调和。比如，参与者 i 的行动对于参与者 j 支付的效应可以随着距离而平稳地变动。又如，参与者 i 对于参与者 j 支付的效应可以取决于他们共同邻居的数目或者他们之间的路径数目。

如果将行动视为努力水平，那么在一个纯局部效应的博弈模型中，当行动者的支付随着邻居的行动而增加时，就显示出**正外部性效应**；当行动者的支付随邻居的行动而降低时，则显示出**负外部性效应**。如果参与者 i 自己的行动的边际回报随着邻居的努力增加，则称为**策略互补**，如果参与者 i 自己的行动的边际回报随着邻居的努力降低，则称为**策略替代**。具体定义如下。

定义 6.1.1　如果在一个具有纯局部效应的博弈里，对于每个 $k_i \in \{0,1,\cdots,n-1\}$，每个 $s_i \in S$，以及每一对邻居的策略 $s_{k_i}, s'_{k_i} \in S^{k_i}, s_{k_i} \geqslant s'_{k_i}$ 就意味着

$$\Phi_{k_i}(s_i, s_{k_i}) \geqslant \Phi_{k_i}(s_i, s'_{k_i}) \tag{6.1.6}$$

那么就称这个博弈具有**正外部效应**。

如果在一个具有纯局部效应的博弈里，对于每个 $k_i \in \{0,1,2,\cdots,n-1\}$，每个 $s_i \in S$，以及每一对邻居的策略 $s_{k_i}, s'_{k_i} \in S^{k_i}, s_{k_i} \geqslant s'_{k_i}$ 就意味着

$$\Phi_{k_i}(s_i, s_{k_i}) \leqslant \Phi_{k_i}(s_i, s'_{k_i}) \tag{6.1.7}$$

那么就称这个博弈具有**负外部效应**。

如果在一个具有纯局部效应的博弈里，对于每个 $k_i \in \{0,1,2,\cdots,n-1\}$，每一对参与者 i 自己的策略 $s_i > s'_i$，以及每一对邻居策略 $s_{k_i}, s'_{k_i} \in S^{k_i}, s_{k_i} \geqslant s'_{k_i}$，就意味着

$$\Phi_{k_i}(s_i, s_{k_i}) - \Phi_{k_i}(s'_i, s_{k_i}) \geqslant \Phi_{k_i}(s_i, s'_{k_i}) - \Phi_{k_i}(s'_i, s'_{k_i}) \tag{6.1.8}$$

那么就称该博弈是**策略互补**的。

如果在一个具有纯局部效应的博弈里，对于每个 $k_i \in \{0,1,2,\cdots,n-1\}$，每一对参与者 i 自己的策略 $s_i > s'_i$，以及每一对邻居策略 $s_{k_i}, s'_{k_i} \in S^{k_i}, s_{k_i} \geqslant s'_{k_i}$，就意味着

$$\Phi_{k_i}(s_i, s_{k_i}) - \Phi_{k_i}(s'_i, s_{k_i}) \leqslant \Phi_{k_i}(s_i, s'_{k_i}) - \Phi_{k_i}(s'_i, s'_{k_i}) \tag{6.1.9}$$

那么就称该博弈是**策略替代**的。

如果式（6.1.6）—（6.1.9）中的不等式都是严格的，则分别称相应的博弈是严格正外部效应、严格负外部效应、严格策略互补和严格策略替代的。

对于同时具有局部和整体效应的博弈，很可能局部行动和非局部行动具有不同、甚至相反的效应。如邻居的努力产生正外部性而非邻居的行动产生负外部

性。邻居的努力是策略互补的,而非邻居的努力为策略替代。

下面给出网络博弈纳什均衡的定义。

定义 6.1.2　一个策略组合 $s^* = \{s_i^*, s_{-i}^*\}$ 是网络 g 的一个**纳什均衡**,如果下列条件满足:

$$u_i(s_i^*, s_{-i}^* \mid g) \geqslant u_i(s_i, s_{-i}^* \mid g), \forall s_i \in S, \forall i \in \mathbf{N} \qquad (6.1.10)$$

如果上述不等式是严格成立的话,那么这个纳什均衡就是严格的。

一般而言,网络效应的分析按照下面的步骤展开:

(1)求出给定网络的均衡;

(2)检验参与者的均衡策略如何依赖于他们各自在网络里的位置。这需要回答一些问题,诸如某些网络位置是导致免费搭车或者剥削他人努力的现象;

(3)检验如果增加连接或者连接重新分布,网络均衡会如何改变。

下面的定理给出了纳什均衡解存在的条件。

定理 6.1.1(纳什均衡解的存在性)　假设每个参与者的行动集合 S 是实数域上一个紧的、非空的而且是凸性的子集。如果每个参与者的支付函数对于所有参与者的策略都是连续的,并且对于自己的策略是凹性的,那么就存在一个纯策略的纳什均衡。如果每个参与者的行动集合为离散的,记为 $S = \{0, x_1, x_2, \cdots, x_m\}$,那么就存在一个纳什均衡,这个均衡可能是在混合策略里面。

在网络 g 里,给定一个策略组合 $s \in S^n$,则收益可以记为

$$u(s \mid g) = \{u_i(s \mid g), i = 1, 2, \cdots, n\} \qquad (6.1.11)$$

如果存在一个 $s' \in S$,使得对于一切 i,均有

$$u_i(s' \mid g) \geqslant u_i(s \mid g) \qquad (6.1.12)$$

并且对于某一个 j,有

$$u_j(s' \mid g) > u_j(s \mid g) \qquad (6.1.13)$$

则策略 s' 要优于 s。如果不存在一个可行的策略组合 $s' \in S^n$,使得 s' 要优于 s,则策略 s 就被称为**帕累托有效**。

如果把网络 g 里某个策略组合 $s \in S^n$ 的总体福利定义为

$$W(s \mid g) = \sum_{i \in \mathbf{N}} u_i(s \mid g) \qquad (6.1.14)$$

并且对于所有的 $s' \in S^n$,都存在 $W(s \mid g) \geqslant W(s' \mid g)$,那么该策略组合 s 在网络 g 里就是**有效的**。

显然,任何一个把总体收益最大化的策略组合同时也是帕累托有效的,反之不然。

6.1.2　专业化均衡

关于产品质量、新思维、技术以及商品价格的信息分享,是社交生活的一个

显著特征,也可以认为是一个公共品贡献问题。一个很自然的问题是:是否存在一个经济学的理由来解释那些在新产品和技术的传播过程中扮演关键角色的专家的出现?这些专家的存在是否有利于社会福利?

模型的起点:个体并不知道企业收取的价格是多少,因而开展高成本的价格搜寻。他们与朋友、邻居以及同事分享信息,然后以通过各种渠道得知的最低价格购买产品。因此,每个参与者的利益取决于他自己的努力以及邻居的搜寻努力。

假设每个参与者选择一个搜寻密度 $s_i \in S$,这里 S 是 $(0, +\infty)$ 的一个紧且凸的区间。网络 g 里参与者 i 面对努力集合 $s = \{s_1, s_2, \cdots, s_n\}$ 时的支付为

$$u_i(s \mid g) = f\left(s_i + \sum_{j \in N_i(g)} s_j\right) - cs_i \tag{6.1.15}$$

这里 $c > 0$ 是搜寻努力的边际成本。假设 $f(0) = 0, f'(\cdot) > 0, f''(\cdot) < 0$。这是一个纯局部效应的博弈,并且这是一个具有正外部性的策略替代的博弈。

根据定理 6.1.1,本模型的纳什均衡解是存在的。

设对于某个正数 $\hat{s}$,使得 $f'(\hat{s}) = c$,再设 $\bar{s}_i = \sum_{j \in N_i(g)} s_j$,由于 $f'(s)$ 是递减函数,因此当 $\bar{s}_i \geqslant \hat{s}$ 时,有

$$\frac{\partial u_i}{\partial s_i} = f'(s_i + \bar{s}_i) - c \leqslant 0 \tag{6.1.16}$$

并且由 $f''(\cdot) < 0$ 知 $\dfrac{\partial u_i}{\partial s_i}$ 是 s_i 递减函数,因此此时参与人 i 的最优努力水平是 $s_i = 0$。如果 $\bar{s}_i < \hat{s}$,则当 $0 \leqslant s_i < \hat{s} - \bar{s}_i$ 时,有

$$\frac{\partial u_i}{\partial s_i} = f'(s_i + \bar{s}_i) - c > 0 \tag{6.1.17}$$

此时,参与人 i 的最优努力水平是 $s_i = \hat{s} - \bar{s}_i$。于是有如下命题。

命题 6.1.1　一个行动组合 $s^* = \{s_1^*, s_2^*, \cdots, s_n^*\}$ 为纳什均衡,当且仅当对于每个参与者 i,要么 $\bar{s}_i^* \geqslant \hat{s}$ 并且 $s_i^* = 0$,要么 $\bar{s}_i^* \leqslant \hat{s}$ 并且 $s_i^* = \hat{s} - \bar{s}_i^*$。

命题 6.1.1 的结论也可以这样表述:一个行动组合 $s^* = \{s_1^*, s_2^*, \cdots, s_n^*\}$ 为纳什均衡,当且仅当对于每个参与者 i,有 $s_i^* = \max\{0, \hat{s} - \bar{s}_i^*\}$。

根据命题 6.1.1,在任何一个网络 g 的均衡里,都存在两种类型的参与者:那些自己没有努力但从邻居那里获得超过 $\hat{s}$ 的总体努力的参与者,以及那些从邻居那里获得的总体努力少于 $\hat{s}$ 然而自己通过努力填补与 $\hat{s}$ 之间差距的参与者。

当处于均衡时,一个个体选择 $\hat{s}$ 的充分必要条件是他所有的邻居都选择 0。如果处于某个均衡中的参与者要么选择 0 要么选择 $\hat{s}$,则称这样的均衡为专业化均衡。这个均衡揭示了网络里专家和搭便车者(选择 0 的参与人)的问题。专家是

选择$\hat{s}$的参与人,在社会偏好博弈中这样的专家扮演的是纯粹的利他主义者的角色。

　　下面来检验专业化均衡的存在性问题,以及这种均衡的存在性和网络结构之间存在什么样的关系。

　　定义 6.1.3（独立集合）　　网络g的一个独立集合是参与者的一个集合$I \subset N$,在这个集合里对于任意的$i,j \in I$,均有$g_{ij} \neq 1$,即没有两个参与者是直接有边相连接的。一个**最大的独立集合**为一个不包含在任何一个其他的独立集合里的独立集合。

　　根据定义,由单个节点组成的集合是独立集合。对于任何一个网络,都存在一个最大的独立集合。

　　现在给一个最大的独立集合里的每个成员指定行动$\hat{s}$,给不是这个集合里的每个参与者指定行动0。由于不在最大独立集合中的成员至少与最大独立集合中的某一个成员有边相连,因此根据命题6.1.1,这样的配置就构成一个均衡,并且是一个专业化的均衡。图6-1显示了星状网络中的两种专业化均衡。

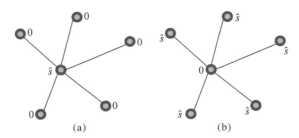

　　图 6-1　星状网络里的搭便车者以及专家:(a) 核心是专家,边缘者是搭便车者;(b) 核心是搭便车者,边缘这是专家

　　我们把一个所有参与者都选择做出努力的均衡策略定义为分布式均衡(distributed equilibrium)。是否每个网络都存在一个分布式均衡呢?答案是否定的。

　　当$n \geqslant 3$时,分布式均衡就不可能出现在一个星状网络中。这是因为,在这样的一个网络里,如果$\forall i$,均有$s_i > 0$且$s_i + \bar{s}_i = \hat{s}$,于是对于边缘参与者$l$,有

$$s_l + s_c = \hat{s} \tag{6.1.18}$$

其中s_c是核心参与者的努力。同时对于核心参与者,有

$$s_c + \sum_{j \neq c} s_j = \hat{s} \tag{6.1.19}$$

　　当$n \geqslant 3$时,由于存在异于l的边缘参与者i且$s_i > 0$,故式(6.1.18)和(6.1.19)不可能同时成立。

如果网络 g 是一个规则网络,设每个参与者的度为 k,则当所有的参与者均选择 $s_i = \dfrac{\hat{s}}{k+1}$ 时,就构成一个分布式均衡。

以上例子表明,网络的结构会决定某类均衡是否存在,某些现象(如搭便车)的程度会随着网络结构而变动。

网络效应研究中一个反复出现的主题是,个体利用网络里的地位以获取额外的私有剩余的可能性。

一个更加直接面对网络优势的方法,就是探讨在网络地位和均衡状态下的个体收益水平之间是否存在一个系统性的关系。

在上面的模型里,个体的收益随着邻居的努力而增加,因此一个有意思的问题就是度更高的参与者是否会在均衡状态下赚取更多的收益。

对于星状网络而言,有两个专业化的均衡,一个就是核心参与者选择 $\hat{s}$ 而边缘者选择 0,第二个均衡是边缘者选择 $\hat{s}$ 而核心参与者选择 0。在第一个均衡里,核心参与者的收益少于边缘者,而第二个均衡则刚好相反。

对于完全连接的网络而言,如果每个参与者都选择 $s_i^* = \dfrac{\hat{s}}{n}$,这样的分布式均衡明显是一个均衡。然而也存在一个专业化均衡,这时一个参与者选择 $\hat{s}$ 而所有其他参与者选择 0。

以上例子表明,在节点的度和均衡收益之间存在的关系并不简单。在星状网络里,既存在一个度与收益正相关的均衡,也存在一个负相关的均衡。而且在完全的网络里,既存在一个所有度相同的参与者赚取相同收益的均衡,也存在一个某个参与者的收益低于其他参与人的均衡。

一个有趣的问题是:在每个网络里,是否存在一个度与收益正相关的均衡?这个问题似乎依然是一个未解的问题。

网络 g 由策略组合 s 产生的总体福利为

$$W(s \mid g) = \sum_{i \in N} \Big[f\Big(s_i + \sum_{j \in N_i(g)} s_j\Big) - c s_i \Big] \tag{6.1.20}$$

在一个非空的网络里,以 s^* 为一个对于某些 $i \in \mathbf{N}, s_i^* > 0$ 的均衡,并假设对于某些 i, j,有 $g_{ij} = 1$。于是有

$$s_{N_i(g)}^* + s_i^* = \hat{s} \tag{6.1.21}$$

并且

$$f'(s_{N_i(g)}^* + s_i^*) = c \tag{6.1.22}$$

此时,网络总体福利关于 s_i 的偏导数为

$$\frac{\partial W(s \mid g)}{\partial s_i}\Big|_{s_i^*} = \sum_{j = \{i\} \cup N_i(g)} f'\Big(\sum_{k \in N_j(g)} s_k^* + s_j^*\Big) - c$$

$$= \sum_{j \in \mathbf{N}_i(g)} f'\left(\sum_{k \in \mathbf{N}_j(g)} s_k^* + s_j^*\right) > 0 \qquad (6.1.23)$$

(6.1.23)式意味着,即使是在均衡状态,网络总福利仍然可以通过增加 s_i 而严格增加,也就是说,个人理性的加总并不能得到社会整体的效率。

6.1.3 贡献与搭便车

在公共品贡献博弈中,假设每个参与人都有两个行动可以选择:为公共品做出贡献(记为 C)和搭便车(记为 D)。参与人 i 选择的策略 $s_i \in \{C, D\}$,所有参与人的策略组合为 $s = (s_1, s_2, \cdots, s_n)$,以 $n_i(C, s_{-i} \mid g)$ 表示网络 g 里给定策略 s_{-i},参与人 i 的一级近邻中选择行动 C 的人数。于是,参与人 i 的支付函数为

$$u_i(s_i, s_{-i} \mid g) = \begin{cases} n_i(C, s_{-i} \mid g) - e, & s_i = C \\ n_i(C, s_{-i} \mid g), & s_i = D \end{cases} \qquad (6.1.24)$$

其中 $e > 0$ 是行动 C 的成本。由式(6.1.24)所确定的支付函数意味着:某个人提供成本为 e 的公共品可以给每个人带去 1 个单位的收益;在任何时候,选择搭便车行动 D 都是占优的策略。

假设所有参与人都使用一个模拟最优行动规则:假设邻居的行动不一致,那么就比较邻居内两个不同行动的平均收益,然后选择获得更高平均收益的那个行动。如果邻居内参与人都选择相同的行动,那么不同的收益就无法比较,个体参与人就维持现有的行动。

设时间是一个离散变量,即 $t = 1, 2, 3, \cdots$。在每一个时期内,参与人以概率 p 依据上述规则修改他的策略,而且这个概率在不同的个体和不同的时期之间都是独立的。

记 $s(t)$ 为 t 时期的策略组合,则依据上述学习规则,它构成一个马尔科夫链,其状态是由 C 或 D 为所构成一个 n 维向量,状态空间的元素共有 2^n 个。一旦过程到达一个状态或者一个状态集合就不会离开,那么这个状态就被称为吸收态。

如果是完全网络,除非所有的参与人初始时刻都选择行动 C,否则依据上述学习规则,过程必然会被吸引到所有个体选择行动 D 的状态。因此,除非一开始所有的个体都选择了贡献,否则最终的结果是所有的人都不贡献。这样的一个负面前景促进人们开始探索什么样的局部互动方式会导致正的贡献。

先讨论闭环内局部互动的贡献博弈。

在闭环内每个个体有两个邻居:$i-1$ 和 $i+1$,以 g^{circle} 代表这个网络,支付函数由式(6.1.24)确定。

以下假设 $e < 1/2$,看看会发生什么。设连续三个参与者选择行动 C,他们周

围都是选择行动 D 的参与人。如图 6-2 所示,其中实心节点为选择策略 C 的合作者,空心节点为选择策略 D 的背叛者。显然根据前面所述的模拟最优行动规则,只有 C 集丛和 D 集丛交界处的参与者才有可能修改策略,即节点 1,5,6,8。

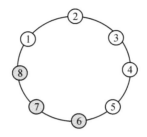

图 6-2　闭环的一种情形,其中共有 **8** 个节点,实心节点为合作者,空心节点为背叛者。当有至少三个合作者节点组成连通的集丛时,合作就能扩散

节点 1 是背叛者,他有两个邻居:2 和 8,其中节点 2 的收益是 0,而节点 8 的收益是 $1-e$,他自己的收益是 1。因此,在节点 1 看来,背叛的平均收益为 $1/2$。由于 $e < 1/2$,故背叛者的平均收益小于合作者的平均收益,因此作为背叛者的节点 1 就会转向行动 C。

节点 8 是合作者,他有两个邻居:1 和 7,此时背叛者节点 1 的收益是 1,而合作者节点 7 的收益是 $2-e$,他自己的收益是 $1-e$。因此在节点 8 看来,合作者的平均收益为 $3/2-e$,背叛者的平均收益为 1。因此,当 $e < 1/2$ 时节点 8 会继续行动 C。

以上的讨论表明,当至少有三个合作者节点连在一起时,利他主义的合作行为就会在闭环中扩散。

假设至少有三个背叛者节点连在一起,则作为集丛边界节点的背叛者的收益为 1,他有两个邻居:一个邻居是背叛者,它的一级近邻全是 D,收益为 0;另一个邻居是合作者,它的收益是 $1-e$。因此,当 $e < 1/2$ 时,集丛边界节点会转向 C。

假设某个背叛者集丛只有两个节点,如图 6-3 所示的节点 6 和 7 且他们都是边界节点。他们的收益都是 1,另一个合作者邻居的收益是 $1-e$,因此他们会继续原来的行动 D。

综上所述,有下面的定理(Eshel et al. 1998)。

定理 6.1.2　考虑一个具备局部互动的闭链里的贡献博弈,并且 $e < 1/2$,则模拟最优行动规则下的马尔科夫链有两类吸收态:一类状态里全是 C 或全是 D;另一类状态里则存在长度不少于 3 的合作者 C 集丛,而且它们被长度为 2 的背叛者集丛隔断。在后一类吸收态中,至少有 60% 的合作者。

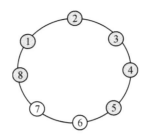

图 6-3　闭环的一种情形，其中共有 8 个节点，实心节点为合作者，空心节点为背叛者。当背叛者集丛的规模等于 2 时，该集丛是稳定的

　　如果闭环中参与者的起始策略是随机生成的，只要起始阶段合作者集丛的规模不小于 3，那么系统状态就可以收敛于第二类吸引态。"起始阶段合作者集丛规模不小于 3"这一事件的概率可以通过增加闭环中参与者的人数 n 而无限趋于 1. 事实上，Eshel et al.（1998）证明了如下的定理。

　　定理 6.1.3　　假定一个具备局部互动的闭链里的贡献博弈，并且 $e < 1/2$。假设参与者起始的策略选择由独立同分布变量决定，每个策略的概率都为正，那么当 n 增加时，收敛于一个包含至少有 60% 的合作者状态的吸收态的概率趋向于 1.

　　该定理表明，在一个局部互动的闭链里，一个大型社会里相当部分的个体将长期做贡献。更进一步的，综合以上两个定理，我们可以发现，在两种策略共存的状态中，如果允许变异，那么是有利于策略 C 的扩散的。这是因为，如果变异导致合作者增加，那么也同时会增加规模不小于 3 合作者集丛生成的概率，因而越有利于的扩散，而背叛者集丛规模的增大无助于策略 D 的扩散。事实上，规模不低于 3 的背叛者集丛会逐渐被蚕食。

　　在闭链网络结构中，合作者之所以会扩散是因为除边界节点以外的合作者在同类的集丛中不会与背叛者接触从而杜绝了被其搭便车的可能性。接下来的问题是，是否在闭链以外更广泛意义的互动结构里，大多数参与者做出贡献的状态是一种常态？

　　考虑一个星状网络，合作者和背叛者混合的构型是不可能存在，其可能的吸收态要么全是 C 要么全是 D。如果对两个吸收态做比较，可以发现全是 C 的吸收态的鲁棒性较低，因为一旦核心节点变异为 D，那么马上就会向全是 D 的吸收态迁移。从全是 D 的吸收态到全是 C 的吸收态的反向迁移则至少需要三个参与者的策略发生变异，即一个核心参与者和两个边缘参与者的策略同时要发生变异。

　　因此，如果互动发生在一个星状网络，那么在允许随机变异的情况下，最具鲁棒性的吸收态是所有的参与者都是搭便车者。

通过对闭链和星状网络的纯局部互动模型的讨论可知,网络的结构对于社会公共品贡献水平有着深刻的效应。

6.1.4　网络的"容忍"效应

我们在第一卷直接互惠这一章中指出,重复交往可以导致合作的涌现。例如冷酷策略(GRIM)和总是背叛(ALLD)相遇时,可以形成如下的博弈矩阵

$$
\begin{array}{cc}
 & \begin{array}{cc} \text{GRIM} & \text{ALLD} \end{array} \\
\begin{array}{c} \text{GRIM} \\ \text{ALLD} \end{array} & \left(\begin{array}{cc} \overline{m}R & \overline{m}P + S - P \\ \overline{m}P + T - P & \overline{m}P \end{array} \right)
\end{array}
\tag{6.1.25}
$$

其中 $\overline{m} = \dfrac{1}{1-\delta}$. 假如把贴现因子 δ 视为再次相遇的概率,那么 $\overline{m}$ 就是博弈回合数的数学期望。

当 $\delta > \dfrac{T-R}{T-P}$ 时,由式(6.1.25)所描述的博弈实际上是一个猎鹿博弈,GRIM 和 ALLD 均为严格纳什均衡且均为演化稳定均衡策略。所谓演化稳定意味着,在一个无限种群中,如果相互作用是全局性的,即任何两个参与人均有可能相遇做重复博弈时,那么种群的吸收态只有可能是以下两种结果之一:要么全部参与人都选择 GRIM 要么全部参与人都选择 ALLD。在合作的社会结构这一章中,我们也曾讨论了结构化种群中的重复博弈问题,其中引入了分隔度这一概念。可以看出,分隔度与再遇概率的交互影响会使合作的演化呈现出更为精致复杂的模式。

接下来我们讨论网络上的重复博弈,其中每个参与人对于未来收益的耐心不同(即每个参与人的贴现因子不同),更详细的讨论可参考 Haag et al. (2006)。

在每一回合中的博弈结构由如下的囚徒困境博弈描述

$$
\begin{array}{cc}
 & \begin{array}{cc} \text{C} & \text{D} \end{array} \\
\begin{array}{c} \text{C} \\ \text{D} \end{array} & \left(\begin{array}{cc} c & -l \\ d & 0 \end{array} \right)
\end{array}
\tag{6.1.26}
$$

其中 $d > c > 0 > -l$ 且 $2c > d - l$。

设网络有 m 个节点,每个节点表示一个博弈的参与人,N_i 表示节点 i 和它的所有一级近邻所组成的集合 $(i = 1, 2, \cdots, m)$,并记 $n_i = |N_i|$。显然,$j \in N_i$ 当且仅当 $i \in N_j$。

设每个参与人都与邻居进行由式(6.1.26)所描述的无限重复博弈,a_i^t 为参与人 i 在第 t 个回合的行动(C 或 D),$a_{N_i}^t = (a_j^t)_{j \in \mathbf{N}_i}$ 为 N_i 中所有参与人在回合

t 的行动组合。在任一回合 t,每个参与人都能观察到邻居在前面 $t-1$ 个回合的行动,因此参与人 i 在回合 t 所能观察到的历史为

$$h_i^t = \{a_{N_i}^1, a_{N_i}^2, \cdots, a_{N_i}^{t-1}\} \tag{6.1.27}$$

h_i^t 可以认为是参与人 i 在阶段 t 的私人历史,所有阶段私人历史的集合记为 H_i。

参与人 i 的贴现的规范化支付定义为

$$\sum_{t=1}^{\infty} (1-\delta_i)\delta_i^{t-1} u_i(a_{N_i}^t) \tag{6.1.28}$$

其中 δ_i 是参与人 i 的贴现因子,$u_i(\bullet)$ 是其阶段支付函数,等于所有交往的支付之和。例如,假设 N_i 中 q 个邻居选择合作 C,其余的 n_i-1-q 个邻居选择背叛 D,则参与人 i 的支付为:如果自己选择 C,则支付为 $qc-(n_i-1-q)l$;如果自己选择背叛 D,则支付为 qd。

在初始时刻 $t=0$,随机生成所有参与人的贴现因子向量

$$\delta = (\delta_1, \delta_2, \cdots, \delta_m) \tag{6.1.29}$$

这是一个 m 维随机向量,设联合分布为 G,并进一步假设一旦 δ 样本有了一个现实,它就是所有参与人的共同知识。

在随后的每个阶段,参与人 i 要选择一个策略 $f_i(h, \delta) \in \{C, D\}$,它是私人历史和贴现因子向量的函数。所有参与人的策略组合为

$$f = (f_1, f_2, \cdots, f_m) \tag{6.1.30}$$

显然,无视历史而在每一个阶段所有的参与人都选择 D 是一个均衡。

为了让讨论更简洁,以下我们讨论最简单的由 3 个节点构成的网络,其中每个参与人的贴现因子是不相同的,希冀以此解释网络上重复博弈的特殊性。

考虑图 6-4 所描述的由三个参与者所组成的连通网络的两种情形,它们反映了两种不同的互动模式。图 6-4(a) 是完全连接网络,描述的是全局互动的情形,为了后面讨论的方便,称其为"小集团"(clique)。图 6-4(b) 中的节点 2 和 3 没有边相连,描述的是局部互动的情形,是最简单的星状网络,称其为"网格"(grid)。

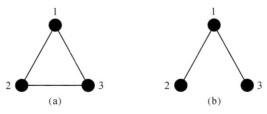

图 6-4　三个参与者所构成的连通图

设参与人 i 的贴现因子是 $\delta_i(i=1,2,3)$，那么当其他两个参与人都选择了冷酷策略（GRIM）时，欲使参与人 i 选择 C，必须要使其贴现因子满足如下条件：

$$\delta_i \geqslant \frac{d-c}{d}, i=1,2,3 \qquad (6.1.31)$$

对于全局互动的情形，(6.1.31) 式不仅仅是实现完全合作的必要条件而且还是充分条件，但是对于局部互动的情形，则情况有所不同。

设在"格网"的互动模式中，参与人 3 选择了背叛 D，这个行为被参与人 1 观察到了，而没有被参与人 2 观察到。此时，参与人 1 如果采用冷酷策略就应该在下一回合选择 D 对参与人 3 实施惩罚，但是这样一来却又破坏了与参与人 2 的关系，因为按照冷酷策略后者在下一回合仍然会选择 C。那么在什么条件下，参与人 1 会容忍参与人 3 的背叛而选择继续合作呢？

由于参与人 2 观察到参与人 1 选择了 C 而没有观察到参与人 3 选择了 D，因此下一回合参与人 2 仍然会选择 C。

对于参与人 1 来说，在下一回合有两种选择：(1) 报复参与人 3 的背叛行为而选择 D，则他的收益是 d，但是以后三个参与人就会永远都选择 D 而永远得 0，因此重复博弈的贴现规范化支付为 $(1-\delta_1)d$；(2) 容忍参与人 3 的背叛行为而选择 C，那么可得收益 $c-l$，并且以后每一个回合都得到 $c-l$，故贴现规范化支付为 $(c-l)$。因此当不等式

$$d(1-\delta_1) \leqslant c-l \qquad (6.1.32)$$

成立时，容忍参与人 3 的背叛行为并继续合作就是占优的策略。(6.1.32) 式可以写成如下形式

$$\delta_1 \geqslant \frac{d-c}{d} + \frac{l}{d} \qquad (6.1.33)$$

与式 (6.1.31) 相比，要维持 2/3 的参与人合作的局面，处于核心地位的参与人 1 的贴现因子的下界要比全部互动时增加 l/d。也就是说，面对着另一个参与人的背叛，参与人 1 要认为未来更重要才会继续合作，即要拥有更大的耐心。

根据以上的讨论，贴现因子有三个取值范围，带着不同的策略均衡。

(1)"低级"型（Low types）的贴现因子满足 $\delta_L < \frac{d-c}{d}$，则此类参与者会选择背叛。

(2)"容忍"型（"Tolerant" types）的贴现因子满足 $\delta_T \geqslant \frac{d-c}{d} + \frac{l}{d}$，此时参与人有足够的耐心，自己选择合作并且对某一个邻居的背叛行为予以容忍。

(3)"非容忍"型（"Intolerant" types）的贴现因子满足 $\frac{d-c}{d} \leqslant \delta_I \leqslant \frac{d-c}{d} +$

$\dfrac{l}{d}$，此时参与人自己会选择合作但不能容忍邻居的背叛行为。

接下来我们分不同的情况分别予以详细的讨论。

首先，假设所有参与人的贴现因子相等且都等于 δ_T，则对于"小集团"来说，所有的参与人都会选择合作，而对于"网格"来说则不一定。这是因为此时参与人 3 可以选择背叛而不受惩罚，如果参与人 3 选择合作则参与人 2 会选择背叛而不受惩罚。因此，"小集团"拥有比"网格"更大的集体福利。

其次，假设 $\delta_1 = \delta_T, \delta_2 = \delta_I, \delta_3 = \delta_L$，则不可能实现完全的合作。这是因为，低级型的参与人 3 会选择背叛。"格网"中的平稳序列均衡将会是：参与人 3 选择 D，参与人 1 容忍参与人 3 而选择 C，参与人 2 选择 C。不过此类部分合作的均衡在"小集团"中不会实现，这是因为参与人 2 根本就不具备容忍邻居背叛的耐心。参与人 2 的背叛导致参与人 1 也只能背叛，最终的结果是所有人都选择背叛。因此，在这种情形，"网格"比起"小集团"拥有更大的集体福利。

事实上，"小集团"就是前面所说的闭链，它只有两种类型的均衡：全是 C 或全是 D。

三人组的情形虽然简单，但是还是提供了相当有价值的启示。如果所有的参与人都有足够的耐心，那么拥有更多连接（边）的网络可以带来更高的合作水平。如果存在非合作的行为，那么设计一个限制某些邻居之间的社会交往的网络结构将会是有助于整体福利的提高的。在"网格"中，处于核心位置的节点 1 如果有更大的耐心，它就能发挥"防火墙"的功能 —— 通过容忍参与人 3 的背叛而有效屏蔽了背叛行为对于低耐心的节点 2 的影响。

当网络的节点数不止三个的时候，问题会比较复杂。Haag et al.（2006）的研究结果表明，不同参与人的贴现因子不同时，会存在一些互动结构能够促成合作水平大于 0 的均衡。他们的结果可以定性描述为：一些有耐心的参与人（他们之间完全连接），他们每个人都与少数几个无耐心的参与者有连接。图 6.1.5 就展示了这样一个网络的例子。

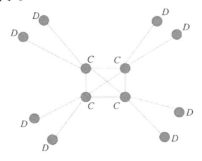

图 6-5　核心合作者与边缘背叛者

在由图 6-5 所示的均衡状态中,处于核心位置的每个参与者都是具有耐心的合作者,而边缘的缺乏耐心的参与人都选择背叛。

综上所述,在全局互动的囚徒困境重复博弈结构中,只有两类均衡:要么全部参与人都选择冷酷策略要么都选择总是背叛,而在局部互动的情形,则存在着合作策略和背叛策略共存的均衡。由于贴现因子的多样性,使得"无名氏定理"所描述的"纳什均衡威胁点"不再是唯一选择。如图 6-5 所示,惩罚处于边缘位置缺乏耐心的参与人的背叛行为,对于处于核心位置具有耐心的参与人来说并不一定是占优策略,这是因为他们的合作行为会得到其他的同样处于核心区域的参与人的回报。如果将社会资本理解为社会网络中有助于走出囚徒困境的因素之和,那么这些因素中一定包含了网络的结构 —— 它在很大的程度上决定了局部互动的结构。

§6.2　网络上的自然选择

我们的问题是:(1)网络的结构如何通过增加有利变异的固定概率而加速演化的速率?(2)我们能否寻找到这样的网络来减少变异的固定概率?(3)网络能消除自然选择的作用吗?(4)我们能刻画与一般种群(不具备网络结构的种群)具有相同演化动力学行为的网络的特征吗?

本节我们重点介绍哈佛大学 Nowak 团队(Lieberman et al.,2005;Nowak,2006)的工作,在网络的框架中来分析种群的结构对演化动力学行为的影响。

6.2.1　等温线定理

以下我们假设,在所讨论的时间标度内,网络的结构保持不变。

在网络的框架中,节点表示行动者个体,从个体 i 指向个体 j 的边表示 i 的后代将取代 j。在文化网络中,从个体 i 指向个体 j 的边可以理解为某些信息(发明、思想、观念等)从 i 传播到 j。如图 6-6 所示。

设种群的规模为 N,用 $i=1,2,\cdots,N$ 表示其中的 N 个个体。在每一时刻,随机选择一个个体进行复制,个体 i 的后代取代 j 的概率记为 w_{ij},于是该过程可以用随机矩阵 $W=(w_{ij})_{N\times N}$ 来表示。如果 $w_{ij}>0$,则有一条边从 i 指向 j,如果 $w_{ij}=0$,则不存在从 i 指向 j 的边。随机矩阵 $W=(w_{ij})_{N\times N}$ 定义了一个加权有向网络。

我们在前面提到的 Moran 过程是一个完全网络,这是因为任何一个个体都有可能取代其他个体,并且对任意的 i 和 j,均有 $w_{ij}=1/N$。如果变异者的适应

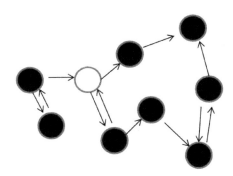

图6-6　节点表示个体,从个体i指向个体j的边表示i的后代将取代j,图中实心圆和空心圆代表不同类型的个体

度为r,则它在适应度均为1的个体组成的种群中的固定概率为

$$\rho_M = \frac{1-1/r}{1-1/r^N} \qquad (6.2.1)$$

如果某个网络G具有与Moran过程相同的固定概率,即$\rho_G = \rho_M$,则称该网络与Moran过程是ρ等价的。

如果对于有利的变异,即$r > 1$,G中的固定概率$\rho_G > \rho_M$,则网络G有利于自然选择,即增加了有利变异的固定概率。此时,网络G是自然选择的放大器。如果$\rho_G < \rho_M$,则网络更有利于漂变而不是自然选择,它降低了有利变异的固定概率。此时,网络G成了自然选择的抑制器。

类似地,对于不利的变异,即$r < 1$,若$\rho_G > \rho_M$(或$\rho_G < \rho_M$),则网络G是自然选择的抑制器(或放大器)。

如果对任意的r,均有$\rho_G = 1/N$,则网络完全抑制了自然选择的作用,成为最强的抑制器。

以下设类型A的适应度为1,类型B的适应度为r。

节点j的**温度**定义为

$$T_j = \sum_{i=1}^{N} w_{ij} \qquad (6.2.2)$$

根据定义,温度高的节点更有可能被替换。如果所有的节点具有相同的温度,则称该网络是**等温的**(**isothermal**)。

根据定义,网络G是等温的充分必要条件是随机矩阵$W = (w_{ij})_{N \times N}$每一列元素加起来都等于常数$C$。由于随机矩阵的每一行加起来都等于1,因此所有元素之和等于N,即$NC = N$,故有$C = 1$。因此网络G是等温的充分必要条件是

$$T_j = \sum_{i=1}^{N} w_{ij} = 1, j = 1, 2, \cdots, N \qquad (6.2.3)$$

因此,网络 G 是等温的充分必要条件是随机矩阵 $W = (w_{ij})_{N \times N}$ 每一列和每一行元素加起来都等于 1,这样的矩阵称为双随机矩阵(doubly stochastic matrix)。

下面的等温线定理给出了与 Moran 过程是 ρ 等价的充分必要条件(Lieberman et al.,2005)。

定理 6.2.1(等温线定理)　一个网络 G 与 Moran 过程是 ρ 等价的充分必要条件为该网络是等温的。

证明　种群在任一时刻的位形(configuration)可以用一个二值向量 $\vec{v}$ 来描述,其中 $\vec{v} = (v_1, \cdots, v_N)$,如果节点 i 被类型 A 占据,则 $v_i = 0$,若被类型 B 占据,则 $v_i = 1$。因此,$m = \sum_{i=1}^{N} v_i$ 为种群中类型 B 个体的数量。要使 B 个体数量从 m 增加到 $m+1$,必须有一个 B 类型的个体被选择复制同时有一个 A 类型个体被选择死亡,并且复制的个体恰好有边连接到死亡的个体。若 $v_i = 1$,且节点 i 被选来复制的概率为 $rv_i/(rm + N - m)$,若 $v_j = 0$,且节点 j 恰好被选择为死亡的概率为 $(1 - v_j)/N$,节点 i 恰好有边指向 j 的概率为 w_{ij},然后对所有的 i 和 j 求和,有转移概率

$$p_{m,m+1} = \frac{r \sum_i \sum_j w_{ij} v_i (1 - v_j)}{(rm + N - m)N} \tag{6.2.4}$$

同理,有

$$p_{m,m-1} = \frac{\sum_i \sum_j w_{ij} v_j (1 - v_i)}{(rm + N - m)N} \tag{6.2.5}$$

网络 G 与 Moran 过程有相同的固定概率的充分必要条件为

$$\frac{p_{m,m-1}}{p_{m,m+1}} = \frac{1}{r} \tag{6.2.6}$$

即对任意的位形 $\vec{v}$,有

$$\sum_{i=1}^{N} \sum_{j=1}^{N} w_{ij}(1 - v_i)v_j = \sum_{i=1}^{N} \sum_{j=1}^{N} w_{ij} v_i (1 - v_j) \tag{6.2.7}$$

令 $\vec{e}_k$ 表示第 k 个元素为 1 其他元素均为 0 的基本单位向量,$k = 1, 2, \cdots, N$,则当 $\vec{v}$ 分别取 N 个基本向量时上式也成立,即

$$\sum_{j=1}^{N} w_{kj} = \sum_{j=1}^{N} w_{jk}, k = 1, 2, \cdots, N \tag{6.2.8}$$

由于 $\sum_j w_{kj} = 1$,故有

$$\sum_j w_{jk} = 1 \tag{6.2.9}$$

即网络 G 是等温的。

由等温线定理，如果一个网络不是等温的，那么演化过程的固定概率就可能既取决于变异者的适应度也取决于网络的结构。

根据等温线定理，以下一些图是与 Moran 过程 ρ 等价的。

（1）单向环

单向环，是指所有的个体组成一个单向闭环，其中每一个个体（节点）的后代都有可能取代其箭头所指的相邻个体，其相应的矩阵为

$$w = \begin{pmatrix} 0 & 1 & 0 & \cdots & 0 & 0 \\ 0 & 0 & 1 & \cdots & 0 & 0 \\ 0 & 0 & 0 & \cdots & 0 & 0 \\ \vdots & \vdots & \vdots & \ddots & \vdots & \vdots \\ 0 & 0 & 0 & \cdots & 0 & 1 \\ 1 & 0 & 0 & \cdots & 0 & 0 \end{pmatrix} \qquad (6.2.10)$$

显然这是一个双随机矩阵。如图 6-7 所示。

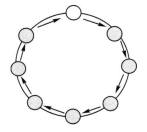

图 6-7　单向环

（2）双向环

双向环，是指所有的个体组成一个双向闭环，如图 6-8 所示，其中每一个个体（节点）的后代都有可能取代与其相邻的两个个体，其相应的矩阵为

$$w = \begin{pmatrix} 0 & 1/2 & 0 & \cdots & 0 & 1/2 \\ 1/2 & 0 & 1/2 & \cdots & 0 & 0 \\ 0 & 1/2 & 0 & \cdots & 0 & 0 \\ \vdots & \vdots & \vdots & \ddots & \vdots & \vdots \\ 0 & 0 & 0 & \cdots & 0 & 1/2 \\ 1/2 & 0 & 0 & \cdots & 1/2 & 0 \end{pmatrix} \qquad (6.2.11)$$

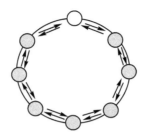

图 6-8　双向环

（3）对称网络

由于所有的对称随机矩阵都是双随机矩阵,因此它们所对应的网络(任意两个节点之间或者没有边或者有一对方向相反的边相连,简称为对称网络)也必然与 Moran 过程是 ρ 等价的。

6.2.2　网络结构与自然选择

不同的网络结构对自然选择的影响是不同的。等温线定理告诉了我们哪一类网络是与 Moran 过程 ρ 等价的。下面我们将讨论哪些网络结构会放大自然选择的效果,哪些则会压抑自然选择的效果。

下面是一些简单的网络模型。

（1）线型以及爆破型（burst）

这两种类型的网络有一个共同的特点,这就是存在一个没有"入边"的节点,在描述这类网络的随机矩阵中,这个节点所在列的元素之和等于 0,因而不是双随机矩阵,因此不可能与 Moran 过程是 ρ 等价的。

图 6-9 中,只有当变异发生在空心节点处时,才有可能使该变异蔓延至整个种群,并且一旦在该节点发生了变异,则在随后的选择过程中,它迟早会占据整个网络的概率为 1。由于变异恰好发生在空心节点的概率为 $1/N$,因此一个随机变异会蔓延至整个种群的固定概率即为 $\rho = 1/N$,即这两类网络完全抑制了自然选择。

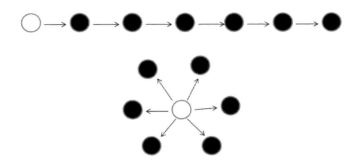

图 6-9   线型和爆破型网络完全抑制了自然选择

（2）只有一个根节点的网络

线型和爆炸型网络有一个共同的特点就是它有一个根节点(图 6-10 中的空心节点)，由于根节点没有"入边"，因此其温度为 0。因为只有变异发生在根节点处，变异才能蔓延至整个种群，因此，只有一个根节点的网络的固定概率就是随机变异恰好发生在根节点的概率，即 $\rho = 1/N$。这个概率与中性漂变时的 Moran 过程相等，也就是说，只有一个根节点的网络完全抑制了自然选择。

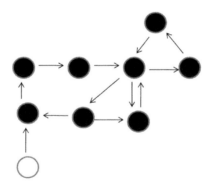

图 6-10   只有一个根节点的网络

（3）多个根节点的网络

有多于一个根节点的网络的固定概率为 0，这是因为变异不管发生在哪个节点都不可能蔓延至整个网络。但是发生在任何其中一个根节点的变异都不会灭绝，从而导致不同物种之间的共存。

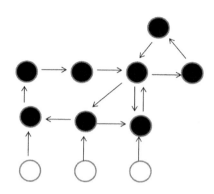

图 6-11　有多个根节点的网络

　　前面提到的三种类型的网络,固定概率都等于常数,这就意味着对于这样的网络,自然选择完全被压制住了。

　　下面构造一个固定概率介于$1/N$ 和 ρ_M 的抑制器。

　　将种群分为两部分,其规模分别为 N_1 和 N_2, $N = N_1 + N_2$。第一部分的个体之间构成一个完全图,从第一部分有边指向第二部分,但从第二部分没有边指向第一部分。第二部分的节点构成任意一个网络,所要求的只是从第一部分的节点出发能够到达第二部分的任何一个节点。这样,第一部分便成了“源”,而第二部分则成了“汇”。

　　于是,当变异发生在某个“源”节点时,该变异才能蔓延至所有的“源”节点,并最终蔓延至每一个“汇”节点。根据网络的限制条件,发生在“源”节点处某个变异在第一部分的固定概率即为整个网络的固定概率。由于发生变异的节点恰好在第一部分的概率为 N_1/N,又第一部分是完全图,因此与 Moran 过程是 ρ 等价的,因此整个网络的固定概率为

$$\rho_G = \frac{N_1}{N} \frac{1 - 1/r}{1 - 1/r^{N_1}} \tag{6.2.12}$$

　　当 $r > 1$ 时,有

$$\rho_G = \frac{N_1}{N} \frac{1 - 1/r}{1 - 1/r^{N_1}} > \frac{N_1}{N} \frac{1}{N_1} = \frac{1}{N} \tag{6.2.13}$$

并且

$$\rho_G = \frac{N_1}{N} \frac{1 - 1/r}{1 - 1/r^{N_1}} < \frac{N_1}{N} \frac{1 - 1/r}{1 - 1/r^{N}} < \rho_M \tag{6.2.14}$$

即,当 $r > 1$ 时,有

$$\frac{1}{N} < \rho_G < \rho_M \tag{6.2.15}$$

一般来说，只要一个种群有较小规模的"上游"和较大规模的"下游"，自然选择的效果都会被抑制。

某些结构的网络能够放大自然选择的效果，如图所示的星形网络，对于大的种群，随机选择的变异其固定概率接近于

$$\rho_G = \frac{1 - 1/r^2}{1 - 1/r^{2N}} \qquad (6.2.16)$$

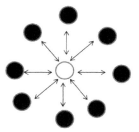

图 6-12   星形网络

这个概率相当于变异的适应度为 r^2 的 Moran 过程，因此有利的变异（$r > 1$）在星型图中比起在完全图中的固定概率更大了，而不利的变异（$r < 1$）则更小了，从而放大了自然选择的效果。

在超星型（superstar）图中，自然选择的作用被放大的现象更加明显，它可以将适应度为 r 的变异放大到 r^k。图中有三个参数，l 表示"叶"的数量，m 表示每一叶中闭环的个数，k 表示每一闭环的长度。随着 l 和 m 的增加，固定概率变为

$$\rho_G = \frac{1 - 1/r^k}{1 - 1/r^{kN}} \qquad (6.2.17)$$

通过增加 k，可以保证对于有利的变异（$r > 1$），$\rho_G \to 1$，而对于不利的变异（$r < 1$），$\rho_G \to 0$。

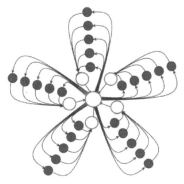

图 6-13   超星型网络

　　"漏斗"型网络(funnel)也是一个放大器。图中有 $k+1$ 层，标为 $j=0,\cdots,k$。第 0 层只有一个节点，第 j 层包含 m^j 个节点。从第 j 层节点出发的边都指向第节点。随着 k 的增加，有利变异的固定概率趋向于 1。

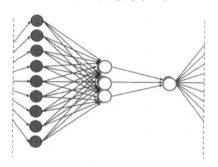

图 6-14　漏斗网络

　　计算机仿真表明，无标度网络是一个温和的放大器。

　　对于网络中的每一对节点 (i,j)，都有一非负的数 w_{ij} 与其对应，边 l_{ij} 被选择(即节点 i 复制下一代并替换节点 j)的概率与 w_{ij} 和节点 i 的适应度(变异者的适应度)的乘积成正比。

　　在这种情形，一个网络与 Moran 过程是 ρ 等价的充分必要条件是该网络是循环的(circulation)，即

$$\sum_{j=1}^{N} w_{kj} = \sum_{j=1}^{N} w_{jk}, k=1,\cdots,N \qquad (6.2.18)$$

上式意味着，对于任意节点 k，进入的权重之和等于出去的权重之和。

　　注意，等温的网络是循环的，但循环的网络却不一定是等温的。

　　对于一般的随机网络，Adlam et al.(2014)证明了如下两个定理。

　　定理 6.2.2(鲁棒等温线定理)　　设描述加权有向网络 G 的矩阵为 $W = (w_{ij})_{N\times N}$，V 是所有节点组成的集合。给定 $0 < \varepsilon \leqslant 1$，如果对于 V 的任意一个非空子集，均成立

$$\left| \frac{w_O(S)}{w_I(S)} - 1 \right| < \varepsilon \qquad (6.2.19)$$

其中 $w_O(S) = \sum_{i\in S}\sum_{j\notin S} w_{ij}, w_I(S) = \sum_{i\notin S}\sum_{j\in S} w_{ij}$，即 $w_O(S), w_I(S)$ 分别表示集合所有入边和出边的权重之和，则有

$$\sup_{r>0} | \rho_G(r) - \rho_M(r) | < \varepsilon \qquad (6.2.20)$$

其中 $\rho_M(r) = \rho_M$ 由(6.2.1)式确定。

　　定理 6.2.3　　设描述加权有向网络 G 的矩阵为 $W = (w_{ij})_{N\times N}$，其中 w_{ij} 相

互独立且服从某一个合适的分布,则存在一个不依赖于 N 的常数 C 和某些正数 v,ξ,使得

$$\inf_{r>0} P\left\{\mid \rho_G(r)-\rho_M(r)\mid \leqslant \frac{C(\log n)^{C+C\xi}}{\sqrt{n}}\right\} > 1-\exp\left[-v(\log n)^{1+\xi}\right]$$

$$(6.2.21)$$

以上两个定理表明,有限种群在随机配对情形的固定概率 ρ_M 具有相当程度的鲁棒性和普适性。

§6.3　网络上的演化博弈

接下来我们来讨论网络中博弈的演化动力学,主要的任务还是计算某一特定策略 A 在与 B 的竞争中的固定概率。原则上有两种不同类型的网络:(1)相互作用网络,记为 H,它决定谁与谁博弈;(2)替代网络,记为 G,它确定谁替代谁。要弄清网络的各种可能组合以及在网络中的所有博弈是一件几乎不可能完成的任务,下面我们讨论一种特殊的情形。

在上一节中我们主要讨论的是替代网络,在下面的讨论中,我们假设替代网络与相互作用网络是同一个,即 H = G,并在其上研究合作者与背叛者之间相互作用。

6.3.1　加权网络上个体的适应度

设加权网络 G 有 N 个节点,并可以用随机矩阵 $W=(w_{ij})_{N\times N}$ 来表示,其中 w_{ij} 表示连接节点 i 与 j 之间边的权重,且 $\sum_{j=1}^{N} w_{ij} = 1$。进一步假设 G 具有节点传递的对称性,即对于网络 G 的任意一对节点 i,j,都存在 G 的一个同构变换 ϕ,使得 $\phi(i)=j$。直观上看,这种对称性意味着不管站在哪个节点的位置看,网络都是一样的。

定义节点 i 的 Simpson 度如下

$$\kappa_i = \left(\sum_j w_{ij}^2\right)^{-1}$$

$$(6.3.1)$$

当节点 i 每条边的权重相同时,即均为 $1/k_i$ 时,Simpson 度 κ_i 就与通常意义上的度 k_i 相等了。因此,Simpson 度的概念涵盖了原来度的概念。

一般地,网络允许有自回路,即 w_{ii} 也可以是正的。这意味着,每个个体可以与自己博弈或者替代自己。如果不存在变异,那么在自我替代之后网络中参与者种群没有发生变化,如果有变异,那么在自我替代之后种群就发生了变化。

考虑如下一个 2×2 的对称博弈

$$
\begin{array}{cc}
& \text{A} \quad \text{B} \\
\begin{array}{c} \text{A} \\ \text{B} \end{array} & \begin{pmatrix} a & b \\ c & d \end{pmatrix}
\end{array}
\tag{6.3.2}
$$

当 $c > a > d > b$ 时就是囚徒困境，而当 $a > c \geqslant d > b$ 时是猎鹿博弈。

设每一个个体占据一个节点，这个个体或采用策略 A 或采用策略 B。在每一时刻，个体 i 的支付为如下的加权平均值

$$
u_i = \sum_{j=1}^{N} w_{ij} \pi_{ij}
\tag{6.3.3}
$$

其中 π_{ij} 是个体 i 与个体 j 相遇时所得的支付。

对于最简单的情形，个体的支付可以认为就是个体的适应度。但是一般情况下，个体的支付并不是个体适应度的全部，此时需要做一个变换：

$$
f_i = f(\delta u_i)
\tag{6.3.4}
$$

其中 δ 是参数，$f(x)$ 是正值、单调增和可导的函数，并且 $f(0) = f'(0) = 1$。例如，$f(x) = \mathrm{e}^x$ 或 $f(x) = 1 + x + o(x)$（$o(x)$ 表示 x 的高阶无穷小）均满足以上条件。

当 $\delta \ll 1$ 时，支付对于适应度影响较弱，此时被称为是弱选择的情形。对于弱选择的情形，适应度函数也常采用如下的形式

$$
f_i = 1 + \delta u_i
\tag{6.3.5}
$$

对于任何一个网络，固定概率的计算是具有相当大的复杂性的，而博弈结构的加入更是增加了计算的复杂性，因此，大多数关于固定概率的计算都采用数值模拟的方法（Shakarian et al.，2012）。

6.3.2　更新规则与 Markov 链

网络中的演化动力学依赖于网络的更新规则。一般情况下，有以下 7 种网络更新规则。

（1）"生 — 灭"规则（Birth-Death，BD）：在每一步，以与适应度成正比的概率选择一个个体复制，设所选的个体为 i，然后，以与权重 w_{ij} 成正比的概率选择一个邻居 j，该邻居所占据的节点随即被个体 i 的后代占领。

（2）"灭 — 生"规则（Death-Birth，DB）：在每一步，随机选择一个个体 j 使其死亡，然后邻居们竞争这个空位，其中邻居 i 的后代获得这个空位的概率与 $f_i w_{ij}$ 成正比。

（3）匹配对照过程规则（Pairwise comparison，PC）：随机选取一个节点 j 作

为潜在的被替代者,在邻居中依与 w_{ij} 成正比的概率选取一个节点 i 作为潜在的复制者。然后,事件"节点 i 产生一个后代替换节点 j"以概率 $\theta(f_i - f_j)$ 发生。这里 $\theta(x)$ 是介于 0 与 1 之间的单增函数,且 $\theta(x) - \theta(-x)$ 在原点可导。例如 $\theta(x) = (1 + e^{-x})^{-1}$ 或 $\theta(x) = x_+/M$(其中 x_+ 是 0 与 x 的最大值,M 是 $f_i - f_j$ 的最大值)等都满足条件。

(4) 模仿规则(Imitation, IM):该更新规则只适用于无权网络。在每一步,随机选择一个节点 j,然后在节点 j 及其一级近邻中以与适应度成正比的概率选择一个节点 i 并用其后代替换 j。显然,根据本规则,节点 j 也可以被自己的后代替换。

(5) 支付影响死亡概率的生 — 灭规则(Birth-death with payoff affecting death,BD-D) 随机选择一个节点 i 作为潜在的复制者,然后以与 w_{ij}/f_j 成正比的概率选择一个邻居 j,并用 i 的后代替换 j。

(6) 支付影响死亡概率的灭 — 生规则(Death-birth with payoff affecting death,DB-D) 以与适应度成反比的概率选择一个节点 j,然后以与 w_{ij} 成正比的概率选择一个邻居 i,并用 i 的后代替换 j。

(7) 变异(mutation) 对于之前被更新的节点 j,以概率 $1-u$ 克隆一个后代(即与 j 完全相同的后代),以概率 u 随机产生一个 A 或一个 B 替代 j,其中变异率 u 满足 $0 \leqslant u \leqslant 1$。

设时刻 t 网络中各节点的状态为 $S(t) = (s_1(t), s_2(t), \cdots, s_N(t))$,其中 $s_i(t)$ 或为 A 或为 B,表示在时刻 t 节点 i 所采取的策略,则根据上面的更新规则,$S(t)$ 构成了一个 N 维 Markov 链,记为 $M(t)$。

根据上面的讨论,$S(t)$ 以如下的步骤发生转移:

在时刻 t:

(1) 在时刻 t,根据式(6.3.3)确定每个节点的支付 u_i 以及相应的适应度 f_i;

(2) 根据以上的更新规则确定一个复制者 i 以及后代要占据的节点 j。

通过以上两个步骤形成 $S(t)$,然后在时刻 $t+1$:

(3) 以如下方式形成 $S(t+1) = (s_1(t+1), s_2(t+1), \cdots, s_N(t+1))$:设之前被替换的节点为 j,则当 $k \neq j$ 时,$s_k(t+1) = s_k(t)$,并且

$$s_j(t+1) = \begin{cases} s_j(t), & \text{以概率 } 1-u \\ \text{A}, & \text{以概率 } u/2 \\ \text{B}, & \text{以概率 } u/2 \end{cases} \tag{6.3.6}$$

如果变异率 u 很小,那么当

$$\rho_A > \rho_B \tag{6.3.7}$$

时,称策略 A 比策略 B 更受青睐(strategy A to befavoredoverstrategy B)。由于

存在着变异,因此 $S(t)$ 的平稳分布的支集既有可能是全是 A 或 B,也有可能是 A 和 B 混合状态。给定 $S(t)$ 的状态,记 X 为策略 A 的频率,则策略 A 比策略 B 更受青睐的条件为

$$\langle X \rangle > \frac{1}{2} \tag{6.3.8}$$

其中 $\langle X \rangle$ 是对于平稳分布时一切可能的状态以及发现每一状态的概率为权重所做的平均值。当变异率 u 很小时,以上两个条件(6.3.7)和(6.3.8)是等价的(Allen et al.,2014)。

如果我们采用(6.3.5)式来计算适应度,那么马尔科夫链 $M(t)$ 从状态 s_i 转移到 s_j 的一步转移概率是 $\delta a, \delta b, \delta c, \delta d$ 的函数,记为 $P_{ij}(\delta a, \delta b, \delta c, \delta d)$。

6.3.3 弱选择的单参数条件

Tanita et al.(2009)证明了如下的定理。

定理 6.3.1 设种群的网络结构和更新规则满足:

(ⅰ)马尔科夫链 $M(t)$ 的转移概率在 $\delta = 0$ 处可导;

(ⅱ)更新规则对于两个策略是对称的;

(ⅲ)当博弈矩阵具有如下形式

$$\begin{array}{cc} & \begin{array}{cc} A & B \end{array} \\ \begin{array}{c} A \\ B \end{array} & \begin{pmatrix} 0 & 1 \\ 0 & 0 \end{pmatrix} \end{array} \tag{6.3.9}$$

时策略 B 不会比 A 更受青睐,则当 $\delta \ll 1$ 时,使得策略 A 比策略 B 更受青睐的条件为

$$\sigma a + b > c + \sigma d \tag{6.3.10}$$

其中参数 σ 依赖于网络结构、更新规则和变异率,但是不依赖于博弈的支付矩阵。

关于定理条件的说明。

(1) $P_{ij}(\delta a, \delta b, \delta c, \delta d)$ 在 $\delta = 0$ 处可导意味着它可以在 $\delta = 0$ 处展开为一阶泰勒公式。BD 规则、DB 规则和 PC 规则都满足这一条件。

(2)更新规则对于两个策略是对称的。这样的一个假设是很自然的,因为两个策略的区别完全由支付矩阵表征,而与网络结构和更新规则无关。

(3)前面两个条件已经足够得到策略 A 比策略 B 更受青睐的单参数条件,而当定理中的条件(ⅲ)是为了保证不等式(6.3.10)的方向,如果该条件不满足,则不等式变为 $\sigma a + b < c + \sigma d$。

定理 6.3.1 说的是,在给定对称博弈支付矩阵的条件下,某一个策略是否受到自然选择青睐取决于某一个参数 σ,该参数与网络结构和更新规则有关,但是与博弈的支付矩阵无关。

考虑如下形式的囚徒困境

$$\begin{array}{cc} & \begin{array}{cc} C & D \end{array} \\ \begin{array}{c} C \\ D \end{array} & \begin{pmatrix} b-c & -c \\ b & 0 \end{pmatrix} \end{array} \qquad (6.3.11)$$

由(6.3.10)式,自然选择青睐于合作 C 的条件为

$$\sigma(b-c) - c > b \qquad (6.3.12)$$

或

$$\frac{b}{c} > \frac{\sigma+1}{\sigma-1} \qquad (6.3.13)$$

也就是说,当收益与成本比大于临界值

$$\left(\frac{b}{c}\right)^* = \frac{\sigma+1}{\sigma-1} \qquad (6.3.14)$$

时,自然选择将青睐于合作。反过来,参数 σ 也可以表示为临界值的函数,即

$$\sigma = \frac{(b/c)^* + 1}{(b/c)^* - 1} \qquad (6.3.15)$$

作为该定理的应用,以下我们考虑节点度为 k 的规则网络:每个节点有 k 个邻居,并进一步只考虑弱选择的情形:个体 i 的适应度等于 $C + \delta f_i$,其中 C 为常数,δ 为选择参数并取很小的值,f_i 为节点 i 得到的总支付。

Ohtsuki et al.(2006)讨论了以下三个迭代规则下的动态博弈。

(1)"生 — 灭"过程(BD):在每一步,以与适应度成正比的概率选择一个个体复制,并将其后代替代随机选择的一个邻居。该规则的迭代过程显示,不论参数 b 和 c 取什么值,合作者的固定概率 ρ_C 和背叛者的固定概率 ρ_D 满足如下不等式:

$$\rho_C < \frac{1}{N} < \rho_D \qquad (6.3.16)$$

即在这个"生 — 灭"过程中,选择总是有利于背叛。

(2)"灭 — 生"过程(DB):在每一步,随机选择一个个体使其死亡,然后邻居们竞争这个空位,每个邻居获得这个空位的概率与适应度成正比。对于这种情形,只要

$$b/c > k \qquad (6.3.17)$$

就有

$$\rho_D < \frac{1}{N} < \rho_C \qquad\qquad (6.3.18)$$

（3）模仿过程（IM）：在每一步，随机选择一个个体更新其战略 —— 或者继续使用自己的策略或者以与适应度成正比的概率模仿邻居的策略。结果发现，只要

$$b/c > k + 2 \qquad\qquad (6.3.19)$$

就有（6.3.18）式成立。

对于 $k=2$ 的情形，规则图就是一个圆环。此时，以上三个规则所导致的结果可以直接计算。所有这些情形，只要观察在合作者与背叛者集丛的边界处何者更有利就可以了。

如图 6-15 所示，对于"生 — 灭"过程，在边界处，背叛者的支付 b 显然要高于合作者 $b-2c$，因此，以与适应度成正比的概率选择一个个体复制时，选择背叛者作为复制者的概率要更大一些。

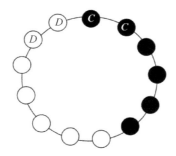

图 6-15　每个节点都有两个邻居的圆环，空心节点表示背叛者，实心节点表示合作者

对于"灭 — 生"过程，在边界处，假如死亡的个体是合作者，则其两个邻居中，合作者的支付为 $2b-2c$，而背叛者的支付为 b。假如死亡的是背叛者，则其两个邻居中，合作者的支付为 $b-2c$，背叛者为 0。因此，只要 $b/c > 2 = k$，合作者的支付就要大于背叛者，从而其适应度也更大，它填补空位的概率也更大。

对于模仿的过程，在边界处，合作者两个邻居的支付分别为 $2b-2c$（合作者邻居的支付）和 b（背叛者邻居的支付），而背叛者两个邻居的支付则分别为 $b-2c$（合作者邻居的支付）和 0（背叛者邻居的支付）。因此，在边界处，合作者模仿背叛者的概率为 $b/(4b-4c)$，背叛者模仿合作者的概率为 $(b-2c)/(2b-2c)$，于是，只要 $2(b-2c) > b$，即 $b/c > 4 = 2+k$，合作者蔓延的概率就要比背叛者蔓延的概率大。

进一步的研究表明，条件 $b/c > k$ 和 $b/c > k+2$ 对于随机网络和无标度网络也成立。

因此,根据 Ohtsuki et al.(2006) 的研究结论,对于度为 k 规则网络,对应于 DB 更新规则的收益成本比的临界值为 k,此时参数 σ 的值为

$$\sigma = \frac{k+1}{k-1} \qquad (6.3.20)$$

而对应于 IM 更新规则的收益 —— 成本比的临界值为 $k+2$,此时参数 σ 的值为

$$\sigma = \frac{k+3}{k+1} \qquad (6.3.21)$$

由于参数 σ 独立于博弈的支付矩阵,因此我们可以通过一些简单的博弈结构(如由(6.3.11)式所确定的因徒困境)来确定 σ,并将其运用于其他的博弈结构中。

例如,对于铲雪博弈

$$\begin{array}{cc} & \begin{array}{cc} C & D \end{array} \\ \begin{array}{c} C \\ D \end{array} & \begin{bmatrix} b - \dfrac{c}{2} & b - c \\ b & 0 \end{bmatrix} \end{array} \qquad (6.3.22)$$

自然选择青睐于合作 C 的条件(6.3.10)式为

$$\sigma(b - c/2) - c > 0 \qquad (6.3.23)$$

此时,收益 —— 成本比 b/c 的临界值为

$$\left(\frac{b}{c}\right)^* = \frac{2+\sigma}{2\sigma} \qquad (6.3.24)$$

因此由式(6.3.20),对于度为 k 规则网络,对应于 DB 更新规则的收益成本比的临界值

$$\left(\frac{b}{c}\right)^* = \frac{3k-1}{2(k+1)} \qquad (6.3.25)$$

对于 $k=2$ 的闭链,临界值为 $(b/c)^* = 5/6$,这意味着,在闭链中,铲雪博弈即使在收益小于成本的时候也能实现合作。由于对于任意正整数 k 均有 $(b/c)^* < 3/2$,它小于因徒困境的临界值 2,因此在规则网络中铲雪博弈比因徒困境更易实现合作。

由(6.3.22)式,对于度为 k 的规则网络,对应于 IM 更新规则的收益成本比的临界值为

$$\left(\frac{b}{c}\right)^* = \frac{3k+5}{2(k+3)} \qquad (6.3.26)$$

当 $k=2$ 时,临界值为 $(b/c)^* = 11/10$。

对于 BD 更新规则,Ohtsuki et al.(2006) 的研究结论是,对于低变异率和弱

选择的情形,当 $k \ll N$ 时,$\sigma \approx 1$。此时,(6.3.10)式就是一般的风险占优条件:$a + b > c + d$。该条件对于由(6.3.2)式描述的囚徒困境是不成立的,而对于由(6.3.22)所描述的铲雪博弈,该条件为

$$b > \frac{3}{2}c \tag{6.3.27}$$

由以上的讨论,有以下的推论(Tanita et al.,2009)。

推论 6.3.1　当 $\delta \ll 1$ 的弱选择情形,对于可以用(6.3.10)式来确定策略演化占优的所有结构,为了研究策略占优,只需要分布单参数博弈就足够了。

Wild and Traulsen(2007)认为,博弈的一般结构(6.3.2)可以在弱选择的情形研究参与人之间的交互协同效应,而对于(6.3.11)式所描述的简化结构这种交互协同效应是缺失的。然而,Tanita et al.(2009)认为,如果我们的目标只局限于在变异 — 选择过程的平稳分布中策略 A 的平均丰裕度是否大于 B,那么这种协同效应就是无关紧要的。如果要回答诸如哪一个策略是纳什均衡和哪一个是演化稳定的或者是否在共存双稳态的均衡之类的问题时,则需要研究博弈的一般形式。

以下是 Tanita et al.(2009)给出的更多结果。

(1) 一般规则网络

以上关于规则网络的结果均是在网络的节点总数远远大于节点度即 $N \gg k$ 的条件下得出的。对于有限大小的 N,Tayloretal.(2007a)和 Lehmann etal.(2007)给出了收益 — 成本比的临界值为

$$\left(\frac{b}{c}\right)^* = \frac{N-2}{N/k-2} \tag{6.3.28}$$

由此,可得

$$\sigma = \frac{(k+1)N-4k}{(k-1)N} \tag{6.3.29}$$

当 $N \to \infty$ 时,就得到式(6.3.20)。当 $k = N-1$ 时,所对应的就是完全连接网络,此时有

$$\sigma = \frac{N-2}{N} \tag{6.3.30}$$

值得指出的是,当存在变异时,参数 σ 的值还依赖于变异率。(6.3.29)式只是在变异率接近于 0 时才成立。例如,当 $N = 6$,$k = 3$ 时,由(6.3.29)式可得 $\sigma = 1$,但是在变异率 $u = 0.1$ 时,数值模拟的结果显示 $\sigma \approx 0.937$。

(2) 星形网络

对于由 N 个节点组成的星形网络,核心节点的度为 $N-1$,而边缘节点的度

为 $N-1$。星形网络的平均度为 $\bar{k} = 2(N-1)/N$,当 $N \gg 1$ 时,与闭链网络的平均度 $k = 2$ 很接近。不过,两者之间的种群演化动力学过程却是截然不同的。

对于 DB 更新规则,星形网络的参数 $\sigma = 1$。该结果对于弱选择、任意的网络规模($N \geqslant 3$)和任意的变异率均成立。

对于 BD 更新规则,当变异率接近于 0 时,有

$$\sigma = \frac{N^3 - 4N^2 + 8N - 8}{N^3 - 2N^2 + 8} \tag{6.3.31}$$

当 $N = 5$ 时,由上式可得 $N = 0.686$。当变异率 $u = 0.1$ 时,数值模拟的结果显示 $\sigma = 0.405$。这表明,参数值依赖于变异率。

(3) 相互作用网络与替代网络不相同的规则网络

以上的讨论都是假设连接节点之间的边既表示相互作用也表示替代。但是更一般的情形是这两者并不一样,即 H ≠ G。

设相互作用网络的度为 h,替代网络的度为 g,由这两个网络的边的交集所连接而成的网络假设也是规则网络,且其度为 l,则显然有 $l \leqslant \min\{h, g\}$。在弱选择和大规模的网络,由 Ohtsuki 和 Nowak(2007)的结果可以得到以下结果。

对于 BD 更新规则,有 $\sigma = 1$。该结果与大规模完全连接网络没什么差异。

对于 DB 更新规则,有

$$\sigma = \frac{gh + l}{gh - l} \tag{6.3.32}$$

对于一般规模的 N,由 Taylor et al.(2007b)的结果,可得收益—成本比的临界值为

$$\left(\frac{b}{c}\right)^* = \frac{N-2}{\dfrac{Nl}{gh} - 2} \tag{6.3.33}$$

由此可得

$$\sigma = \frac{(gh + l)N - 4gh}{(gh - l)N} \tag{6.3.34}$$

当 $g = h = l = k$ 时,就是(6.3.29),当 $N \to \infty$ 时就是式(6.3.32)。

§6.4 血缘同源分类法

借用生物学的术语,如果在网络的演化过程中,节点 i 与 j 的策略来自共同的祖先且中间未曾发生变异,则称 i 与 j 是血缘同源的(Identity By Descent,简记为 IBD)。由定义,每个节点与自己是血缘同源的,当且仅当在复制的过程中没

有发生变异时子代与父辈才是血缘同源的。显然,血缘同源关系是一种等价关系。

Allen et al.(2014)基于血缘同源分类法建立了以下的模型。

6.4.1 IBD 改进型马尔科夫链

考虑由(6.3.2)式所描述的 2×2 的对称博弈,网络 G 的每一个节点或为类型 A 或为类型 B。

引入一个 IBD 改进型的马尔科夫链,记为 $\widetilde{M}(t)$,该过程的状态可用$(s(t)$, $\theta(t))$ 表示,其中 $s(t) = (s_1(t), s_2(t), \cdots, s_N(t)) \in \{A, B\}^N$ 表示在时刻 t 所有节点类型的一个状态,$\theta(t)$ 表示在时刻 t 网络各节点对之间的 IBD 等价关系。IBD 等价关系可以用矩阵 $\Theta(t) = (\theta_{ij}(t))_{N \times N}$ 表示,其中 $\theta_{ij}(t) = 1$ 或 0 分别表示在时刻 t 节点 i 与 j 之间存在或不存在 IBD 等价关系。显然,$\Theta(t) = (\theta_{ij}(t))_{N \times N}$ 对角线的元素都等于 1。

$\widetilde{M}(t)$ 的转移过程如下。

(1)在时刻 t,根据式(6.3.2)确定每个节点的支付 u_i 以及相应的适应度 $f_i = f(\delta u_i)$;

(2)根据更新规则确定一个复制者 i 以及后代要占据的节点 j;

(3)若节点 $k \neq j$,则 $s_k(t+1) = s_k(t)$;

(4)若节点 k, l 均异于 j,则 $\theta_{kl}(t+1) = \theta_{kl}(t)$;

(5)$\theta_{jj}(t+1) = 1$;

(6)下面三个事件有一个会发生:

(a)以概率 $1 - u : s_j(t+1) = s_i(t)$,且对 $k \neq j$,有 $\theta_{kj}(t+1) = \theta_{jk}(t+1) = \theta_{ki}(t)$;

(b)以概率 $u/2 : s_j(t+1) = A$,且对 $k \neq j$,有 $\theta_{kj}(t+1) = \theta_{jk}(t+1) = 0$;

(c)以概率 $u/2 : s_j(t+1) = B$,且对 $k \neq j$,有 $\theta_{kj}(t+1) = \theta_{jk}(t+1) = 0$。

事件(a)表示忠实的复制,其中子代继承了父辈的类型和 IBD 关系。后面的两个事件表示发生了变异,此时子代等可能地取两个类型中的一个并且与除了自己以外的节点的 IBD 关系均为 0。

记从状态 (s, θ) 到 (s', θ') 的一步转移概率为 $p_{(s', \theta') \to (s, \theta)}$,$n$ 步转移概率为 $p^{(n)}_{(s', \theta') \to (s, \theta)}$。由于给定 $s(t)$ 的状态,$s(t+1)$ 的状态与 IBD 关系矩阵 $\Theta(t)$ 无关,因此在忽略了 IBD 等价关系的条件下马尔科夫链 $M(t)$ 可以被 $\widetilde{M}(t)$ 所覆盖。

若对任意的状态 (s, θ) 和 (s', θ'),均有 $\lim_{n \to \infty} p^{(n)}_{(s', \theta') \to (s, \theta)} = \pi(s, \theta)$ 存在,则称 $\{\pi(s, \theta)\}_{(s, \theta)}$ 是 $\widetilde{M}(t)$ 的平稳分布。下面的引理表明,对于任意的正变异率,平稳

分布是存在且唯一的(Allen et al. ,2014)。

引理 6.4.1　对于 $0 < u \leqslant 1$, $\widetilde{M}(t)$ 存在唯一的平稳分布 $\{\pi(s,\theta)\}_{(s,\theta)}$,使得对于任意的状态 (s,θ) 和 (s',θ'),均有 $\lim\limits_{n\to\infty} p^{(n)}_{(s',\theta')\to(s,\theta)} = \pi(s,\theta)$,并且对于任一满足 $\pi(s,\theta) > 0$ 的状态 (s,θ),IBD 等价的两个节点具有相同的类型,即当 $\theta_{ij} = 1$ 时必有 $s_i = s_j$。

在 $\delta = 0$ 的中性漂变情形,博弈的支付对适应度没有贡献。此时,前述的更新规则都会导致同一个过程。给定时刻 t 的 IBD 关系矩阵 $\Theta(t)$,$\Theta(t+1)$ 的元素与 $s(t)$ 无关。特别地,当 $i \neq j$ 时,有

$$\theta_{ij}(t+1) = \begin{cases} \theta_{ij}(t), & \text{以概率}(N-2)/N \\ \theta_{il}(t), & \text{以概率 } w_{lj}(1-u)/N, l \in G \\ \theta_{lj}(t), & \text{以概率 } w_{li}(1-u)/N, l \in G \\ 0, & \text{以概率 } 2u/N \end{cases} \tag{6.4.2}$$

在中性漂变的情形,当网络处于在平稳状态时,两个节点 i 和 j 的 IBD 关系 $\theta_{ij} = 1$ 的概率为 q_{ij},则由于 θ_{ij} 服从 $0-1$ 分布,故有

$$q_{ij} = \langle \theta_{ij} \rangle_{\delta=0} \tag{6.4.3}$$

对(6.4.2)式中的概率求和,可得关于有 $\theta_{ij}(t+1)$ 和 $\theta_{ij}(t)$ 的一个方程,然后在平稳状态时取数学期望,用 q_{ij} 代替它们,可得如下方程

$$q_{ij} = \begin{cases} 1, & i = j \\ \dfrac{1-u}{2}\sum\limits_{k \in G}(w_{ki}q_{kj} + w_{kj}q_{ki}), & i \neq j \end{cases} \tag{6.4.4}$$

6.4.2　类型聚块(assortment)

处于平稳状态时,如果用不同颜色表示节点的不同类型(例如用蓝色标识类型 A,用红色标识类型 B),那么就有可能出现不同聚块互相嵌套的"万花筒"。图 6-16 就显示了一种方阵中囚徒困境演化稳态的模式图,其博弈矩阵为

$$\begin{array}{cc} & \begin{array}{cc} \text{C} & \text{D} \end{array} \\ \begin{array}{c} \text{C} \\ \text{D} \end{array} & \begin{pmatrix} 1 & 0 \\ b & \varepsilon \end{pmatrix} \end{array} \tag{6.4.5}$$

其中 ε 充分接近于 0,图 6-16(a) 中:蓝色表示合作者 C,红色表示背叛者 D,图(b) 中:蓝色代表合作者,其上一代是合作者;红色代表背叛者 D,其上一代是背叛者;绿色代表合作者,其上一代是背叛者;黄色代表背叛者,其上一代是合作者。具体的更新规则的演化模型参见 Nowak(2006)。

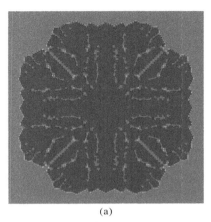
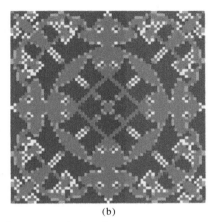

$$(a) \qquad\qquad\qquad\qquad (b)$$

图 6-16　(a) 在参数区间 $3/2 < b < 8/5$ 内,以 3×3 的合作者方阵开始的入侵,蓝色表示合作者 C,红色表示背叛者 D。(b) 参数区间为 $8/5 < b < 5/3$,蓝色代表合作者,其上一代是合作者;红色代表背叛者 D,其上一代是背叛者;绿色代表合作者,其上一代是背叛者;黄色代表背叛者,其上一代是合作者[①]

为了量化 IBD 概率是如何随节点之间的距离而变化的标度行为,定义 $q^{(n)}$ 为经 n 步随机游动可到达的始末节点间的 IBD 概率,则有

$$q^{(n)} = \sum_{j \in G} p_{ij}^{(n)} q_{ij} = \frac{1}{N} \sum_{i,j \in G} p_{ij}^{(n)} q_{ij} \qquad (6.4.6)$$

其中 $p_{ij}^{(n)}$ 表示从节点 i 出发经 n 步随机游动到达节点 j 的概率(每一步的概率由边的权重确定)。对于无向网络,由对称性,有 $p_{ij}^{(n)} = p_{ji}^{(n)}$。记 $p^{(n)} = p_{ii}^{(n)}$ 为经 n 步随机游动回到起点的概率,则有下面的引理(Allen et al.,2014)。

引理 6.4.2　对于任意的正变异率 u 和 $n \geqslant 0$,有

$$q^{(n)} = p^{(n)} + (q^{(n+1)} - p^{(n)} q^{(1)})(1-u) \qquad (6.4.7)$$

在 (6.4.7) 式两边令 $n \to \infty$,注意到节点的传递性意味着对于任意的 $i,j \in G$,均有 $\lim_{n \to \infty} p_{ij}^{(n)} = 1/N$,因此也有 $\lim_{n \to \infty} p^{(n)} = 1/N$。设 $\lim_{n \to \infty} q^{(n)} = \bar{q}$,则由 (6.4.6) 式,有

$$(1-u)q^{(1)} = 1 - Nu\bar{q} \qquad (6.4.8)$$

代回 (6.4.7) 式,又有

$$q^{(n)} = (1-u)q^{(n+1)} + Nu\bar{q}p^{(n)} \qquad (6.4.9)$$

由 (6.4.4) 式,有 $\lim_{u \to 0} q_{ij} = 1$,即当变异率 $u \to 0$ 时,所有的个体都是 IBD 等价的。这意味着,当 $u \ll 1$ 时,有如下展开式

①　详见书后彩图。

$$q^{(n)} - q^{(n+1)} = n(Np^{(n)} - 1) + O(u^2) \tag{6.4.10}$$

以下讨论围绕着某个中心节点的类型聚块的统计特征。

由于网络具有节点传递的对称性，因此每一个节点的"地位"都是相同的。任选一个节点作为中心节点并记为 0，并且设该节点具有类型 A。接下来的问题是：在给定中心节点 0 的类型是 A 的条件下，当 $\widetilde{M}(t)$ 处于平稳条件分布的状态时，网络节点类型聚块的分布。

Allen et al.（2014）证明了如下的引理。

引理 6.4.3　对于 $0 < u \leqslant 1$ 和 $i \in G$，有

(1) $P_{\delta=0}\{s_i = \mathrm{A} \mid s_0 = \mathrm{A}, \theta_{0i} = 1\} = 1$；

(2) $P_{\delta=0}\{s_i = \mathrm{A} \mid s_0 = \mathrm{A}, \theta_{0i} = 0\} = \dfrac{1}{2}$；

(3) $P_{\delta=0}\{s_i = \mathrm{A} \mid s_0 = \mathrm{A}\} = \dfrac{1 + q_{0i}}{2}$。

于是，由引理 6.4.3，如果节点 0 是类型 A 的，那么在中性漂变的情况，有：(1) 与节点 0 具有 IBD 关系的节点也是类型 A 的；(2) 与节点 0 不具有 IBD 关系的节点有 50% 的概率具有类型 A；(3) 由于 q_{0i} 是 $\theta_{0i} = 1$ 的概率，综合以上两个结论，节点 i 为类型 A 的概率为 $(1 + q_{0i})/2$。

为了确定类型聚块随着距离变化的标度行为，记 $s^{(n)}$ 为从节点 0 出发经 n 步随机游动后所到达的节点也具有类型 A 的概率，则有

$$s^{(n)} = \sum_{i \in G} p_{0i}^{(n)} P_{\delta=0}\{s_i = \mathrm{A} \mid s_0 = \mathrm{A}\} = \frac{1 + q^{(n)}}{2} \tag{6.4.11}$$

6.4.3　演化占优的条件

接下来假设每个节点只有两种类型：合作者 C 和背叛者 D。当不存在变异即 $u = 0$ 时，如果 $\rho_C > \rho_D$，则称合作是受青睐的。当存在变异即 $u > 0$ 时，如果 $\langle x \rangle > 1/2$，则称合作是受青睐的，其中 $\langle x \rangle$ 是所有节点中合作者所占的比例。前面已经知道，当变异率很小以至于可以忽略不计时，$\rho_C > \rho_D$ 与 $\langle x \rangle > 1/2$ 是相一致的（Allen et al.，2014）。事实上，此时这两个不等式都与下面这个不等式等价：

$$\left\langle \frac{\partial(b_0 - d_0)}{\partial \delta} \right\rangle_{\substack{\delta=0 \\ s_0=C}} > 0 \tag{6.4.12}$$

其中 b_0 和 d_0 分别是中心节点 0 在给定的状态被选择为复制者和被替代者的概率。$\langle \ \rangle_{\substack{\delta=0 \\ s_0=C}}$ 是在给定节点 0 是合作者的条件下，关于中性漂变时的平稳分布的期望值。具体表述为如下的定理（Nowak et al.，2010）。

定理 6.4.1　对于给定的博弈、网络和更新规则，考虑演化马尔科夫链族

$\widetilde{M}_{u,\delta}$，其中 $0 \leqslant u \leqslant 1$ 和 $\delta > 0$ 均允许是可变的，则有如下的结论：

（1）对于给定的 $u > 0$ 和充分小的 $\delta > 0$，在 $\langle x \rangle_{u,\delta} > 1/2$ 的意义上合作是受到青睐的充分必要条件是

$$\langle \frac{\partial [(1-u)b_0 - d_0]}{\partial \delta} \rangle_{\substack{\delta=0 \\ s_0=C}} > 0 \tag{6.4.13}$$

（2）对于充分小的 $u > 0$ 和 $\delta > 0$，在 $\langle x \rangle_{u,\delta} > 1/2$ 的意义上合作是受到青睐的充分必要条件是

$$\lim_{u \to 0} \langle \frac{\partial (b_0 - d_0)}{\partial \delta} \rangle_{\substack{\delta=0 \\ s_0=C}} > 0 \tag{6.4.14}$$

（3）对于 $u = 0$ 和充分小的 $\delta > 0$，在 $\rho_C > \rho_D$ 的意义上合作是受到青睐的充分必要条件是

$$\lim_{u \to 0} \langle \frac{\partial (b_0 - d_0)}{\partial \delta} \rangle_{\substack{\delta=0 \\ s_0=C}} > 0 \tag{6.4.15}$$

6.4.4　网络上的合作演化

考虑如下形式的囚徒困境

$$\begin{array}{cc} & \begin{array}{cc} C & D \end{array} \\ \begin{array}{c} C \\ D \end{array} & \begin{pmatrix} b-c & -c \\ b & 0 \end{pmatrix} \end{array} \tag{6.4.16}$$

给定中心节点 0 是类型 C，令 $f^{(n)}$ 表示从节点 0 出发经 n 步随机游动后所到达的节点的期望支付，则有

$$f^{(n)} = -cs^{(n)} + bs^{(n+1)} = \frac{1}{2}(-c + b - cq^{(n)} + bq^{(n+1)}) \tag{6.4.17}$$

接下来我们分别针对不同的更新规则来加以讨论。

（1）BD 更新、PC 更新和 DB-D 更新规则

对与"生 — 灭"规则（Birth-Death，BD）、匹配对照过程规则（Pairwise comparison（PC））和支付影响死亡概率的灭 — 生规则（Death-birth with payoff affecting death（DB−D）），条件（6.4.12）式变为 $f^{(0)} > f^{(1)}$，即平均地来说，当且仅当作为合作者的中心节点拥有比邻居更高的支付时，合作才是受青睐的。

由方程（6.4.17），条件 $f^{(0)} > f^{(1)}$ 等价于

$$-c(q^{(0)} - q^{(1)}) + b(q^{(1)} - q^{(2)}) > 0 \tag{6.4.18}$$

由（6.4.9）式和定理 6.4.1，可以得到下面的定理。

定理 6.4.2　在一个拥有 N 个节点的加权且节点对称的网络 G 上所做的囚徒困境博弈，如果更新规则为 BD，PC 或 DB-D，且变异率 $u = 0$，选择压力 δ 充分

小，则合作受到青睐（$\rho_C > \rho_D$）的充分必要条件为

$$-c(N-1) + b(Np^{(1)} - 1) > 0 \tag{6.4.19}$$

由于 $p^{(1)}$ 是自回路（self-loop）的权重，因此对于不存在自回路的网络，即 $p^{(1)} = 0$，合作永远不会受青睐。事实上，对于 BD 规则，(6.3.16)式表达的正是这个结果。

由（6.4.19）式，当 $N \gg 1$ 时，合作在 BD，PC 或 DB-D 更新规则下受到青睐的必要和接近充分的一个条件是 $bp^{(1)} > c$。这意味着，合作者通过与自相互作用所获得的期望利益 $bp^{(1)}$ 要超过成本 c，合作才是受青睐的。

（2）DB 更新和 BD-D 更新规则

对于"灭 — 生"规则（Death-Birth（DB））和支付影响死亡概率的生 — 灭规则（Birth-death with payoff affecting death（BD-D）），条件（6.4.12）式变为 $f^{(0)} > f^{(2)}$，即平均地来说，当且仅当作为合作者的中心节点所获得的支付大于二级近邻（邻居的邻居）的支付时，合作受到青睐。由（6.4.17），条件 $f^{(0)} > f^{(2)}$ 等价于

$$-c(q^{(0)} - q^{(2)}) + b(q^{(1)} - q^{(3)}) > 0 \tag{6.4.20}$$

在上式中将 $q^{(n)} - q^{(n+2)} = q^{(n)} - q^{(n+1)} + q^{(n+1)} - q^{(n+2)}$，再利用方程（6.4.10）后，可得如下的定理。

定理 6.4.3 在一个拥有 N 个节点的加权且节点对称的网络 G 上所做的囚徒困境博弈，如果更新规则为 DB 或 BD-D，且变异率 $u = 0$，选择压力 δ 充分小，则合作受到青睐（$\rho_C > \rho_D$）的充分必要条件为

$$-c(N + Np^{(1)} - 2) + b(Np^{(1)} + Np^{(2)} - 2) > 0 \tag{6.4.21}$$

注意到 $p^{(2)} = \sum_{k \in G} e_{ik}^2 = \kappa^{-1}$，其中 κ 是 Simpson 度，因此对于没有自回路即 $p^{(1)} = 0$ 的网络，条件（6.4.21）变为

$$\frac{b}{c} > \frac{N-2}{N/\kappa - 2} \tag{6.4.22}$$

当 $N \gg 1$ 时，上式近似为 $b/c > \kappa$，这是对方程（6.3.17）所描述的条件 $b/c > k$ 在加权网络上的一个推广。

（3）IM 更新规则

在节点对称的且度为 k 无加权网络上的模仿更新规则（Imitation（IM）），由条件（6.4.12）可得

$$f^{(0)} > \frac{2}{k+2} f^{(1)} + \frac{k}{k+2} f^{(2)} \tag{6.4.23}$$

利用方程（6.4.10）和（6.4.17），可以得到下面的定理。

定理 6.4.4　　在一个拥有 N 个节点且节点对称的网络 G 上所做的囚徒困境博弈,如果更新规则为 IM,且变异率 $u=0$,选择压力 δ 充分小,则合作受到青睐($\rho_C > \rho_D$)的充分必要条件为

$$\frac{b}{c} > \frac{N(k+2)-2k-2}{N-2k-2} \tag{6.4.24}$$

事实上,这个结果对于规则网络也是成立的。当 $N \gg 1$ 时,上式可近似为 $b/c > k+2$,而这正是方程(6.3.19)。

6.4.5　网络参数

定理 6.3.1 指出,在给定对称博弈支付矩阵的条件下,某一个策略是否受到自然选择青睐取决于某一个参数 σ,该参数与网络结构和更新规则有关,但是与博弈的支付矩阵无关。

以下讨论对应于不同的更新规则、变异率和选择压力下的网络参数 σ。在变异率为 0 的时候,有如下的定理。

定理 6.4.5　　在一个拥有 N 个节点的加权且节点对称的网络 G 上所做的由(6.3.2)式所描述的博弈,如果变异率 $u=0$,选择压力 δ 充分小,则策略 C 受到青睐($\rho_C > \rho_D$)的充分必要条件为 $\sigma a + b > c + \sigma d$,其中

$$\sigma = \begin{cases} \dfrac{1 + p^{(1)} - 2/N}{1 - p^{(1)}}, & \text{对于 BD,PC 或 DB-D 更新规则} \\[3mm] \dfrac{1 + 2p^{(1)} + p^{(2)} - 4/N}{1 - p^{(2)}}, & \text{对于 DB 或 BD-D 更新规则} \end{cases} \tag{6.4.25}$$

特别地,如果没有自回路即 $p^{(1)} = 0$,则

$$\sigma = \begin{cases} \dfrac{N-2}{N}, & \text{对于 BD,PC 或 DB-D 更新规则} \\[3mm] \dfrac{\kappa + 1 - 4\kappa/N}{\kappa - 1}, & \text{对于 DB 或 BD-D 更新规则} \end{cases} \tag{6.4.26}$$

在节点对称的非加权网络上,对于 IM 更新规则,有

$$\sigma = \frac{k + 3 - 4(k+1)/N}{k+1} \tag{6.4.27}$$

以下讨论变异率大于 0 的情形。

变异可以来源于遗传也可以来源于社会学习过程中的策略创新。当存在较高的变异率时,网络的类型聚块将会受到稀释(dilute),这将会蚕食(undermine)合作赖以成功维持的基础。

沿用之前的符号,$p_{ij}^{(n)}$ 表示从节点 i 出发经 n 步随机游动到达节点 j 的概率,

其生成函数为

$$G_{ij}(z) = \sum_{n=0}^{\infty} p_{ij}^{(n)} z^n \qquad (6.4.28)$$

由于网络具有节点的对称性，因此可记 $G(z) = G_{ii}(z)$。

引理 6.4.4　对于任意的 $0 < u < 1$ 和 $i, j \in G$，有

$$q_{ij} = \frac{G_{ij}(1-u)}{G(1-u)} \qquad (6.4.29)$$

其中 q_{ij} 是节点 i 与节点 j 是 IBD 等价的概率。

引理 6.4.5　对于任意的 $0 < u < 1$ 和 $i, j \in G$，有

$$q^{(n+1)} = \frac{q^{(n)} - p^{(n)}/G(1-u)}{1-u} \qquad (6.4.30)$$

特别地，有

$$q^{(n+1)} = \frac{1 - 1/G(1-u)}{1-u} \qquad (6.4.31)$$

随机选择替代的两个节点的期望 IBD 概率为

$$\bar{q} = \frac{1}{NuG(1-u)} \qquad (6.4.32)$$

对于非零的变异率，一个策略演化成功的准测为 $\langle x \rangle > 1/2$，由定理 6.4.1，该准则等价于(6.4.13)式。

对于 BD 更新规则，条件(6.4.13)式变为

$$(1-u)\langle \frac{\partial}{\partial \delta} \frac{f_0}{\sum_{j \in G} f_j} \rangle_{s_0=C}^{\delta=0} - \langle \frac{\partial}{\partial \delta} \sum_{i \in G} \frac{w_{i0} f_i}{\sum_{j \in G} f_j} \rangle_{s_0=C}^{\delta=0} > 0 \qquad (6.4.33)$$

由该条件可得

$$f^{(0)} - f^{(1)} - u(f^{(0)} - \bar{u}) > 0 \qquad (6.4.34)$$

其中 $\bar{u}$ 是所有节点的平均支付（每个节点的期望支付由(6.3.3)式确定），可由下式确定

$$\bar{u} = (-c + b)(1 + \bar{q})/2 \qquad (6.4.35)$$

再由(6.4.17)式，可以得到下面的定理。

定理 6.4.6　在一个加权且节点对称的网络 G 上所做的囚徒困境博弈，如果采用 BD 更新规则，变异率 $0 < u < 1$，则对于充分小的 $\delta > 0$ 合作受到青睐（$\langle x \rangle > 1/2$）的充分必要条件为

$$-c[1 - q^{(1)} - u(1 - \bar{q})] + b[q^{(1)} - q^{(2)} - u(q^{(1)} - \bar{q})] > 0 \qquad (6.4.36)$$

对于由(6.4.25)式所描述的一般博弈，对于充分小的 $\delta > 0$ 策略 C 受到青睐的充要条件是 $\sigma R + S > T + \sigma P$，其中

$$\sigma = \frac{1 - q^{(2)} - u(1 + q^{(1)} - 2\bar{q})}{1 - 2q^{(1)} + q^{(2)} - u(1 - q^{(1)})} \qquad (6.4.37)$$

对于特定的网络，$q^{(n)}$ 和 $\bar{q}$ 的值可以由引理 6.4.5 来确定。

对于 DB 更新规则，条件 (6.4.13) 式变为 $f^{(0)} > f^{(2)}$，由 (6.4.17) 式和 (6.4.10)，有如下的定理。

定理 6.4.7　　在一个加权且节点对称的网络 G 上所做的囚徒困境博弈，如果采用 DB 更新规则，变异率 $0 < u < 1$，则对于充分小的 $\delta > 0$ 合作受到青睐（$\langle x \rangle > 1/2$）的充分必要条件为

$$-c(1 - q^{(2)}) + b(q^{(1)} - q^{(3)}) > 0 \qquad (6.4.38)$$

对于由 (6.4.25) 式所描述的一般博弈，对于充分小的 $\delta > 0$ 策略 C 受到青睐的充要条件是 $\sigma R + S > T + \sigma P$，其中

$$\sigma = \frac{1 + q^{(1)} - q^{(2)} - q^{(3)}}{1 - q^{(1)} - q^{(2)} + q^{(3)}} \qquad (6.4.39)$$

§6.5　策略与网络结构的协同演化

之前我们都是在网络结构给定的情况下讨论的。对于给定的网络结构和更新规则，我们可以得到一个参数 σ，由它可以确定某一个策略能否得到自然选择的青睐。然而，博弈的参与人都是适应性主体，他会在与其他个体相互作用的过程中不断地学习和积累经验，并由此决定下一步该做什么、是否改变交往的对象、交往的频率以及该与哪些个体交往。这个不断学习的过程使得个体的策略和网络的结构相互反馈和协同演化。

本节主要介绍 Pacheco et al. (2006a, 2006b) 的工作。

6.5.1　AL 动力学与合作演化

设网络的规模为 N，每一个节点或者被类型 A 个体或者被类型 B 个体占据，其数量分别为 N_A 和 N_B，且 $N = N_A + N_B$。两个个体之间有边相连意味着他们之间存在着相互作用。每一条边的形成速率和寿命是不同的，它取决于个体的类型。分别记 N_{AA}，N_{AB}，N_{BB} 为类型 A 节点之间，类型 A 节点与类型 B 节点之间和类型 B 节点之间所有可能的连接数，则有 $N_{AA} = N_A(N_A - 1)/2$，$N_{AB} = N_A N_B$，$N_{BB} = N_{BB}(N_{BB} - 1)/2$，它们可以统一地写成：

$$N_{ij} = \frac{N_i(N_j - \delta_{ij})}{1 + \delta_{ij}}, i, j = A, B \qquad (6.5.1)$$

设每一个节点都有主动构建新连接的倾向性（propensity），其大小取决于节

点的类型,分别记为 α_A 和 α_B,则类型 i 节点与类型 j 节点有边连接的概率为 $\alpha_i\alpha_j$。设类型 i 节点与类型 j 节点之间的边的死亡率为 γ_{ij},则其平均寿命为 $\tau_{ij} = (\gamma_{ij})^{-1}$。设 $X_{ij}(t)$ 为在时刻 t 类型 i 节点与类型 j 节点之间存在的"活边"(active linking,简记为 AL)数,则有如下的 AL 动力学方程

$$\frac{\mathrm{d}X_{ij}}{\mathrm{d}t} = \alpha_i\alpha_j(N_{ij} - X_{ij}) - \gamma_{ij}X_{ij} \tag{6.5.2}$$

其均衡解为 $X_{ij}^* = N_{ij}\phi_{ij}$,其中 $\phi_{ij} = \alpha_i\alpha_j/(\alpha_i\alpha_j + \gamma_{ij})$ 表示活边的比例。

接下来继续考虑网络上的博弈,设博弈的支付矩阵 M_{ij} 为

$$\begin{array}{cc} & \begin{array}{cc} A & B \end{array} \\ \begin{array}{c} A \\ B \end{array} & \begin{pmatrix} a & b \\ c & d \end{pmatrix} \end{array} \tag{6.5.3}$$

在主动连接动力学的均衡处,类型 A 和 B 个体的平均适应度为

$$f_i = \sum_j M_{ij}\phi_{ij}(N_j - \delta_{ij}) \tag{6.5.4}$$

必须指出的是,式(6.5.4)所描述的适应度与如下的模型等价:N_A 个 A 策略个体与 N_B 个 B 策略个体在完全连接图中以 $M'_{ij} = M_{ij}\phi_{ij}$ 为支付矩阵的博弈。也就是说,问题可以转化为考虑如下支付矩阵的经典意义上的演化博弈:

$$\begin{array}{cc} & \begin{array}{cc} A & B \end{array} \\ \begin{array}{c} A \\ B \end{array} & \begin{pmatrix} a\phi_{AA} & b\phi_{AB} \\ c\phi_{AB} & d\phi_{BB} \end{pmatrix} \end{array} = \begin{array}{cc} & \begin{array}{cc} A & B \end{array} \\ \begin{array}{c} A \\ B \end{array} & \begin{pmatrix} a' & b' \\ c' & d' \end{pmatrix} \end{array} \tag{6.5.5}$$

下面考虑关于 A 与 B 频率的演化动力学。假设 AL 动力学模型的时间标度为 T_a,与策略更新相关模型的时间标度为 T_s。

当 $T_a \ll T_s$ 时,AL 过程要比每个节点策略更新过程快得多。这实际上意味着,相对于策略更新的过程来说,AL 能够更快地进入平稳状态。这样 AL 的平稳状态决定了每个个体的平均支付和平均适应度。于是,策略演化可以视为是在一个由 A 和 B 组成的充分混合的种群(完全图)中以 $M'_{ij} = M_{ij}\phi_{ij}$ 为支付矩阵的框架中进行的。

记

$$\chi = a' + 2b' - c' - 2d' = a\phi_{AA} + (2b-c)\phi_{AB} - 2d\phi_{BB} \tag{6.5.6}$$

则当 $\chi > 0$,有

$$a' + 2b' > c' + 2d' \tag{6.5.7}$$

于是,当 $N \gg 1$ 时,由(5.2.12)式,对于弱选择有 $\rho_A > 1/N$,即当 $\chi > 0$ 时自然选择将有利于策略 A。由于 $\phi_{ij} = \alpha_i\alpha_j/(\alpha_i\alpha_j + \gamma_{ij})$,故可以将 χ 写成

$$\chi = a\frac{\alpha_A^2}{\alpha_A^2 + \gamma_{AA}} + (2b-c)\frac{\alpha_A\alpha_B}{\alpha_A\alpha_B + \gamma_{AB}} - 2d\frac{\alpha_B^2}{\alpha_B^2 + \gamma_{BB}} \tag{6.5.8}$$

如果支付都是非负的,则 χ 是 γ_{AA} 的递减函数,同时却是 γ_{BB} 的递增函数,因此,如果使 AA 连接的寿命尽可能长同时让 BB 连接的寿命尽量短,则可以最大化策略 A 的成功演化。如果 $2b > c$,则 χ 是 γ_{AB} 的递减函数,这意味着长时间维持 BA 连接有助于策略 A 的成功演化。而当 $2b < c$ 时,短时间的 BA 连接有助于策略 A。

回到 (6.4.16) 式描述的囚徒困境,则有

$$\chi = (b - c)\phi_{CC} - (b + 2c)\phi_{CD} \tag{6.5.9}$$

因此有利于合作演化即 $\rho_C > 1/N$ 的条件 $\chi > 0$ 变为

$$\frac{b}{c} > 1 + 3 \frac{\phi_{CD}}{\phi_{CC} - \phi_{CD}} \tag{6.5.10}$$

引入参数

$$s = \frac{\phi_{CC} - \phi_{CD}}{\phi_{CD}} \tag{6.5.11}$$

当 $\phi_{CC} > \phi_{CD}$ 时,有 $s > 0$,它表示 CC 边相对于 CD 边的丰富度。因此,(6.5.10) 式变为

$$\frac{b}{c} > 1 + \frac{3}{s} \tag{6.5.12}$$

如果用边的诞生和死亡率来表示,上述条件变为

$$\frac{b}{c} > 1 + 3 \frac{\alpha_D(\alpha_C^2 + \gamma_{CC})}{\alpha_C \gamma_{CD} - \alpha_D \gamma_{CC}} \tag{6.5.13}$$

因此,收益—成本比的临界值是 γ_{CD} 的减函数同时又是 α_D 和 γ_{CC} 的增函数。显然,当 CC 边较 CD 边"长寿"时是有利于合作演化的,同时如果背叛者建立新边的速率较慢,则合作者也会有更大的机会幸存。有意思的是,当合作者建立新边的速率 α_C 处于某一个中间值的时候,上式右端的临界值会取一个最小值。事实上,这个最优的速率为

$$\hat{\alpha}_C = \alpha_D \frac{\gamma_{CC}}{\gamma_{CD}} \left(1 + \sqrt{1 + \frac{\gamma_{CD}^2}{\alpha_D^2 \gamma_{CC}}} \right) \tag{6.5.14}$$

图 6-16 显示了种群规模为 $N = 40$ 的 AL 动力学模型的结果。

图 6-17 的左边部分:类型 A(在囚徒困境中表示合作者 C) 个体位于内圈以蓝色圆点表示,AA 边用蓝绿色的线表示;类型 B(表示背叛者 D) 个体位于外部边沿并以红色圆点表示,BB 边用灰色线表示;AB 边由红线表示。对应于不同的 N_A,可以得到不同的稳态结果,其中 $N_A = 10$(上),$N_A = 20$(中) 和 $N_A = 30$(下)。从完全连接出发,然后依照以下参数来建立新边或去除旧边:$\alpha_D = 0.4$,$\gamma_{CC} = 0.2$,$\gamma_{CD} = 0.8$,$\gamma_{DD} = 0.3$,然后由 (6.5.14) 式得到 $\hat{\alpha}_C \approx 0.56$。最后得到活跃边的比例分别为 $\phi_{CC} = 0.61$,$\phi_{CD} = 0.62$ 和 $\phi_{DD} = 0.35$。

图 6-16 的右边部分，是网络处于稳定位形时的度分布，其结果是在 1000 次样本的基础上做的平均。红柱图是类型 B 个体的度分布，蓝柱图是类型 A 个体的度分布，而灰柱图是蓝色和红色分布的加总。当 N_A 增加时，与类型 A 个体连接的平均数也随之增加，正如所预期的，AA 连接和 AB 连接的比例由前面所选择的参数所决定。

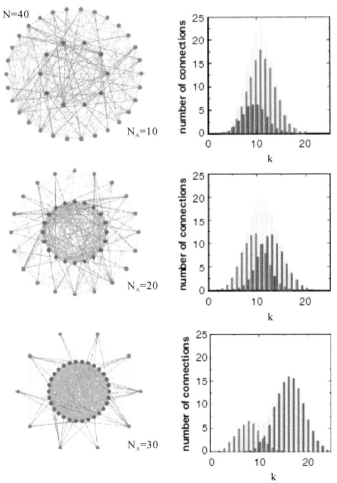

图 6-17   种群规模为 N = 40 的 AL 动力学模型的演化结果[①]

对于由（6.4.16）式所描述囚徒困境而言，可以转化为在完全连接网络讨论

———————

① 详见书后移图。

如下形式的博弈：

$$
\begin{array}{cc}
 & \begin{array}{cc} \mathrm{C} & \mathrm{D} \end{array} \\
\begin{array}{c} \mathrm{C} \\ \mathrm{D} \end{array} &
\begin{pmatrix}
(b-c)\phi_{CC} & -c\phi_{CD} \\
b\phi_{CD} & 0
\end{pmatrix}
\end{array}
\tag{6.5.15}
$$

当 $(b-c)\phi_{CC} > b\phi_{CD}$ 时，上式描述的博弈就转化为协调博弈（猎鹿博弈），其中合作与背叛均为严格的纳什均衡。

如果令 $r = (\phi_{CC} - \phi_{CD})/\phi_{CC}$，则当 $r > c/b$ 时就构成了猎鹿博弈，从而使合作成为无限种群中演化稳定的策略。这可以认为是又一个广义的 Hamilton 原理。

对于有限种群而言，存在一个非稳定的内点均衡

$$
\left(\frac{N_C}{N}\right)^* \approx \frac{(1-r)c}{r(b-c)}
\tag{6.5.16}
$$

当 $N_C/N > (N_C/N)^*$，自然选择将有利于合作。这意味着，AL 动力学机制为合作者铺平了道路。

如果在囚徒困境中取 $b = 2, c = 1$，则由图 6-16 中的参数可得到支付矩阵 $M'_{ij} = M_{ij}\phi_{ij}$ 中的各参数为：$a' = 0.60, b' = -0.22, c' = 0.44, d' = 0$。由这些支付值构成的猎鹿博弈，其不稳定的内点均衡为 $N_A/N \approx 0.58$。于是，当 $N_A/N > 0.58$，将有利于合作者最终占据整个种群。

总之，就像重复博弈的直接互惠机制一样，参与人可以通过选择构建新连接或去除旧连接的速率而将囚徒困境转化为猎鹿博弈，从而使得在合作成为严格纳什均衡。

6.5.2 复杂网络结构与策略的协同演化

在第五章我们讨论了成对比较过程，接下来我们将在此基础上结合 AL 动力学做进一步的讨论。

与之前的讨论一致，设 A 个体替代 B 个体的概率由 Fermi 函数所描述

$$
p = \left[1 + \mathrm{e}^{-\beta(f_A - f_B)}\right]^{-1}
\tag{6.5.15}
$$

而 B 个体替代 A 个体的概率则为 $1 - p = \left[1 + \mathrm{e}^{-\beta(f_B - f_A)}\right]^{-1}$。$\beta$ 反映了选择的强度，当 $\beta \to \infty$ 时，低支付的个体将必然会接受另一类型个体的策略。当 $\beta \ll 1$ 时，则回到频率依赖的 Moran 过程的弱选择的情形。

当 $T_a \ll T_s$ 时，AL 动力学过程要比节点的策略更新过程快得多。由于 AL 动力学过程很快，因此系统将不依赖于初始条件，并且很快就能达到稳态。由此我们可以运用第五章的结果，计算出 A 和 B 的固定概率 $\rho_A(k)$ 为

$$
\rho_A(k) = \frac{\mathrm{erf}[\xi_k] - \mathrm{erf}[\xi_0]}{\mathrm{erf}[\xi_N] - \mathrm{erf}[\xi_0]}
\tag{6.5.16}
$$

其中 $\rho_A(k)$ 表示当有 k 个 A 个体进入 B 种群并最终统治种群的固定概率，erf$[x]$ 表示误差函数。另外在 (6.5.16) 中，$\xi_k = \sqrt{\beta/u}(ku + v)$，其中 $u = (a' - b' - c' + d')/2, v = (-a' + b'N - c'N + c')/2$。对于 $u = 0$ 的情形，有

$$\rho_A(k) = \frac{e^{-2\beta uk} - 1}{e^{-2\beta uN} - 1} \tag{6.5.17}$$

上一节的讨论已知在快速 AL 动力学机制作用下因徒困境会转化为猎鹿博弈。如果我们讨论的是如下形式的铲雪博弈

$$\begin{array}{cc} & \begin{array}{cc} C & \quad\quad D \end{array} \\ \begin{array}{c} C \\ D \end{array} & \begin{pmatrix} b - c/2 & b - c \\ b & 0 \end{pmatrix} \end{array} \tag{6.5.18}$$

那么在 AL 动力学机制下，该博弈会转化为如下形式的博弈

$$\begin{array}{cc} & \begin{array}{cc} C & \quad\quad\quad D \end{array} \\ \begin{array}{c} C \\ D \end{array} & \begin{bmatrix} (b - c/2)\phi_{CC} & (b - c)\phi_{CD} \\ b\phi_{CD} & 0 \end{bmatrix} \end{array} \tag{6.5.19}$$

于是，当 $(b - c/2)\phi_{CC} > b\phi_{CD}$ 时，即 $2r > c/b$ 时，上式描述的博弈就成了合作占优的和谐博弈(harmony game)。在该博弈中，合作是唯一的演化稳定均衡。

通过比较因徒困境和铲雪博弈，可以发现，为使合作成为均衡，参数 r 的临界值是不一样的，铲雪博弈的临界值是因徒困境临界值的一半。

图 6-18 显示的是因徒困境和铲雪博弈在 AL 动力学机制下合作的固定概率与合作者的初始数量 N_C 之间的关系，具体的参数为 $\beta = 0.1, \alpha_C = \alpha_D = 0.4, \gamma_{CC} = 0.1, \gamma_{CD} = 0.8, \gamma_{DD} = 0.32, N = 100$。在图 6-18 上图中，因徒困境的支付参数取为 $b = 1, c = 0.5$，而图 6-18 下图中，铲雪博弈的参数取为 $b = 1, c = 0.8$。图中箭头所指的是初始合作者比例有 50% 的情形。虽然合作者的比例已经相当高了，但是在完全连接的网络中固定概率依然非常小，而在 AL 动力学机制作用下的稳态网络，合作者的固定概率就已经接近于 1 了。

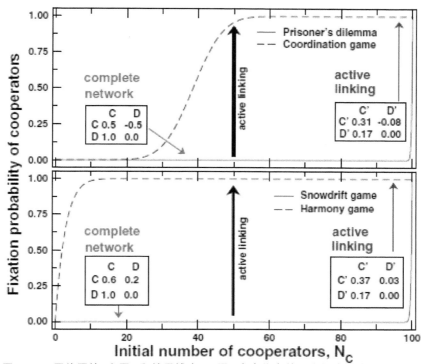

图 6-18　囚徒困境（上图）和铲雪博弈（下图）中合作者的固定概率与合作者的初始数量 N_C 之间的关系，红色实线表示完全连接网络的固定概率曲线，蓝色虚线表示快速 AL 动力学机制作用下的稳态网络的固定概率曲线①

接下来考虑另一种极端情形，即 $T_s \ll T_a$，此时因为策略更新要比网络 AL 过程快得多，所以可以将问题转化为静态网络中的策略更新演化过程。如果初始状态是完全连接图，那么（6.5.17）式仍然成立，只不过其中的参数是原来博弈矩阵 M_{ij} 中的支付值 a，b，c，d 而不是 a'，b'，c'，d'。如果初始状态是其他的拓扑结构，我们在以上几节中已经针对不同的更新规则和一些特殊的网络拓扑结构做了比较详细的讨论。

当 $T_a \sim T_s$ 时，这两种过程将会互相影响，从而导致网络结构与策略的协同演化。不过这时要想获得解析解是困难的，一般只能进行数值计算模拟。

图 6-18 显示了囚徒困境博弈中合作者的比例与 T_s/T_a 之间的关系，其中的参数除了选择强度 β 以外其他均与图 6-18 中的相同。在 T_s/T_a 的变化过程中 $T_s = 1$ 是固定的，而只让 T_a 变化。图中的囚徒困境转化为协调博弈（猎鹿博弈）后

———————————

① 详见书后彩图。

有一个不稳定的均衡点：$(N_C/N)^* = 4/11$。对于每一个 T_s/T_a，都经过了 100 次数值计算模拟，每次都是从 50％ 的合作者和完全连接图出发。图中的点是最终导致种群中所有成员都是合作者时的模拟次数占所有模拟次数（100 次）的百分比。在每一步，都以概率 $T_a/(T_s + T_a)$ 运用 Fermi 更新规则对策略进行同步更新，以概率 $T_s/(T_s + T_a)$ 执行 AL 动力学机制。在 T_s/T_a 取值的两端，数值模拟的结果与之前的理论结果相吻合，即在 $T_s/T_a < 0.01$ 时背叛占优势，而在 T_s/T_a 取较大值时合作占优势。然而，存在一个较大的范围，即 T_s/T_a 位于区间 $[0.01, 0.1]$ 内时，两种机制的交叉影响还是相当明显的。

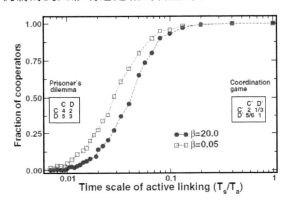

图 6-19　策略与网络结构的协同演化

综上所述，通过赋予个体拥有选择相互作用的对象、控制与其相互作用个体的数量和持续时间的权利或能力，哈佛大学演化动力学中心的 Pacheco 等学者引入了主动连接动力学机制（active linking dynamics）。当 AL 动力学过程要比策略更新过程快得多即 $T_a/T_s \ll 1$ 时，问题可以转化为完全连接网络的另一个博弈，例如囚徒困境博弈可以转化为猎鹿博弈，铲雪博弈可以转化为和谐博弈。随着 T_a/T_s 的增大，两种机制的互动导致静态网络的策略更新动力学与 AL 动力学进一步的交叉影响。理论分析和数值计算的结果表明，自利参与人拥有快速主动选择相互作用对象的权利会有助于实现参与人之间长期的合作。

本章结语

对于相互作用网络，每一个参与人占据一个节点，并且只与邻居进行博弈。这就意味着，除了博弈的支付矩阵以外，网络的结构也将成为均衡的影响因素。本章的研究表明，有些网络结构（如闭链）有利于合作策略的扩散，而有的结构

（如星状网络）则不利于合作的扩散。

对于一个混合有限种群，单个变异体的演化过程可表征为一个 Moran 过程，该过程对应着一个固定概率 ρ_M。给定一个网络结构 ρ_M，它也对应着一个固定概率 ρ_G。给定变异体的适应度，通过比较 ρ_M 和 ρ_G 的大小，可以看出网络结构对于自然选择的影响（抑制或放大）。等温线定理给出了一个网络结构与 Moran 过程等价的充分必要条件。

网络中博弈的演化动力学依赖于网络的更新规则。不同的更新规则对应于不同的马尔科夫过程。在给定对称博弈支付矩阵的条件下，某一个策略是否受到自然选择青睐取决于某一个参数 σ，该参数与网络结构和更新规则有关，但是与博弈的支付矩阵无关。根据这个单参数条件，便可以计算出对于给定的网络结构、更新规则和变异率，要想实现囚徒困境的合作均衡成本 —— 收益比所需要满足的条件。

假设博弈的参与人都是适应性主体，那么他就会在与其他个体相互作用的过程中不断地学习和积累经验，并由此决定下一步该做什么、是否改变交往的对象、交往的频率以及该与哪些个体交往。这个不断学习的过程使得个体的策略和网络的结构相互反馈和协同演化。对 AL 动力学模型的研究表明，参与人可以通过选择构建新连接或去除旧连接的速率而将囚徒困境转化为猎鹿博弈，从而使得在合作成为严格纳什均衡。假设参与人还有控制与其相互作用个体的数量和持续时间的权利或能力，那么博弈的最后结果取决于 AL 动力学过程与策略更新过程之间的相对速度。理论分析和数值计算的结果表明，自利参与人拥有快速主动选择相互作用对象的权利会有助于实现参与人之间长期的合作。

接下来，我们关注的问题是，在行为博弈实验中，人类成员会如何构建网络和选择策略。

下一章我们讨论网络上的行为博弈。

第七章　　网络上的合作与行为博弈

　　为什么在不相关的个体之间会涌现出合作?这至今依然是一个尚未完全得到解决的迷,所谓的"亲社会之谜"。Nowak(2007)提出了合作的五种机制,即亲缘选择、群体选择、直接互惠、间接互惠和网络互惠。前面四条途径我们在第一卷里做了详细的介绍,最后的网络互惠机制我们在本卷前面的章节中也进行了详细的讨论。在关于这五种机制的讨论中,都出现了类似于 Hamilton 原则的合作准则:只要亲缘系数、近交系数、贴现因子、辨识概率或节点的度大于成本收益比 c/b 就可以在各自的机制中实现合作。

　　完全理性经济人的行为是简单的,因为他们只是一个个遵循刺激 — 反应机制的效用最大化者,与遵循各种最大最小原理的物理质点的行为没什么差别 —— 这正是新古典经济学的分析力学类比的原因。

　　然而,真实的人类个体是有限理性的,他们之间不仅存在理性实现程度的差异,而且他们的偏好会受到所处情境的影响从而形成因人而异的不用形式的效用函数。人类的行为并不是被动地受到情境的影响,他们还会主动选择和改变情境并进而影响社会网络的结构。将情境网络化,然后观察人类个体在真实网络中的行为以及人类行为对网络结构的影响,这是近年来学术界研究的一个热点。情境的网络化,意味着情境的多维度展开:首先是网络的结构以及个体在网络中的位置(如结构洞、核心或边缘等);其次是邻居的数量、类型和边的权重等;最后是个体策略和网络结构的协同演化动力学机制。

　　因此,依据假设建立的模型虽然预测了主体之间基于社会结构或者社会网络的局部互动有助于合作的涌现,但是这些模型是否能够预测处于真实情境中人们的行为选择和均衡结果则需要实验的验证。

　　行为博弈实验试图弄清楚的问题是:人类成员在网络中是否如理论研究中所假设的或所预测的方式决策?人们在网络环境的博弈过程中是否会涌现出与理论相一致的结果?等等。

　　本章我们讨论网络上的行为博弈实验,希望以此既能加深对于人类行为复杂性的认识,又能检验已有理论模型的现实适用性(Kirchkamp et al. 2007)。

§7.1　网络上的协调博弈

本节聚焦于与猎鹿博弈相关的协调博弈的一些实验工作。我们先简单回顾相关的理论结果,然后再介绍实验结果(Kosfeld,2004)。

7.1.1　理论分析

先考虑如下形式的协调博弈

$$
\begin{array}{cc}
& \begin{array}{cc} A & B \end{array} \\
\begin{array}{c} A \\ B \end{array} & \begin{pmatrix} a & b \\ c & d \end{pmatrix}
\end{array}
\tag{7.1.1}
$$

其中 $a > d$ 并且 $a - c \leqslant d - b$。这实际上就是一个猎鹿博弈,该博弈有两个纯策略纳什均衡 (A, A) 和 (B, B),其中 (A, A) 是支付占优的均衡。该博弈还有一个不稳定的混合策略均衡,其中选择策略 A 的概率为

$$
x^* = \frac{d - b}{a - b - c + d}
\tag{7.1.2}
$$

由于 $a - c \leqslant d - b$,因此有 $x^* \geqslant 1/2$,故策略 B 是风险占优的均衡。

对于上述形式的协调博弈而言,一个非常重要的问题就是均衡的选择,即是选择支付占优的均衡 A(称之为效率均衡)还是选择风险占优的均衡 B(称之为非效率均衡)。如果博弈的双方缺乏信任,那么实现的往往是规避风险的非效率均衡[①]。

一些重要的研究涉及网络结构对于均衡选择的影响,其中参与人被允许可以选择博弈交往的对象,然后观察是否能形成有利于实现效率均衡的网络结构。

Ellison (1993) 和 Morris (2000) 分析了局部交往网络在 2×2 的协调博弈策略扩散中所起的作用。例如,对于圆环网络,每个参与人只与两个邻居交往。他们考查了在该类网络中博弈是如何收敛于风险占优的非效率均衡的。类似地,Blume (1993) 和 Kosfeld (2002) 证明了在一个 d 维格点网络中协调博弈会收敛于非效率均衡。

与此相对照的是,Ely (2002) 和 Bhaskar et al. (2002) 的研究表明,一旦参

---

① 对于这一点,在第一卷第二章中曾经以巴伦布尔农民的信任博弈为例详细地做了讨论。

与人可以选择交往的对象，那么结果就会不一样。他们设置了一些位置，其中参与人可以在这些位置相遇并进行协调博弈，并且在每一回合参与人同时选择位置和策略。在这些条件下，风险占优均衡的选择优势被减弱，种群更有可能通过协调收敛于效率均衡。这是因为，参与人有了选择的自由，因此他们会避免与非效率策略的参与人交往而选择与采用效率均衡策略的参与人交往。Mailath et al.（2001）认为，避免劣匹配（即与背叛者交往）对于效率均衡的实现是非常关键的。

　　然而，即使有选择博弈参与人的自由，仍然需要面对一个问题：建立新的连接是需要花费成本的。这样，就很自然地产生了新的问题：当迁移或构建连接需要成本时哪一个均衡会被选择？Goyal et. al.（2003）朝这个方向做了理论的探索。他们发现，与其他参与人构建连接所需要的成本对于均衡选择起着决定性的作用，尽管这有点违背直觉。如果成本足够高，参与人将会协调到效率均衡。相反地，低成本则会导致非效率均衡。Droste et al.（2000）考虑了一个类似的随机学习模型，其中参与人坐落在一个圆环上，他们可以与其他参与人建立连接，但是与较远的参与人建立连接的成本也较高。他们的工作表明，在这样的假设下，其动态过程的中期行为将收敛于一个吸收态，其中策略 A 与 B 共存。但是，如果存在发生错误的小概率，那么长期来说风险占优均衡将成为唯一的随机稳定状态。

　　Tomassini et al.（2010）运用数值模拟的方法研究了社会网络中协调博弈的演化。他们的研究结果表明，社会网络的集聚效应尤其是社团结构对于促进社会有效结果具有正面的作用。

　　Buskens et al.（2015）研究了支付和网络结构是如何影响效率均衡的实现的。他们对由 2 至 25 个行动者组成的 10^5 个网络进行了广泛的模拟分析，其结果表明网络拓扑结构的重要性被局限在支付空间的某一有限子集中。在该子集中，如果网络密度较大、网络的中心化程度较高和网络的碎片化程度较低，那么支付占优的均衡会更频繁地被选择。更进一步地，行为异质性的持存与网络密度没什么关系而与网络的中心化程度和碎片化程度有关：网络的中心化程度越高同时碎片化程度越低则其行为的异质性就越有可能持续存在。

　　总之，在一个充分混合的种群里，不论是支付占优还是风险占优的均衡都是演化稳定的，至于哪一个均衡会实现则取决于匹配的随机性、噪声和策略更新规则。在圆环中，长期来看风险占优的均衡更有可能是稳定的状态，尽管当参与人模仿邻居中的最优者以及邻居规模较大时支付占优的均衡也有可能会实现。在网格和复杂网络中，则既有可能实现单态均衡（全是 A 或者全是 B）也有可能实现双态均衡（A 和 B 共存）。

7.1.2　行为实验分析

关于协调博弈的实验研究一直以来受人关注[1]。Keser, Ehrhart 和 Berninghaus(1998) 第一次关注了在协调博弈中网络的作用,并给出了实验研究结果。在他们的实验中,他们基于 Ellison (1993) 和 Morris (2000) 提出的机制研究了局部相互作用的影响。不过他们做了两种不同的处理。在局部交往的处理组,八个参与人组成一个圆环,然后与邻居做 20 个回合的协调博弈。结果作者们发现,正如理论所预测的,博弈收敛于风险占优的纳什均衡。在对照处理组,则三人组成封闭的小组(其规模恰好与局部交往处理组的邻居规模相同),结果发现博弈收敛于效率均衡。这个结果与 Van Huyck et al. (1990) 在小规模组群中所做的类似实验的结果相吻合。在接下来的工作中,Berninghaus, Ehrhart 和 Keser (2002) 将他们的结果放在一个更一般的框架中进行考察。他们对模型做了两方面的修正:(1) 在网络协调博弈中调整了支付函数以降低效率纳什均衡的风险;(2) 对决定参与人局部互动的邻居结构做了修正。结果表明,如果效率纳什均衡的风险变小,那么圆环中的种群在大多数情形下都会收敛于效率均衡。对于邻居结构的影响,作者们做了两种处理。在两个处理组中每个参与人都有四个邻居,所不同的是邻居的结构:在第一种处理组中参与人位于圆环上,而在第二种处理组中参与人则位于二维网格中。作者们发现,在网格中更有可能收敛于风险占优均衡。由于在两种处理组中被试所获得的实验说明是完全一致的,在试验过程他们并不明白真实的邻居结构,因此这样的一个结果颇耐人寻味。作者们提供的一种可能的解释是:对在网格中博弈的个体行为的观察显示,它比圆环更具变化性和不确定性,其结果是网格中的个体会更倾向于选择风险占优均衡。

Boun My, Willinger, and Ziegelmeyer (2001) 也分析了网络对于均衡选择的影响。与 Keser et al. (1998) 的背景相类似,他们比较了全局交往和局部交往下的重复 2×2 协调博弈,其中的支付矩阵略有不同,用以区分非效率均衡的风险占优程度。与 Keser et al. (1998) 相对照的是,他们固定的是种群的规模而不是邻居的规模:在每一个处理组中都有 8 个参与人。尽管在局部互动中作者们发现风险占优度对于非效率均衡的选择倾向会有预期中的影响,即在风险占优度越高的协调博弈中 —— 此时支付占优的吸引盆缩小了 —— 参与人会越倾向于选择非效率均衡,但是在全局互动中却没有观察到风险占优度的这种影响。在局部互动中,参与人在第一回合选择的策略(支付占优的策略)具有决定性的作

---

[1]　Ochs(1995) 对于早期这方面的工作做了一个较为详细的综述。

用。在全局互动的情形，稳定状态一般会位于初始状态的吸引盆中。更进一步地，交往的结构本身似乎在博弈过程的收敛中并没有显著的影响。特别地，与Ellison（1993）基于噪声最优反应动力学分析所预测的结果不同，作者们并没有发现在圆环的局部互动中参与人会像全局互动中那样采取近视最优反应规则，而是更倾向于选择模仿规则。

Corbae 和 Duffy（2002）考察了由四个参与人构成的组群在不同的交往结构中的协调博弈，这些交往结构包括全局互动（即完全连接网络）、局部互动（圆环网络）和匹配互动（两个参与人一组）。不管在那种情形，在每个小组内被试都要进行 10 个回合的协调博弈，其中效率均衡同时也是风险占优的，即 $a-c \geq d-b$。除了一个小组之外，其他小组的博弈都收敛到了效率均衡。10 个回合之后，被试面临新的博弈结构，此时非效率均衡是风险占优的。该博弈同样进行 10 个回合。基于之前 10 个回合的经验，一个基本的假设是如果没有参与人被强迫要选择非效率均衡策略，那么大家会依然继续采用效率均衡。实验的观察结果证实了这个假设（包括全局互动的三个小组和局部互动、匹配互动的两个小组）。另外，如果有某个参与人被强迫选择非效率均衡策略，那么可以预期博弈在局部互动和匹配互动中将收敛于非效率均衡，而在全局互动中则很少会这样。同样地，实验的数据证实了这一点。

Corbae et al.（2002）还进一步讨论了如下的问题：如果参与人可以选择交往对象的话会形成什么形式的网络？仍然以四个被试为一组，他们首先在一个外生给定的网络（上述三种互动模式）中先进行 5 个回合的博弈，然后他们可以在其余三个被试中自由选择博弈对象，假设双方同意，则他们之间会生成一条边并进行协调博弈。这样的程序重复四次。不过，这个研究还是初步的，因为从实验的结果看似乎并没有涌现出稳定的网络结构。作者认为，要想获得更深刻的洞见，还需要进一步的实验。

Cassar（2007）比较了三种不同类型的网络对于均衡收敛的影响，这三种网络分别为局部互动网络、随机网络和小世界网络。假设小世界网络中的重连概率为 p，则当 $p=1$ 时就是随机网络，当 $p=0$ 时就是局部互动网络（圆环）。当 p 很小时，小世界网络具较高的集聚性和较小的平均距离，圆环具有较高的集聚性但不具有小世界的特点，而随机网络虽然也有小世界的特点但是却具有较低的集聚性。高集聚性意味着类似于封闭组群内的相互交往，而小世界则意味着参与人的行为更易传播。

实验中，Cassar 考虑了规模为 18 的组群，这个规模远远大于之前介绍的实验规模，因此其结果应该更具解释力。每一个组群的被试按照上述三种网络结构的方式交往，然后进行 80 个回合的协调博弈。结果显示，在小世界网络中被试几乎总是收敛于效率纳什均衡,而在其他网络中这个比例要小一些(仍然达到了60% 左右)。更进一步地,在小世界网络中收敛于效率均衡的速度要快得多。这个结果符合经验直觉。

7.1.3　网络的拓扑效应

如前所述,真实的社会网络具有 Ganovetter 型的团块特点,即社团之间的弱连接保持网络的连通性,而社团内部则是强连接. Roca et al.(2010)基于真实的网络(西班牙某大学的 e-mail 网络)对于诸社会困境博弈(和谐博弈、囚徒困境、猎鹿博弈和铲雪博弈等)进行了数值模拟计算,其中的一个结果是,在相当大的参数范围内存在着协调失败,即在协调博弈中此类网络并不会有助于种群通过协调而收敛于某个特定的均衡。

通过对社会网络拓扑结构的详细分析,作者认为协调失败的原因在于其中观结构(mesoscopic structures)。具体地说就是,社团之间的弱连接构成了阻碍支付占优的效率均衡策略向整个网络扩散的瓶颈或拓扑陷阱(topological traps),它们导致了信息流的不畅。这样一种中观结构的关键在于存在着一些与有较高连接度节点相连的节点,这些节点一般不太会存在模仿它们策略的邻居,并且由于不存在冗余的连接,因此很难避开这样的拓扑陷阱。事实上,Buskens et al.(2015)的研究几乎穷尽了各种小规模的网络,我们前面曾经提到的一个结果是:网络的中心化程度越高同时碎片化程度越低行为的异质性(即协调失败)就越有可能持续存在。这一结果与拓扑陷阱假设相吻合。

网络的拓扑结构到底是如何影响现实中人类成员的均衡选择的以及现实中的人类成员是如何更新策略的?是否真的存在着所谓的拓扑陷阱?对于此类问题,Antonioni et al.(2013)给出了较为详细的实验研究和理论分析。他们在实验中采用了两种网络,一种是随机网络而另一种则是社团化网络,其中各包含了20 个节点。如图 7-1 所示。

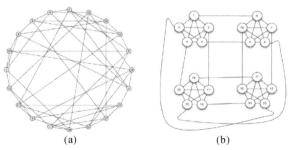

(a)　　　　　　　　　　(b)

图 7-1　实验中用到的两种拓扑结构的网络。(a) 随机网络;(b) 社团化网络

在图 7-1(a) 中,随机网络的每个节点的度为 5,它主要用来作为一个没有拓扑陷阱的基准的拓扑结构,其平均集聚系数为 0.15. 考虑两个这样的随机网络,分别记为 R_1 和 R_2,它们的不同点只是在于每个节点的编号不同。保持每个节点的度相同以及重新编号,这样做的目的是避免混淆网络拓扑结构效应和节点位置之间的区别。

在图 7-1(b) 中,社团化网络中的每个节点的度也是 5 且与社团内其他四个节点强连接,而社团之间则只有很少的连接(这些弱连接扮演者陷阱的角色),这样的一种结构是对 Roca et al. (2010) 介绍的拓扑陷阱假设的再构。该网络的平均集群系数为 0.6,远高于随机网络。对于社团化网络仍然采用两个版本,记为 C_1 和 C_2,两者的差异不过是编号不同而已。虽然在试验中使用的是随机化的网络,但是相较于之前的网络行为博弈,这些网络的局部结构更接近于真实网络。

在支付矩阵(7.1.1)中,取 $a=1,d=0,b=-1$,把 $c \in [0,1]$ 作为参数。此时混合策略均衡时支付占优策略 A 的频率为 $x^* = (2-c)^{-1}$。因此,c 越大,x^* 也越大,种群中策略 A 的吸引盆越小,因此风险也越大。运用数值模拟,根据之前大量实验室的实验数据,取 A 策略使用者的初始频率为 70%,然后让 c 在 0 与 1 之间变化,每个主体采用近视最优反应更新策略,结果发现当 $0.35 \leqslant c \leqslant 0.75$ 时,稳定状态的随机网络与社团化网络中 A 策略使用者的频率差达到最大值。也就是说,当 $0.35 \leqslant c \leqslant 0.75$ 时,两类网络的稳态之间的差异最大。因此,在以下的讨论取中间值 $c = 0.5$。在具体的实验中,为了将支付整数化,对原来的支付矩阵做一个不影响纳什均衡的仿射变换,考虑如下形式的协调博弈

$$
\begin{array}{cc}
 & \begin{array}{cc} A & B \end{array} \\
\begin{array}{c} A \\ B \end{array} & \begin{pmatrix} 5 & 1 \\ 4 & 3 \end{pmatrix}
\end{array}
\tag{7.1.3}
$$

此博弈的混合均衡为 $x^* = 2/3$,它并不是演化稳定均衡。

Antonioni et al. (2013) 基于式(7.1.3)的博弈在由图 7-1(b) 所示的社团化网络上做了大量的数值计算,其中每个参与人使用纯最优反应更新策略,模拟的起点是 50% 的 A 策略使用者。1000 次的重复模拟结果显示,有 90% 的模拟收敛到了风险占优均衡 B,其他的情形中有一个社团都是 A 策略使用者而其他社团则全部使用 B。

如果初始的 A 策略使用频率为 80%,则从未观察到所有参与人都使用 B 的均衡,在 96% 的时间里能观察到种群收敛到双态混合状态,而在 4% 的时间里会收敛于 100% 的 A 策略均衡。这意味着,在不考虑噪声和错误的某些情况下,弱连接确实"冻结"了某些社团内部的策略均衡。如果在模拟中允许在确定性的最优反应更新策略中以 10% 的概率犯错误,则在以上两种初始条件下,种群最终

都会收敛于100％的B策略均衡。这是因为,由于B策略的吸引盆更大,因此在允许噪声和错误的情况下,原来在纯最优反应更新策略下的双态均衡不再是稳定的。

在由图 7-1a 所示的正规随机网络上的模拟情况显示了不同的结果。如果采用纯最优反应策略更新规则和50％A策略的初始条件,则总是收敛于全是B的情形。如果初始条件是80％的 A 策略,则在92％的模拟中收敛于全是A,而在其他场合中会收敛于双态均衡。不过一旦将噪声考虑进来,则对于两个初始条件都会收敛于全是 B。

以上是数值模拟的结果,接下来的问题是,在实验室会有什么样的结果呢?

Antonioni et al. (2013) 进行了总共四组实验。在每组实验中,20 位被试分别在 R_1,R_2,C_1,C_2 中以一定的网络结构顺序各进行共 30 个回合的协调博弈[①]。每个回合又分为两个阶段。在第一阶段,被试必须在 A 和 B 中选择一个策略(为了避免字母中隐含的顺序,将这两个策略在实验中分别命名为"方"和"圆"),被试允许足够的时间来做出决策。在实验中的平均反应时间为 2 秒,这意味着被试能很快地决定选择什么策略。在第二阶段,被试通过屏幕观察他们自己的选择、选择每一种策略的邻居数量和自己所获得的收益。特别地,被试不会被告知邻居的收益以及每个邻居所选择的具体策略。这意味着排除了基于支付的模仿规则,因为被试并不能确认最成功的策略。

在经过 30 个回合的博弈之后,被试被告知还需要再进行三十个回合的博弈,不过他们的邻居以及邻居的邻居等会有变化。在试验过程中,被试并不知道网络的拓扑结构,但他们都知道每个被试都有五个邻居与其博弈。

图 7-2 显示了实验结束时选择效率均衡的被试比例。

图 7-2(a) 中可以看出,虽然效率均衡策略 A 均为两种拓扑结构下大多数被试的选择,但是在随机网络中选择A的参与人要比社团化网络中的多一点。不过对所有个体所做的 t 检验却并不能拒绝在两种拓扑结构中选择A的比例没有差别的原假设。但是如果观察实验进行时每个回合的情况,则由图 7-2(b) 所示,被试似乎一开始就明白支付占优的含义,其中选择风险占优均衡策略 B 的比例不超过 20％。以这么高比例的 A 策略使用者为初始条件,博弈将很快就收敛于几乎所有参与人选择 A 的均衡。

实验者所关注的问题是,被试是如何根据邻居的策略来做出反应的,也就是被试是如何使用策略更新规则的。图 7-3 显示了,当被试知道了在第 $t-1$ 个回合

---

①　这四组实验的网络结构顺序分别为:$C_1C_2R_1R_2$,$R_1R_2C_1C_2$,$C_1R_1C_2R_2$,$R_1C_1R_2C_2$。

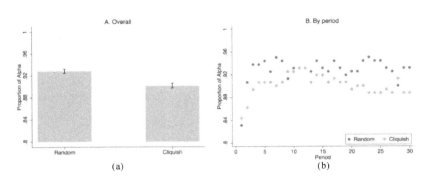

图 7-2 网络中选择效率均衡策略的频率。（a）所有实验结束时选择效率均衡；（b）每组实验 30 个回合后的汇总，横坐标表示实验进行的回合数，纵坐标为使用效率均衡策略的被试的比例

邻居选择策略 A 的频率时在第 t 个回合决定选择策略 A 的频率。图中可以看出，被试对于邻居选择的策略是比较敏感且是单调的，似乎两者的关系并不是线性的而是具有 S 型的曲线。接下来是要通过实验数据推断被试是否使用近视最优反应（myopic best-reply）策略。

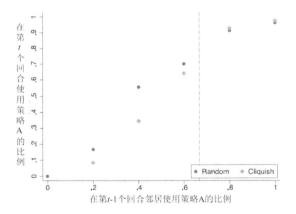

图 7-3 选择策略 A 的比例与邻居中使用 A 的频率之间的关系

给定在 $t-1$ 回合时邻居的策略组合，近视最优反应策略是指，在邻居的策略组合保持不变的情况下，在 t 回合选择针对邻居策略组合的最优反应策略。

记 $\bar{p}_{i,t-1}(A)$ 表示在 $t-1$ 回合参与人 i 的邻居中选择策略 A 的比例，$\sigma_{j,t}$ 为邻居 j 在 t 回合的策略，则有

$$\bar{p}_{i,t-1}(A) = |\,N_i\,|^{-1} \sum_{j \in \mathbf{N}_i} A_{j,t-1}, \text{其中} \ A_{j,t} = \begin{cases} 1, & \text{若} \ \sigma_{j,t} = A \\ 0, & \text{若} \ \sigma_{j,t} = B \end{cases} \quad (7.1.4)$$

其中 $|N_i|$ 表示 i 的邻居数(度)。

对于实验中所采用的支付矩阵(7.1.4),参与人 i 的条件期望效用为

$$E(\pi_{i,t} \mid \sigma_{i,t} = A) = 5 \times \overline{p}_{i,t-1}(A) + 1 \times [1 - \overline{p}_{i,t-1}(A)] = 4\,\overline{p}_{i,t-1}(A) + 1$$
$$(7.1.5)$$

$$E(\pi_{i,t} \mid \sigma_{i,t} = B) = 4 \times \overline{p}_{i,t-1}(A) + 3 \times [1 - \overline{p}_{i,t-1}(A)] = \overline{p}_{i,t-1}(A) + 3$$
$$(7.1.6)$$

因此,当前者大于后者,即当 $\Delta_{i,t} \equiv 3\,\overline{p}_{i,t-1}(A) - 2 > 0$ 时,选择 A 就是最优反应。图 7-3 中虚线的位置正是 $\Delta_{i,t} = 0$ 即 $\overline{p}_{i,t-1}(A) = 2/3$ 的临界点。

借用 Cassar(2007) 的术语,称 $\Delta_{i,t}$ 为支付优势(payoff advantage)。所谓的近视最优反应是指,当支付优势为正时就选择策略 A。

接下来的问题是,实验中的被试是否使用近视最优反应更新策略。

为此,Antonioni et al. (2013) 构造了一个与更新规则紧密相连的条件概率 $P\{\sigma_{i,t} = A \mid \overline{p}_{i,t-1}(A)\}$ 的统计回归模型,并基于该模型对"所有的被试均使用近视最优反应更新策略"这一原假设做了显著性检验。检验的结果是,原假设被拒绝了,即并不是所有的被试都使用了近视最优反应更新策略。这是因为实验结果所得到的模型中各参数的估计值与原假设条件下的参数值有显著的差异。

实验中还观察到了"锁定"(lock-in)的证据,即个体过去的选择与当下选择的关联性。这既可以解释为是惯性也可以解释为是某种不可观察的异质性(Berninghaus,2002)。在随机网络中,相比于第6至20回合,参与人在第1至5回合中很少选择 A 策略,而在社团化网络并没有出现这种现象。另外,四种拓扑结构的顺序对实验的结果并没有什么影响。

实验结果还显示了在社团化网络中参与人对邻居选择的敏感程度要略高于随机网络上的参与人。不过对于统计模型中各参数的假设检验表明,在两类网络中参与人的策略更新规则并能没有显著的差异,并且都没有使用近视最优反应更新策略。

通过实验数可以对统计模型中的各参数进行估计,然后再运用模型可以得到 $P\{\sigma_{i,t} = A \mid \overline{p}_{i,t-1}(A)\}$ 的理论预测值。实验结果表明,这一预测值与实际结果比较吻合,尤其是在社团化网络中吻合得更好。

Antonioni et al. (2013) 的研究表明,人类被试并没有使用近视最优反应更新策略,并且网络的拓扑结构对于种群中使用效率均衡策略的频率没有显著的影响,同时对于人类被试基于邻居行为的学习适应规则也没有显著影响。

值得指出的是,Roca et al. (2010) 所谓的拓扑陷阱假设并没有在实验中得到支持。社团之间的弱连接并没有成为在社团内部冻结非效率均衡策略 B 的瓶

颈，也没有阻止效率均衡策略跨越拓扑陷阱向整个种群扩散。对这种现象可以有多种解释。一种解释是，作为数值模拟计算中的人工主体（artificial agents），其策略更新规则是不存在噪声干扰的，并且所有个体都是同质的，而人类个体是会犯错误的，同时他／她也会在实验中通过各种手段尽可能多地获得有关邻居行为的知识。事实上，Roca et al.（2010）的规则是基于支付的模仿动力学规则，而在实验中被试并不会被告知邻居的具体支付。另外，在实验中，策略 A 一开始就是明显占优势的。不管其背后的心理原因或策略上的考虑是什么，这都使得策略 B 很难在社团中站稳脚跟。基于以上两点理由，理论上基于简单更新规则而导致的多态稳定状态在实验中很难持存。

　　有意思的是，在完全相同的网络上，Antonioni et al.（2013）的实验结果与理论模拟结果差别显著。前面曾经提到，在 A 策略使用者的初始条件为 85％ 的情况下，有：（1）大多数随机网络都会收敛于全都是 B 策略的均衡，有少数则会收敛于双态均衡；（2）大多数社团化网络收敛于双态，有少数会收敛于全是 A 策略的均衡。图 7-4 显示了在相同的初始条件（A 策略比例是 85％）下随机网络与社团化网络的 A 策略使用者比例之差。图中可以看出，近视最优反应策略所预测的结果与实验室的结果有显著差异，尤其是在第 11 个回合以后。运用实验观察数据可以概括出经验更新规则，然后运用该规则进行模拟。从图中可以看出，运用经验更新规则的模拟结果与实验结果比较吻合。

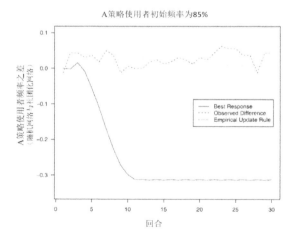

图 7-4　随机网络与社团化网络中 A 策略使用者比例之差，包括最优反应策略（实线），实验室实际观察到的差异和使用观察到的经验更新规则的模拟结果

　　虽然在理论上似乎支持协调博弈中的网络拓扑效应，但是最近的实验研究却表明对于人类成员这样的拓扑效应似乎并不显著。

更令人信服的结果还有待进一步的实验。

§7.2 网络上的囚徒困境

接下来考虑已经非常熟悉的囚徒困境。

对于像猎鹿博弈这样的协调博弈而言,双方有一个帕累托占优的均衡,双方之所以会陷入相互背叛的帕累托劣均衡的原因在于,一方面是因为双方缺乏信任,另一方面则是因为相互背叛是风险占优的。

在协调博弈中,虽然支付占优均衡的吸引盆要小于风险占优均衡的吸引盆,但支付占优均衡的吸引盆毕竟还是存在的,其测度是大于零的。然而,囚徒困境则面临着不同的语境:不存在支付占优均衡,唯一的均衡是相互背叛。如果说在猎鹿博弈中,合作均衡能否实现还存在着一个协调的问题,那么在囚徒困境中合作均衡能否实现的问题则完全不能从博弈本身来解决。

本节我们将先介绍关于网络上囚徒困境的一些理论结果,然后介绍行为博弈实验中的一些经验结果。

7.2.1 理论分析

Eshel et al.(1998) 的研究表明,假如种群中的个体之间有局部的相互作用并且有模仿成功策略的适应性,那么囚徒困境中的合作行为是可以存活的。正如我们在前面的章节里所提到的那样,合作成功的关键点在于合作者可以形成集丛。这样,合作者的正外部性就被限制在局部范围内,而被较远距离的背叛者"剥削"的可能性则大大降低了。

Nowak et al.(1992) 在平面格点网络上的研究颇为典型。

在平面网格中,每一格表示一个参与人,博弈的对象是周围的 8 个邻居,博弈矩阵为

$$
\begin{array}{cc}
 & \begin{array}{cc} \text{A} & \text{B} \end{array} \\
\begin{array}{c} \text{A} \\ \text{B} \end{array} & \begin{pmatrix} a & b \\ c & d \end{pmatrix}
\end{array}
\tag{7.1.1}
$$

假设有色格子表示策略 A 参与人,白色格子表示策略 B 参与人,图 7.1.1 显示了 5×5 网格中被圈住的焦点格子与 8 个邻居的支付。

网格上的博弈策略更新规则:在每一时刻,每个参与人都对自己和邻居的收益作比较,然后采纳收益最高者的策略。

在上述博弈的规则下,如果囚徒困境具有如下的形式

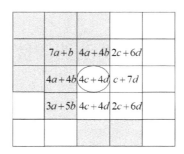

图 7-5   平面网格上的博弈,中间被圈住的焦点格子将被自己和邻居中收益最高者的策略替代

$$
\begin{array}{cc}
 & \begin{array}{cc} C & D \end{array} \\
\begin{array}{c} C \\ D \end{array} &
\begin{pmatrix} 1 & 0 \\ b & 0 \end{pmatrix}
\end{array}
\qquad (7.1.2)
$$

则在大规模的周期性网格中有如下的结果:

(1) 若 $b < 8/5$,则只有合作者集丛可以持续扩张;

(2) 若 $b > 5/3$,则只有背叛者集丛可以持续扩张;

(3) 若 $8/5 < b < 5/3$,则合作者和背叛者集丛都能扩张。

只要 $b < 8/5$,合作者将占据主导地位。如果 $b > 5/3$,背叛者将占主导地位。如果 $8/5 < b < 5/3$,两者将达到动态平衡。

在区间(1)和(2)中,合作者的数量依赖于初始条件,而在区间(3)中,在大部分初始条件下,都将收敛于合作者约占 30% 的格局,但实际上合作和背叛者格局一直都在变化,在足够大的阵列中,合作者的频率几乎是常数,即处于动态平衡。

Nowak(2006b)的数值计算模拟结果显示了非常丰富的演化过程,其中的部分结果如图 7-5 所示。

早期的研究中,参与人所处的网络都是外生给定的,而 Vega-Redondo(2006)则开始讨论网络的内生性问题,他们研究了网络上的无限次囚徒困境,其中参与人之间可以双向连接,即参与人之间连接的建立需要双方的同意。社会网络结构除了决定谁是博弈的对象以外,它还决定了相关的策略信息和新的合作机会是如何传播和扩散的。假设囚徒困境博弈的支付是随着时间波动的,Vega-Redondo 分析了成对稳定(pairwise-stable)的合作网络,其中两个参与人只有当双方都有激励通过连接实现合作时才会直接相连[①]。主要的结果

———————

①   关于成对稳定的概念由 Jackson 和 Wolinsky(1996)首先提出,具体的可参见 Goyal(2007)。

是,如果支付的波动性过大,参与人将只能维持一个稠密的社会网络,即拥有很多连接的网络。更进一步地,较高的支付波动会增加网络的粘聚性,即任意两个参与人之间的平均距离会随着支付波动性的增加而降低。

在第六章,我们已经探讨了网络上的博弈和演化,并给出了网络上合作演化受到青睐的条件。已有的研究表明,即使缺乏声誉效应和策略的复杂性,网络的"社会黏性"也会使合作作为重复交往的结果而获得演化优势(Nowak et al.,2006;Ohtsuki et al.,2006)。网络结构具有多样性,有的可以增进自然选择的强度而有的则可以减缓自然选择的强度,在某些场合,网络结构甚至可以完全决定基于频率依赖的选择过程的结果(Lieberman et al.,2005)。网络拓扑结构的异质性可以增进合作的繁荣(Santos et al.,2008),同时网络上的个体对于连接的适应性选择会影响行为类型的演化(Pacheco et al.,2006a,2006b)。

有两种理由支持认为网络结构有利于合作的演化。第一种理由是,关于社会困境博弈的很多理论模型都假设合作是有条件的,即只有当交往对象是合作者时才合作。在条件合作策略中最著名的也是在大量模拟中表现颇佳的是我们在第一卷中做了详细讨论的"一报还一报"(TFT)策略(Axelrod,1984)。当然,在模拟研究中还涌现出了其他有良好表现的条件合作策略,如"赢存输移"(WSLS)、"大度的一报还一报"(GTFT)等。在由多个参与人构成的种群中,条件合作策略中也包含了诸如"如果邻居中合作者的频率超过了某一阈值就合作,否则就背叛"的策略(Glance,1993;Watts,1999)。不管具体的规则是什么,这些结果对于网络的含义在于,当网络具有高集聚性时,即某个体的邻居之间也很有可能相互之间是邻居时,就可以相比于随机混合种群维持更高的合作水平。也就是说,频繁的局部相互作用可以让邻居们强化彼此的亲社会行为并能更好地抵制背叛策略的"入侵"。

第二个支持网络结构有助于合作的理由是,合作行为在网络中会"感染"(contagious)邻居。具体地说,如果条件合作者 A 的邻居大多数都是合作者,则 A 会有更多的合作行为,然后又会反过来激发其邻居更多的合作行为,这些邻居接着会激发他们的邻居的合作行为,从而导致网络中合作行为的级联阵发。也就是说,一个人的合作行为会感染到邻居的邻居的邻居。事实上,Fowler et al.(2010)就通过一系列行为博弈实验提出了人类行为在网络上的"三度影响"假设,即一个个体的合作行为会传染到三步距离之外的邻居。由于三步之外的邻居已超出局部交往的范围,因此社会"感染"机制是除了局部集聚机制以外的另一种有助于提高合作水平的网络特征。

尽管以上的理由似乎都支持网络互惠机制,然而依然存在着若干不同的观点。首先,由于条件合作具有两面性,因此即使无条件合作者能够从偏好交往和网络集丛效应中获益,它仍然可以很容易地导致背叛。这是因为,条件合作策略导致合作的前提是交往对象在初始时刻必须是合作的,而这是不一定成立的。交往对象初始时刻的背叛常常会导致作为条件合作者的邻居以背叛作为回应。因此,局部交往机制有利于合作的繁荣似乎并不是一个必然成立的命题。其次,感染机制意味着邻居之间必须具有相对"紧密"的耦合。例如,在协调博弈中,博弈双方都有比较清晰的激励来协调他们的行动以实现帕累托效率均衡。如果参与人甲选择了一个行动未能与邻居乙的行动协调,那么邻居乙会有一个明确的激励来改变行动以适应甲。如果乙改变了行动,那么乙的另一个邻居丙,虽然他没有与甲直接相连,也会改变自己的行动以适应乙。所以在协调博弈中,可以看出一个人的行动可以通过网络影响到非邻居。由于条件合作策略与背叛策略之间可以形成协调博弈(例如,"一报还一报"与"总是背叛"可以构成一个 2×2 的猎鹿博弈),因此直觉上似乎可以推断条件合作策略也可以通过网络形成这样的感染链。事实上,之前的研究正是从这样的直觉出发并试图证实这一点的(Fowler et al.,2010)。然而,在关于如何解决社会困境问题的理论研究中这一点似乎还没有得到清晰的印证。

除了理论以外,网络中博弈的模拟研究中关于网络结构对于合作水平影响的研究也未得到清晰一致的结论。例如,一些关于空间格点阵和一般网络上的社会困境博弈的模拟研究中,发现了一些网络结构影响合作水平的条件(Nowak et al.,1994;Eshel et al.,1998)。然而,需要指出的是,所有这些结果都涉及关于参与人行为策略的若干假设。由于可能的策略数是非常巨大的,并且条件合作策略的成功取决于其他与之交往的策略,因此从这些模拟研究中要得出真实人类成员是如何决策的似乎还远没有到下最终结论的地步。

为了弄清网络结构对于真实的人类成员在社会困境博弈中策略选择时的影响,学者们做了大量的行为博弈实验。

7.2.2　行为实验分析

Kirchkamp et al.(2001)为了验证 Eshel et al.(1998)所预测的局部相互作用和模仿有助于维持合作这一结果,运用一个类似于 Keser et al.(1998)所设计的对照实验(圆环和全局互动),研究了在重复囚徒困境实验中局部相互作用对于学习和策略行为的效应。根据理论预测,被试可以通过局部相互作用机制向邻居学习从而提高合作水平,然而实验发现在孤立组群内全局互动的被试要比在圆环中的被试有更高的合作率。当初始合作率为 30% 时,局部交往处理组的合作率会下降至 5% 以下,而在孤立组群对照组的被试中则基本上保持在原有的水平。这一结果是与理论预测结果相悖的。

Cassar(2007)也在实验中发现了在局部作用网络、小世界网络和随机网络中合作水平类似的下降现象，他的研究甚至发现这三种网络对于合作水平的影响并没有显著的差异。

对于上述现象的一种解释是，在网络中被试可能并没有像模仿机制所假设的方式学习。事实上，Kirchkamp et al.(2001)在两个处理组中均发现被试并不是通过模仿邻居中的最优者来学习的，因此圆环中使得合作存活的主要机制可能在实验室中并不起作用。进一步的分析似乎表明，主要的机制是对自己成功策略的正向强化。也就是说，在很多空间演化模型中被认为是驱动力的模仿，在实验中是一个可以忽略的因素。事实上，在实验中人们的行为是通过学习和在特定条件下策略行为的强化所驱动的。然而，就这一点并不能解释为什么被试会在封闭小组内有更高的合作水平。还有一种可能的解释是，正如 Axelrod 的模拟研究中所揭示的，在封闭组内与相同的邻居的重复交往更有利于条件合作策略（如"一报还一报"）的生存，而在圆环中因为邻居之间有交集，使得远处某个邻居的背叛也会通过网络影响到自己。不过，要想获得更为深刻的洞见，还需要实验的进一步深入和包括社会学、心理学和行为科学在内的多学科的交叉渗透。

Riedl et al.(2002)的实验已经考虑了 Vega-Redondo(2006)在理论研究中所关心的问题：被试进行重复囚徒困境的过程中网络的内生形成。在他们的实验中，六个被试一个组。在控制组中，所有被试位于一个完全连接的网络中，即每一个参与人都与组内其他每一位成员进行囚徒困境博弈。在对照组中，被试决定是否与其他成员建立连接，如果双方都同意则连接就被建立了。建立连接是不需要成本的，连接的双方进行囚徒困境博弈。如果对方拒绝连接，则双方得到一个外在的保留支付。被试必须用同一个策略与所有的邻居博弈。每一次都要进行 60 个回合的重复博弈。

Riedl et al.(2002)的实验是初步的，但是我们还是可以概括出一些有趣的结果。首先，内生性网络的合作水平要显著高于外生网络的合作水平。一旦初始合作水平不低于 50％，则在内生性网络中合作水平可以一直保持稳定直到最后一个回合，而在外生性网络中，则在最后五个回合会下降。其次，假如外在的保留支付介于纳什均衡支付与合作支付之间，并且每一个被试都能观察到其他被试的策略，则此时合作水平达到最大值。假设某些被试是条件合作者，则对于内生性网络中的被试，外在保留支付的值可以作为合作行为的一个信号装置。最后，合作者更愿意与前一回合的合作者建立连接，即使保留支付低于纳什均衡支付（拒绝与背叛者交往是有成本的）的时候也是如此。这最后一种情形表明被试宁愿得到更低的保留支付也要拒绝与背叛者交往，这可以理解为被试愿意付出成

本惩罚背叛者 —— 强互惠性行为。关于强互惠性对于种群合作水平的正向作用,Fehr 团队已做了大量的研究,我们在本研究的第一卷做了详细的介绍。

接下来,回到 Nowaket al.(1992) 在平面格点网络上的研究,更详细的结果可参见其专著《进化动力学》(Nowak,2006b).

在平面网格中,每一格表示一个参与人,博弈的对象是周围的 8 个邻居,策略更新规则为:在每一时刻,每个参与人都对自己和邻居的收益作比较,然后采纳收益最高者的策略。

为了验证 Nowak 等所做的理论模拟工作,Grujic et al.(2010) 设计一个平面格点上的行为博弈实验,网络结构的规模和设置尽可能接近于 Nowak 等做模拟时的情形。不过在实验中被试并没要求必须要按照某种更新规则来更新策略,因此他们的规则是未知的,而实验的一个目的就是要揭示人类被试的行为方式。

实验中,169 名自愿的被试位于一个 13×13 且具有周期边界条件的平面网格(类似于一个封闭圆环面)上匿名博弈。这在当时是规模最大的一个实验。事实上,实验的组织和成本会随着规模的增长而大幅增长,因此之前的实验相比之下规模都很小,像相近时间进行的实验规模只有 4×4(Traulsen et al.,2010)。网络的规模是一个比较重要的因素,因为据之前的研究推断导致合作涌现的机制主要是合作者集丛的出现,而这是需要一定的规模作保障的。

下面评述 Grujic et al.(2010) 的工作。

每一位参与人选择一个行动:合作 C 或背叛 D,然后与每一位邻居进行如下的囚徒困境博弈

$$
\begin{array}{cc}
 & \begin{array}{cc} C & D \end{array} \\
\begin{array}{c} C \\ D \end{array} & \begin{pmatrix} 0.07 & 0 \\ 0.10 & 0 \end{pmatrix}
\end{array}
\tag{7.2.1}
$$

其中支付矩阵中的数字单位为欧元。由于在对方背叛时自己选择合作和背叛所得的支付都是 0,因此这是一个弱囚徒困境。由于每一位被试都有 8 个邻居,因此被试的每一个行动所得的支付将是与所有邻居两两博弈后所得的支付之和。为了避免框架效应,合作与背叛分别被表述为蓝色和黄色,并且在关于博弈的描述中不会出现囚徒困境之类的术语。每一回合过后,被试会被告知他们邻居的行动和相应的支付信息。

整个实验包括三个部分:实验 1 部分;控制部分;实验 2 部分。在实验 1 部分,每一位被试自始至终都处于格点中的同一个位置。在控制部分,则在每一轮过后都重新"洗牌",即给所有被试重新安排位置。在实验 2 部分,每一位被试依然被固定在某个位置,当然与实验 1 所处的位置可能会不同。被试可以通过屏幕看见上一回合邻居的行动和支付。在控制部分,本回合的邻居会不同于上一回合的邻

居,因此有关邻居行动和支付的信息只具有极弱的参考价值。被试对于实验的设计充分知情,每一部分进行的回合数为 40 到 60 之间的一个随机数。这样设计的一个原因是要让被试不知道博弈什么时候结束,这样他们就无法使用逆向归纳法来推断。在实际的实验过程中,三个部分的回合数分别为 47,60,58.

实验者关心的问题有以下几个。

问题 1:实验的不同部分对整体合作水平的影响是否有显著差异。

在实验的过程中,整体的合作水平也会发生变化。图 7-6 显示了在实验三个部分中随着博弈的进程合作水平的变化情况。在实验 1 部分,初始的合作水平相当高,达到了 50% 以上,不过随之很快就发生衰减,在大约 25 轮之后到达一个相对较低的水平。在控制部分,初始合作水平很低,并且始终围绕着 20% 左右波动。这意味着,在控制部分,被试意识到随时变换的邻居使得以合作换取合作来实现较高合作水平的努力是徒劳的。在实验 2 部分,初始的合作水平略低于实验1 部分,但要高于控制部分。这意味着,在经历了控制阶段的低合作水平之后,到实验 2 部分,参与人试图通过一开始的"善意"来实现更高回报环境的意愿有所降低,但是仍然要比控制部分的初始合作水平要高。这或许可以说明两点:第一,交往对象是否固定对于参与人的初始预期是有影响的(当交往对象固定时参与人对于合作的回报会有较乐观的预期,否则会有较悲观的预期);第二,在实验进行的过程中伴随着参与人的学习过程(实验 2 部分相对于实验 1 部分较低初始合作水平可以视为是对控制部分实验数据学习的结果)。

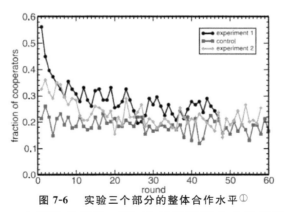

图 7-6　实验三个部分的整体合作水平 ①

不过,在图 7-6 中可以看到另一面,这就是不管在实验的哪个部分,初始阶段合作水平的差异都只是暂态,随着博弈的进程,它们很快就会趋于一个大致相

---

①　详见书后彩图。

同的水平:低但不等于零。这意味着一个有点令人失望的结果:格点网络中是否存在固定的邻居对于参与人的渐近行为几乎没什么影响。

相对于 Traulsen et al. (2010) 的实验结果,Grujic et al. (2010) 的上述结果应该更接近于人类成员真实的博弈结果。这是因为,后者的实验规模更大,而且博弈的回合数更多从而可以观察到平稳的渐近结果 —— 事实上前者并没有观察到最后的平稳结果。

问题 2:是否采用"模仿最优者"策略。

在 Nowak et al. (1992) 的模拟研究中,有一个关于行动更新策略的重要假设,即每一个回合过后,主体都会模仿邻居中支付最高者的行动。因此,实验的一个目的就是检验人类成员在实验过程中是否也采用了相同的更新策略。为此,Grujic et al. (2010) 在一个 13×13 的网格中运用与 Nowak 等相同的更新规则对由 (7.2.1) 式所描述的囚徒困境做了模拟计算。从模拟的结果上来说,整体合作的渐近水平要么接近于 0 要么接近于 1,具体结果依赖于初始条件。在实验中观察到的渐近合作水平未曾在模拟中出现。

实验结果与模拟结果之间的差异似乎拒绝了人类成员使用"模仿最优者"策略的假设。为了检验这一点,需要分析参与人依据之前行动的行为和他们的邻居在下一阶段的行为,并检验在实验中模仿究竟在多大的程度上起作用。为此,实验者计算了可以被解释为模仿最优者的行动比例,发现在实验1和实验2中这个比例分别为 0.7149 和 0.7687。这个比例看上去较高,但是由于每个参与人只有两个行动可以选择,因此这样的结果也很有可能纯粹是因为机会"碰巧"而已。为了验证这一点,研究者们采用非参数自助方法对原假设"被试随机选择行动"进行了显著性检验。结果发现 p 值分别为 0.425 和 0.282,也就是说,实验的结果不具备"显著性",因此无法拒绝原假设,即不能据此就认定实验中被试是采用了"模仿最优者"策略,尽管这样做会导致在统计学中被称为"纳伪"的第二类错误。

问题 3:实验中参与人的策略。

为了弄清实验中的被试到底采用什么策略,需要对实验数据和假设条件下的模拟数据之间进行比较。

(1) 策略更新是否依赖于邻居中合作者的数量 $k(k = 0,1,2,\cdots,8)$?

问卷调查显示参与人似乎会考虑邻居的行动,因此一个合理的假设就是参与人的策略更新可能会依赖于邻居中的合作者数量。事实上,Traulsen et al. (2010) 的研究表明,在合作者更多的环境中参与人也会有更频繁的合作。为验证这个假设,需要通过实验数据计算参与人在给定"上一回合自己的行动和邻居中的合作者数量"的条件下本回合选择合作的频率,然后再做线性回归。线性回归的结果表明,参与人的行为反应强依赖于自己在上一回合的行动。这个结果在之前的研究中均未曾有过报告。图 7-7 显示了对所有参与人的一个回归结果,从中可以看出,不管是在实验 1 还是实验 2,当上一回合自己是背叛者的时候,那么在本回合选择合作的比例并没有随着环境中合作者的增加而增大,甚至还有递减的趋势。当上一回合自己是合作者的时候,那么在本回合选择合作的比例则随环境中合作者比例的增加而增加,并且在实验 2 时这种趋势更明显(回归直线的斜率更大)。这或许意味着:(1) 一个背叛者往往是自利的利益最大化者,对这样的参与人,邻居中合作者数量较多会激励他或她继续选择背叛来"剥削"合作者;(2) 对于一个合作者来说,如果邻居中合作者的数量多,那么他 / 她会将其理解为是善意的回报,因此会激励他 / 她继续合作;(3) 经过前面两个阶段实验的"学习",在实验 2 部分参与人使用了更好的策略,从而对于邻居的合作行为予以更频繁的回报。

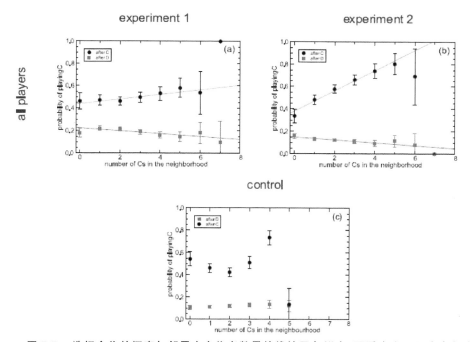

图 7-7　选择合作的概率与邻居中合作者数量的线性回归拟合,可看出上一回合参与人的行动对回归直线的影响显著。红色小方块表示上一回合合作之后继续合作的概率,黑色的则表示上回合背叛之后的合作[①]

———————————

① 详见书后彩图。

使用这个拟合模型所揭示的规则,实验者在 13×13 的格点上做了模拟计算。计算的结果虽然产生了与实验 1 和实验 2 相近的渐近行为,如在实验 1 中稳态合作者比例在 28% 附近,而在实验 2 中这个比例是 22% 左右,但是却并没有出现其他的特征。例如总收益的直方图要比实验数据窄得多,并且参与人之间合作行动比例的分布显示其并没有"捕获"在实验中出现了的顽固背叛者与合作者的显著比例。

从实验数据可以发现,有相当部分的参与人是纯粹的背叛者,还有一小部分是纯粹的合作者,这些参与人在实验的三个阶段里不管邻居的行动是什么都总是选择背叛或合作。将这样的个体排除出去之后依然可以把剩余的参与人分成三组:经常背叛者(在任何环境中有 2/3 以上的次数背叛)、经常合作者(在任何环境中有 2/3 以上的次数合作)和情绪条件合作者(合作的倾向性依赖于自己之前的行动)。这样的一个分类与对参与人的问卷调查结果相一致,并且与 Fischbacheret al. (2001) 在公共品贡献博弈实验中报告的结果类似,并在随后的论文中进一步得到证实。

条件合作者在实验三个部分的行为差异表明他们的策略是直接互惠的结果。在实验 1 和实验 2,上一回合选择合作的条件合作者会在有更多邻居合作的时候更频繁地选择合作,而在控制部分则截然不同。这或许是因为在实验的控制部分,不论是互惠还是报复都变得没有意义,因为你下一回合行动的接受者很有可能并不是你先前的对手。

问题 4:合作者集丛。

社会网络一般会在演化的过程中形成"全局异质,局部同质"的团块状网络结构。既然实验的渐近行为并没能实现较高的全局合作水平,因此接下来的一个问题就是合作者集丛的存在性和规模的问题。

正如实验 1 的结果所揭示的,即使一开始无条件合作者占多数,要想形成合作者集丛也是很难的。不过,有趣的是,在实验 2 部分,少数的合作者形成了集丛,并且在实验 1 和实验 2 部分背叛者都有瓦解集丛的趋势。做出这个判断的依据是,首先计算每一类参与人(合作者、背叛者和条件合作者)的与其同类的邻居的平均数,再通过 1000 次的随机模拟并采用非参数自助法确定相应统计量的临界值(给定显著性水平),然后观察实验的数据是否落在临界域中。结果发现除了少数几种情形之外,实验值都位于原假设的置信区间内,从而可以确认上面的趋势。见表 7-1,其中的均值和标准差是在 1000 次模拟之后得到的。从表中可以看出,条件合作者的邻居中同类的数量显著高于其他两类参与人。

表 7-1　同一类型参与人邻居的平均数

类型	实验 1			实验 2		
	实验	均值	标准差	实验	均值	标准差
合作者	0.0000	0.0946	0.2383	1.3333	0.3905	0.2740
条件合作者	5.8560	5.9048	0.0819	4.1758	4.2855	0.1438
背叛者	1.6585	1.9163	0.2353	2.9565	3.2404	0.1823

问题 5：异质化模型。

从以上的讨论可以分辨出五种类型的参与人：纯粹合作者、经常合作者、条件合作者、经常背叛者和纯粹背叛者。接下来的问题是，这五种类型参与人的相互作用能否说明实验的结果？

为回答这个问题，Grujic et al. (2010) 构造了一个异质性种群模型，其初始状态为相同比例的五类参与人。在模拟过程中，每个参与人依据他们的策略类型来选择行动。

模拟的结果成功再现了实验的一些特征，而这些特征是同质性模型没有捕获的。

首先，数值模拟的结果显示实验 1 和实验 2 的合作者比例分别为 28％ 和 23％，这一点与实际的实验结果相吻合，而且收益的直方图也与实验结果拟合得很好。

图 7-8 显示的统计结果支持了不同类型参与人共存这一假设。

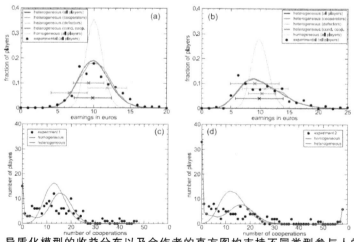

图 7-8　异质化模型的收益分布以及合作者的直方图均支持不同类型参与人的共存[1]

---

① 详见书后彩图。

图 7-8(a) 和(b) 分别表示实验 1 和实验 2 的数值模拟、异质化模型和实验的参与人类型比例(纵坐标)与收益(横坐标)直方图,其中黑线(隐藏在蓝线之后)是对所有参与人的统计结果;红线表示纯粹合作者和经常合作者的统计结果;绿线表示纯粹背叛者和经常背叛者的统计结果;蓝线表示条件合作者的统计结果;橙黄色线显示了同质种群的模拟结果而黑色散点图表示的是所有参与人实际的实验结果。可以很明显地看出,同质种群数值模拟的结果与实验数据并不吻合,从而支持了多种类型参与人共存的异质性模型。

图 7-8(c) 和(d) 分别显示了实验 1 和实验 2 中合作者的数量与合作回合数之间的关系。红线表示同质种群的模拟结果,蓝线表示异质种群的模拟结果,而散点图表示实验结果。图中可见,蓝线与实验结果吻合得更好一些。

数值模拟的统计结果与实验结果的高度吻合意味着,现实的人类参与人是多种类型共存的,用单一类型的策略无法概括人类行为的异质性。

总之,以上的研究至少说明了两点:(1)格点网络结构的存在并没有导致囚徒困境中合作者比例的上升,哪怕是弱囚徒困境也是如此;(2)从被试更新规则的角度,实验者并没有发现有利于之前诸多模型假设的"模仿最优者"策略的充分证据。从被试受到上一回合的行动影响的程度这一角度来分析,得到了关于人们如何学习的两点重要结论:(1)存在着较高程度的异质性,其中比例为 25%—45% 的被试使用总是背叛或总是合作的策略,并且对收益的统计表明这样的一种异质性应该是演化稳定的(因为平均地来说所有类型的参与人的收益是相等的);(2)其余的被试可以被描述为情绪条件合作者,他们选择一个行动的概率依赖于上一回合他们观察到的合作者数量和他们自己的行动。

本章结语

通过对协调博弈和囚徒困境的理论研究和行为实验数据的对比,可以发现不论是博弈参与人对于网络结构的敏感度还是更新策略的规则,理论结果与实验数据之间都存在着明显的差别。这意味着,驱动真实人类成员行为的动机以及行为规则并没有我们想象的那么简单,而是复杂多样的。因此,任何试图回答"社会何以可能"这一基本问题的尝试都不能离开对人类成员因为适应性而造成的行为复杂性的关注。

附录1 范文涛同志生平

中国共产党的优秀党员、原中国科学院武汉物理与数学研究所研究员范文涛同志,因病医治无效,于2017年7月14日14时20分在武昌去世,享年八十岁。

范文涛同志1938年4月23日出生于湖北省沔阳县沔城回族镇,曾用名潘育彬,1954年初中毕业于沔阳中学,1957年高中毕业于江陵中学,1962年7月毕业于武汉大学数学系,同年分配到中国科学院数学计算技术暨自动化研究所(即现在的六机部船舶数字技术研究所前身),"文革"后的1979年11月,该所恢复重建为中国科学院武汉数学物理研究所,范文涛同志参与了重建工作。1996年又随该所与中国科学院武汉物理所合并到现在的中国科学院武汉物理与数学研究所。1979年12月被破格评为副研究员,1988年12月晋升为中国科学院研究员,1997年起任博士生导师。范文涛同志曾任中国系统工程学会副理事长兼学术委员会主任,湖北省系统工程学会副理事长兼学术委员会主任,《数学物理学报》(中、英两版)常务副主编及多家学术刊物编委,曾任武汉大学、华中科技大学、武汉理工大学等学术机构兼职教授、博士生导师。1993年7月加入中国共产党,2003年5月正式退休。

范文涛同志大学开始即师从我国著名数学家李国平院士学习数学物理,从1959年直到1996年李国平院士逝世,一直作为学生与助手在李国平院士的身边工作。在"文革"后协助李国平院士恢复重建中国科学院武汉数学物理研究所的过程中做了大量工作,做出了重要贡献;协助李国平院士创办了《数学物理学报》(中、英两版),该期刊在国内外学术界产生了重要影响;与李国平院士和陈珽教授一起创立了湖北省系统工程学会。

范文涛同志受我国著名科学家李国平院士、关肇直院士与钱学森院士等学术思想的影响,主要从事系统工程、系统科学、复杂性理论、工业应用数学、现代控制论等领域的基础理论及其应用研究。

范文涛同志注重把科研建立在实践的基础上。1965—1979年,先后参加了北京石景山炼钢过程、鞍钢1800冷轧控制等工业控制的数学模型与算法的研究课题。1979—1995年，主持完成了我国著名水利工程都江堰工程系统分析及全灌区集中优化调度数学模型与算法，江汉水域与江汉平原水土资源生态水利和农业生态及环境整治系统工程的研究项目。在工业控制、水资源系统分析、生态水利、农业经济和环境管理等领域做出了创造性的重要成果。特别是为解决"三农问题"提出了系统性政策建议。1996年以来，主要致力于建立系统科学或复杂性研究基础理论框架的探索。

1981年以来，范文涛同志主持完成国家自然科学基金、"863"子项、"攀登"子项、省部级重点攻关、中科院重点择优支持资助的科研项目16项，所完成的科研项目均为优秀。他著作等身，出版《数学模型与工业自动控制》等专著10部，其中与李国平院士合著3部，自撰7部，发表学术论文130余篇，撰写研究报告24部，著述达800余万字。

范文涛同志主持完成的《江汉平原湿地农业生态经济发展研究》项目获得湖北省科技进步二等奖；《新兴垸农业与生态经济规划》获得湖北省科技进步三等奖；他潜心研究建立了复杂性研究的基础理论框架体系，发表了题为《建立系统科学（或复杂性研究）基础理论框架的一种可能途径与若干具体思路（之一到之十四）》的14篇系列文章。直至2016年79岁高龄之时，仍出版著作《四湖地区湿地农业生态环境整治规划研究》。

范文涛同志先后共培养硕士、博士研究生60余名。在学科建设方面，范文涛同志联合华中科技大学主持申请获批系统科学的博士点，联合武汉大学主持申请获批系统工程的博士点，为华中地区的系统科学与系统工程学科发展做出了突出的贡献。

范文涛同志在专心科研的同时对传统文化也有着浓厚的兴趣，他自少年时代起即喜爱我国的传统文化，成年后，又有意识地将之与现代的马克思主义哲学、物理学、数理科学相融合并运用到自己的科学研究中，使得他的科研成果具有很高的学术性，又富有深刻的文学与哲学底蕴。

范文涛同志热爱党、热爱祖国，拥护党的路线、方针、政策，拥护改革开放，忠诚党的科学事业，崇尚科学、执着追求。他兢兢业业，孜孜以求地为我国系统科学与系统工程学科的研究和发展做出了重要贡献。1992年获得国务院政府特别津贴专家荣誉。曾多次评为单位先进工作者、全国杰出导师。1990年、2002年获中国科学院优秀研究生导师称号。2000年获中国系统工程学会先进工作者称号。

范文涛同志的一生，是真情、务实的一生。他对党忠诚，敢于担当；对同事真诚友善、胸怀坦荡；对学生和蔼可亲、诲人不倦；对子女言传身教、亦师亦友；与老伴相濡以沫、患难与共。范文涛同志的逝世，使我们失去了一位好党员、好专家、好师长，好朋友。我们感到无比悲痛。今天我们在这里集会，沉痛悼念范文涛同志,就是要缅怀他的奋斗人生、学习他的刻苦奉献精神,把武汉物理与数学研究所的各项工作推向前进,为我国科学事业的繁荣和经济社会的可持续发展发挥引领和不可替代的作用。

范文涛同志,您永远活在我们心中!

中国科学院武汉物理与数学研究所

2017 年 7 月 16 日

附录 2　　怀念导师范文涛先生

2007 年,我的导师范文涛先生来杭州做学术访问,是年适逢先生七十岁,入古稀之年,但仍精神矍铄。在这期间,他还抽空兴致勃勃地给我吟咏了一首总结了其一生的诗文《七十回眸》。如今读来,诗中所透出的那种恬淡而笃直的人文情怀、豁爽而不图荣达的学人品格,还在每每激励着我在物质世界的复杂系统里跋涉。

"经师易遇,人师难遭。"在这本书稿将要付梓的那刻,我首先记起的便是我的学术之路上的导师范文涛先生以及先生当年的这首遗作《七十回眸》。

七十回眸
(2007 年 5 月 18 日)
范文涛

少小顽劣苦难多,弟夭母亡我独活。
幸得祖姥叔姑护,河底石头才上坡。
家翁注我中华魂,恩师授我多学科。
本自童贞读经史,却又因缘习理学。
从此立意窃天火,《红梅》诗里隐爱河。
几度十年图破壁,一生坎坷走钢索。
"而立"催难"二五案",有缘"零七"建数模。
白日猪倌夜习研,五年终了三卷作。
四十生态农林水,首探"三农"析民瘼。
一十六载风雨泪,五百万言终稿脱。
耳顺重移乾坤步,"九理归一"总"二科"。
灵感源自千秋史,激情万里美山河。
全程演化理框架,一线串珠展脉络。
恢恢天网经纬现,堂堂大德秉谐和。

更喜群生比肩在，峻岭逶迤展丘壑。

后业自有同道继，别时拱手总拜托。

义本无言肝胆照，名山利海又几何。

回首人生花似锦，尽管好事总多磨。

七十从心归去也，红莲东沼赏绿荷。

余年当为怀英伴，观今忆古与切磋。

范文涛先生曾任中国系统工程学会副理事长兼学术委员会主任、《数学物理学报》常务副主编、中国科学院武汉物理数学研究所研究员以及武汉大学和华中科技大学博士生导师。在他主持工作期间，《数学物理学报》英文版进入了 SCI 源刊行列，这不谓不是一件造福于后学的好事，也是善事。他似乎从来也没说清楚过（或是故意的？）我在杭州任教的大学叫什么名字。他说，我离开他到杭州工作是砍了他的一只右手。故而，他每次到杭州来，都会很认真地问我一句："还想不想回去？"

为学莫重于尊师。斯人已去，但先生的音容笑貌，先生的诤言教诲，至今都还历历在目。尤其是往昔在先生身边念书时，和先生面对面所做的那些心有灵犀的学术探讨，总在唤起我对先生的怀念。范先生说，我得了他的真传，谓我是最接近于他的学术思想的弟子。诗中之"后业自有同道继，别时拱手总拜托"那两句，似乎就是对我说的。而想想我这些年在杭州的经历，又总觉出有负先生之托，惭愧之至。

范老师很小的时候（大约四五岁）母亲就去世了，不久两岁的弟弟也夭折了。据师母定阿姨回忆，他从小就跟祖父（即上诗中的"家翁"）在一起生活。祖父教他古诗古词，当时他却很调皮，不愿意学，为此常常要被打五十板屁股。但后来在书香气息浓厚的家风熏陶之下，他还是渐渐喜欢上了古诗词，因而长大后很感谢祖父的启蒙教育。这就是"家翁注我中华魂"。

"'九理归一'总'二科'"这句诗的最早注解出现在范老师为我的一本专著所写的序里，即："自然物质在其演化全程的诸阶段所形成的诸理论，即无机物演化的阶段遵从的'物理'、蛋白质有机物质与生命演化阶段遵从的'生理'，直到人类及人类社会出现后演化阶段形成的'事理（系统工程）'、'管理'、制定人类行为规范的'伦理'、自人类意识出现起由感性 — 悟性 — 理性不断反复循环领悟深化而成的'哲理'，以及与测量、记事、计算过程逐渐积累、升华发展而来的'数理'等七个'理'是一个理。"后来，范老师又把这七个"理"进一步拓展到包括"人理""情理""地理"等十个"理"。在七十岁写这首诗的时候，他还没有想到要把"地理"概括在内，故说的是"九理归一"。"二科"指的是"自然科学"与"社会科学"。

在读到"全程演化理框架,一线串珠展脉络"时,我的脑海里迅即便浮现出范老师的那间并非那么讲究的书房,但那是一间弥漫着厚厚的人文气息和科学思想的书房。在范老师的书房里,一次次与他激烈讨论的情形,仿佛还在眼前。"更喜群生比肩在,峻岭逶迤展丘壑。"这于范老师,是一种殷殷切切的师生情怀!而于我读来,更是一种对后学殷殷切切的期待。印象尤深者,是记得有一次讨论过后,范老师很坚决地对我说:"今天我们可以大胆地给出这个结论,这个理就是'演化是硬规律',这可以作为我们系统科学的宣言。"

范老师是性情中人,爱激动,在讨论的时候所发生的那种激烈的争论场面,我和范老师都已经习以为常了。有一次我们俩在浙江大学邵逸夫科学馆为一个问题争论,上海交大的一位老师见状过来问:"你们是师生吗?"记得当时我说:"我爱我师,但我更爱真理。"那位老师说:"你的意思是真理在你这边?"我说:"其实我们争论到最后,观点会渐渐趋于一致的。"

有一次,师弟贾武不无担忧地对我说:"你这样对老师的态度会不会让老师不高兴?"后来我把师弟的担忧跟范老师说了,听罢,他哈哈大笑起来,说:"你和我的关系,就像当年我和导师李国平的关系,怎么说都没啥事的。"范老师还说,他很喜欢我在博士论文的后记中所说的一句话,即:他既是老师,又是长者,而更像是一位朋友。这正是"学贵得师,亦贵得友"乎?

当年范老师读了我的第一篇关于系统科学的论文后,即刻给我打电话,说:"你对系统科学的认识很准确,很到位,语言很好,非常像我。"然后,跟我在电话里继续讨论如何让论文的语言既不失理性又更生动起来。

我们第一次见面是 1997 年在高西玲老师的家里。高老师是范老师的大学同班同学,高老师的父亲是我国著名的病毒学家高尚荫院士。那一次我和范老师谈得很开心,谈到最后他对我说,你很符合我的口味,我录取你了!

在我博士论文完成后的第一时间,范老师约我做了一次长谈,也是畅谈。他很高兴地说,从论文里读出了我对系统科学不乏价值的见解,还有我对复杂系统的深入思考。聊了一个下午,从自然科学聊到人文哲学,从天地混沌聊到物质运动中的合作演化,聊得开心处,便能听到范老师一次又一次的爽朗笑声。最后,他说我在系统复杂性领域的工作把他想了二十多年的东西都给写出来了。他还不无兴奋地专门给高西玲老师打电话,感谢她当初向他推荐了我。

范老师的文化视野很宽阔,他对我说:"我在物理上花的时间要比数学上多,而在文学上花的时间要比在数学和物理上花的时间的总和还要多。"这一点,从"本自童贞读经史,却又因缘习理学"中即可看出。范老师对人文学科的兴趣爱好来自于书香环境的潜移默化,其打小练就的"童子功",是从其祖父那里传承而来的。而"理学"(这里的"理"指的是数学和物理等学科)则是求学路上的最后选择。

范老师的书桌上一直放置着李国平院士的铜像。当时一共做了两个铜像，另一个安置在武汉的光谷广场，以纪念李国平院士对武汉科学事业所做出的杰出贡献。

李国平先生早在 20 世纪 50 年代就已经是中国科学院学部委员(现在称"院士")，是数学大师。诗中有谓"恩师授我多学科"，其中的"恩师"就是对李国平院士之称。"从别后，忆相逢，几回魂梦与君同？"范老师会经常满怀深情地跟我们谈起李国平先生的教诲。有一天在他的书房里，他再一次谈到了李先生。那一次，六十多岁的范老师竟突然当着我的面失声哭泣起来。原来，不忘旧师恩，也是学家的一种品格、一种情怀。

李先生要求数学系的学生学习四大力学，即理论力学、电动力学、热力学和量子力学(含统计物理)。范老师说这四大力学是思想的宝库，尤其是量子力学。我于是认真学习了量子力学，当然获益匪浅。这儿，真正体会到了古人所谓之的"学之广在于不倦，不倦在于固志"的说辞，确实是饱含道理的。

李国平先生与他们那一代几乎所有的大师一样，古诗词的功底也十分了得。以下是李先生写给范老师的一首词。

金缕曲　　赠范生文涛
(八月二十六日)

海也先生耳。(余名海清十岁入小学单名海)过从间，诗情豪气，遂成知己。绛帐广收名下士，珍重杏坛精意。三十载入门高第。弟子华年今亦老，向风前、强忍西河泪。明如镜，知如水。

水清无鱼君须记。且容他迷离朱紫，昌言无忌。心迹光明朋友聚，入世还分醒醉，浩然气，昂头靡悔。暮鼓晨钟金鉴在，立言艰，怅忆夔楼里。廉颇老，情难已。

诗词里，无处不在流淌着满满的师生之情，既有对学生的赞赏，也有对学生的期待、勉励和提醒。

范老师在"文革"期间被打成"李国平海外反革命集团"的骨干，关在地下室，后又下放劳动。他说正是在地下室的那一段时光，让他能够静下心来思考系统科学的基本问题。"'而立'催难'二五案'，有缘'零七'建数模。白日猪倌夜习研，五年终了三卷作。"说的就是那段往事。

范老师说，他们的平反决定是邓小平亲自签署的。当时刚刚复出的邓小平主管科学教育领域的工作，特别关心中国科学院的拨乱反正和科学家的平反工作。

"四十生态农林水，首探'三农'析民瘼。一十六载风雨泪，五百万言终稿脱。"范老师一直注重将理论与实际问题相结合。四十多岁时，他开始将系统工程的理论运用到江汉平原湿地农业生态研究中，取得了丰硕的成果。说到"首探'三农'析民瘼"这句诗，范老师特别跟我说，很多人都以为"三农"问题是李昌平先提出来的，其实首先提出来的是他，是在他的关于"江汉平原湿地生态农业"的著作中提出来的。他说他与李昌平先生的关系一直很不错，他们之间曾经有过多次的深入交谈。

"更喜群生比肩在，峻岭逶迤展丘壑。后业自有同道继，别时拱手总拜托。"范老师所说的这后两句是对我们这些学生的嘱托，希望我们能够继续他未完的事业，献身于系统科学的研究并有所成就。说实话，每次读这几句诗的时候我都甚觉愧疚。

"七十从心归去也，红莲东沼赏绿荷。余年当为怀英伴，观今忆古与切磋。"很显然范老师对于七十之后"从心所欲"的自由生活是乐观的。那段时间每次在电话里他都会很高兴地对我说最近脑子特别好使，精力也特别充沛。或许正是因为自我感觉太好了，不服老的他忽视了对身体状况的警觉。不久，就遭遇了轻微中风的打击。从此以后，身体便每况愈下，力不从心。之后每一次到武汉去看他，他虽然也表现出很高兴的情绪，但再也难觅从前的那种满满的精神状态，再也听不到他那熟悉、爽朗的笑声了。

2017年7月16日，范老师的骨灰安葬在江夏区鸟语花香生命公园内。从此，阴阳两隔，耳边不再能闻到先生的教诲了。唯"道之所存，师之所存也"。范老师渊博的学识和丰富的人文情怀，将会永远留在后学们的心中。

参考文献

［1］Adlam B，Nowak M A. Universality of Fixation Probabilities Inrandomly Structured Populations［J］. Scientific Reports，2014（4）：6692.

［2］Albert R，Barabási A L. Statistical Mechanics of Complex Networks［J］. Rev. Mod. Phys，2002（74）：47—97.

［3］Albert R，Jeong H，Barabási A L. Error and Attack Tolerance of Complex Networks［J］. Nature，2000（406）：378—482.

［4］Albert R，Jeong H，Barabási A L. Diameter of the World Wide Web［J］. Nature，1999（401）：130—131.

［5］Allen B，Nowak M A. Games on Graphs［J］. EMS Surveys in Mathematical Sciences，2014(1)：113—151.

［6］Allen B，Tarnita C E. Measures of Success in a Class of Evolutionary Models with Fixed Population Size and Structure［J］. Math. Biol，2014 (68)：109—143.

［7］Antonioni A，Cacault M P. Coordination on Networks：Does Topology Matter?［J］. PLoSONE，2013.

［8］Axelrod R M. The Evolution of Cooperation［M］. New York：Basic Books，1984.

［9］Bak P，Sneppen K. Punctuated Equilibrium and Criticality in a Simple Model of Evolution［J］. Phys. Rev. Lett，1993（71）：4083—4086.

［10］Bak P，Tang C，Wiesenfeld K. Self-organized Criticality：An Explanation of 1/f Noise［J］. Physical Review Letters，1987，59(4)：381—384.

［11］Barabási A L，Albert R，Jeong H. Scale-free Characteristics of Random Networks：The Topology of The World-wide Web［J］. Physica，2000，281：69—77.

［12］Barabási A L. The Origin of Bursts and Heavy Tails in Human

Dynamics[J]. Nature,2005,435：207—211.

[13] Barabási A L，Albert R. Emergence of Scaling in Random Networks[J]. Science,1999,286：509—512.

[14] Barabasi A L. The Architecture of Complexity：From Networks to Human Dynamics[J]. IEEE Control Systems Magazine,2007：33—42.

[15] Baronchelli A，Catanzaro M，Pastor-Satorras R.Random Walks Oncomplex Trees[J]. Phys Rev E,2008,78.

[16] Baronchelli A，Radicchi F. Lévy Flights in Human Behavior and Cognition[J]. Chaos，Solitons& Fractals,2013（56）：101—105.

[17] Bender E A，Canfield E R. The Asymptotic Number of Labeled Graphs with Given Degree Sequences[J]. Journal of Combinatorial Theory,1978 (24A)：296—307.

[18] Berninghaus S K，Ehrhart K-M，Keser C. Conventions and Local Interaction Structures：Experimental Evidence[J]. Games and Economic Behavior,2002（39）：177—205.

[19] Bhaskar V，Vega-Redondo F. Migration and the Evolution of Conventions[J]. Journal of Economic Behavior and Organization,2004, 55(3)：397—418.

[20] Bianconi G，and Barabási A L. Competition and Multiscaling in Evolving Networks[J],2000.

[21] Blanchard P H，Hongler M. Modeling Human Activity in the Spirit of Barabási's Queueing Systems[J]. Physical Review E,2007,75：26—102.

[22] Blank A，Solomon S. Power Laws in Cities Population，Financial Markets and Internet Sites（Scaling in Systems with a Variable Number of Components）[J]. Physica,2000,287A：279—288.

[23] Blume L E. The Statistical Mechanics of Strategic Interaction[J]. Games and Economic Behavior,1993（5）：387—424.

[24] Boccaletti S，Latora V，Moreno Y，Chavez M. Hwang D-U. Complex Networks：Structure and Dynamics[J]. Physics Reports,2006 (424)：175—308.

[25] Bonabeau E. Sandpile Dynamics on Random Graphs[J]. Journal of the Physical Society of Japan,1995,64(1)：327—328.

[26] Bouchaud J P. Economics Needs a Scientific Revolution[J]. Nature, 2008,455：1181.

［27］ Brockmann D，Hufnagel L，Geisel T．The Scaling Laws of Human Travel［J］．Nature，2006，439：462．

［28］ Buskens V，Snijders C．Effects of Network Characteristics on Reaching the Payoff-dominant Equilibrium in Coordination Games：A Simulation Study［J］．Dynamic Games and Applications，2016，6(4)：477—494．

［29］ Caldarelli G，Capocci A，Garlaschelli D．A Self-organized Model for Network Evolution：Coupling Network Evolution and Extremal Dynamics［J］．Eur．Phys．J．B，2008(64)：585—591．

［30］ Cassar A．Coordination and Cooperation in Local，Random and Small World Networks：Experimental Evidence［J］．Games and Economic Behavior，2007(58)：209—230．

［31］ Christensen K，Moloney N R．Complexity and Criticality［M］．上海：复旦大学出版社，2006．

［32］ Clauset A，Shalizi C R，Newman M E J．Power-Law Distributions in Empirical Data［J］．Article in SIAM Review，2007，51(4)．

［33］ Corbae D，Duffy J．Experiments with Network Economies［EB/OL］．https：//www．researchgate．net/publication/246141440，2002．

［34］ Cullen J B，Levitt S T．Crime，Urban Flight，and the Consequence for Cities［J］．The Review of Economics and Statistics，1999，81(2)：159—160．

［35］ Dahlbom M，Irback A．Comment on "Avalanche Danamics in Evolution Growth and Depinning Models"，1996．

［36］ Dorogovtsev S N，Mendes J．Effect of the Accelerating Growth of Communications Networks on Their Structure［J］．2001．

［37］ DrosteE，Gilles R P，Johnson C．Evolution of Conventions in Endogenous Social Networks［EB/OL］．http：//fmwww．bc．edu/RePEc/es2000/0594．pdf，2000．

［38］ Drysdale P M，Robinson P A．Lévy Random Walks in Finite Systems［J］．Phys．Rev．E，1998(58)：5382．

［39］ Ellison G．Learning，Local Interaction，and Coordination［J］．Econometrica，1993(61)：1047—1071．

［40］ Ely J C．Local Conventions［J］．Advances in Theoretical Economics，2002(2)．

［41］ Erdös P，Rényi A．On the Evolution of Random Graphs［J］．Publications of the Mathematical Institute of the Hungarian Academy of Sciences，1960(5)：17—61．

[42] Eshel I, Samuelson L, Shaked A. Altrusts, Egoists, and Hooligans in a local Interaction Model[J]. American Economic Review,1998 (88): 157—179.

[43] Fan C,Guo J L,Zha Y L. Fractal Analysis on Human Behaviors Dynamics[DB/OL]. [2010—12—10]. http://arxiv. org/abs/1012. 4088.

[44] Fischbacher U, Gächter S, Fehr E. Are people Conditionally Cooperative? Evidence from a Public Goods Experiment[J]. Econ Lett,2001,71: 397—404.

[45] Fowler J H, Christakis N A. Cooperative Behavior Cascades in Human Social Networks[J]. Proceedings of the National Academy of Sciences, 2010,107: 5334—5338.

[46] Gabaix X. Zipf's Law For Cities: An Explanation [J]. The Quarterly Journal of Economics,1999: 739—767.

[47] Gibrat R. Les Inégalité Séconomiques[J]. Paris, France, 1931.

[48] Glance N S, Huberman B A. The Outbreak of Cooperation[J]. Journal of Mathematical Sociology,1993 (17): 281—302.

[49] Gnedenko V V, Kolmogorov A N. Limit Distributions of Sums of Independent Random Variables[M]. Addison-Wesley, Reading,1968.

[50] Goh K I,Lee D S,Kahng B, Kim D. Sandpileon Scale-free Networks[J]. 2003a, arXiv: cond-mat/0305425.

[51] GohK I,Oh E,Kahng B, Kim D. Betweeness Centrality Correlation in Social Networks[J]. Phys. Rev. E,2003 (67b).

[52] Gonçalves B,Ramasco J J. Human Dynamics Revealed Through Web Analytics[J]. Physical Review E,2008,78(2),

[53] Gonzalez M C, Hidalgo C A, Barabasi A. Understanding Individual Human Mobility Patterns[J]. Nature, 2008,453: 779.

[54] Goyal S, Vega-Redondo F. Learning, Network Formation and Coordination. Games and Economic Behavior,2003,50(2): 178—207.

[55] Goyal S. Connection: An Introduction to the Economics of Network[M]. Princeton: Princeton University Press, 2007.

[56] Grabowski A,Kruszewska N,Kosiflski R A. Dynamic Phenomena and Human Activity in an Artificial Society[J]. Physical Review E. 2008,78(6).

[57] Grabowski A,Kruszewska N. Experimental Study of the Structure of a Social Network and Human Dynamics in a Virtual Society[J].

International Journal of Modern Physics C,2007 (18): 1527—1535.

[58] Granovetter M S. The Impact of Social Structure on Economic Outcomes[J]. Journal of Economic Perspectives,2005,19(1): 33—50.

[59] Granovetter M S. The Strength of Weak Ties. The American Journal of Sociology,1973,78 (6): 1360—1380.

[60] Grujic J, Fosco C, Araujo L, Cuesta J A, Sánchez A. Social Experiments in the Mesoscale: Humans Playing a Spatial Prisoner's Dilemma[J]. PLoS ONE,2010 (5).

[61] Guérin-Pace F. Rank-Size Distribution and the Process of Urban Growth[J]. 1995.

[62] Gutenberg B, Richter R F. Frequency of Earthquake in California[J]. Bulletin of the Seismological Society of America,1944 (34): 185.

[63] Haag M, Lagunoff R. Social Norm, Local Interaction, and Neighborhood Planning[J]. International Economic Review,2006 (47): 265—296.

[64] Handcock M S, Jones J H. Likelihood-based Inference for Stochastic Models of Sexual Network Formation. Theoretical Population Biology, 2004 (65): 413—422.

[65] Harder U,Paezuski M. Correlated Dynamics in Human Printing Behavior[J]. Pbysica A,2006,361(1): 329—336.

[66] Holland J H. Hidden Order: How Adaptation Builds Complexity[M]. New Jersey: Addison-Wesley Publishing Company, 1994.

[67] Holland J H. Emergence: From Chaos to Order[M]. New Jersey: Addison-Wesley Publishing Company,1998.

[68] Hong W,Han X P,Zhou T, Wang B H. Heavy-tailed Statistics in Short-message Communication[J]. Chinese Physics Letters,2009,26(2).

[69] Hu H B,Han D Y. Empirical Analysis of Individual Popularity and Activity on an Online Music Service System[J]. Physica A,1998, 387(23):5916—5921.

[70] Hu Y, Zhang J, Huan D, Di Z. Toward a General Understanding of the Scaling Laws in Humanand Animal Mobility[J]. EPL (Europhysics Letters),2011, 96(3).

[71] Ingber D E. The Architecture of Life[J]. Scientific American, 1998: 30—39.

[72] Jackson M O, Wolinsky A. A Strategic model of economic and Social

networks[J]. Journal of Economic Theory,1996,71(1):44—74.

[73] Jo H H，Pan R K，Kaski K. Emergence of Bursts and Communities in Evolving Weighted Networks[J]. PLoS ONE,2011，6(8).

[74] Karsai M，Kivelä M，Pan R K，Kaski K，Kertész J，et al. Small but Slowworld：How Network Topology and Burstiness Slow Down Spreading[J]. Physical Review E 2011,83：25102.

[75] Keser C，EhrhartK-M，Berninghaus S K. Coordination and Local Interaction：Experimental Evidence[J]. Economics Letters,1998，58：269—275.

[76] Kilduff M. 社会网络与组织[M]. 王凤彬,朱超威译,北京：中国人民大学出版社,2007.

[77] Kirchkamp O，Nagel R. Local and Group Interaction in Prisoners' Dilemmas Experiments[DB/OL]. http://EconPapers. repec. org/RePEc：xrs：sfbmaa：00—11，2001.

[78] Kirchkamp O，Nagel R. Naive Learning and Cooperation in Network Experiments[J]. Games Econ Behav，2007,58：269—292.

[79] Kirman A. The Economy as An Evolving Network[J]. Journal of Evolutionary Economics,1997：339—353.

[80] Kosfeld M. (2004). Economic Networks in the Laboratory：A Survey[J]. Review of Network Economics,2004,3(1)：20—42.

[81] Kosfeld M. Stochastic Strategy Adjustment in Coordination Games[J]. Economic Theory,2002 (20)：321—339.

[82] Kossinets G，Watts D J. Empirical Analysis of an Evolving Social Network[J]. Science，20063 (11)：88.

[83] Krapivsky P L，Redner S，Leyvraz F. Connectivity of Growing Random Networks[J]. 2000.

[84] Kulkarni R V，Almaas E. Stroud D. Evolutionary Dynamics in the Bak-Sneppen Model on Small-world Networks[J]. 1999.

[85] Kumpula J M，Onnela J P，Saramäki J，Kaski K，Kertész J. Emergence of Communities in Weighted Networks[J]. Physical Review Letters,2007 (99)：228701.

[86] Lasota A，Mackey M C. Chaos，Fractals，and Noise：Stochastic Aspects of Dynamics[M]. 2nd. New York：Springer-Verlag,1994.

[87] Lee D S，Goh K I，Kahng B，Kim D. Branching Process Approach to

Avalanche Dynamics on Complex Network[J]. Journal of the Korean Physical Society,2004,44(3a)：633—637.

[88] Lee D S, Goh K I, Kahng B, Kim D. Sandpile Avalanche Dynamics on the Scale-free Networks[J]. 2004b.

[89] Lehmann L, Keller L, Sumpter D J T. The Evolution of Helping and Harming on Graphs：the Return of Inclusive Fitness Effect[J]. Journal of Evolutionary Biology,2007 (20)：2284—2295.

[90] Li N N, Zhang N, Zhou T. Empirical Analysis on Temporal Statistics of Human Correspondence Patterns[J]. Physica,2008,387(A)：6391—6394.

[91] Lieberman E, Hauert C, Nowak M A. Evolutionary Dynamics on Graphs[J]. Nature,2005 (433)：312—316.

[92] Lopez-Ruiz R, Mancini H L, Calbet X. A Statistical Measure of Complexity[J]. Physics Letters, 1995,209 A：321—326.

[93] MailathG, Samuelson L,Shaked A. Endogenous Interactions[C]. in eds. Nicita A, Pagano U, The Evolution of Economic Diversity. New York：Routledge, 2001：300—324.

[94] Mansury Y,Gulyás L. The Emergence of Zipf's Law in a System of Cities：An Agent-based Simulation Approach[J]. Journal of Economic Dynamics & Control,2007,31(7)：2438—2460.

[95] Mantegna R N, Stanley H E. An Introduction to Econophysics：Correlations and Complexity in Finance[M]. Cambridge：Cambridge University Press，2000.

[96] Molloy M, Reed B. The Size of the Giant Component of a Random Graph with a Given Degree Sequence[J]. Combin Probab Comput, 1998, 7(3)：295—305.

[97] Moran P A P. The Statistical Analysis of the Canadian lynx cycle. II. Synchronization and Meteorology[J]. Australian Journal of Zoology,1953 (1)：291—298.

[98] Morris S. Contagion[J]. Review of Economic Studies,2000 (67)：57—79.

[99] My K B, Willinger M, Ziegelmeyer A. Global Versus Local Interaction Incoordination Games：An Experimental Investigation[R]. Technical Report, Working papers of BETA. ULP, Strasbourg,1999,9923.

[100] Nakamura T,Kiyono K,Yoshluchi K,et al. Universal Scaling Law in Human Behavioral Organization[J]. Physical Review E,2007,99.

［101］Newman M E J,Strogatz S H,Watts D J. Random Graphs with Arbitrary Degree Distributions and Their Applications［J］. Physical Review E, 2001,64.

［102］Newman M E J. Assortative Mixing in Networks［J］. 2002a, arxiv. org/abs/cond-mat/0205405v1.

［103］Newman M E J. Mixing pattern in Networks［J］. 2002b, arxiv. org/abs/cond-mat/0209450v2.

［104］Newman M E J. Power Laws, Pareto Distributions and Zipf's Law［J］. 2006,arXiv: cond - mat/ 0412004 v3 29 May.

［105］Newman M E J. The Structure and Function of Complex Networks［J］. Siam Review,2003,45(2): 167—256.

［106］Newton J,Moura Jr,Ribeiro M B. Zipf Law for Brazilian Cities［J］. Physica 2006,367(A): 441—448.

［107］Nowak M A, Bohoeffer S, May R M. Spatial Games and the Maintenance of Cooperation［J］. Proceedings of the National Academy of Sciences of the United States of America,1994,91: 4877—4881.

［108］Nowak M A, K Sigmund. How Populations Cohere: Five Rules for Cooperation［C］. In Theoretical Ecology: Principles and Applications, Oxford: Oxford University Press,2007: 7—16.

［109］Nowak M A, Sasaki A, Taylor C, Fudenberg D. Emergence of Cooperation and Evolutionary Stability in Finite Populations［J］. Nature, 2004,428: 646.

［110］Nowak M A, Tarnita C E, Wilson E O. The Evolution of Eusociality［J］. Nature,2010 (466):1057—1062.

［111］Nowak M A. Evolutionary Dynamics: Exploring the Equation of Life［M］. The Belknap Press of Harvard University Press, Cambridge, Massachusetts, 2006b.

［112］Nowak M A. Five Rules for the Evolution of Cooperation［J］. Science, 2006 (314a):1560—1563.

［113］Ochs J. Coordination Problems［C］. Kagel J H,Roth A E. Handbook of Experimental Economics. Princeton: Princeton University Press, 1995: 195—251.

［114］Ohtsuki H, Bordalo P, Nowak M A. The One Third Law of Evolutionary Dynamics［J］. J Theor Biol,2007,249 (2): 289—295.

［115］Ohtsuki H，Hauert C，Lieberman E，Nowak M A. A Simple Rule for the Evolution of Cooperation on Graphs and Social Networks［J］. Nature，2006,441：502—505.

［116］Ohtsuki H，Nowak M A. Direct Reciprocity on Graphs［J］. Journal of Theoretical Biology,2007,247：462—470.

［117］Oliveira J A，Barabási A L. Darwin and Einstein Correspondence Patterns［J］. Nature，2005（437）：1251.

［118］Oliveira J，Vazquez A. Impact of Interactions on Human Dynamics［J］. Physica A：Statistical Mechanics and its Applications,2009（388）：187—192.

［119］Onnela J P，Saramäki J，Hyvönen J，Szabó G，Menezes，et al. Analysis of Alarge-scale Weighted Network of One-to-one Human Communication［J］. New Journal of Physics,2007（9）：179.

［120］Pacheco J M，Traulsen A，Nowak M A. Coevolution of Strategy and Structure in Complex Networks with Dynamical Linking［J］. Physical Review Letters，2006（97a）：258103.

［121］Pacheco J M,Traulsen A,Nowak M A. Active Linking in Evolutionary Games［J］. Journal of Theoretical Biology，2006,243b：437—443.

［122］Radicchi F，Baronchelli A，Amaral L A. Rationality，Irrationality and Escalating Behavior in Lowest Unique Bid Auctions［J］. PloS One,2012,7（1）：e29910.

［123］Rappaport J，Sachs J D. The United States as a Coastal Nation［J］. Journal of Economic Growth，2003,8（1），5—46.

［124］Ray T S，Jan N. Anomalous Approach to the Self-organized Critical State in a Model for "Life at the Edge of Chaos"［J］. Phys Rev Lett.，1994（72）：40—45.

［125］Rhodes T，Turvey M T. Human Memory Retrieval as Lévy Foraging［J］. Phys A Stat Mech Appl,2007,385（1）：255—260.

［126］Rickles D. Econophysics for Philosophers［J］. Modern Physics，2007（38）：948—978.

［127］Zhou T,Kiet H A T,Kim B J,et al. Role of Activity in Human Dynamics［J］. Europhysics Letters,2008,82（2）:28002.

［128］Riedl A,Ule A. Exclusion and Cooperation in Social Network Experiments［J］. Mimeo，University of Amsterdam,2002.

［129］Rosenthal S S，Strange W C. The Determinants of Agglomeration［J］.

Journal of Urban Economics,2001 (50):191—229.

[130] Ross S M. Stochastic Processes[M]. New Jersey: John Wiley &.Sons, Inc. 1983.

[131] Rybski D, Buldyrev S V,Havlin S. Scaling Laws of Human Interaction Activity[J]. PNAS,2009,106(31):12640—12645.

[132] Santos F C, Santos MD, Pacheco J M. Social Diversity Promotes the Emergence of Cooperation in Public Goods Games[J]. Nature,2008,454: 213—216.

[133] Scalas E,Kaizoji T,Kirchler M,et al. Waiting Times Between Orders and Trades[J]. Physica,2006,366(1a):463—471.

[134] Schotter A. The Economic Theory of Social Institutions[M]. Cambridge: Cambridge University Press, 1981.

[135] Shakarian P, Roos P, Johnson A. A Review of Evolutionary Graph Theory with Applications to Game Theory[J]. Bio Systems,2012 (107): 66—80.

[136] Smith J M. Evolution and the Theory of Games[M]. Cambridge: Cambridge University Press, 1982.

[137] Song C, Koren T, Wang P. Barabasi A. Modelling the Scaling Properties of Human Mobility[J]. Nature Physics,2010 (6):818.

[138] Tarnita C, Ohtsuki H, Antal T, Fu F, Nowak M. Strategy Selection in Structured Populations[J]. Journal of Theoretical Biology,2009 (259):570—581.

[139] Taylor C,Fudenberg D,Sasaki A,Nowak M A. Evolutionary Game Dynamics in Finite Populations[J]. Bulletin of Mathematical Biology, 2004(66):1621—1644.

[140] Taylor P D, Day T, Wild G. Evolution of Cooperation in a Finite Homogeneous Graph[J]. Nature,2007,447: 469—472.

[141] Taylor P D, Day T, Wild G. From Inclusive Fitness to Fixation Probability in Homogeneous Structured Populations[J]. Journal of Theoretical Biology,2007,249b: 101—110.

[142] Tomassini M, Pestelacci E. Evolution of Coordination is Social Networks: Anumerical Study[J]. J Int Mod Phys C,2010,21: 1277—1296.

[143] Traulsen A,Nowak M A, Pacheco J M. Stochastic Dynamics of Invasion and Fixation[J]. Physical Review E,2006,74: 11909.

[144] Traulsen A,Claussen J C, Hauert C. Coevolutionary Dynamics: From Finite to Infinite Populations[J]. Physical Review Letters, 2005, 95: 238701.

[145] Traulsen A,Claussen J C, Hauert C. Coevolutionary Dynamics in Large, but Finite Populations[J]. Physical Review E,2006,74: 011901.

[146] Traulsen A, Semmann D, Sommerfeld R D, Krambeck H J, Milinski M. Human Strategy Updating in Evolutionary Games[J]. Proc Natl Acad Sci USA,2010,107 : 2962—2966.

[147] Van Huyck J B, Battalio R C, Beil R O. Tacit Coordination Games, Strategic Uncertainty, and Coordination Failure[J]. American Economic Review,1990,80: 234—249.

[148] Vázquez A, Oliveira J A, Deasö Z, Goh K, Kondor I, Barabási A L. Modeling Bursts and Heavy Tails in Human Dynamics[J]. Physical Review E,2006 (73): 036127.

[149] Vázquez A. Impact of Memory on Human Dynamics. Physica A, 2007 (373):747—752.

[150] Vázquez A. Exact Results for the Barabási Model of Human Dynamics[J]. Physical Review Letters,2005,95(24):248.

[151] Vega-Redondo F. Building Up Social Capital in a Changing World. Journal of Economic Dynamics & Control,2006 (30): 2305—2338.

[152] Viswanathan G M et al.. Lévy Flight in Random Searches[J]. Physica A,2000 (282) :1—12.

[153] Viswanathan G, Raposo E, Da Luz M. Lévy Flights and Superdiffusionin the Context of Biological Encounters and Random Searches[J]. Phys Life Rev. ,2008,5(3):133—150.

[154] Wang Q,Guo J L. Human Dynamics Scaling Characteristics for Aerial Inbound Logistics Operation[J]. Physica A,2010 (389):2127—2133.

[155] Watts D J. Small Worlds: The Dynamics of Networks Between Order and Randomnes[M]. Princeton: Princeton University Press, 1999.

[156] Watts D J,Strogatz S H. Collective Dynamics of 'Small-World' Networks[J]. Nature,1998,393: 440—442.

[157] Xiao Han, Shinan Cao, Zhesi Shen, Boyu Zhang,Wen-Xu Wang, Cressman R, Stanley H E. Emergence of Communities and Diversity in Social Networks[J]. 2017, doi: 10. 1073/pnas. 1608164114.

[158] Yuri M，Laszlo G. The Emergence of Zipf's Law in a System of Cities：An Agent-based Simulation Approach[J]. Journal of Economic Dynamics & Control,2006(8)：2.

[159] Zha Y，Zhou T，Zhou C. Unfolding Large-scale Online Collaborative Human Dynamics[J]. PNAS,2016,13：14627—14632.

[160] 艾根.物质的自组织和生物高分子的进化[A]. 庞正元,李建华.系统论控制论信息论经典文献选编[C].南宁:求实出版社,1989.

[161] 布里格斯,皮特.湍鉴 —— 混沌理论与整体性科学导引[M]. 刘华杰,潘涛,译.北京:商务印书馆,1998.

[162] 陈修斋,杨祖陶.欧洲哲学史稿[M]. 武汉:湖北人民出版社,1986.

[163] 成思危.复杂科学、系统科学与管理[A]. 许国志.系统科学与工程研究[C].上海:上海科技教育出版社,2000.

[164] 邓正来. 规则秩序无知:关于哈耶克自由主义的研究[M]. 北京:生活·读书·新知三联书店, 2004.

[165] 樊超,郭进利,韩筱璞,汪秉宏.人类行为动力学研究综述[J].复杂系统与复杂性科学,2011,8(2)：1—17.

[166] 樊超,郭进利,纪雅莉.基于图书借阅的人类行为标度律分析[J].图书情报工作,2010,54(15):35—39.

[167] 范文涛,丁义明,龚小庆. 建立系统科学基础理论框架的一种可能途径与若干具体思路(之三)—— 保守系的力学系统与最优控制系统的"等价性"[J]. 系统工程理论与实践,2002,22 (6):11—15.

[168] 范文涛,丁义明,龚小庆. 建立系统科学基础理论框架的一种可能途径与若干具体思路(之四)—— 从韦达定理与控制论到突变论、分歧、混沌、分形、耗散结构论、协同论以及与统计物理学的关系[J]. 系统工程理论与实践,2002,22 (8):16—21.

[169] 范文涛,丁义明,龚小庆. 建立系统科学基础理论框架的一种可能途径与若干具体思路(之五)—— 物理学的理性原则与一般系统拉格朗日函数结构形式的推导[J]. 系统工程理论与实践,2002,22 (10):33—42.

[170] 范文涛,丁义明,龚小庆. 建立系统科学基础理论框架的一种可能途径与若干具体思路(之六)—— 拉格朗日函数、作用量、最小作用量原理的物理意义与我国传统文化元典精神内涵的一致性[J]. 系统工程理论与实践,2002,22 (12):1—14.

[171] 范文涛,丁义明,龚小庆. 建立系统科学基础理论框架的一种可能途径与若干具体思路(之七)—— 离散动力系统的密度演化与序列的信息结构

［J］. 系统工程理论与实践,2003,23(5):1—14.

［172］范文涛,龚小庆,丁义明. 建立系统科学基础理论框架的一种可能途径与
若干具体思路(之一)—— 系统概念的历史发展与系统科学的产生[J]. 系
统工程理论与实践,2002,22 (2):10—14.

［173］范文涛,龚小庆,丁义明. 建立系统科学基础理论框架的一种可能途径与
若干具体思路(之二)—— 客观世界结构演化过程的统一图景与一种可寻
的系统科学基础理论框架思路[J]. 系统工程理论与实践,2002,22
(3):1—7.

［174］范文涛. 江汉平原湿地农业生态经济发展模式[M]. 武汉:湖北科技出版
社,1997.

［175］盖尔曼 M. 夸克与美洲豹 —— 简单性与复杂性的奇遇. 杨建邺,李湘莲,
等,译. 长沙:湖南科学技术出版社. 1998.

［176］龚小庆.复杂系统演化的定性理论与若干问题的定量方法研究[D].武汉:
武汉大学,2001.

［177］龚小庆.一类生物演化模型的统计特征[J]. 系统工程理论与实践,2002,
23 (1):77—81.

［178］龚小庆. 复杂系统演化理论和方法研究[M]. 杭州:浙江大学出版
社,2005.

［179］龚小庆,范文涛,丁义明. 建立系统科学基础理论框架的一种可能途径与
若干具体思路(之八)—— 固定环境中的稳态涌现[J].系统工程理论与实
践,2003,23 (5):1—7.

［180］龚小庆,范文涛,丁义明. 建立系统科学基础理论框架的一种可能途径与
若干具体思路(之九)—— 博弈的演化分析[J]. 系统工程理论与实践,
2003,23 (9):1—6.

［181］龚小庆,王展. 关于 Zipf 律的一点注记[J]. 复杂系统与复杂性科学,
2008(3):73—78.

［182］郭进利.复杂网络与人类行为动力学演化模型[M].北京:科学出版
社,2013.

［183］郭齐勇.中国哲学史上的非实体思想[A].场与有 — 中外哲学的比较与通
融[C].武汉:武汉大学出版社,1997.

［184］霍奇逊 J M. 演化与制度 —— 论演化经济学和经济学演化[M].任荣华,
等,译. 北京:中国人民大学出版社,2007.

［185］贾武.复杂网络的演化模型及其动力学研究[D].武汉:武汉大学,2006.

［186］卡普拉 F. 物理学之道 —— 近代物理学与东方神秘主义[M].朱润生,译.

北京:北京出版社,1999.

[187] 卡斯蒂. 虚实世界 —— 计算机仿真如何改变科学的疆域[M].王千祥,权力宁,译. 上海:上海科技教育出版社,1998.

[188] 卡西尔 E.语言与神话[M].于晓,等,译.北京:三联书店,1988.

[189] 李梦辉,樊瑛,狄增如. 加权网络[A].郭雷,徐晓鸣.复杂网络[C].上海:上海科技教育出版社,2006.

[190] 罗嘉昌.从物质实体到关系实在[M].北京:中国社会科学出版社,1998.

[191] 罗晓. 冲突分析理论与方法研究[D].武汉:华中理工大学系统工程研究所,1990.

[192] 皮亚杰 J. 结构主义[M].北京:商务印书馆,1996.

[193] 普里高津,斯唐热. 从混沌到有序 —— 人与自然新对话[M]. 上海:上海译文出版社,2005.

[194] 普里高津.确定性的终结:时间、混沌与新自然法则[M].上海:上海科技教育出版社,1998.

[195] 钱学森. 再谈系统科学的体系[J],系统工程理论与实践,1981,1(1):71—75.

[196] 唐力权. 脉络与实在 —— 怀特海机体哲学之批判的诠释[M]. 宋继杰,译,北京:中国社会科学出版社,1998.

[197] 王寿云,于景元,戴汝为,汪成为,钱学敏,涂元季. 开放的复杂巨系统[M].杭州:浙江科学技术出版社,1996.

[198] 王文清,陈万清. 系统科学与生命起源[A]. 许国志.系统科学与工程研究[C].上海:上海科技教育出版社,2000:552—63。

[199] 王先甲,陈珽. 合作对策的一种新的分配方式[J]. 控制与决策,1995,10(3).

[200] 王展. 基于 agent 的城市人口空间迁移模型 —— 关于 Zipf 律形成机制的研究[D].杭州:浙江工商大学,2008.

[201] 沃尔德罗普 M. 复杂 —— 诞生于秩序与混沌之间的科学[M]. 陈玲,译,北京:生活·读书·新知三联书店,1997.

[202] 肖焕雄,周克己.三峡工程深水截流探讨[J]. 长江科学院院报,1997,14(4):16—21.

[203] 徐光辉. 随机服务系统 [M].北京:科学出版社,1988.

[204] 薛丹芝.城市人口规模分布的统计规律性及其形成机制 —— 基于主体自组织模型的研究[D]. 杭州:浙江工商大学,2010.

[205] 姚令侃,方铎. 非均匀沙自组织临界性及其应用研究[J]. 水利学报,

1997（3）：26—32.

［206］叶舒宪. 庄子的文化解析 —— 前古典与后现代的视界融合［M］. 武汉：
　　　　湖北人民出版社，1997.

［207］叶舒宪. 中国神话哲学［M］. 北京：中国社会科学出版社，1992.

［208］殷瑞兰，张政权. 三峡大江截流戗堤坍塌机理研究［J］. 长江科学院院报，
　　　　1998，15（4）：18—22.

后　　记

　　当我敲完最后一个字符的时候，并没有如释重负的感觉，因为尽管写了近百万字，但是心里真正想说的似乎还是没有清晰完整地表达出来，总有一种意犹未尽的遗憾。这些遗憾只能留着以后去弥补了，尽管深知岁月不饶人。

　　去年夏天，本书即将完成的时候，导师范文涛先生与世长辞了。这不仅仅对于我来说是巨大的损失，对于我国系统科学的发展也是重大的损失。

　　在范老师最后的岁月里，他总是说关于系统科学还有很多话要说，他还要写一系列的文章要为系统科学"正本清源"。然而，遗憾的是，我们相隔两地，不能经常聆听教诲。后来，范老师小中风后一直身体不太好，交流也颇为困难，很多宝贵的思想很难表达出来。这不能不说是一个巨大的遗憾。

　　关于系统科学两种范式的思考还没有完全成熟，我斗胆把它写出来是希望能以此抛砖引玉，期待读者能够予以指正。

　　感谢浙江省高校人文社科重点研究基地（浙江工商大学）、教育部省属高校人文社会科学重点研究基地（浙江工商大学）、浙江工商大学统计与数学学院、浙江工商大学杭州商学院的大力支持，使我可以完成这两卷本的著作并得以顺利出版。

　　感谢浙江工商大学出版社及其编辑团队出色的工作。

　　特别感谢我所有的亲人。亲人们始终不渝的鼓励、支持和关心永远是我的动力之源。

龚小庆

2018 年 3 月于杭州

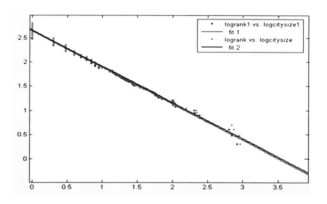

N=15000 m=1000 Z=100城市规模分布模拟图

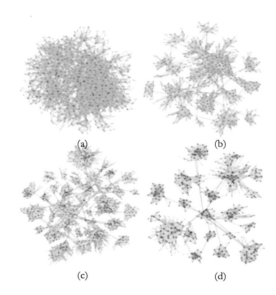

(a)δ=0，(b) δ=0.1，(c) δ=0.5，(d) δ=1；边的权重的强弱用边的颜色表示，绿、黄和红分别表示弱、中等和强.

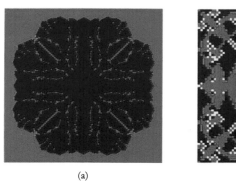
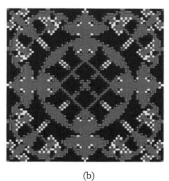

(a)   (b)

(a)在参数区间$3/2 < b < 8/5$内，以3×3的合作者方阵开始的入侵，蓝色表示合作者C，红色表示背叛者D；(b)参数区间为$3/2 < b < 8/5$，蓝色代表合作者，其上一代是合作者，红色代表背叛者D，其上一代是背叛者；绿色代表合作者，其上一代是背叛者；黄色代表背叛者，其上一代是合作者

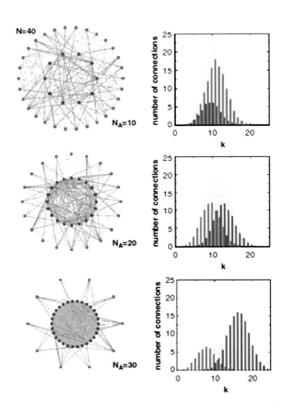

种群规模为N=40的AL动力学模型的演化结果

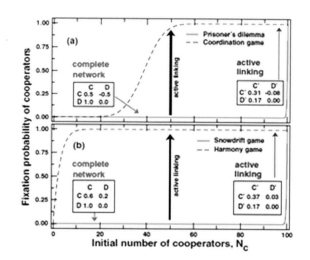

因徒困境和铲雪博弈中合作者的固定概率与合作者的初始数量N_C之间的关系，红色实线表示完全连接网络的固定概率曲线，蓝色虚线表示快速AL动力学机制作用下的稳态网络的固定概率曲线L;(a)囚徒困境；(b)铲雪博弈

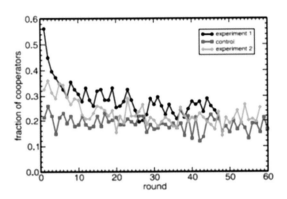

实验三个部分的整体合作水平

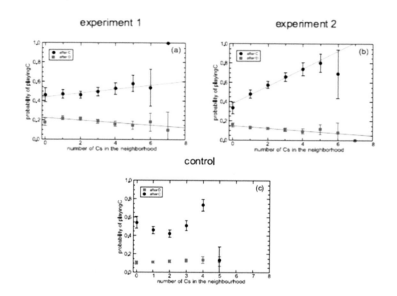

选择合作的概率与邻居中合作者数量的线性回归拟合，可看出上一回合参与人的行动对回归直线的影响显著，红色小方块表示上一回合合作之后继续合作的概率，黑色的则表示上回合背叛之后的合作

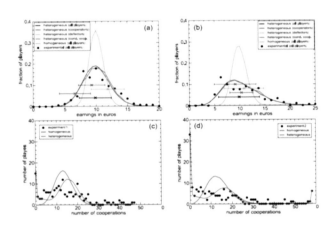

异质化模型的收益分布以及合作者的直方图均支持不同类型参与人的共存